概率论与数理统计

周彩丽　张春琴　杨兰珍　编

科学出版社

北　京

内 容 简 介

本书旨在满足各水平层次学生学习概率统计及自学深造的目标需求，并结合专业特点，适当介绍了概率论与数理统计相关的经济学知识和应用实例. 本书共8章，内容包括随机事件与概率、随机变量及其分布、多维随机变量及其分布、随机变量的数字特征、大数定律与中心极限定理、随机样本及其抽样分布、参数估计和假设检验. 每节后附有同步基础训练，以便于对本节内容的掌握程度进行初步检验；每章末按从易到难的原则配备了(A)、(B)两类习题，供学生巩固提高之用. 书末提供习题参考答案及附表，供读者参考、查阅.

本书可作为高等院校经管类专业概率论与数理统计课程的教材，也可供自学者参考.

图书在版编目(CIP)数据

概率论与数理统计/周彩丽，张春琴，杨兰珍编. —北京：科学出版社，2020.7

ISBN 978-7-03-065515-8

Ⅰ. ①概… Ⅱ. ①周… ②张… ③杨… Ⅲ. ①概率论-高等学校-教材 ②数理统计-高等学校-教材 Ⅳ. ①O21

中国版本图书馆 CIP 数据核字 (2020) 第 102573 号

责任编辑：王胡权 胡海霞 孙翠勤／责任校对：杨聪敏
责任印制：张 伟／封面设计：迷底书装

科学出版社出版
北京东黄城根北街16号
邮政编码：100717
http://www.sciencep.com

北京凌奇印刷有限责任公司印刷
科学出版社发行 各地新华书店经销

*

2020年7月第 一 版 开本：720×1000 1/16
2021年1月第二次印刷 印张：18 3/4
字数：376 000

定价：49.00 元

(如有印装质量问题，我社负责调换)

前　言

作为一本概率论与数理统计教材，本书有以下三个编写宗旨.

首先，经济、管理 (类) 各专业的学生中，既有本科批次的分别，又有文科、理科生源的区别，各批各科学生中还有数学基础的差别，因此总体水平差距较大. 一本教材如何适应各个水平层次的学生是个关键性问题，既不能为了适合基础薄弱的学生而简单地降低教学内容的水平，也不能为了满足基础扎实的学生而简单地增加内容的难度和深度，要做到两者兼顾，各取所需，使基础薄弱的学生能学会，基础扎实的学生能提高，这是编写本书的第一个宗旨.

其次，学生对课程的目标需求也有不同，所有学生都需要为后继的专业课程打下良好的基础，又有不少学生需要为考研深造打下坚实的基础，因此教材的深度和难度最好要能适合不同的目标需求，这是编写本书的第二个宗旨. 书中加 "*" 号部分为选修内容，读者可根据具体情况学习.

最后，作为经济、管理类的通识通修课程的教材，在编写中，应该适当地介绍经济学知识和应用实例，不能只有单纯的数学理论，但它毕竟是数学类教材，还需要保证数学理论体系的完整，保证学生有足够的数学训练. 因此，在教材编写过程中，把数学与经济、管理类专业相融合，将与经管类专业相关的素材引入新编教材，不过分强调数学知识的抽象性和逻辑性是编写本书的第三个宗旨.

本书作为高等院校经管类专业概率论与数理统计课程的教材，既适合具有相当数学知识准备 (初等微积分与少量矩阵知识) 的读者，又可为自学者提供参考.

本书在编写过程中，不仅得到了河北大学第二批 "精品教材" 建设项目 (2017-BZ-JPJC25) 和河北省机器学习与计算智能重点实验室的支持，还得到了河北大学数学与信息科学学院田大增教授的悉心指导，在此一并表示衷心的感谢.

限于作者水平，书中不妥之处在所难免，恳请读者批评指正.

作　者

2019 年 2 月

目　　录

第 1 章　随机事件与概率

当人们对自然界和人类社会进行考察时, 会发现有各种各样的现象. 其中有一类现象是事前可以预言的, 即根据其赖以存在的条件能事先准确地判断它们将会出现的结果, 我们把这一类现象称为**确定性现象**. 例如, 在标准大气压下, 水在 100℃ 时会沸腾; 电荷同性相互排斥、异性相互吸引等. 这些现象发生与否完全取决于它们所依附的条件: 当条件满足时, 这些现象一定发生; 反之则一定不会发生. 事实上, 在自然界和人类社会中, 还大量存在着另一类现象, 它们是事前不可预言的, 即在相同的可控制条件下进行重复观察或实验, 每次出现的结果未必相同, 呈现出不确定性. 这一类现象我们称为**随机现象**. 例如, 下一星期的股市, 可能是涨或跌; 保险公司的年赔偿金额; 一天内进入某超市的顾客数等. 事先我们都无法确切地预言它们的结果.

那么, 这些无法准确预料的现象是不是没有规律可寻呢? 事实并非如此, 人们通过长期的反复观察和试验, 发现随机现象并非杂乱无章, 而是客观存在着某种规律. 换句话说, 当在相同条件下进行大量的观察或实验时, 其各种结果的出现会呈现出一定的量的规律性, 我们称之为**随机现象的统计规律性**. 例如, 重复抛掷一枚质地均匀的硬币多次时, 我们会发现正面朝上的次数与所抛掷总次数的比值接近于 $\frac{1}{2}$.

概率论与数理统计是研究随机现象统计规律性的一门数学学科, 已广泛应用于国民经济、科学技术、工业、国防等各个领域.

本章主要介绍概率论的基本概念, 如样本空间、随机事件、概率、条件概率及事件独立性等, 并讨论相关的概率计算方法.

1.1　随 机 事 件

1.1.1　随机试验

对随机现象的统计规律性进行研究, 其基本方法是对随机现象进行大量重复的观察或实验. 我们把对随机现象进行的观察或实验称为**随机试验**, 简称**试验** (experiment), 通常用 E 表示.

下面举一些试验的例子.

E_1: 抛掷一颗骰子, 观察其出现的点数;

E_2: 在某批产品中任选一件, 检验其是否合格;

E_3: 记录某一天某个城市发生交通事故的次数;

E_4: 测试某种型号电视机的寿命;

E_5: 测量一个人的身高.

我们发现试验具有以下共同的特点:

(1) **重复性** 试验可以在相同条件下重复进行;

(2) **明确性** 每次试验的可能结果不止一个, 并且能事先明确试验的所有可能结果;

(3) **随机性** 每次试验之前不能准确地预言将会出现哪一种结果.

1.1.2 样本空间与随机事件

由随机试验的明确性, 我们知道, 尽管在每次试验之前不能准确预知哪个结果将会出现, 但试验的所有可能结果是明确的. 我们把试验 E 的所有可能结果组成的集合称为 E 的**样本空间** (sample space), 记为 Ω. 样本空间的元素, 即 E 的每个可能结果, 称为**样本点** (sample point), 一般用 ω 表示. 于是可记 $\Omega=\{\omega\}$.

例 1.1 设试验 E 为连续抛掷一枚质地均匀的硬币两次, 观察正面朝上的次数, 则 E 的样本空间为 $\Omega=\{0,\ 1,\ 2\}$.

例 1.2 设试验 E 为在 $0,\ 1,\ 2,\ \cdots,\ 9$ 十个数字中任意选取一个, 则 E 的样本空间为 $\Omega=\{0,\ 1,\ 2,\ \cdots,\ 9\}$.

例 1.3 设试验 E 为记录一天某城市发生交通事故的次数, 则 E 的样本空间为 $\Omega=\{0,\ 1,\ 2,\ 3,\ \cdots\}$.

例 1.4 设试验 E 为从一批冰箱中任取一台, 测试它的寿命, 则 E 的样本空间为 $\Omega=\{t\,|\,t\geqslant 0\}$.

在进行试验时, 人们常常关心那些满足某种条件的样本点所组成的集合. 例如, 在例 1.2 的试验 E 中, 我们可能关心“取得的数是奇数”, 也可能关心“取得的数是 3 的倍数”. 满足这两个条件的样本点分别组成样本空间 Ω 的子集 A, B, 即 $A=\{1,\ 3,\ 5,\ 7,\ 9\}$, $B=\{3,\ 6,\ 9\}$. A, B 均称为试验 E 的随机事件.

一般地, 称试验 E 的样本空间 Ω 的子集为 E 的**随机事件** (random event), 简称**事件**, 通常用大写字母 $A,\ B,\ C,\ \cdots$ 表示. 在每次试验中, **当且仅当事件中的一个样本点出现时**, 称该**事件发生**.

特别地, 称由一个样本点组成的单点集为**基本事件** (basic event). 基本事件是试验中最简单的随机事件.

称在每次试验中必然会发生的事件为**必然事件** (certain event); 称在每次试验中都不可能发生的事件为**不可能事件** (impossible event).

样本空间 Ω 作为样本点的集合来说, 有两个特殊的子集, 一个是 Ω 本身, 另

一个是空集 $\varnothing$. 由于 Ω 包含了所有样本点, 所以 Ω 在每次试验中必然会发生, 它作为一个事件是必然事件. 而空集 $\varnothing$ 不包含任何样本点, 它在每次试验中都不可能发生, 因此空集 $\varnothing$ 作为一个事件是不可能事件. 今后, 为方便起见, 必然事件仍用 Ω 表示, 不可能事件用 $\varnothing$ 表示.

显然, 必然事件和不可能事件都是确定性事件, 但为了讨论问题的方便, 我们把它们看作是两个特殊的随机事件.

例 1.5 设试验 E 为掷一颗骰子, 观察其出现的点数. 则 E 的样本空间为 $\Omega=\{1,\ 2,\ 3,\ 4,\ 5,\ 6\}$. 设

A_k 表示"出现点数为 k", $k=1,\ 2,\ 3,\ 4,\ 5,\ 6$;

B 表示"出现的点数小于4";

C 表示"出现偶数点数";

D 表示"出现的点数大于0";

F 表示"出现的点数大于7".

则

$$A_k=\{k\},\quad k=1,\ 2,\ 3,\ 4,\ 5,\ 6;$$
$$B=\{1,\ 2,\ 3\};\quad C=\{2,\ 4,\ 6\};\quad D=\Omega;\quad F=\varnothing.$$

它们均为 Ω 的子集, 都是试验 E 的事件. 其中 $A_k\ (k=1,\ 2,\ 3,\ 4,\ 5,\ 6)$ 为基本事件, D 为必然事件, F 为不可能事件.

1.1.3 事件间的关系与运算

同一个试验的事件之间存在着一定的关系. 由于事件是样本空间的子集, 因此事件之间的关系与运算本质上是集合之间的关系与运算. 这样一来, 可以用集合的知识来理解事件之间的关系与运算. 下面根据"事件发生"的含义, 给出这些关系与运算在概率论中的含义.

设试验 E 的样本空间为 Ω, 且 $A, B, A_k\ (k=1,2,\cdots)$ 为 E 的事件(即 Ω 的子集), 则有

1) 事件的包含与相等

若 $\omega\in A$ 必有 $\omega\in B$, 则称**事件 B 包含事件 A**, 或称事件 A 是事件 B 的**子事件**, 记为 $B\supset A$ 或 $A\subset B$. 事件 B 包含事件 A 当且仅当事件 A 发生必然导致事件 B 发生.

显然, 对任何事件 A, 都有 $\varnothing\subset A\subset\Omega$.

若事件 A 包含事件 B, 且事件 B 也包含事件 A, 即 $B\subset A$ 且 $A\subset B$, 则称事件 A 与事件 B **相等**, 记为 $A=B$.

2) 事件的和(并)

事件 $A\bigcup B=\{\omega|\ \omega\in A$ 或 $\omega\in B\}$ 称为事件 A 与事件 B 的**和(并)事件**. 事件 $A\bigcup B$ 发生, 当且仅当事件 A, B 中至少有一个发生.

类似地, 称 $\bigcup\limits_{k=1}^{n} A_k$ 为 n 个事件 $A_1, A_2, \cdots, A_n$ 的和事件; 称 $\bigcup\limits_{k=1}^{\infty} A_k$ 为可列个事件 $A_1, A_2, \cdots, A_n, \cdots$ 的和事件.

3) 事件的积 (交)

事件 $A \bigcap B = \{\omega |\ \omega \in A$ 且 $\omega \in B\}$ 称为事件 A 与事件 B 的**积 (交) 事件**, 也可记为 AB. 事件 $A \bigcap B$ 发生, 当且仅当事件 A, B 同时发生.

类似地, 称 $\bigcap\limits_{k=1}^{n} A_k$ 为 n 个事件 $A_1, A_2, \cdots, A_n$ 的积事件; 称 $\bigcap\limits_{k=1}^{\infty} A_k$ 为可列个事件 $A_1, A_2, \cdots, A_n, \cdots$ 的积事件.

4) 事件的差

事件 $A - B = \{\omega |\ \omega \in A$ 且 $\omega \notin B\}$ 称为事件 A 与事件 B 的**差事件**. 事件 $A - B$ 发生, 当且仅当事件 A 发生而事件 B 不发生.

5) 互不相容事件

若事件 A 与事件 B 不能同时发生, 即 $AB = \varnothing$, 则称事件 A 与事件 B 是**互不相容**的, 或是**互斥**的.

类似地, 若事件 $A_1, A_2, \cdots, A_n$ 中任意两个事件 A_i 与 A_j $(i \neq j;\ i, j = 1, 2, \cdots, n)$ 都互不相容, 则称 n **个事件 $A_1, A_2, \cdots, A_n$ 是互不相容的**; 若 $A_1, A_2, \cdots, A_n, \cdots$ 中任意两个事件 A_i 与 A_j $(i \neq j;\ i, j = 1, 2, \cdots, n, \cdots)$ 都互不相容, 则称**可列个事件 $A_1, A_2, \cdots, A_n, \cdots$ 是互不相容的**.

例如, 同一试验中的所有基本事件是互不相容的.

6) 对立事件

若 $A \bigcup B = \Omega$ 且 $A \bigcap B = \varnothing$, 则称事件 A 与事件 B 互为**对立事件**. A 的对立事件也记为 $\overline{A}$, 即有 $\overline{A} = B$. 显而易见, $A \bigcup \overline{A} = \Omega$ 且 $A \bigcap \overline{A} = \varnothing$.

容易证得: $A - B = A\overline{B}$, 或 $A - B = A - AB$.

注 1.1　(1) *若两个事件互为对立事件, 则它们必定是互不相容的; 但两个互不相容的事件未必互为对立事件.*

(2) *互不相容的概念适用于刻画两个或多个事件之间的关系, 但对立的概念只适用于刻画两个事件之间的关系.*

7) 完备事件组

若 n 个事件 $A_1, A_2, \cdots, A_n$ 互不相容, 并且它们的和 $\bigcup\limits_{k=1}^{n} A_k = \Omega$, 则称这 n 个事件 $A_1, A_2, \cdots, A_n$ 构成一个**完备事件组**.

类似地, 若 $A_1, A_2, \cdots, A_n, \cdots$ 互不相容, 并且它们的和 $\bigcup\limits_{k=1}^{\infty} A_k = \Omega$, 则称这可列个事件 $A_1, A_2, \cdots, A_n, \cdots$ 构成一个**完备事件组**.

由此可见, 若 $A_1, A_2, \cdots, A_n$ 构成一个完备事件组, 则这 n 个事件在每次试验中有且仅有一个事件发生.

这样一来, 集合论的知识就可以用来解释事件和事件之间的关系与运算, 我们把它们的术语对照列表即表 1.1.

表 1.1

符号	集合论	概率论
Ω	全集 (空间)	样本空间, 必然事件
$\varnothing$	空集	不可能事件
$\omega \in \Omega$	元素	样本点
$\{\omega\}$	单点集	基本事件
$A \subset \Omega$	A 为子集	A 为事件
$A \subset B$	集合 A 是集合 B 的子集	事件 A 发生必然导致事件 B 发生
$A = B$	集合 A 与集合 B 相等	事件 A 与事件 B 相等
$A \bigcup B$	集合 A 与集合 B 的并集	事件 A 与事件 B 至少有一个发生
$A \bigcap B$	集合 A 与集合 B 的交集	事件 A 与事件 B 同时发生
$A - B$	集合 A 与集合 B 的差集	事件 A 发生而事件 B 不发生
$\overline{A}$	集合 A 的补集	事件 A 不发生 (或 A 的对立事件)
$A \bigcap B = \varnothing$	集合 A 与集合 B 没有共同元素	事件 A 与事件 B 不能同时发生

若用平面上的某一矩形表示样本空间 Ω, 用两个小圆形分别表示事件 A 和事件 B, 则图 1.1 直观地表示了事件 A 与事件 B 的各种关系及运算.

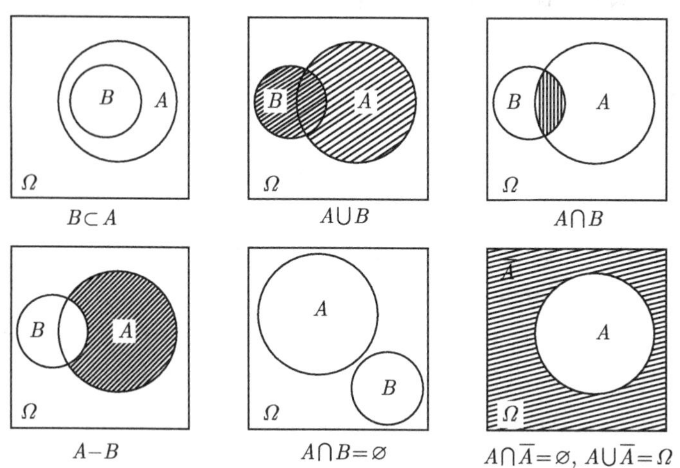

图 1.1 事件之间的关系及运算

容易验证事件的运算满足以下性质:

(1) **交换律** $A \bigcup B = B \bigcup A$, $A \bigcap B = B \bigcap A$;

(2) **结合律** $(A \bigcup B) \bigcup C = A \bigcup (B \bigcup C)$,

$(A\bigcap B)\bigcap C=A\bigcap(B\bigcap C)$;

(3) **分配律**　$(A\bigcup B)\bigcap C=(A\bigcap C)\bigcup(B\bigcap C)$,

$(A\bigcap B)\bigcup C=(A\bigcup C)\bigcap(B\bigcup C)$;

(4) **德摩根律**　$\overline{\bigcup_k A_k}=\bigcap_k \overline{A_k},\ \overline{\bigcap_k A_k}=\bigcup_k \overline{A_k}$;

(5) **自反律**　$\overline{\overline{A}}=A$.

例 1.6　在产品的质量检查中, 每次抽取一件, 记事件 A_k 表示"第 k 次取到合格品", $k=1,2,3$. 用事件 A_1, A_2, A_3 表示下列事件:

(1) 前两次都取到合格品, 第三次未取到合格品;

(2) 三次都未取到合格品;

(3) 三次中只有一次取到合格品;

(4) 三次中至多有一次取到合格品;

(5) 三次中至少有一次取到合格品.

解　(1) $A_1A_2\overline{A_3}$;　(2) $\overline{A_1}\ \overline{A_2}\ \overline{A_3}$ 或 $\overline{A_1\bigcup A_2\bigcup A_3}$;

(3) $A_1\overline{A_2}\ \overline{A_3}\bigcup\overline{A_1}A_2\overline{A_3}\bigcup\overline{A_1}\ \overline{A_2}A_3$;

(4) $\overline{A_1}\ \overline{A_2}\ \overline{A_3}\bigcup A_1\overline{A_2}\ \overline{A_3}\bigcup\overline{A_1}A_2\overline{A_3}\bigcup\overline{A_1}\ \overline{A_2}A_3$ 或 $\overline{A_1}\ \overline{A_2}\bigcup\overline{A_2}\ \overline{A_3}\bigcup\overline{A_1}\ \overline{A_3}$;

(5) $A_1\bigcup A_2\bigcup A_3$.

例 1.7　甲、乙、丙三人各进行一次试验, 事件 A_1, A_2, A_3 分别表示甲、乙、丙试验成功, 试用语言描述下列事件所表示的试验结果:

(1) $A_1A_2A_3$;

(2) $\overline{A_1}A_2A_3$;

(3) $A_1A_2\bigcup A_2A_3\bigcup A_1A_3$;

(4) $\overline{A_1}\bigcup\overline{A_2}\bigcup\overline{A_3}$;

(5) $\overline{A_1A_2}$.

解　(1) $A_1A_2A_3$ 表示"甲、乙、丙试验均成功";

(2) $\overline{A_1}A_2A_3$ 表示"只有甲试验失败";

(3) $A_1A_2\bigcup A_2A_3\bigcup A_1A_3$ 表示"甲、乙、丙三人至少有两人试验成功";

(4) $\overline{A_1}\bigcup\overline{A_2}\bigcup\overline{A_3}$ 表示"甲、乙、丙三人至少有一人试验失败";

(5) $\overline{A_1A_2}=\overline{A_1}\bigcup\overline{A_2}$ 表示"甲、乙两人至少有一人试验失败".

同步基础训练1.1

1. 设试验 E 为掷两颗骰子, 事件 A, B, C, D 分别表示掷出的两颗骰子点数之和为奇数, 点数之积大于 20, 两颗骰子点数相等, 至少有一颗骰子点数为 3. 写出 E 的样本空间, 并

把事件 $AB, \overline{A}C, BC, A-B-C-D$ 表示为样本点的集合.

2. 某工厂加工三个产品, 记 A_i 表示"第 i 个产品是合格品", $i=1, 2, 3$. 试用语言描述下列事件所表示的试验结果.

(1) $A_1A_2A_3$;

(2) $\overline{A_1}A_2A_3 \bigcup A_1\overline{A_2}A_3 \bigcup A_1A_2\overline{A_3}$;

(3) $\overline{A_1A_2A_3}$.

3. 设 A, B, C 为同一个试验的三个事件, 用 A, B, C 的运算关系表示下列事件.

(1) A 发生, 但 B 与 C 都不发生;

(2) A, B, C 至多有一个发生;

(3) A, B, C 恰有两个发生;

(4) A, B, C 至少有一个发生;

(5) A, B, C 不多于两个事件发生.

4. 两个事件互斥与两个事件对立有何区别? 举例说明.

5. 如果 A 与 B 互为对立事件, 证明: $\overline{A}$ 与 $\overline{B}$ 也互为对立事件.

1.2 随机事件的概率

在进行试验时, 我们不仅关心哪些事件可能发生, 还关心各个事件发生的可能性大小, 以利于我们揭示这些事件发生的统计规律性. 例如, 在开办学生平安保险业务中, 保险公司按一定标准, 将一个学生的平安情况分为平安、轻度意外伤害、严重意外伤害和意外事故死亡等多种结果, 且每一种结果都对应一个事件, 而保险公司关心的是各个事件发生的可能性大小. 在日常生活中, 人们常用 0 到 1 之间的一个数来衡量事件发生的可能性大小, 如购买彩票后可能中奖, 也可能不中奖, 但中奖的可能性可用中奖率来衡量; 又如一批产品的质量可能优, 也可能劣, 但优的可能性可用优良率来衡量等.

我们把刻画事件发生可能性大小的数量指标称为事件发生的概率. 事件 A 发生的概率用 $P(A)$ 表示, 且有 $0 \leqslant P(A) \leqslant 1$.

那么, 如何确定数值 $P(A)$ 呢? 在概率论的发展史上, 人们曾经针对不同的问题, 从不同的角度给出了概率 $P(A)$ 的定义, 包括概率的统计定义、概率的古典定义、概率的几何定义等. 这些定义都存在一定的局限性和缺陷, 只能作为确定概率的一种方法而不能作为概率的一般性定义. 1933 年, 苏联著名数学家柯尔莫哥洛夫 (Kolmogorov) 给出了概率的公理化定义. 该定义不仅概括了上述几种概率定义的共同特性, 而且避免了它们的局限性和缺陷, 是概率论发展史上的一个里程碑. 由于概率定义的公理化, 概率论得到了迅猛的发展, 并成为一门严谨的数学学科.

本节首先介绍概率的统计定义和古典定义, 然后引入概率的公理化定义, 最后讨论概率的性质.

1.2.1 概率的统计定义

这里, 我们研究如何通过统计的方法来估计事件 A 发生的概率 $P(A)$. 首先给出频率的定义, 然后给出概率的统计定义.

定义 1.1 设在相同条件下进行了 n 次试验, 如果事件 A 在这 n 次试验中发生了 n_A 次, 则称比值 $\dfrac{n_A}{n}$ 为事件 A 发生的**频率** (frequency), 记为 $f_n(A)$, 即

$$f_n(A)=\frac{n_A}{n}.$$

由此可见, 频率 $f_n(A)$ 反映了在 n 次试验中事件 A 发生的频繁程度. 频率越大, 事件 A 发生得就越频繁, 从而在一次试验中 A 发生的可能性就越大; 反之亦然.

长期的实践表明, 只要在同一条件下进行大量的重复试验, 事件 A 发生的频率 $f_n(A)$ 会呈现出某种稳定性, 这种性质称为**频率的稳定性**, 即概率上通常所说的统计规律性. 事实上, 本书第 5 章的伯努利大数定律对事件频率的稳定性给予了理论上的解释.

以抛掷一枚质地均匀的硬币的试验为例, 设事件 A 表示“正面朝上”. 抛掷一次, 事件 A 可能发生也可能不发生; 但随着抛掷硬币次数的增多, A 发生的频率 $f_n(A)$ 会逐步稳定于常数 0.5. 历史上有许多人做过抛掷硬币的试验, 部分数据如表 1.2 所示. 此表进一步表明将这个频率的稳定值 0.5 作为事件 A 发生的概率 $P(A)$ 是合理的.

表 1.2

试验者	抛掷硬币次数 n	A (正面朝上) 发生的次数	频率 $f_n(A)$
德摩根	2048	1061	0.5181
蒲丰	4040	2048	0.5069
费勒	10000	4979	0.4979
皮尔逊	24000	12012	0.5005
维尼	30000	14994	0.4998

例 1.8 检验某工厂一批产品的质量, 其结果如表 1.3 所示.

由表 1.3 可以看出, 抽到次品数的多少具有偶然性. 但随着抽取件数的逐渐增多, 发现次品率会在 0.1 附近摆动. 这个 0.1 就是次品率的稳定值, 可作为一次试验中事件“抽到次品”的概率.

表 1.3

抽出产品件数 n	次品数	次品率
60	7	0.117
600	52	0.087
900	100	0.111
1200	109	0.091
1800	169	0.094
2400	248	0.103

在大量重复试验中, 将事件频率的稳定值定义为事件的概率, 这种定义称为**概率的统计定义**.

设试验 E 的样本空间为 Ω, 且 A, A_i $(i=1,2,\cdots,k)$ 为 E 的事件(即 Ω 的子集). 根据频率的定义, 容易证得频率具有以下基本性质:

(1) **非负性** 对于任意事件 A, 有 $0 \leqslant f_n(A) \leqslant 1$;

(2) **规范性** 对于必然事件 Ω, 有 $f_n(\Omega)=1$;

(3) **有限可加性** 对于 k 个互不相容事件 $A_1, A_2, \cdots, A_k$, 有

$$f_n(A_1 \bigcup A_2 \bigcup \cdots \bigcup A_k)=f_n(A_1)+f_n(A_2)+\cdots+f_n(A_k).$$

1.2.2 概率的古典定义

为了更深刻地揭示概率的本质, 法国数学家拉普拉斯 (Laplace) 提出了概率的古典定义. 由于古典概率的计算经常用到排列与组合的技巧, 故下面先给出排列与组合的知识, 再介绍概率的古典定义及其相关计算.

排列与组合的定义及其计算公式如下.

(1) **排列** (permutation) 从 n 个不同元素中任取 r $(r \leqslant n)$ 个元素排成一列 (考虑元素出现的先后次序), 称此为一个**排列**, 此种排列总数记为 A_n^r, 且有

$$\mathrm{A}_n^r = n \times (n-1) \times \cdots \times (n-r+1) = \frac{n!}{(n-r)!}.$$

若 $r=n$, 称为全排列, 其排列总数为 $\mathrm{A}_n^n = n!$.

(2) **组合** (combination) 从 n 个不同元素中任取 r $(r \leqslant n)$ 个元素并成一组 (不虑元素间的先后次序), 称此为一个**组合**, 此种组合的总数记为 C_n^r, 且有

$$\mathrm{C}_n^r = \frac{\mathrm{A}_n^r}{r!} = \frac{n!}{(n-r)!r!}.$$

由此可见 $\mathrm{A}_n^r = \mathrm{C}_n^r \times r!$.

排列与组合都是计算“从 n 个元素中任取 r 个元素”的取法总数公式, 其主要区别在于: 如果不考虑取出元素间的次序, 则用组合公式, 否则用排列公式. 排列和组合公式的推导都基于以下两条计数原理.

(1) **加法原理**　设完成一件事有 m 类方式, 其中第 i 类方式有 n_i 种方法, $i=1, 2, \cdots, m$, 则完成该件事共有 $n_1+n_2+\cdots+n_m$ 种方法.

(2) **乘法原理**　设完成一件事需要经过 m 个步骤, 其中第 i 个步骤有 n_i 种方法, $i=1, 2, \cdots, m$, 则完成这件事共有 $n_1 \times n_2 \times \cdots \times n_m$ 种方法.

在应用基本原理时, 必须注意加法原理与乘法原理的根本区别: 若完成一件事情有多类方式, 其中每一类方式的任何一种方法都可以完成这件事情, 则用加法原理; 若完成一件事情必须依次经过多个步骤, 缺少任一步骤都不能完成这件事情, 则用乘法原理.

例如, 由甲地到乙地去旅游有三类交通工具: 汽车、火车和飞机, 而汽车有 7 个班次, 火车有 4 个班次, 飞机有 3 个班次, 则从甲地到乙地共有 7+4+3=14 个班次供游客选择. 又如, 从甲地经由乙地到丙地去旅游, 已知由甲地到乙地有两类交通工具: 汽车和火车, 它们分别有 5 个和 3 个班次; 而由乙地到丙地只能乘坐飞机, 且飞机有 4 个班次, 则从甲地到丙地共有 $(5+3)\times 4=32$ 种方式供游客选择.

下面我们给出概率的古典定义.

定义 1.2　设试验 E 具有以下两个特点:

(1) **有限性**　试验的样本空间 Ω 中的样本点个数有限;

(2) **等可能性**　每次试验中各个样本点出现的可能性相同.

则对任意事件 A, 有

$$P(A)=\frac{A\text{包含的样本点个数}\,(m)}{\text{样本空间中的样本点个数}\,(n)}=\frac{m}{n}.$$

事实上, 满足以上两个特点的试验模型称为**古典概型**或**等可能概型**.

由定义 1.2 知, 要计算事件 A 的概率, 最关键的是要找出事件 A 包含的样本点个数和样本空间包含的样本点个数 (即样本点总数).

例 1.9　掷两颗质地均匀的骰子, 求点数之和为 8 的概率.

解　设 A 表示"点数之和为 8", 则

$$A=\{(2, 6), (3, 5), (4, 4), (5, 3), (6, 2)\},$$

可得事件 A 包含的样本点数为 5, 而样本点总数为 $6\times 6=36$, 因此, 所求事件的概率为

$$P(A)=\frac{5}{36}.$$

例 1.10　12 件衣服中有 9 件一等品、3 件二等品, 从中任取 5 件, 求下列事件的概率:

(1) A 表示"恰有两件二等品";

(2) B 表示"至少有一件二等品";

(3) C 表示“至少有两件二等品”.

解　从12件衣服中任取5件，每一种取法对应一个样本点，共有 C_{12}^5 种取法，即样本点总数为 C_{12}^5.

(1) 取到的5件衣服中恰有两件二等品，共有 $\mathrm{C}_9^3\mathrm{C}_3^2$ 种取法，即事件 A 包含的样本点数为 $\mathrm{C}_9^3\mathrm{C}_3^2$，故

$$P(A)=\frac{\mathrm{C}_9^3\mathrm{C}_3^2}{\mathrm{C}_{12}^5}=\frac{7}{22}\approx 0.318.$$

(2) 取到的5件衣服中至少有一件二等品，共有 $\mathrm{C}_{12}^5-\mathrm{C}_9^5$ 种取法，即事件 B 包含的样本点数为 $\mathrm{C}_{12}^5-\mathrm{C}_9^5$，故

$$P(B)=\frac{\mathrm{C}_{12}^5-\mathrm{C}_9^5}{\mathrm{C}_{12}^5}=1-\frac{7}{44}\approx 0.841.$$

(3) 取到的5件衣服中至少有两件二等品，共有 $\mathrm{C}_3^2\mathrm{C}_9^3+\mathrm{C}_3^3\mathrm{C}_9^2$ 种取法，即事件 C 包含的样本点数为 $\mathrm{C}_3^2\mathrm{C}_9^3+\mathrm{C}_3^3\mathrm{C}_9^2$，故

$$P(C)=\frac{\mathrm{C}_3^2\mathrm{C}_9^3+\mathrm{C}_3^3\mathrm{C}_9^2}{\mathrm{C}_{12}^5}=\frac{4}{11}\approx 0.364.$$

例 1.11　某班的8名学生将进入10个房间，每个房间进入的人数不限，求

(1) 每个房间中至多有1名学生的概率；

(2) 某指定房间中有3名学生的概率.

解　8名学生进入10个房间，每一种进入方法对应一个样本点，共有 10^8 种不同的进入方法，即样本点总数为 10^8.

(1) 设 A 表示“每个房间中至多有1名学生”，则事件 A 包含的样本点数为 A_{10}^8. 于是所求的概率为

$$P(A)=\frac{\mathrm{A}_{10}^8}{10^8}\approx 0.018.$$

(2) 设 B 表示“某指定房间中有3名学生”. 从8名学生中选3人到指定房间，共有 C_8^3 种取法，余下5名学生到另外9个房间有 9^5 种排法. 这表明事件 B 包含的样本点数为 $\mathrm{C}_8^3\times 9^5$，从而所求概率为

$$P(B)=\frac{\mathrm{C}_8^3\times 9^5}{10^8}\approx 0.033.$$

例 1.12　将15名实习生随机地平均分配到三个部门，这15名实习生中有3名优秀生. 求

(1) 每个部门各分到一名优秀生的概率；

(2) 3名优秀生分到同一个部门的概率.

解　15 名实习生平均分配到三个部门中的分法总数为

$$C_{15}^5C_{10}^5C_5^5=\frac{15!}{5!\,5!\,5!}.$$

由于每一种分配方法对应一个样本点, 则样本点总数为 $\dfrac{15!}{5!\,5!\,5!}$.

(1) 设 A 表示“每个部门各分到一名优秀生”. 先将 3 名优秀生平均分到三个部门, 共有 $3!$ 种分法, 余下的 12 名实习生平均分到三个部门共有 $C_{12}^4C_8^4C_4^4=\dfrac{12!}{4!\,4!\,4!}$ 种分法. 于是事件 A 包含的样本点数为 $3!\times\dfrac{12!}{4!\,4!\,4!}$, 从而所求概率为

$$P(A)=\frac{3!\times\dfrac{12!}{4!\,4!\,4!}}{\dfrac{15!}{5!\,5!\,5!}}=\frac{25}{91}.$$

(2) 设 B 表示“3 名优秀生分到同一个部门”. 将 3 名优秀生分配在同一个部门共有 3 种分法. 对于这每一种分法, 其余的 12 名实习生的分法总数为 $C_{12}^2C_{10}^5C_5^5=\dfrac{12!}{2!\,5!\,5!}$. 于是事件 B 包含的样本点数为 $3\times\dfrac{12!}{2!\,5!\,5!}$, 从而所求概率为

$$P(B)=\frac{3\times\dfrac{12!}{2!\,5!\,5!}}{\dfrac{15!}{5!\,5!\,5!}}=\frac{6}{91}.$$

1.2.3　概率的公理化定义

由前面的讨论知道, 概率的统计定义要求试验的次数充分大, 但在现实世界里, 人们无法把一个试验无限次地重复下去, 因此要精确获得频率的稳定值是困难的. 概率的古典定义要求各个样本点的出现具有等可能性, 而在通常情况下这个要求也是很难满足的. 因此, 概率的统计定义、古典定义都不能作为概率的严格的数学定义. 1933 年, 数学家柯尔莫哥洛夫给出了概率的公理化定义, 第一次将概率论建立在严密的逻辑基础之上. 下面我们给出概率的公理化定义.

定义 1.3　设试验 E 的样本空间为 Ω, 对于 E 的每一个事件 A(即 Ω 的每一个子集 A) 都赋予一个实数, 记为 $P(A)$. 如果函数 $P(\cdot)$ 满足如下三个条件:

(1) **非负性**　对于任意事件 A, 有 $P(A)\geqslant 0$;

(2) **规范性**　对于必然事件 Ω, 有 $P(\Omega)=1$;

(3) **可列可加性**　对于可列个互不相容的事件 $A_1, A_2, \cdots, A_n, \cdots$, 有

$$P\left(\bigcup_{n=1}^{\infty}A_n\right)=\sum_{n=1}^{\infty}P(A_n),$$

则对于任意事件 A, 称 $P(A)$ 为事件 A 的**概率** (probability).

容易验证, 概率的统计定义、古典定义均满足以上三个条件.

1.2.4 概率的性质

利用概率的公理化定义, 可以证得概率的一些重要性质.

(1) 不可能事件的概率为 0, 即 $P(\varnothing)=0$.

证明 令 $A_n=\varnothing,\ n=1,2,\cdots,$ 则 $A_1, A_2, \cdots, A_n, \cdots$ 为可列个互不相容的事件, 由概率的可列可加性可得

$$P(\varnothing)=P\left(\bigcup_{n=1}^{\infty} A_n\right)=\sum_{n=1}^{\infty} P(A_n)=\sum_{n=1}^{\infty} P(\varnothing).$$

再由概率的非负性知, $P(\varnothing)\geqslant 0$, 故有 $P(\varnothing)=0$.

(2) (**有限可加性**) 设 $A_1, A_2, \cdots, A_n$ 为 n 个互不相容的事件, 则有

$$P\left(A_1 \bigcup A_2 \bigcup \cdots \bigcup A_n\right)=P(A_1)+P(A_2)+\cdots+P(A_n).$$

证明 令 $A_{n+1}=A_{n+2}=\cdots=\varnothing$, 则 $A_1, A_2, \cdots, A_n, \cdots$ 为可列个互不相容的事件. 由概率的可列可加性及 $P(\varnothing)=0$, 可得

$$\begin{aligned}P\left(A_1 \bigcup A_2 \bigcup \cdots \bigcup A_n\right) &= P\left(\bigcup_{k=1}^{\infty} A_k\right)=\sum_{k=1}^{\infty} P(A_k)=\sum_{k=1}^{n} P(A_k)+\sum_{k=n+1}^{\infty} P(A_k) \\ &= \sum_{k=1}^{n} P(A_k)+0=P(A_1)+P(A_2)+\cdots+P(A_n).\end{aligned}$$

(3) 对于任意事件 A, 有 $P(\overline{A})=1-P(A)$.

证明 因为 $A \bigcup \overline{A}=\Omega,\ A \bigcap \overline{A}=\varnothing$, 由有限可加性, 得

$$1=P(\Omega)=P\left(A \bigcup \overline{A}\right)=P(A)+P(\overline{A}),$$

移项即得所证.

(4) 设 A, B 为两个事件, 且 $A \supset B$, 则

$$P(A-B)=P(A)-P(B), \qquad P(A)\geqslant P(B).$$

证明 因为 $A\supset B$, 所以

$$A=B \bigcup (A-B), \quad B \bigcap (A-B)=\varnothing,$$

由有限可加性, 得

$$P(A)=P(B)+P(A-B).$$

移项即有

$$P(A-B)=P(A)-P(B).$$

再由概率的非负性得

$$P(A) \geqslant P(B).$$

于是, 当 $A \supset B$ 时, 有 $P(A) \geqslant P(B)$, 这称为概率的**单调性**.

更一般地, 设 A, B 为任意两个事件, 容易证得

$$P(A-B)=P(A)-P(AB),$$

此式称为概率的**减法公式**.

(5) (**概率的加法公式**)　对任意两个事件 A, B, 有

$$P(A \bigcup B)=P(A)+P(B)-P(AB).$$

证明　因为 $A \bigcup B=A \bigcup (B-AB)$, $A \bigcap (B-AB)=\varnothing$, 且 $AB \subset B$, 由概率的性质 (2) 和性质 (4), 可得

$$P(A \bigcup B)=P(A)+P(B-AB)=P(A)+P(B)-P(AB).$$

一般地, 对任意 n 个事件 $A_1, A_2, \cdots, A_n$, 可以用数学归纳法证得

$$P\left(\bigcup_{i=1}^{n} A_i\right)=\sum_{i=1}^{n} P(A_i)-\sum_{1 \leqslant i<j \leqslant n} P(A_i A_j)+\sum_{1 \leqslant i<j<k \leqslant n} P(A_i A_j A_k)+\cdots + (-1)^{n-1} P(A_1 A_2 \cdots A_n).$$

如当 $n=3$ 时, 有

$$P\left(\bigcup_{i=1}^{3} A_i\right) =P(A_1)+P(A_2)+P(A_3)-P(A_1 A_2)-P(A_1 A_3)-P(A_2 A_3)+P(A_1 A_2 A_3).$$

例 1.13　抛掷一枚质地均匀的硬币 5 次, 求事件“5 次中既有正面朝上又有反面朝上”的概率.

解　设 A 表示“5 次中既有正面朝上又有反面朝上”, B 表示“5 次全是正面朝上”, C 表示“5 次全是反面朝上”, 则 $\overline{A}=B \bigcup C$, 且 B 与 C 互不相容, 由概率的性质 (2) 和性质 (3), 得

$$P(A)=1-P(\overline{A})=1-P(B \bigcup C)=1-P(B)-P(C)=1-\frac{1}{2^5}-\frac{1}{2^5}=\frac{15}{16}.$$

例 1.14　设 $P(A)=0.4$, $P(B)=0.3$, $P(A \bigcup B)=0.6$, 求 $P(A\overline{B})$.

解 由加法公式

$$P(A \cup B)=P(A)+P(B)-P(AB),$$

可得

$$0.6=0.4+0.3-P(AB),$$

解得

$$P(AB)=0.1.$$

因而所求概率为

$$P(A\overline{B})=P(A-B)=P(A)-P(AB)=0.4-0.1=0.3.$$

同步基础训练1.2

1. 设 $A \cap B=\varnothing$, 且 $P(A)=0.5$, $P(A \cup B)=0.8$, 则 $P(\overline{B})=$__________.

2. 设 $P(A)=0.4$, $P(B)=0.5$, $P(A \cup B)=0.7$, 则 $P\left(\overline{A} \cup \overline{B}\right)=$__________.

3. 设 $P(\overline{A})=0.6$, $P(\overline{A}B)=0.2$, $P(B)=0.4$, 求 $P(AB)$, $P(A-B)$, $P(A \cup B)$ 及 $P(\overline{A}\,\overline{B})$.

4. 设10件商品中有6件一等品、4件二等品. 每次从中抽取1件, 无放回抽取3次, 求抽到的3件商品中有二等品的概率.

5. 将一枚质地均匀的硬币连续抛掷两次, 求“正面朝上发生一次”及“正面朝上至少发生一次”的概率.

6. 一个盒中装有8个大小相同的球, 其中3个黑球, 5个红球, 求

(1) 从盒中任取一个球, 这个球是黑球的概率;

(2) 从盒中任取两个球, 刚好一个红球一个黑球的概率以及两个全是黑球的概率.

1.3 条件概率与三个基本公式

条件概率是概率论中一个既重要又实用的概念. 本节先给出条件概率的概念, 然后讨论概率论中十分重要的三个公式: 乘法公式、全概率公式和贝叶斯公式.

1.3.1 条件概率

在实际问题中, 除了要考虑事件 A 发生的概率 $P(A)$, 有时还需考虑在“事件 B 已发生”这一条件下, 事件 A 发生的概率. 例如, 对于人寿保险, 保险公

司关心的是参保人群在已经活到某个年龄的条件下, 在未来若干年内死亡的概率; 又如在一项癌症检查中, 已知某人的检验结果为阳性, 求他确实患有癌症的概率等. 像这种在已知事件 B 发生的条件下, 求另一事件 A 发生的概率, 称为**条件概率** (conditional probability), 记为 $P(A|B)$. 相对于 $P(A|B)$, 称 $P(A)$ 为无条件概率. $P(A)$ 与 $P(A|B)$ 一般不相等, 下面我们用一个例子来说明.

例 1.15 设某个家庭有两个小孩, 求

(1) 家中至少有一个女孩的概率;

(2) 若已知家中至少有一个男孩, 求家中至少有一个女孩的概率.

解 设 A 表示"家中至少有一个女孩", B 表示"家中至少有一个男孩", 样本空间为 $\Omega=\{$男男, 男女, 女男, 女女$\}$, 则

(1) $P(A)=\dfrac{3}{4}$;

(2) 因为事件 B 已经发生, 排除了"女女"的可能性, 这时不妨理解为样本空间缩减至事件 $B=\{$男男, 男女, 女男$\}$, 记为 $\Omega_B=\{$男男, 男女, 女男$\}$. 于是, 所求概率为 $P(A|B)=\dfrac{2}{3}$.

由此可见, $P(A)$ 与 $P(A|B)$ 不同. 但若将 $P(A|B)=\dfrac{2}{3}$ 的分子分母同时除以样本点总数 4, 则可得

$$P(A|B)=\frac{\frac{2}{4}}{\frac{3}{4}}=\frac{P(AB)}{P(B)}.$$

这个关系具有一般性, 即条件概率是两个无条件概率之商. 下面我们给出条件概率的定义.

定义 1.4 设 A, B 是试验 E 的两个事件, 且 $P(B)>0$, 则称

$$P(A|B)=\frac{P(AB)}{P(B)}$$

为在事件 B 发生的条件下, 事件 A 发生的条件概率.

易证, 条件概率 $P(\cdot|B)$ 满足概率公理化定义的三个条件:

(1) **非负性** 对于任意事件 A, 有 $P(A|B)\geqslant 0$;

(2) **规范性** 对于必然事件 Ω, 有 $P(\Omega|B)=1$;

(3) **可列可加性** 对于可列个互不相容事件 $A_1, A_2, \cdots, A_n, \cdots$, 有

$$P\left(\bigcup_{n=1}^{\infty}A_n\middle|B\right)=\sum_{n=1}^{\infty}P(A_n|B).$$

由于条件概率满足了概率公理化定义的三个条件, 因而概率所具有的一些性质, 条件概率也具有. 比如

$$P(\overline{A}\,|B) = 1 - P(A|B),$$
$$P\left(A_1 \bigcup A_2 \middle| B\right) = P(A_1|B) + P(A_2|B) - P(A_1A_2\,|B).$$

注 1.2 下面给出计算条件概率 $P(A|B)$ 的两种方法:

(1) 在原样本空间 Ω 中, 先求得 $P(B)$ 和 $P(AB)$, 再按定义计算 $P(A|B)$;

(2) 事件 B 已经发生, 可将此理解为原样本空间缩减到新样本空间 $\Omega_B = B$, 在缩减的样本空间 Ω_B 中, 求事件 A 发生的概率, 所得结果即为 $P(A|B)$.

例 1.16 某毕业班有 40 名学生, 其中有 20 名学生准备考公务员, 有 17 名学生准备考计算机三级, 有 15 名学生既准备考公务员又准备考计算机三级. 现从班里任选一名学生, 结果他准备考公务员, 求他准备考计算机三级的概率.

解 设 A 表示"该生准备考计算机三级", B 表示"该生准备考公务员", 现在要求 $P(A|B)$.

方法 1 在原样本空间 Ω 中, 按定义计算 $P(A|B)$.

由题意可知

$$P(A) = \frac{17}{40} = 0.425, \quad P(B) = \frac{20}{40} = 0.5, \quad P(AB) = \frac{15}{40} = 0.375,$$

所求概率为

$$P(A|B) = \frac{P(AB)}{P(B)} = \frac{0.375}{0.5} = 0.75.$$

方法 2 在缩减的样本空间 Ω_B 中计算.

由于事件 B 已发生, 所以样本空间缩减为 Ω_B, 即在 20 个准备考公务员的学生中计算 A 的概率, 得

$$P(A|B) = \frac{15}{20} = 0.75.$$

例 1.17 哈巴狗出生后能活到 10 岁的概率为 0.4, 能活到 14 岁的概率为 0.25, 现有一哈巴狗 10 岁, 求它能活到 14 岁的概率.

解 设 A 表示"该哈巴狗能活到 14 岁", B 表示"该哈巴狗能活到 10 岁", 现在要求 $P(A|B)$.

由题意可知, $P(A) = 0.25$, $P(B) = 0.4$, 又 $A \subset B$, 有 $AB = A$, 因此 $P(AB) = P(A) = 0.25$. 所求概率为

$$P(A|B) = \frac{P(AB)}{P(B)} = \frac{0.25}{0.4} = 0.625.$$

1.3.2　乘法公式

由条件概率公式可得下面的乘法公式.

定理 1.1 (乘法公式)　设 A, B 是试验 E 的两个事件,

(1) 若 $P(A)>0$, 则 $P(AB)=P(A)P(B|A)$;

(2) 若 $P(B)>0$, 则 $P(AB)=P(B)P(A|B)$.

这个公式可以推广到 n 个事件的情形:

设 $A_1, A_2, \cdots, A_n$ 是 n 个事件, 且 $P(A_1A_2\cdots A_{n-1})>0$, 则

$$P(A_1A_2\cdots A_n)=P(A_1)P(A_2|A_1)\cdots P(A_n|A_1A_2\cdots A_{n-1}).$$

事实上, **乘法公式主要用于求几个事件同时发生的概率**.

例 1.18　50 个产品中有 5 个次品, 从中按不放回方式进行抽取, 求第三次才取到次品的概率.

解　设 A_i 表示"第 i 次取出的是正品", $i=1, 2, 3$. 由乘法公式, 所求概率为

$$P(A_1A_2\overline{A_3})=P(A_1)P(A_2|A_1)P(\overline{A_3}\,|A_1A_2)=\frac{45}{50}\times\frac{44}{49}\times\frac{5}{48}=\frac{33}{392}\approx 0.084.$$

例 1.19　调查资料表明, 盲目炒股者第一次炒股被套住的概率为 0.5, 第一次未被套住而第二次被套住的概率为 0.75, 前两次未被套住而第三次被套住的概率为 0.875. 求连续三次盲目炒股而未被套住的概率.

解　设 A_i 表示"盲目炒股者第 i 次被套住", $i=1, 2, 3$, 则有

$$P(A_1)=0.5,\ \ P(A_2|\overline{A_1})=0.75,\ \ P(A_3|\overline{A_1}\ \overline{A_2})=0.875.$$

由乘法公式, 所求概率为

$$\begin{aligned}P(\overline{A_1}\ \overline{A_2}\ \overline{A_3})&=P(\overline{A_1})P(\overline{A_2}\ |\overline{A_1})P(\overline{A_3}\ |\overline{A_1}\ \overline{A_2})\\&=(1-0.5)(1-0.75)(1-0.875)=\frac{1}{64}\approx 0.016.\end{aligned}$$

1.3.3　全概率公式

为了求得复杂事件的概率, 通常可将所求事件分解成一些互不相容的简单事件之和, 通过计算这些简单事件的概率, 利用概率的可加性即可得到复杂事件的概率. **全概率公式** (total probability formula) 就是将一个复杂事件的概率计算问题, 分解为不同情况下的若干个简单事件的概率计算问题, 最后应用概率的可加性求出最终结果. 因此, 全概率公式有着化复杂为简单的作用, 是概率论中的重要公式之一.

定理 1.2 (全概率公式) 设事件 $A_1, A_2, \cdots, A_n$ 互不相容, 且 $\bigcup_{i=1}^{n} A_i = \Omega$, 若 $P(A_i) > 0$ $(i = 1, 2, \cdots, n)$, 则对任意事件 B, 有

$$P(B) = \sum_{i=1}^{n} P(A_iB) = \sum_{i=1}^{n} P(A_i)P(B|A_i).$$

证明 因为 $A_1, A_2, \cdots, A_n$ 互不相容, 且 $\bigcup_{i=1}^{n} A_i = \Omega$, 因此

$$B = B\Omega = B\bigcap \left(\bigcup_{i=1}^{n} A_i\right) = \bigcup_{i=1}^{n}(A_iB),$$

而 $A_1B, A_2B, \cdots, A_nB$ 互不相容, 利用概率的有限可加性和乘法公式, 可得

$$P(B) = P\left[\bigcup_{i=1}^{n}(A_iB)\right] = \sum_{i=1}^{n} P(A_iB) = \sum_{i=1}^{n} P(A_i)P(B|A_i).$$

事实上, 定理1.2中的事件 $A_1, A_2, \cdots, A_n$ 构成了一个完备事件组.

由全概率公式可以看出, $P(B)$ 被分解成了许多部分之和, 即

$$P(B) = \sum_{i=1}^{n} P(A_iB) = \sum_{i=1}^{n} P(A_i)P(B|A_i).$$

此公式的理论和实际意义在于: 直接计算 $P(B)$ 不易时, 可根据具体情况构造一个与 B 相关的完备事件组 $A_1, A_2, \cdots, A_n$. 我们可把事件 B 看作某一试验的结果, 把 $A_1, A_2, \cdots, A_n$ 看作导致结果 B 发生的n个原因. 此时, 如果 $P(A_i)$ 和 $P(B|A_i)$ $(i = 1, 2, \cdots, n)$ 已知, 或容易求得, 那么就可用全概率公式计算 $P(B)$.

例 1.20 人们往往会通过分析利率的变化来了解一只股票在未来一个时期内的价格变化情况. 现假设人们经过分析, 估计利率下调的概率为0.6, 利率上调的概率为0.1, 利率不变的概率为0.3. 人们根据经验得出, 在利率下调、上调和不变的情况下, 该只股票价格上涨的概率分别为0.8, 0.05和0.4, 求该只股票上涨的概率.

解 设 A_1 表示“利率下调”, A_2 表示“利率上调”, A_3 表示“利率不变”, B 表示“股票价格上涨”. 显然, A_1, A_2, A_3 互不相容, 且 $\bigcup_{i=1}^{3} A_i = \Omega$. 依题意有

$$P(A_1) = 0.6, \quad P(A_2) = 0.1, \quad P(A_3) = 0.3,$$
$$P(B|A_1) = 0.8, \quad P(B|A_2) = 0.05, \quad P(B|A_3) = 0.4.$$

由全概率公式, 得

$$P(B) = \sum_{i=1}^{3} P(A_i)P(B|A_i) = 0.6 \times 0.8 + 0.1 \times 0.05 + 0.3 \times 0.4 = 0.605.$$

例 1.21 市场上的某种产品由甲、乙、丙三家工厂同时供货, 其供应比例为 2:1:1, 而且各厂产品的次品率依次为 0.02, 0.02, 0.04. 现从市场上任选一件产品.

(1) 求该件产品是次品的概率;

(2) 已知该件产品是次品, 求它是甲工厂生产的概率.

解 从市场上任意选取一件产品, 设 B 表示"该产品为次品", A_1 表示"该产品由甲工厂生产", A_2 表示"该产品由乙工厂生产", A_3 表示"该产品由丙工厂生产". 显然, A_1, A_2, A_3 互不相容, 且 $\bigcup_{i=1}^{3} A_i = \Omega$. 依题意有

$$P(A_1) = 0.5,\ P(A_2) = P(A_3) = 0.25,\ P(B|A_1) = P(B|A_2) = 0.02,\ P(B|A_3) = 0.04.$$

(1) 由全概率公式, 得

$$P(B) = \sum_{i=1}^{3} P(A_i)P(B|A_i) = 0.5 \times 0.02 + 0.25 \times 0.02 + 0.25 \times 0.04 = 0.025.$$

(2) 取出的产品为次品, 即事件 B 已经发生了, 求事件 A_1 发生的概率, 也就是求 $P(A_1|B)$. 利用 (1) 的计算结果, 我们有

$$P(A_1|B) = \frac{P(A_1B)}{P(B)} = \frac{P(A_1)P(B|A_1)}{P(B)} = \frac{0.5 \times 0.02}{0.025} = 0.4.$$

把例 1.21 中条件概率的计算公式概括为一般形式, 即是下面要讨论的**贝叶斯公式** (Bayes formula).

1.3.4 贝叶斯公式

贝叶斯公式考虑与全概率公式完全相反的问题, 即已知结果 B 发生了, 求导致 B 发生的各种原因的概率. 因而贝叶斯公式可看作是由"结果推原因", 它在投资管理、运筹规划、人工智能和医学研究等领域有着广泛的应用.

定理 1.3 (贝叶斯公式) 设事件 $A_1, A_2, \cdots, A_n$ 互不相容, 且 $\bigcup_{i=1}^{n} A_i = \Omega$, 概率 $P(A_i) > 0\ (i = 1, 2, \cdots, n)$. 对任意事件 B, 若 $P(B) > 0$, 则

$$P(A_i|B) = \frac{P(A_i)P(B|A_i)}{\sum_{j=1}^{n} P(A_j)P(B|A_j)}, \quad i = 1, 2, \cdots, n.$$

证明 由条件概率公式、乘法公式和全概率公式, 可得

$$P(A_i|B) = \frac{P(A_iB)}{P(B)} = \frac{P(A_i)P(B|A_i)}{\sum_{j=1}^{n} P(A_j)P(B|A_j)}, \quad i = 1, 2, \cdots, n.$$

公式中的 $P(A_i)$ 和 $P(A_i|B)$ 分别称为 A_i $(i=1, 2, \cdots, n)$ 的**先验概率**和**后验概率**. 先验概率 $P(A_i)$ 是在没有进一步信息(不知道事件 B 是否发生)的情况下通过分析以前的经验数据而得到; 后验概率 $P(A_i|B)$ 则是在获得新的信息(事件 B 已经发生)后, 人们对事件 A_i 发生的概率有了新的估计, 并对 $P(A_i)$ 进行修正和补充. 贝叶斯公式就是从数量上刻画了这种变化.

例 1.22 设某一学生接连参加概率论与数理统计课程的两次考试. 已知该学生第一次考试能及格的概率为 0.7; 若第一次及格则第二次也能及格的概率仍为 0.7; 若第一次不及格则第二次能及格的概率仅为 0.35. 已知该学生第二次考试及格, 求该学生第一次考试及格的概率.

解 设 A 表示"该生第一次考试及格", $\overline{A}$ 表示"该生第一次考试不及格", B 表示"该生第二次考试及格". 显然, A 与 $\overline{A}$ 互不相容, 且 $A\bigcup\overline{A}=\Omega$, 依题意有

$$P(A)=0.7, \quad P(\overline{A})=0.3, \quad P(B|A)=0.7, \quad P(B|\overline{A})=0.35.$$

由贝叶斯公式, 得

$$\begin{aligned}P(A|B)&=\frac{P(A)P(B|A)}{P(A)P(B|A)+P(\overline{A})P(B|\overline{A})}\\&=\frac{0.7\times0.7}{0.7\times0.7+0.3\times0.35}\\&=\frac{0.7\times0.7}{0.595}\\&\approx0.8235.\end{aligned}$$

例 1.23 已知 5%的男人是色盲患者, 而只有 0.25%的女人是色盲患者. 假如检查色盲的人群中男、女比例为 3:2. 现从人群中任意选出一人进行检查, 结果此人是色盲者, 求此人是男人的概率.

解 设 A_1 表示"此人是男人", A_2 表示"此人是女人", B 表示"此人是色盲者". 显然, A_1, A_2 互不相容, 且 $\bigcup\limits_{i=1}^{2}A_i=\Omega$. 依题意有

$$P(A_1)=\frac{3}{5}, \quad P(A_2)=\frac{2}{5}, \quad P(B|A_1)=\frac{5}{100}, \quad P(B|A_2)=\frac{1}{400}.$$

由贝叶斯公式, 得

$$P(A_1|B)=\frac{P(A_1)P(B|A_1)}{\sum\limits_{j=1}^{2}P(A_j)P(B|A_j)}$$

$$
=\frac{\frac{3}{5}\times\frac{5}{100}}{\frac{3}{5}\times\frac{5}{100}+\frac{2}{5}\times\frac{1}{400}}
=\frac{\frac{3}{5}\times\frac{5}{100}}{0.031}
=\frac{30}{31}\approx 0.968.
$$

例 1.24　设某产品以100个为一批. 进行质量检查时, 每批只抽出10个产品, 若经检查发现其中有次品, 则认为这批产品不合格. 假设每批产品中含次品的个数不超过4, 且有 $i\ (i=0,1,2,3,4)$ 个次品的概率分别为 0.1, 0.2, 0.4, 0.2, 0.1.

(1) 求每批产品通过检查的概率;

(2) 求通过检查的各批产品中恰有3个次品的概率.

解　设 A_i 表示“一批产品中有 i 个次品”, $i=0,1,2,3,4$. B 表示“这批产品通过检查”. 显然, A_0, A_1, A_2, A_3, A_4 互不相容, 且 $\bigcup\limits_{i=0}^{4}A_i=\Omega$. 依题意有

$$P(A_0)=0.1,\ P(A_1)=0.2,\ P(A_2)=0.4,\ P(A_3)=0.2,\ P(A_4)=0.1.$$

$$P(B|A_0)=1,\ \ P(B|A_1)=\frac{\mathrm{C}_{99}^{10}}{\mathrm{C}_{100}^{10}}=0.9,\ \ P(B|A_2)=\frac{\mathrm{C}_{98}^{10}}{\mathrm{C}_{100}^{10}}\approx 0.809,$$

$$P(B|A_3)=\frac{\mathrm{C}_{97}^{10}}{\mathrm{C}_{100}^{10}}\approx 0.727,\ \ P(B|A_4)=\frac{\mathrm{C}_{96}^{10}}{\mathrm{C}_{100}^{10}}\approx 0.652.$$

(1) 由全概率公式, 得

$$P(B)=\sum_{i=0}^{4}P(A_i)P(B|A_i)\approx 0.8142.$$

(2) 由贝叶斯公式, 得

$$P(A_3|B)=\frac{P(A_3)P(B|A_3)}{P(B)}=\frac{0.2\times 0.727}{0.8142}\approx 0.179.$$

由此可见, 贝叶斯公式是“由结果找原因”, 由此公式得到的概率就是**后验概率**. 在决策分析中, 利用后验概率作出的决策称为**贝叶斯决策**.

同步基础训练1.3

1. 已知 $P(A)=\frac{1}{4},\ P(B|A)=\frac{1}{2},\ P(A|B)=\frac{1}{3}$, 则 $P(A\cup B)=$ ________.

2. 已知 $P(A)=0.6$, $P(B)=0.5$, $P(B|A)=0.7$, 则 $P(AB)=$ ________, $P(\overline{A}\,\overline{B})=$ ________.

3. 10 个产品中有 7 个正品, 3 个次品, 按不放回抽样, 每次取一个, 若已知第一次取到次品, 则第二次又取到次品的概率为 (   ).

A. $\frac{3}{7}$　　B. $\frac{3}{10}$　　C. $\frac{2}{7}$　　D. $\frac{2}{9}$

4. 一批产品共有 100 件, 其中 6 件是次品. 某采购员从该批产品中按不放回抽取 4 件, 如果发现这 4 件产品中至少有一件是次品, 则放弃购买这批产品, 求这批产品被他购买的概率.

5. 设某训练基地有 8 支步枪, 其中有 5 支被校准过. 已知某个选手用校准过的枪射击时, 中靶的概率为 0.8; 用未校准的枪射击时, 中靶的概率仅为 0.3. 若该选手从中任取一支枪用于射击, 求他能中靶的概率.

6. 小麦种子分为一、二、三、四这 4 种等级, 其中一等级的小麦种子中混有二、三、四等级种子的概率分别为 0.02, 0.015, 0.01. 已知用这 4 种等级的种子长出的穗含有 48 颗以上麦粒的概率分别为 0.5, 0.15, 0.1, 0.05, 求该一等级的小麦种子所长出的穗含有 48 颗以上麦粒的概率.

7. 甲胎蛋白试验法将患肝癌的人验出阳性反应的概率为 0.95, 将不患肝癌的人误验出阳性反应的概率为 0.04. 已知某地肝癌患者占总人口的 0.4%, 现有一人用该试验法检查, 结果呈阳性, 求他患有肝癌的概率.

8. 某人种了一棵小树, 外出时委托邻居浇水. 已知邻居有 90% 的把握记得浇水, 且若邻居浇水, 则小树活着的概率为 0.85; 若邻居忘记浇水, 则小树活着的概率为 0.2.

(1) 求此人回来小树还活着的概率;

(2) 若此人回来小树已死去, 求邻居忘记浇水的概率.

9. 某批商品由一、二、三工厂同时加工生产, 已知这三个工厂生产商品的比例为 $2:7:1$, 次品率依次为 0.02, 0.01, 0.03. 现从这批商品中任取一件, 求

(1) 它是次品的概率;

(2) 已知该件商品是次品, 则它由哪个工厂生产的概率最大?

1.4 事件的独立性

对于两个或两个以上的事件, 往往需要考虑一个事件的发生是否对其他事件发生的概率产生影响. 一般情况下, 一个事件 A 的发生对另一个事件 B 发生的概率是有影响的, 即在 A 发生的条件下, B 发生的条件概率 $P(B|A)$ 不等于 $P(B)$. 但在有些实际问题中, 也有可能出现 $P(B|A)=P(B)$ 的情形, 即事件 A 的发生对事件 B 发生的概率没有影响.

例如, 盒中有 10 支钢笔, 其中 3 支是红色的, 7 支是黑色的, 如今有放回地连续

取两次, 每次取一支. 设 A 表示“第一次取到红色钢笔”, B 表示“第二次取到红色钢笔”, 则有

$$P(B) = P(B|A) = \frac{3}{10}, \quad P(B) = P(B|\overline{A}\ ) = \frac{3}{10}.$$

这一结果表明, 事件 A 的发生与否对事件 B 发生的概率没有影响. 此时

$$P(AB) = P(A)P(B|A) = P(A)P(B).$$

本节讨论事件相互独立的条件、性质及相关应用问题.

1.4.1　事件独立性的定义

下面先给出两个事件相互独立的定义, 然后再讨论多个事件的独立性.

定义 1.5　设 A, B 是试验 E 的两个事件, 如果满足等式

$$P(AB) = P(A)P(B),$$

则称事件 A 与事件 B **相互独立**.

注 1.3　(1) $\Omega, \varnothing$ 与任何事件都是相互独立的. 因为对任意事件 A, 有

$$P(\Omega A) = P(A) = 1 \times P(A) = P(\Omega)P(A),$$
$$P(\varnothing A) = P(\varnothing) = 0 \times P(A) = P(\varnothing)P(A).$$

(2) 事件 A, B 互不相容与相互独立是完全不同的两个概念: 互不相容表示事件 A 与 B 在一次试验中不能同时发生, 是从事件本身来考虑的; 相互独立表示在一次试验中一个事件发生与否都不会影响另一个事件发生的概率, 是从概率的角度来考虑问题的.

(3) 当 $P(A) > 0, P(B) > 0$ 时, A, B 互不相容与 A, B 相互独立不能同时成立.

定义 1.6　设 $A_1, A_2, \cdots, A_n$ 是试验 E 的 n 个事件, 若它们中的任意两个事件均相互独立, 则称事件 $A_1, A_2, \cdots, A_n$ **两两独立**.

例 1.25　连续抛掷一枚质地均匀的硬币两次, 观察正面 H 和反面 T 出现的情况. 此时样本空间为 $\Omega = \{HH, HT, TH, TT\}$, 设 $A = \{HH, HT\}$, $B = \{HH, TH\}$, $C = \{HH, TT\}$, 则有

$$AB = AC = BC = ABC = \{HH\},$$

且

$$P(A) = P(B) = P(C) = \frac{1}{2}, \quad P(AB) = P(AC) = P(BC) = P(ABC) = \frac{1}{4}.$$

于是有

$$P(AB)=P(A)P(B)=\frac{1}{4}, \quad P(AC)=P(A)P(C)=\frac{1}{4}, \quad P(BC)=P(B)P(C)=\frac{1}{4},$$

由定义1.6知, A, B, C 两两独立. 但

$$P(ABC)=\frac{1}{4}\neq P(A)P(B)P(C);$$

进一步知

$$P[(AB)C]\neq P(AB)P(C),$$

故 AB 与 C 不相互独立. 同理, AC 与 B, BC 与 A 也不是相互独立的. 这说明事件 A, B, C 整体上不完全独立.

下面我们给出三个事件相互独立的定义.

定义 1.7 设 A, B, C 是试验 E 的三个事件, 如果满足等式

$$\begin{aligned} P(AB)&=P(A)P(B),\\ P(AC)&=P(A)P(C),\\ P(BC)&=P(B)P(C),\\ P(ABC)&=P(A)P(B)P(C), \end{aligned}$$

则称事件 A, B, C 相互独立.

对于多个事件的独立性, 可类似给出定义.

定义 1.8 设 $A_1, A_2, \cdots, A_n$ $(n\geqslant 2)$ 是试验E的 n 个事件, 若对任意 k $(k=2, 3, \cdots, n)$ 个事件 $A_{i_1}, A_{i_2}, \cdots, A_{i_k}$ $(1\leqslant i_1<i_2<\cdots<i_k\leqslant n)$, 有

$$P(A_{i_1}A_{i_2}\cdots A_{i_k})=P(A_{i_1})P(A_{i_2})\cdots P(A_{i_k}),$$

则称事件 $A_1, A_2, \cdots, A_n$ 相互独立.

定义 1.9 设 $A_1, A_2, \cdots, A_n, \cdots$ 是试验E的可列个事件, 若其中的任意 n $(n\geqslant 2)$ 个事件都相互独立, 则称这可列个事件 $A_1, A_2, \cdots, A_n, \cdots$ 相互独立.

由例 1.25 及上述定义可知, 多个事件两两独立不一定相互独立; 但多个事件相互独立一定两两独立.

1.4.2 事件相互独立的性质

利用独立性的定义, 容易证得事件相互独立具有如下重要性质.

(1) 设 A, B 是两个事件, 且 $P(A)>0$, 则 A, B 相互独立的充要条件是

$$P(B|A)=P(B).$$

证明 若 A, B 相互独立, 则有

$$P(AB) = P(A)P(B).$$

由 $P(A) > 0$ 及乘法公式, 可得

$$P(AB) = P(A)P(B|A).$$

所以

$$P(B|A) = P(B).$$

反之, 若 $P(B|A) = P(B)$, 则

$$P(AB) = P(A)P(B|A) = P(A)P(B).$$

因此, A 与 B 相互独立.

(2) 事件 A, B 相互独立, 则 A 与 $\overline{B}$, $\overline{A}$ 与 B, $\overline{A}$ 与 $\overline{B}$ 也相互独立.

证明 由于 A, B 相互独立, 则有 $P(AB) = P(A)P(B)$, 而

$$\begin{aligned} P(A\,\overline{B}) &= P(A-B) = P(A) - P(AB) = P(A) - P(A)P(B) \\ &= P(A)[1 - P(B)] = P(A)P(\overline{B}), \end{aligned}$$

故 A 与 $\overline{B}$ 相互独立. 同理可证 $\overline{A}$ 与 B 相互独立.

现在我们来证 $\overline{A}$ 与 $\overline{B}$ 也相互独立. 由 $\overline{A}$ 与 B 相互独立, 得

$$\begin{aligned} P(\overline{A}\,\overline{B}) &= P(\overline{A} - B) = P(\overline{A}) - P(\overline{A}B) = P(\overline{A}) - P(\overline{A})P(B) \\ &= P(\overline{A})[1 - P(B)] = P(\overline{A})P(\overline{B}), \end{aligned}$$

因此, $\overline{A}$ 与 $\overline{B}$ 相互独立.

性质 (2) 表明, 以上四对事件只要有一对相互独立, 则其他三对也相互独立. 这一结果可以推广到多个事件的情形.

(3) 若 $n\ (n \geqslant 2)$ 个事件 $A_1, A_2, \cdots, A_n$ 相互独立, 则将它们中的任意 $k\ (2 \leqslant k \leqslant n)$ 个事件换成各自的对立事件后, 所得到的 n 个事件也是相互独立的.

(4) (**独立和公式**) 若事件 $A_1, A_2, \cdots, A_n$ 相互独立, 则有

$$P\left(\bigcup_{i=1}^{n} A_i\right) = 1 - \prod_{i=1}^{n} P(\overline{A_i}).$$

证明 利用事件独立的性质 (3) 和德摩根律, 有

$$P\left(\bigcup_{i=1}^{n} A_i\right) = 1 - P\left(\overline{\bigcup_{i=1}^{n} A_i}\right) = 1 - P(\overline{A_1}\,\overline{A_2}\cdots\overline{A_n}) = 1 - \prod_{i=1}^{n} P(\overline{A_i}).$$

在实际应用中, 事件的独立性往往不是用定义来判断的, 而是根据问题的实际意义来判断的. 若我们推断出事件是相互独立的, 则可利用独立性的定义及其性质来计算相关概率.

例 1.26 加工某种产品需要经过四道工序, 各道工序出现次品的概率分别为 0.02, 0.03, 0.05, 0.03. 假定各道工序是相互独立的, 求加工出来的产品是次品的概率.

解 设 B 表示"加工出来的产品是次品", A_i 表示"第 i 道工序出现次品", $i=1, 2, 3, 4$. 根据独立和公式, 有

$$P(B)=P\left(\bigcup_{i=1}^{4} A_i\right)=1-\prod_{i=1}^{4} P(\overline{A_i})=1-0.98\times 0.97\times 0.95\times 0.97\approx 0.124.$$

例 1.27 为摆脱困境, 某企业组织了三个小组分别开发三种新产品. 已知每个小组能否研制出各自的新产品是互不影响的, 且研制成功的概率依次为 0.6, 0.5, 0.6, 求

(1) 新产品能研制成功的概率;

(2) 至少有两种新产品能研制成功的概率.

解 设 B 表示"新产品能研制成功", C 表示"至少有两种新产品能研制成功", A_i 表示"第 i 种新产品能研制成功", $i=1, 2, 3$. 由题意知, A_1, A_2, A_3 相互独立. 根据事件独立的性质 (3) 和 (4), 有

(1) $P(B)=P\left(\bigcup_{i=1}^{3} A_i\right)=1-\prod_{i=1}^{3} P(\overline{A_i})=1-0.4\times 0.5\times 0.4=0.92.$

(2)
$$\begin{aligned}P(C)&=P\left(A_1A_2\overline{A_3}\cup A_1\overline{A_2}A_3\cup \overline{A_1}A_2A_3\cup A_1A_2A_3\right)\\&=P(A_1A_2\overline{A_3})+P(A_1\overline{A_2}A_3)+P(\overline{A_1}A_2A_3)+P(A_1A_2A_3)\\&=0.6\times 0.5\times 0.4+0.6\times 0.5\times 0.6+0.4\times 0.5\times 0.6+0.6\times 0.5\times 0.6\\&=0.6.\end{aligned}$$

同步基础训练1.4

1. 设事件 A, B 相互独立, $P(A\cup B)=0.6$, $P(A)=0.3$, 则 $P(\overline{B})=$ ________.

2. 设 A, B 是两个事件, 且 $P(A)=a$, $P(B)=0.3$, $P(\overline{A}\cup B)=0.7$.

(1) 若 A 与 B 互不相容, 求 a;

(2) 若 A 与 B 相互独立, 求 a.

3. 甲、乙两批种子的发芽率分别为 0.8 和 0.7, 且每批种子发芽与否是互不影响的. 现随机地从两批种子中各抽取一粒, 求

(1) 两粒都发芽的概率;

(2) 至少有一粒种子发芽的概率;

(3) 恰好有一粒种子能发芽的概率.

4. 某一密码同时由三人独立进行破解, 这三人能解出密码的概率分别为 0.4, 0.5 和 0.7, 求密码被破解的概率.

5. 设某个射手击中目标的概率为 0.2, 该射手独立进行了 5 次射击, 求至少有一次击中目标的概率.

6. 若事件 A, B 满足 $P(AB)=P(A)P(B)$, 且 $P(A\overline{B})=P(\overline{A}B)=0.25$, 求 $P(A), P(B)$.

1.5 独立试验序列

为了全面、系统地研究随机现象, 有时需要进行一系列随机试验, 称依次进行的一系列试验 $E_1, E_2, \cdots, E_n, \cdots$ 为一个**随机试验序列**, 简称**试验序列**.

1.5.1 *n* 次独立试验序列

对于试验序列 $E_1, E_2, \cdots, E_n$, 用 A_i 表示试验 E_i $(i=1, 2, \cdots, n)$ 的任一事件, 若对任意的 $A_1, A_2, \cdots, A_n$, 都有

$$P(A_1A_2\cdots A_n)=P(A_1)P(A_2)\cdots P(A_n),$$

则称 $E_1, E_2, \cdots, E_n$ 为 n **次独立试验序列**.

1.5.2 *n* 重伯努利试验

独立试验序列首先由雅各布 · 伯努利 (Jakob Bernoulli) 进行研究. 本节讨论一类最简单的独立试验序列 —— $\boldsymbol{n}$ **重伯努利试验**.

在对随机现象进行观察或试验时, 人们往往感兴趣的是某个事件 A 是否发生. 例如, 在检验产品质量时, 人们关心产品是否为合格品; 在抛掷硬币时人们关心的是硬币“正面朝上”还是“反面朝上”. 这种只有两种可能结果 A 与 $\overline{A}$ 的试验称为**伯努利试验** (Bernoulli experiment).

伯努利试验是一种很重要的数学模型, 即使有些试验的结果不止两个, 也可以根据研究目的把这些试验看作是伯努利试验. 例如, 观察一批冰箱的使用寿命, 其试验结果是不小于零的实数, 但如果规定冰箱的使用寿命达到某一数值时即为合格品, 则在试验时我们观察冰箱是否为合格品, 这样仍然可以把这个试验看成是伯努利试验.

在相同条件下, 将一个伯努利试验独立重复地进行 n 次所形成的试验序列, 称为 $\boldsymbol{n}$ **重伯努利试验**, 简称**伯努利概型**.

定理 1.4 (伯努利定理) 在 n 重伯努利试验中, 事件 A 在每次试验中发生的概率为 $p\,(0<p<1)$, 令 B_k 表示"在 n 次试验中事件 A 恰好发生 k 次", 则

$$P(B_k)=\mathrm{C}_n^k p^k q^{n-k}=\frac{n!}{k!\,(n-k)!}p^k q^{n-k},\ \ p+q=1,\ \ k=0,1,2,\cdots,n.$$

证明 由已知条件可得, 事件 A 在某 k 次试验中发生, 而在其余的 $n-k$ 次试验中不发生的概率为

$$p^k(1-p)^{n-k}=p^kq^{n-k}.$$

由排列组合理论知, 在 n 次试验中"事件 A 恰好发生 k 次"共有 C_n^k 种不同的方式. 因而可得

$$P(B_k)=\mathrm{C}_n^k p^k q^{n-k}=\frac{n!}{k!\,(n-k)!}p^k q^{n-k}.$$

例 1.28 已知树苗被移栽后, 其成活的概率为 0.9. 若移栽了 20 棵这种树苗, 求能成活 18 棵的概率.

解 设 A 表示"树苗能成活", B 表示"能成活 18 棵", 由题意知 $P(A)=0.9$. 因为不同树苗成活与否是相互独立的, 因此移栽 20 棵树苗可以看成是 20 重伯努利试验. 由伯努利定理, 所求概率为

$$P(B)=\mathrm{C}_{20}^{18}\times 0.9^{18}\times 0.1^2=0.285.$$

例 1.29 10 台机床由一个工人负责维修, 已知在一个月内各台机床需要维修的概率均为 0.3, 求

(1) 在一个月内至少有 2 台又不多于 4 台机床需要维修的概率;

(2) 在一个月内至少有 2 台机床需要维修的概率.

解 设 A 表示"一个月内某台机床需要维修", 则 $P(A)=0.3$. 设 A_i 表示"一个月内有 i 台机床需要维修" $(i=0,1,2,3,4)$, B 表示"一个月内至少有 2 台又不多于 4 台机床需要维修", C 表示"一个月内至少有 2 台机床需要维修". 由于各台机床是否需要维修是相互独立的, 因此 10 台机床是否需要维修可以看成是 10 重伯努利试验. 由伯努利定理, 得

(1) $P(B)=P(A_2)+P(A_3)+P(A_4)$

$\quad=\mathrm{C}_{10}^2\times 0.3^2\times 0.7^8+\mathrm{C}_{10}^3\times 0.3^3\times 0.7^7+\mathrm{C}_{10}^4\times 0.3^4\times 0.7^6\approx 0.7004.$

(2) $P(C)=1-P(A_0)-P(A_1)=1-0.7^{10}-\mathrm{C}_{10}^1\times 0.3\times 0.7^9\approx 0.8507.$

同步基础训练 1.5

1. 某人进行 5 次试验, 已知各次试验的结果互不影响, 且此人每次试验成功的概率为 0.2, 则此人至少成功 2 次的概率为 ________.

2. 灯管的寿命超过 1000 小时的概率为 0.2, 则 3 个灯管使用 1000 小时后, 最多只有 1 个坏了的概率为 (　　).

A. 0.204　　B. 0.104　　C. 0.304　　D. 0.404

3. 某批产品的次品率为 0.3, 采取有放回抽样, 每次取一个, 求取到的 5 个样品中至多有 2 个次品的概率.

4. 已知一挺机枪击中飞机的概率为 0.04, 现有 100 挺机枪同时向飞机射击, 求飞机被击中的概率.

习　题　1

(A)

1. 写出下列试验的样本空间 Ω.

(1) 用百分制记录某个班一次概率论与数理统计课程考试的平均分;

(2) 生产零件直到有 10 个一等品为止, 记录所需生产零件的总个数;

(3) 在单位圆内任意取一点, 记录它的坐标.

2. 设某个射手向靶子射击三次, 用 A_i 表示“第 i 次击中靶子” ($i=1, 2, 3$), 试用语言描述下列事件.

(1) $\overline{A_1}\bigcup\overline{A_2}\bigcup\overline{A_3}$;　(2) $\overline{A_1\bigcup A_2}$;　(3) $(A_1A_2\overline{A_3})\bigcup(\overline{A_1}A_2A_3)$.

3. 设 A, B, C 为三个事件, 用 A, B, C 的运算关系表示下列事件.

(1) A 与 B 都发生, 但 C 不发生;

(2) A 发生, 且 B 与 C 至少有一个发生;

(3) A, B, C 至少有一个发生;

(4) A, B, C 恰好有一个发生;

(5) A, B, C 至多有两个发生;

(6) A, B, C 不全发生.

4. 设试验 E 为掷一颗骰子, 观察其出现的点数. 若 A 表示“出现奇数点”, B 表示“出现的点数能被 3 整除”, C 表示“出现的点数小于 2”, D 表示“出现偶数点”, F 表示“出现的点数不超过 4”, 写出实验 E 的这几个事件之间的关系.

5. 设 $P(A)=\ln a, P(B)=0.3,\ A\subset B$, 求 a 的取值范围.

6. 已知 $P(A)=0.7, P(AB)=0.2, P(\overline{A}\ \overline{B})=0.15$, 求 $P(A-B), P(B-A)$ 以及 $P(A\bigcup B)$.

7. 某地区发行 A, B 两种报纸. 经调查, 订阅这两种报纸的人群中, 订阅 A 报纸的占 45%, 订阅 B 报纸的占 35%, 同时订阅两种报纸 A, B 的占 10%. 求只订一种报纸的概率.

8. 100 件产品中有 60 件一等品、30 件二等品、10 件三等品, 从中一次任意抽取两件, 求恰好抽到 $m\,(m=0, 1, 2)$ 件一等品的概率.

9. 10件产品中有6件一等品, 4件二等品. 从中不放回抽取3次, 每次取1件, 求

(1) 第3次取到二等品的概率;

(2) 3次中恰有1次取到二等品的概率.

10. 从 0, 1, 2, ⋯, 9 十个数中可重复地任取6个进行排号, 求这6个数中不含0或8的概率.

11. 从6副相同的手套中任取4只, 求恰有一副的概率.

12. 在 $[0, T]$ 时间内的任何时刻, 两个不相关的信号均等可能地进入收音机, 如果这两个信号进入收音机的间隔时间不大于 t, 则收音机就受到干扰. 求收音机受到干扰的概率.

13. 已知 $P(\overline{A}) = 0.3$, $P(B) = 0.4$, $P(A\overline{B}) = 0.5$, 求条件概率 $P\left(B \middle| A \cup \overline{B}\right)$.

14. 100个零件中有10个次品, 从中按不放回抽样, 每次取一个, 求三次都取到正品的概率.

15. 在课堂上, 老师依次请甲、乙、丙三位同学回答同一个问题. 如果前面的同学回答对了则停止, 回答错了则由后面的同学回答. 已知他们答对的概率分别为 0.4, 0.6, 0.8. 求

(1) 问题是由乙答出的概率;

(2) 问题是由丙答出的概率.

16. 10箱产品中有5箱来自甲厂, 3箱来自乙厂, 2箱来自丙厂. 已知甲、乙、丙厂的次品率依次为0.01, 0.02, 0.03. 现从10箱中任取一箱, 再从该箱中任取一产品, 求取得正品的概率.

17. 袋中有10个球, 其中7个新球, 3个旧球. 第一次比赛时从中任取2个来用, 比赛完后仍放回袋中, 第二次比赛仍从中任取2个, 求第二次取出的球中有1个新球的概率.

18. 据报道, 某地区约有 0.1%的人口是肺癌患者. 已知该地区约有 20%的人口是吸烟者, 他们患肺癌的概率约为 0.4%, 求不吸烟者患肺癌的概率.

19. 已知对某项疾病诊断的准确率为 95%, 且这种疾病在当地人群中的发病率为 0.5%. 若某人检查时被判断患有该病, 求他确实有该病的概率.

20. 统计资料表明, 每天机器开机时, 它处于良好状态的概率为 0.75. 已知当机器处于良好状态时, 其生产的产品合格率为 0.9; 当机器出现故障时, 其生产的产品合格率仅为 0.3. 某天从生产的产品中任取1件, 若它恰好是合格品, 求该天机器处于良好状态的概率.

21. 10盒同一规格的X光片中有5盒来自甲厂, 3盒来自乙厂, 2盒来自丙厂, 且甲、乙、丙厂生产的这种X光片的次品率依次为 $\frac{1}{10}, \frac{1}{15}, \frac{1}{20}$. 现从中任取一盒, 再从这盒中任取一张X光片, 求

(1) 取到的这张 X 光片是次品的概率;

(2) 已知取到这张 X 光片是正品, 求它是由乙厂生产的概率.

22. 每箱玻璃杯有20只, 各箱次品数为0, 1, 2只的概率依次为 0.8, 0.1, 0.1. 某顾客想买一箱玻璃杯, 他从售货员随机取出的一箱中, 随机取出4只进行检查, 若无次品, 则买下, 否则退回. 求

(1) 顾客买下该箱玻璃杯的概率;

(2) 在顾客买下的一箱中, 确实没有次品的概率.

23. 甲、乙两台机器独立运转, 已知在一天内无故障的概率分别为0.8和0.7, 求

(1) 两台机器都无故障的概率;

(2) 有机器出故障的概率;

(3) 有一台机器出故障的概率.

24. 已知三个事件 A, B, C 相互独立, 证明: $A\bigcup B$, AB, $A-B$ 都与 C 相互独立.

25. 甲、乙、丙三部机床独立工作, 在一星期内它们不需要工人维修的概率依次为 0.7, 0.8, 0.9, 求在这一星期内, 最多只有一台机床需维修的概率.

26. 已知每枚地对空导弹击中来犯敌机的概率为 0.96, 问需要发射多少枚导弹才能保证至少有一枚导弹击中敌机的概率大于 0.999?

27. 进行四次独立试验, 事件 A 在每次试验中发生的概率相等. 若已知事件 A 至少发生一次的概率为 $\frac{65}{81}$, 求事件 A 在一次试验中发生的概率.

28. 某工厂产品的次品率为 0.04, 求

(1) 从该厂生产的产品中任取 10 件, 求至少有两件次品的概率;

(2) 按无放回抽取, 一次取一件, 求当取到第二件次品时, 之前已取到 8 件正品的概率.

(B)

1. 设 A, B 为两个事件, 满足 $P(AB)=P(A)P(B)$, 且 A 和 B 都不发生的概率为 $\frac{1}{9}$, A 发生 B 不发生的概率与 B 发生 A 不发生的概率相等, 求 $P(A)$.

2. 若 $P(A)=P(B)=P(C)=0.25$, $P(AB)=0$, $P(AC)=P(BC)=\frac{1}{6}$, 求

(1) A, B, C 至少有一个发生的概率;

(2) A, B, C 全不发生的概率.

3. 设 A, B 为两个事件, 已知 $P(A)=0.5$, $P(B)=0.6$, $P(B|\overline{A})=0.4$, 求 $P(A\bigcup B)$ 以及 $P(A|\overline{B})$.

4. 在 1 至 2000 的整数中随机地取一个数, 求这个数既不能被 6 整除, 又不能被 8 整除的概率.

5. 若 8 人随意地坐在一张圆桌周围, 他们中有两人是父女, 求这父女俩刚好坐在一起的概率.

6. 若 15 名毕业生中有 3 名优秀生, 实习时将他们随机地分配到 3 个部门, 其中第一个部门 4 名, 第二个部门 5 名, 第三个部门 6 名. 求

(1) 每一个部门各分配到一名优秀生的概率;

(2) 3 名优秀生被分配到同一个部门的概率.

7. 在长度为 a 的线段内任取两点将其分为三段, 求它们可以构成一个三角形的概率.

8. 设事件 A 与 B 互不相容, 且 $0<P(B)<1$, 证明:

$$P(A|\overline{B})=\frac{P(A)}{1-P(B)}.$$

9. 甲、乙两人进行拳击训练, 甲先向乙进攻, 甲击中乙的概率为 0.2; 若甲未击中, 则乙反击, 击中甲的概率为 0.3; 若乙未击中甲, 则甲再次进攻, 击中乙的概率为 0.4. 在这几个回合中, 求

(1) 甲被击中的概率;

(2) 乙被击中的概率;

(3) 若乙被击中, 求他是在第一回合被击中的概率.

10. 某个学生接连参加某一课程的两次考试, 已知第一次考试该生能及格的概率为 p; 若第一次及格则第二次及格的概率也为 p; 若第一次不及格则第二次能及格的概率仅为 $\frac{p}{2}$. 如果至少有一次及格该生才能取得某种资格, 求该生能取得该资格的概率.

11. 某种名牌衣服的商标为"REBER", 其中有 2 个字母掉落, 某人捡起随意放回, 求放回后仍为"REBER"的概率.

12. 同样规格的零件装成两箱, 已知第一箱装 50 只, 其中 10 只一等品; 第二箱装 30 只, 其中 18 只一等品. 今从中任挑出一箱, 再从该箱中不放回地取零件两次, 每次取一只, 求

(1) 第一次取到的零件是一等品的概率;

(2) 若第一次取到的零件是一等品, 求第二次取到的也是一等品的概率.

13. 一批商品 100 件, 其中有 4 件次品. 为检验这批商品是否合格, 今从中任取 3 件, 如果发现这 3 件中有次品, 则认为这批商品不合格. 由于检验有误, 正品被误验为次品的概率为 0.05; 次品被误验为正品的概率为 0.01. 求

(1) 这批商品被检验合格的概率;

(2) 若检验合格, 则所取的 3 件商品中恰有 1 件次品的概率.

14. 三发大炮同时向一架飞机射击, 它们击中目标的概率分别为 0.4, 0.5, 0.7. 若只有一发大炮击中, 飞机坠毁的概率为 0.2; 若只有两发大炮击中, 飞机坠毁的概率为 0.6; 而飞机被三发大炮击中一定坠毁.

(1) 求飞机被击落的概率;

(2) 如果发现飞机已被击中坠毁, 求它是由三发大炮同时击中的概率.

15. 证明: 事件 A, B 相互独立的充分必要条件是 $P(A|B) = P(A|\overline{B})$.

16. 设三个事件 A, B, C 相互独立, 且

$$ABC = \varnothing, \quad P(A) = P(B) = P(C) < 0.5, \quad P\left(A \bigcup B \bigcup C\right) = \frac{9}{16},$$

求 $P(A)$.

第 2 章　随机变量及其分布

第 1 章引入了随机试验、随机事件及概率等基本概念, 为了深入研究随机现象的统计规律性, 需要借助于强有力的数学概念和方法. 为此, 本章引入随机变量的概念. 随机变量是概率论中最基本的概念之一, 它把随机试验的结果数量化, 使概率论从对随机事件及其概率的研究扩展到对随机变量及其概率分布的研究, 从而可以用近代数学工具来研究随机现象的统计规律性, 使概率论成为一门真正的科学. 本章主要讨论一维随机变量及其分布.

2.1　随机变量及其分布函数

2.1.1　随机变量的概念

我们发现在随机试验中, 有些试验的结果直接表现为数量形式. 例如, 抛掷一颗骰子, 观察其出现的点数; 记录某一城市一天中发生交通事故的次数. 有些试验的结果则是非数量性质的. 例如, 掷一枚硬币, 观察其正面是否朝上; 在某批产品中任选一件, 检验其是否合格. 为了全面研究随机试验的结果, 揭示随机现象的统计规律性, 我们将随机试验的结果和实数对应起来, 即将随机试验的结果数量化, 引入随机变量的概念.

定义 2.1　设随机试验 E 的样本空间为 $\Omega=\{\omega\}$, $X=X(\omega)$ 是定义在样本空间 Ω 上的实值单值函数, 则称 $X=X(\omega)$ 为**随机变量** (random variable).

通常用大写拉丁字母 X, Y, Z 或希腊字母 ξ, η, ζ 等表示随机变量, 用 x, y, z 等表示其可能的取值.

引入随机变量后, 随机事件就可以用随机变量在某个范围内取值来表示. 对于一个随机变量 X, 若 B 是某些实数组成的集合, 即 $B\subset\mathbb{R}$, 则 $\{X\in B\}$ 表示如下的随机事件

$$\{\omega: X(\omega)\in B\}\subset\Omega.$$

特别地, 用等号、小于号或大于等于号等把随机变量 X 与某些实数连接起来, 用来表示事件. 如 $\{X=a\}$, $\{a<X<b\}$ 和 $\{X\geqslant b\}$ 等都是随机事件.

例 2.1　设试验 E 为从一个装有编号为 $1, 2, \cdots, 9$ 的球的口袋中任意摸一球. “摸到编号为 i 的球”记为 $\omega_i\,(i=1, 2, \cdots, 9)$, 则 E 的样本空间为

$$\Omega=\{\omega_1, \omega_2, \cdots, \omega_9\}.$$

若 X 为摸到球的号码, 则 X 为定义在 Ω 上的实值单值函数, 即

$$X:\Omega\to\{1,2,\cdots,9\}$$
$$\omega_i\mapsto i,\ \ i=1,2,\cdots,9,$$

从而 X 是一个随机变量. 这样,

$\{X=3\}$ 表示事件"摸到球的号码为 3", 即 $\{X=3\}=\{\omega_3\}$,

$\{X\leqslant 5\}$ 表示事件"摸到球的号码不超过 5", 即

$$\{X\leqslant 5\}=\{\omega_1,\omega_2,\omega_3,\omega_4,\omega_5\}.$$

例 2.2 将一枚硬币连续抛掷三次, 在每一次抛掷中用 H 表示出现正面朝上, T 表示出现反面朝上, 则样本空间

$$\Omega=\{HHH,HHT,HTH,THH,TTH,THT,HTT,TTT\}.$$

(1) 若 X 表示三次抛掷中出现正面朝上的次数, 那么对于样本空间 Ω 中的每一个样本点 ω, X 都有一个值与之对应, 即

ω		X 的取值	ω		X 的取值
HHH	$\mapsto$	3	TTH	$\mapsto$	1
HHT	$\mapsto$	2	THT	$\mapsto$	1
HTH	$\mapsto$	2	HTT	$\mapsto$	1
THH	$\mapsto$	2	TTT	$\mapsto$	0

从而 X 是一个随机变量, 且

$\{X=0\}=\{TTT\}$, $\{X=1\}=\{HTT,THT,TTH\}$,

$\{X=2\}=\{HHT,HTH,THH\}$, $\{X=3\}=\{HHH\}$.

(2) 若 Y 表示三次抛掷中出现反面朝上的次数, 同理可得

ω		Y 的取值	ω		Y 的取值
HHH	$\mapsto$	0	TTH	$\mapsto$	2
HHT	$\mapsto$	1	THT	$\mapsto$	2
HTH	$\mapsto$	1	HTT	$\mapsto$	2
THH	$\mapsto$	1	TTT	$\mapsto$	3

这样, Y 也是一个随机变量, 且

$$\{Y\leqslant 1\}=\{HHH,HHT,HTH,THH\},$$
$$\{Y\geqslant 2\}=\{TTH,THT,HTT,TTT\}.$$

注 2.1　(1) 随机变量是一个函数, 但它与普通函数不同, 普通函数是定义在实数域上的, 而随机变量是定义在样本空间上的 (样本空间的元素不一定是实数).

(2) 随机变量随着试验的结果不同而取不同的值, 由于试验各个结果的出现具有一定的概率, 因此随机变量的取值也有一定的概率.

(3) 随机事件是从静态的观点来研究随机现象, 而随机变量则是从动态的观点来研究随机现象.

(4) 根据需要可以在同一个样本空间上定义不同的随机变量, 如例 2.2 中, X 与 Y 就是定义在同一个样本空间 Ω 上的两个不同的随机变量.

从随机变量的取值结果看, 随机变量可以分为两大类: 离散型随机变量和非离散型随机变量. 若一个随机变量的所有可能取值是有限个或至多可列个, 则称它为**离散型随机变量**; 除离散型以外的随机变量我们统称为**非离散型随机变量**. 由于非离散型随机变量包含的范围很广, 情况比较复杂, 我们在一般情况下只关注其中最重要的, 也是实际中常遇到的**连续型随机变量**, 其取值充满了实数轴上的某个区间.

2.1.2　随机变量的分布函数

定义 2.2　设 X 是一个随机变量, 对任意的实数 x, 令

$$F(x)=P\{X\leqslant x\},\ -\infty<x<+\infty,$$

则称函数 $F(x)$ 为随机变量 X 的**分布函数** (distribution function).

注 2.2　(1) 分布函数就是定义在实数域 $\mathbb{R}$ 上的一个普通实值函数, 因此具有普通函数的性质, 这使得我们能够用分析的方法来研究随机变量.

(2) 如果将随机变量 X 看成数轴上随机点的坐标, 那么分布函数在点 x 的函数值 $F(x)$ 就是 X 落在区间 $(-\infty, x]$ 上的概率. 对于任意实数 $x_1, x_2\,(x_1<x_2)$, 随机变量 X 取值于区间 $(x_1, x_2]$ 的概率为

$$P\{x_1<X\leqslant x_2\}=P\{X\leqslant x_2\}-P\{X\leqslant x_1\}=F(x_2)-F(x_1).$$

因此知道了 X 的分布函数, 也就知道了 X 取值于区间 $(x_1, x_2]$ 的概率, 从这个角度来说, 分布函数能够完整地描述随机变量的统计规律性.

(3) 分布函数是描述各种类型随机变量 (离散型或非离散型) 的最一般的共同形式.

任一分布函数 $F(x)$ 都具有如下三条基本性质.

(1) **单调性**　$F(x)$ 是定义在整个实数域上的单调不减函数, 即对任意的 $x_1<x_2$, 有 $F(x_1)\leqslant F(x_2)$.

(2) **有界性**　对任意的 x, 有 $0\leqslant F(x)\leqslant 1$, 且

$$F(-\infty)=\lim_{x\to-\infty}F(x)=0;$$
$$F(+\infty)=\lim_{x\to+\infty}F(x)=1.$$

(3) **右连续性** $F(x)$ 至多有可列个间断点, 且在任何一点处都是右连续的, 即对任意的实数 x_0, 有

$$\lim_{x\to x_0^+}F(x)=F(x_0).$$

以上三条基本性质是分布函数必须具有的. 性质 (1) 由分布函数的定义和概率性质可直接得到, 性质 (2) 和 (3) 在直观上也是容易理解的, 但严格的证明需要更深的数学知识, 这里不进行证明. 反之, 满足上述三条基本性质的函数一定可以作为某个随机变量的分布函数.

例 2.3 设随机变量 X 的分布函数为

$$F(x)=\begin{cases}a+b\mathrm{e}^{-\frac{x^2}{2}}, & x>0,\\ 0, & x\leqslant 0.\end{cases}$$

求常数 a,b 及 $P\{0<X\leqslant 2\}$.

解 由分布函数的性质可知

$$F(+\infty)=\lim_{x\to+\infty}(a+b\mathrm{e}^{-\frac{x^2}{2}})=a=1,$$
$$\lim_{x\to0^+}(a+b\mathrm{e}^{-\frac{x^2}{2}})=a+b=F(0)=0,$$

因此, 可得 $a=1$, $b=-1$.

$$P\{0<X\leqslant 2\}=F(2)-F(0)=1-\mathrm{e}^{-2}.$$

同步基础训练2.1

1. 将一枚硬币连续抛掷两次, 分别用 H 和 T 表示一次抛掷中出现正面朝上和出现反面朝上.

(1) 给出试验的样本空间 Ω;

(2) 若 X 表示两次抛掷中出现正面朝上的次数, 则 X 是一个随机变量, 给出 X 的取值并求 X 取各个值的概率.

2. 设随机变量 X 的分布函数 $F(x)=a+b\arctan x$.

(1) 确定 a,b 的值;

(2) 求 $P\left\{\dfrac{\sqrt{3}}{3}<X\leqslant\sqrt{3}\right\}$.

2.2 离散型随机变量

2.2.1 离散型随机变量的概率分布律

由 2.1 节知道, 若随机变量 X 的取值为有限个或至多可列个, 则称 X 是一个**离散型随机变量** (discrete random variable). 例如, 射击中命中目标的次数、独立重复试验中事件 A 发生的次数等都是离散型随机变量. 对于离散型随机变量来说, 我们不仅要关心它的所有可能取值, 更要关心它取每个可能值的概率.

定义 2.3 设离散型随机变量 X 的所有可能取值为 $x_1, x_2, \cdots, x_k, \cdots$, X 取每一个值 x_k 的概率为 p_k, 则称

$$p_k = P\{X = x_k\}, \quad k = 1, 2, \cdots$$

为随机变量 X 的**概率分布律** (probability distribution law), 简称为 X 的**分布律**.

为了直观, 常把离散型随机变量 X 的分布律以表 2.1 的形式给出.

表 2.1 X 的分布律

X	x_1	x_2	x_3	$\cdots$	x_k	$\cdots$
p	p_1	p_2	p_3	$\cdots$	p_k	$\cdots$

或以下列矩阵的形式给出:

$$\begin{pmatrix} x_1 & x_2 & x_3 & \cdots & x_k & \cdots \\ p_1 & p_2 & p_3 & \cdots & p_k & \cdots \end{pmatrix}$$

由概率的性质容易证得, 离散型随机变量的分布律具有下述两个基本性质:

(1) **非负性** $p_k \geqslant 0, k = 1, 2, \cdots$;

(2) **规范性** $\sum\limits_{k=1}^{\infty} p_k = 1$.

反之, 具有上述两个性质的数列都可以作为某个离散型随机变量的分布律.

若离散型随机变量 X 的分布律为

$$p_k = P\{X = x_k\}, \quad k = 1, 2, \cdots,$$

则由概率的可列可加性, 可知 X 的分布函数为

$$F(x) = P\{X \leqslant x\} = \sum_{x_k \leqslant x} P\{X = x_k\} = \sum_{x_k \leqslant x} p_k. \tag{2.1}$$

分布函数的图形如图 2.1 所示.

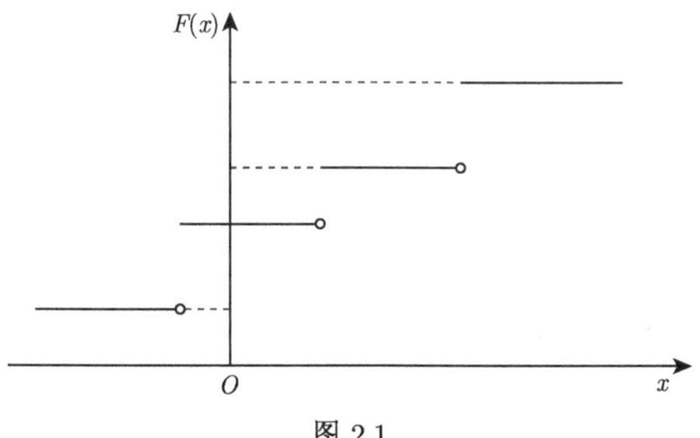

图 2.1

由式 (2.1) 及分布函数的图形可知, 离散型随机变量 X 的分布函数具有如下特点:

(1) 函数图形呈阶梯状;

(2) 有跳跃间断点, 且仅在其可能取值 $X=x_k\,(k=1,2,\cdots)$ 处发生跳跃, 其跳跃的高度恰为 p_k, 且 $p_k=F(x_k)-F(x_k-0)$.

例 2.4 设随机变量 X 的分布律为

X	0	1	2
p	$\frac{1}{3}$	a	$\frac{1}{2}$

求

(1) 常数 a;

(2) X 的分布函数;

(3) $P\left\{X\leqslant\frac{1}{5}\right\}$ 和 $P\left\{X\leqslant\frac{5}{3}\right\}$.

解 (1) 由分布律的性质可知,

$$\frac{1}{3}+a+\frac{1}{2}=1,$$

因此, 有 $a=\frac{1}{6}$.

(2) 由式 (2.1) 可得

$$F(x)=\begin{cases}0, & x<0,\\ \frac{1}{3}, & 0\leqslant x<1,\\ \frac{1}{3}+\frac{1}{6}=\frac{1}{2}, & 1\leqslant x<2,\\ \frac{1}{3}+\frac{1}{6}+\frac{1}{2}=1, & x\geqslant 2.\end{cases}$$

(3) 由分布函数定义及上式可得

$$P\left\{X \leqslant \frac{1}{5}\right\} = F\left(\frac{1}{5}\right) = \frac{1}{3}$$

和

$$P\left\{X \leqslant \frac{5}{3}\right\} = F\left(\frac{5}{3}\right) = \frac{1}{2}.$$

例 2.5　设随机变量 X 的分布函数为

$$F(x) = \begin{cases} 0, & x < -2, \\ 0.3, & -2 \leqslant x < 1, \\ 0.6, & 1 \leqslant x < 4, \\ 1, & x \geqslant 4. \end{cases}$$

求 X 的分布律.

解　显然, $F(x)$ 是个阶梯形函数, $x = -2, 1, 4$ 恰为其跳跃间断点. 因此, X 的所有可能取值为 $-2, 1, 4$, 且有

$$P\{X = -2\} = 0.3 - 0 = 0.3,$$
$$P\{X = 1\} = 0.6 - 0.3 = 0.3,$$
$$P\{X = 4\} = 1 - 0.6 = 0.4.$$

所以 X 的分布律为

X	-2	1	4
p	0.3	0.3	0.4

离散型随机变量的分布函数和分布律相互唯一, 二者统称为离散型随机变量的概率分布, 但分布律更形象更直观, 所以常用分布律来表示离散型随机变量.

下面给出几种常见的离散型分布.

2.2.2　几种常见的离散型分布

1. (0-1) 分布

定义 2.4　若随机变量 X 只取两个值 0 和 1, 且分布律为

$$P\{X = k\} = p^k(1-p)^{1-k}, \quad k = 0, 1, \quad 0 < p < 1,$$

或

X	0	1
p	$1-p$	p

则称 X 服从参数为 p 的**(0-1) 分布**, 又称为**伯努利分布** (Bernoulli distribution).

凡是只有两个结果的试验都可以用 (0-1) 分布来描述. 例如, 检验产品的质量是否合格, 抛掷一枚硬币观察正面朝上的结果等都可以用 (0-1) 分布的随机变量来描述.

2. 二项分布

二项分布是重要的离散型分布之一, 它在理论上和应用上都占有很重要的地位. 产生这种分布的一个重要现实来源是 1.5 节介绍过的 n 重伯努利试验. 在 n 重伯努利试验中, $p\,(0<p<1)$ 为事件 A 在每次试验中发生的概率, X 表示 n 次独立重复试验中事件 A 发生的次数, 则 X 是一个随机变量且服从参数为 n, p 的二项分布.

定义 2.5 若随机变量 X 的分布律为

$$P\{X=k\}=\mathrm{C}_n^k p^k(1-p)^{n-k}, \quad k=0,1,2,\cdots,n,$$

其中, $0<p<1$, 则称 X 服从参数为 n, p 的**二项分布** (binomial distribution), 记为 $X \sim B(n, p)$.

显然, 对于任意的 $k\,(k=0, 1, 2, \cdots, n)$, 有 $P\{X=k\} \geqslant 0$. 由于 $\mathrm{C}_n^k p^k(1-p)^{n-k}$ 恰是二项式 $[p+(1-p)]^n$ 展开式中的通项, 所以

$$\sum_{k=0}^{n} \mathrm{C}_n^k p^k(1-p)^{n-k}=[p+(1-p)]^n=1.$$

二项分布也因此而得名.

容易看出, 当 $n=1$ 时, 参数为 n, p 的二项分布退化为参数为 p 的 (0-1) 分布, 所以 (0-1) 分布是二项分布的特殊情况, 二项分布是 (0-1) 分布的推广. (0-1) 分布主要用来描述一次伯努利试验中试验成功 (记为 A) 的次数 (0 或 1).

在 n 重伯努利试验中, 若将第 k 个伯努利试验中 A 发生的次数记为 X_k $(k=1, 2, \cdots, n)$, 则 X_k 服从 (0-1) 分布, 即 $X_k \sim B(1, p)$, 且在 n 重伯努利试验中, A 发生的次数

$$X=X_1+X_2+\cdots+X_n.$$

这就是二项分布 $B(n, p)$ 和 (0-1) 分布 $B(1, p)$ 之间的联系, 即服从二项分布的随机变量可表示为 n 个独立同服从 (0-1) 分布的随机变量之和的形式.

二项分布具有如下性质.

(1) 若 $X \sim B(n, p)$, 则对于固定的 n 和 p,

$$P\{X=k\}=\mathrm{C}_n^k p^k(1-p)^{n-k}$$

随着 k 的变化取值是有规律的：一般是先随着 k 的增大而增大，达到一个峰值后，再随着 k 的增大而减小 (图 2.2). 若记达到最大概率值的点为 k_0, 则我们称 k_0 为该二项分布的**最可能次数**, 且有

$$k_0=\begin{cases}[(n+1)p], & (n+1)p\text{不是整数},\\ (n+1)p\text{或}(n+1)p-1, & (n+1)p\text{是整数}.\end{cases}$$

注意, 这里 $[(n+1)p]$ 表示不超过 $(n+1)p$ 的最大整数.

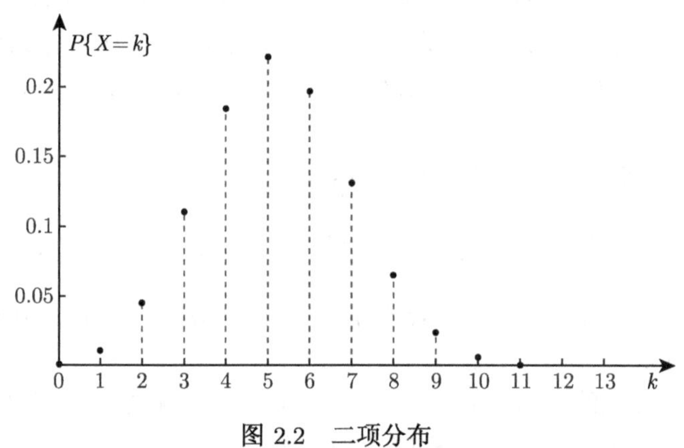

图 2.2　二项分布

(2) 对于固定的 p, 随着 n 的增大, $B(n, p)$ 的图形趋于对称.

例 2.6　某人打靶, 命中率为 $p=0.8$, 独立重复射击 5 次, 求

(1) 恰好命中两次的概率;

(2) 至少命中两次的概率;

(3) 至多命中四次的概率.

解　设 X 为 5 次独立重复射击中命中的次数, 则 $X\sim B(5, 0.8)$, 因此

(1) 恰好命中两次的概率为

$$P\{X=2\}=\mathrm{C}_5^2 0.8^2 0.2^3=0.0512;$$

(2) 至少命中两次的概率为

$$\begin{aligned}P\{X\geqslant 2\}&=1-P\{X=0\}-P\{X=1\}\\&=1-\mathrm{C}_5^0 0.8^0 0.2^5-\mathrm{C}_5^1 0.8^1 0.2^4\\&=0.9933;\end{aligned}$$

(3) 至多命中四次的概率为

$$P\{X\leqslant 4\}=1-P\{X=5\}=1-0.8^5=0.6723.$$

关于二项分布概率的计算, 对于较小的 n, p 可以直接查表 (附表 1) 得到; 如果 p 较大, 可以利用下面的定理 2.1 先转化为 p 较小的二项分布, 再去查表计算 (表中 p 的取值范围为 $0.001\sim 0.3$).

定理 2.1 设随机变量 $X\sim B(n,p)$, $Y=n-X$, 则 $Y\sim B(n,q)$, 其中 $q=1-p$.

证明 由 $X\sim B(n,p)$, 且 $Y=n-X$, 可知 Y 的所有可能取值为 $0,1,2,\cdots,n$, 因此, 对于 $k=0,1,2,\cdots,n$, 有

$$\begin{aligned}P\{Y=k\}&=P\{n-X=k\}\\&=P\{X=n-k\}\\&=\mathrm{C}_n^{n-k}p^{n-k}(1-p)^k\\&=\mathrm{C}_n^k q^k p^{n-k},\end{aligned}$$

所以 $Y\sim B(n,q)$.

例 2.7 某人射击的命中率为 0.8, 今连续射击 30 次, 计算命中 18 次的概率.

解 设 X 为 30 次射击中命中的次数, 则 $X\sim B(30,0.8)$. 记 $Y=30-X$, 由定理 2.1 知, $Y\sim B(30,0.2)$, 所以

$$\begin{aligned}P\{X=18\}&=P\{Y=12\}\\&=P\{Y\leqslant 12\}-P\{Y\leqslant 11\}\\&=0.9969-0.9905\\&=0.0064.\end{aligned}$$

3. 泊松分布

泊松分布是应用最广泛的分布之一, 经常作为描述大量试验中稀有事件出现次数的概率分布的一个数学模型. 在实际中, 各种事故、自然灾害、不常见病、不幸事件等现象在一定时间内发生的次数都可以用泊松分布来描述.

定义 2.6 若随机变量 X 的分布律为

$$P\{X=k\}=\frac{\lambda^k}{k!}\mathrm{e}^{-\lambda},\quad k=0,1,2,\cdots,$$

其中常数 $\lambda>0$, 则称随机变量 X 服从参数为 λ 的**泊松分布** (Poisson distribution), 记为 $X\sim P(\lambda)$.

显然, 对于任意的 $k\,(k=0,1,2,\cdots)$, 有 $P\{X=k\}\geqslant 0$. 利用 e^x 的幂级数展开式, 容易验证泊松分布的分布律满足

$$\sum_{k=0}^{\infty}\frac{\lambda^k}{k!}\mathrm{e}^{-\lambda}=\mathrm{e}^{-\lambda}\sum_{k=0}^{\infty}\frac{\lambda^k}{k!}=\mathrm{e}^{-\lambda}\mathrm{e}^{\lambda}=1.$$

泊松分布只有一个参数 λ, 对于固定的 λ, $P\{X=k\}$ 先随着 k 的增大而增大, 当 k 增大到某个值后, 相应的概率便急剧下降, 甚至可以忽略不计.

泊松分布的方便之处在于：其概率的计算可以利用已编好的泊松分布表 (附表 3).

例 2.8　某商店出售某种商品, 据历史记录分析, 每月销售量服从参数为 $\lambda=5$ 的泊松分布, 问在月初进货时至少库存多少件此种商品, 才能以 0.95 的概率满足顾客的需要?

解　设需求量为 X 件, 并设至少库存 N 件, 则

$$P\{X \leqslant N\}=\sum_{k=0}^{N} P\{X=k\}=\sum_{k=0}^{N} \frac{5^{k}}{k!} \mathrm{e}^{-5} \geqslant 0.95,$$

查表得 $N=9$.

虽然泊松分布本身是一种非常重要的分布, 但历史上它却是作为二项分布的近似在 1837 年由法国的数学家泊松引入的. 下面给出**泊松定理**, 该定理描述了泊松分布和二项分布之间的密切关系.

定理 2.2　在 n 重伯努利试验中, 事件 A 发生的次数 $X_n \sim B(n, p_n)$ (p_n 与试验次数 $n\,(n=0,1,2,\cdots)$ 有关). 若 $\lim\limits_{n \to \infty} np_n=\lambda$ (λ 为与 n 无关的正常数), 则对任意固定的非负整数 k, 有

$$\lim_{n \to \infty} P\{X_n=k\}=\lim_{n \to \infty} \mathrm{C}_n^k p_n^k(1-p_n)^{n-k}=\frac{\lambda^k}{k!} \mathrm{e}^{-\lambda}.$$

证明　令 $np_n=\lambda_n$, 即 $p_n=\dfrac{\lambda_n}{n}$, 可得

$$\begin{aligned}
\mathrm{C}_n^k p_n^k(1-p_n)^{n-k} &=\frac{n(n-1)\cdots(n-k+1)}{k!}\left(\frac{\lambda_n}{n}\right)^k\left(1-\frac{\lambda_n}{n}\right)^{n-k} \\
&=\frac{\lambda_n^k}{k!}\left(1-\frac{1}{n}\right)\left(1-\frac{2}{n}\right) \cdots\left(1-\frac{k-1}{n}\right)\left(1-\frac{\lambda_n}{n}\right)^{n-k}.
\end{aligned}$$

对固定的 k, 显然有

$$\lim_{n \to \infty} \lambda_n^k=\lambda^k,$$

$$\lim_{n \to \infty}\left(1-\frac{\lambda_n}{n}\right)^{n-k}=\mathrm{e}^{-\lambda},$$

$$\lim_{n \to \infty}\left(1-\frac{1}{n}\right)\left(1-\frac{2}{n}\right) \cdots\left(1-\frac{k-1}{n}\right)=1,$$

从而

$$\lim_{n \to \infty} \mathrm{C}_n^k p_n^k(1-p_n)^{n-k}=\frac{\lambda^k}{k!} \mathrm{e}^{-\lambda}$$

成立.

定理2.2表明, 当 n 充分大而 p 充分小时, 可以用参数为 $\lambda = np$ 的泊松分布近似代替二项分布 $B(n, p)$. 在实际计算中, 当 $n \geqslant 100$, $np \leqslant 10$ 时, 就可以考虑用 $\dfrac{\lambda^k}{k!}\mathrm{e}^{-\lambda}$ 近似代替 $\mathrm{C}_n^k p^k (1-p)^{n-k}$, 其中 $\lambda = np$.

例 2.9 设生三胞胎的概率为 10^{-4}, 求在 10000 次生育中恰有 2 次生三胞胎的概率.

解 设在 10000 次生育中生三胞胎的次数为 X, 则 $X \sim B(10000, 10^{-4})$, 故所求概率为

$$P\{X=2\} = \mathrm{C}_{10000}^2 (0.0001)^2 (1-0.0001)^{9998}.$$

显然直接计算是比较麻烦的, 因为 $n = 10000 \geqslant 100$, $np = 1 \leqslant 10$, 所以我们用泊松分布来求近似值, $\lambda = np = 1$, 故

$$P\{X=2\} \approx \frac{\lambda^2}{2!}\mathrm{e}^{-\lambda} = \frac{1}{2!}\mathrm{e}^{-1} \approx 0.1839.$$

4. 超几何分布

超几何分布产生于有限总体的 n 次不放回抽样: 设有一批产品共 N 件, 其中 N_1 件次品, 现从中任取 n 件, 这 n 件产品中的次品数 X 是一个服从超几何分布的随机变量.

定义 2.7 若随机变量 X 的分布律为

$$P\{X=k\} = \frac{\mathrm{C}_{N_1}^k \mathrm{C}_{N-N_1}^{n-k}}{\mathrm{C}_N^n}, \quad k = 0, 1, 2, \cdots, l, \ l = \min\{n, N_1\},$$

其中, $n \leqslant N$, $N_1 < N$, 则称随机变量 X 服从参数为 N, N_1, n 的**超几何分布** (hyper-geometric distribution), 记为 $X \sim h(N, N_1, n)$.

由古典概型可知, 如果有 N 个元素分成两类, 第一类有 N_1 个元素, 第二类有 N_2 个元素 $(N_1 + N_2 = N)$, 采取不放回抽样, 从 N 个元素中取出 n 个, 那么所取到的第一类元素个数就服从超几何分布.

例 2.10 袋中装有 20 个乒乓球, 其中有 3 个黄色的, 从中一次取出 4 个乒乓球, 被取到的黄色乒乓球的个数记为 X. 求随机变量 X 的分布律.

解 依题意 X 服从超几何分布, $N_1 = 3$, $N_2 = 17$, $n = 4$. 由超几何分布的定义可得

$$P\{X=k\} = \frac{\mathrm{C}_3^k \mathrm{C}_{17}^{4-k}}{\mathrm{C}_{20}^4}, \quad k = 0, 1, 2, 3,$$

即

X	0	1	2	3
p	0.491	0.421	0.084	0.004

当 N, N_1 都很大且 n 相对较小时, 不放回抽样与放回抽样区别不大, 可以用参数为 n, p 的二项分布近似代替参数为 N, N_1, n 的超几何分布, 其中 $p=\dfrac{N_1}{N}$.

例 2.11　设某植物的种子 1000 粒中有 900 粒可以发芽, 现从中任取 10 粒, 求恰有 9 粒可以发芽的概率.

解　设 X 表示 10 粒种子中可以发芽的粒数, 则 $X \sim h(1000, 900, 10)$, 所求概率为

$$P\{X=9\}=\frac{C_{900}^{9}C_{100}^{1}}{C_{1000}^{10}} \approx 0.389369.$$

由于 $N=1000, N_1=900$, 二者都很大, 而 $n=10$ 相对较小, 所以 X 近似服从参数为

$$n=10, \quad p=\frac{N_1}{N}=\frac{900}{1000}=0.9$$

的二项分布, 所求概率

$$P\{X=9\}=C_{10}^{9}0.9^{9}0.1 \approx 0.387420.$$

两种方法得到的计算结果非常接近.

同步基础训练 2.2

1. 设 a 为满足 $0<a<1$ 的常数, 则下列 (　　) 表可以作为离散型随机变量 X 的分布律.

A

X	1	2	3
p	$a-1$	a	$2-2a$

B

X	1	2	3
p	$\frac{a}{3}$	$\frac{a}{2}$	$\frac{a}{6}$

C

X	1	2	3
p	$1-a$	$\frac{a}{2}$	$\frac{a}{2}$

D

X	1	2	3
p	a	$\frac{1}{a}$	$1-\frac{1}{a}$

2. 已知离散型随机变量 X 的分布律为

X	-4	0	3	6	7
p	$\frac{1}{8}$	$\frac{1}{8}$	$\frac{1}{6}$	$\frac{1}{4}$	$\frac{1}{3}$

求 (1) X 的分布函数; (2) $P\{X=1\}$; (3) $P\{-1<X \leqslant 6\}$.

3. 设离散型随机变量 $X \sim B(2, p)$, 若概率 $P\{X \geqslant 1\} = \dfrac{9}{25}$, 求参数 p 的值.

4. 罐中有 5 颗围棋子, 其中 2 颗黑子、3 颗白子. 如果按有放回和不放回两种方法, 每次取一子, 共取 3 次, 求 3 次中取到的黑子次数 X 的分布律.

5. 某种花布一匹布上疵点的个数 X 是一个离散型随机变量, 它服从参数为 λ 的泊松分布. 已知一匹布上有 8 个疵点与有 7 个疵点的概率相同, 问 λ 取值是多少?

6. 社会上定期发行某种奖券, 每券 1 元, 中奖率为 p. 某人每次购买 1 张奖券, 如果没有中奖下次再继续购买 1 张, 直至中奖为止. 求该人购买次数 X 的分布律.

2.3 连续型随机变量

2.3.1 连续型随机变量的概率密度函数

离散型随机变量的概率分布, 可以用分布律来描述. 但对于连续型随机变量来说, 由于它的取值不是集中于有限个或可列个点上, 而是充满实数轴上的某个区间, 要将其取值一一列举出来是不可能的. 因此, 描述连续型随机变量的概率分布不便再用分布律的形式. 为了描述这类随机变量取值的概率规律, 比较可行的办法是考虑“取值于某个区间的概率”. 为此引进概率密度函数的概念.

定义 2.8 设随机变量 X 的分布函数为 $F(x)$, 如果存在一个非负可积的函数 $f(x)$, $-\infty < x < +\infty$, 使得对任意实数 x, 有

$$F(x) = \int_{-\infty}^{x} f(t)\,\mathrm{d}t, \tag{2.2}$$

则称 X 为**连续型随机变量** (continuous random variable), 并称 $f(x)$ 为 X 的**概率密度函数** (probability density function), 简称为**概率密度**或**密度函数**, 记为 $X \sim f(x)$.

由 (2.2) 式及数学分析的相关知识可知, 连续型随机变量的分布函数一定是连续函数.

连续型随机变量的概率密度 $f(x)$ 具有下述两个基本性质:

(1) **非负性** $f(x) \geqslant 0,\ -\infty < x < +\infty$;

(2) **规范性** $\displaystyle\int_{-\infty}^{+\infty} f(x)\,\mathrm{d}x = P\{-\infty < X < +\infty\} = P(\Omega) = 1$.

以上两条基本性质是概率密度必须具备的性质, 也是判断某个函数是否为概率密度的充要条件. 也就是说, 如果给定一个函数 $f(x)$, 则它可以作为某个随机变量的概率密度, 当且仅当具备上述两条性质即可. 譬如已知函数 $f(x, c)$ 为某个随机

变量 X 的概率密度, 其中 c 为一个待定常数, 则该常数必定可利用上述两个性质来确定.

由分布函数的定义可知, $f(x)$ 还满足:

(3) 对任意实数 $a, b\ (a<b)$, 有

$$P\{a<X\leqslant b\}=F(b)-F(a)=\int_a^b f(x)\,\mathrm{d}x;$$

(4) 对任意实数 x, 有 $P\{X=x\}=0$;

(5) $F(x)$ 是实数域上的连续函数, 且在 $f(x)$ 的连续点 x 处, 有

$$F'(x)=f(x).$$

由性质 (3) 以及定积分的几何意义可知, 随机变量落在区间 $(a, b]$ 上的概率等于曲线 $y=f(x), x=a, x=b$ 和 x 轴所围成图形的面积, 如图 2.3 所示.

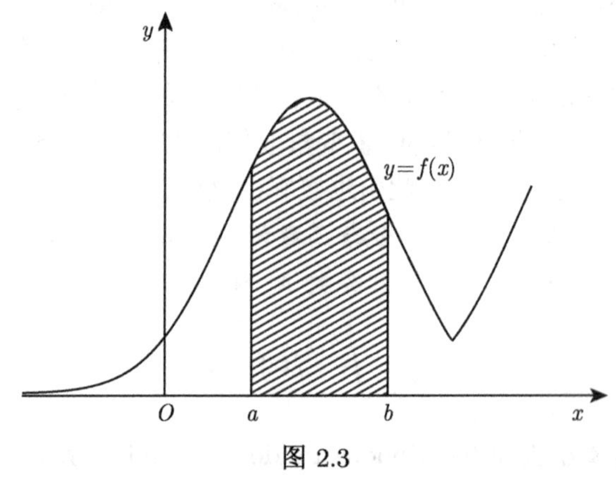

图 2.3

注 2.3　(1) $f(x)$ 值的大小反映了随机变量 X 在 x 邻域取值的概率大小.

(2) 由于连续型随机变量 X 取任一点的概率为零, 所以, 若连续型随机变量 X 的概率密度为 $f(x)$, 则它取值于区间 $(a, b), (a, b], [a, b), [a, b]$ 上的概率都相等, 即

$$P\{a<X<b\}=P\{a<X\leqslant b\}=P\{a\leqslant X<b\}=P\{a\leqslant X\leqslant b\}=\int_a^b f(x)\,\mathrm{d}x.$$

由此表明: 不可能事件的概率为 0, 但概率为 0 的事件不一定是不可能事件. 类似地, 必然事件的概率为 1, 但概率为 1 的事件不一定是必然事件.

(3) 由于在若干点上改变概率密度 $f(x)$ 的值并不影响其积分值, 进而不影响其分布函数的值, 这就意味着一个连续型随机变量的概率密度不唯一, 也不一定连

续. 譬如, 若随机变量 X 的分布函数为

$$F(x)=\begin{cases}0, & x<0,\\ \dfrac{x}{a}, & 0\leqslant x<a,\\ 1, & x\geqslant a,\end{cases}$$

则两个函数

$$f_1(x)=\begin{cases}\dfrac{1}{a}, & 0\leqslant x\leqslant a,\\ 0, & \text{其他},\end{cases}\qquad f_2(x)=\begin{cases}\dfrac{1}{a}, & 0<x<a,\\ 0, & \text{其他}\end{cases}$$

都可以作为 X 的概率密度. 仔细考察两个函数 $f_1(x)$ 和 $f_2(x)$, 不难发现

$$P\{f_1(x)\neq f_2(x)\}=P\{X=0\}+P\{X=a\}=0.$$

可见这两个函数在概率意义上是无差别的, 在此处称 $f_1(x)$ 和 $f_2(x)$ 是“几乎处处相等”的.

例 2.12 设连续型随机变量 X 的概率密度为

$$f(x)=\begin{cases}ax+1, & 0\leqslant x\leqslant 2,\\ 0, & \text{其他}.\end{cases}$$

求

(1) 系数 a;

(2) X 的分布函数 $F(x)$;

(3) $P\{0.5<X\leqslant 2\}$.

解 (1) 由规范性, 得

$$\int_{-\infty}^{+\infty}f(x)\,\mathrm{d}x=\int_0^2(ax+1)\,\mathrm{d}x=2a+2=1,$$

解得 $a=-\dfrac{1}{2}$.

(2) 当 $x<0$ 时, $F(x)=0$; 当 $0\leqslant x<2$ 时,

$$F(x)=\int_{-\infty}^{x}f(t)\,\mathrm{d}t=\int_0^x\left(-\frac{1}{2}t+1\right)\mathrm{d}t=-\frac{x^2}{4}+x;$$

当 $x\geqslant 2$ 时, $F(x)=1$. 所以 X 的分布函数 $F(x)$ 为

$$F(x)=\begin{cases}0, & x<0,\\ -\dfrac{x^2}{4}+x, & 0\leqslant x<2,\\ 1, & x\geqslant 2.\end{cases}$$

(3) 所求概率

$$P\{0.5 < X \leqslant 2\} = \int_{0.5}^{2} f(x)\,\mathrm{d}x = \int_{0.5}^{2} \left(-\frac{1}{2}x + 1\right)\mathrm{d}x = \frac{9}{16},$$

或利用分布函数计算所求概率

$$P\{0.5 < X \leqslant 2\} = F(2) - F(0.5) = 1 - \frac{7}{16} = \frac{9}{16}.$$

2.3.2 几种常见的连续型分布

1. 均匀分布

定义 2.9 若连续型随机变量 X 的概率密度为

$$f(x) = \begin{cases} \dfrac{1}{b-a}, & a < x < b, \\ 0, & \text{其他}, \end{cases}$$

则称 X 服从区间 (a, b) 上的**均匀分布** (uniform distribution), 记为 $X \sim U(a, b)$.

注 2.4 服从均匀分布的随机变量 X 的概率密度也可定义为

$$f(x) = \begin{cases} \dfrac{1}{b-a}, & a \leqslant x \leqslant b, \\ 0, & \text{其他}, \end{cases}$$

相应地, 记为 $X \sim U[a, b]$.

易知 $f(x) \geqslant 0$ 且

$$\int_{-\infty}^{+\infty} f(x)\,\mathrm{d}x = \int_{a}^{b} \frac{1}{b-a}\,\mathrm{d}x = 1.$$

若 $X \sim U(a, b)$, 容易求得 X 的分布函数为

$$F(x) = \begin{cases} 0, & x \leqslant a, \\ \dfrac{x-a}{b-a}, & a < x < b, \\ 1, & x \geqslant b. \end{cases}$$

在区间 (a, b) 上服从均匀分布的随机变量 X, 具有下述意义的等可能性: 它落在 (a, b) 的子区间上的概率只依赖于子区间的长度, 而与子区间的位置无关. 即若区间 $(c, d) \subset (a, b)$, 则

$$P\{c < X < d\} = \int_{c}^{d} f(x)\,\mathrm{d}x = \frac{d-c}{b-a}$$

只与区间 (c, d) 的长度有关, 而与该区间位置无关. 这正是均匀分布的含义.

例 2.13 已知连续型随机变量 $X \sim f(x)$,

$$f(x)=\begin{cases}\dfrac{1}{c}, & 0<x<5,\\ 0, & \text{其他}.\end{cases}$$

(1) 确定常数 c;

(2) 求 $P\{1.5<X\leqslant 3\}$ 和 $P\{2<X\leqslant 3.5\}$.

解 (1) 由概率密度的性质可得

$$\int_{-\infty}^{+\infty} f(x)\,\mathrm{d}x=\int_0^5 \frac{1}{c}\,\mathrm{d}x=\frac{5}{c}=1.$$

因此 $c=5$, 即 $X\sim U(0,5)$.

(2)

$$P\{1.5<X\leqslant 3\}=\int_{1.5}^{3}\frac{1}{5}\,\mathrm{d}x=\frac{3}{10};$$

$$P\{2<X\leqslant 3.5\}=\int_{2}^{3.5}\frac{1}{5}\,\mathrm{d}x=\frac{3}{10}.$$

例 2.14 已知连续型随机变量 $X\sim U(0,10)$, 现对 X 进行 4 次独立观测, 试求至少有 3 次观测值大于 5 的概率.

解 设随机变量 Y 表示 4 次独立观测中观测值大于 5 的次数, 则 $Y\sim B(4,p)$, 其中 $p=P\{X>5\}$. 由 $X\sim U(0,10)$ 知 X 的概率密度为

$$f(x)=\begin{cases}\dfrac{1}{10}, & 0<x<10,\\ 0, & \text{其他},\end{cases}$$

所以,

$$p=P\{X>5\}=\int_5^{10}\frac{1}{10}\,\mathrm{d}x=\frac{1}{2}.$$

于是

$$P\{Y\geqslant 3\}=\mathrm{C}_4^3p^3(1-p)+\mathrm{C}_4^4p^4=4\left(\frac{1}{2}\right)^4+\left(\frac{1}{2}\right)^4=\frac{5}{16}.$$

2. 指数分布

指数分布的应用非常广泛, 常用作各种“寿命”的近似分布. 例如, 电子元件的寿命、动物的寿命、随机服务系统的服务时间等, 都可以近似用指数分布来描述. 指数分布在可靠性理论和排队论中有着广泛的应用.

定义 2.10 若连续型随机变量 X 的概率密度为

$$f(x)=\begin{cases}\lambda \mathrm{e}^{-\lambda x}, & x>0,\\ 0, & \text{其他},\end{cases}$$

其中 $\lambda > 0$, 则称 X 服从参数为 λ 的**指数分布** (exponential distribution), 记为 $X \sim e(\lambda)$.

若 $X \sim e(\lambda)$, 显然 $f(x) \geqslant 0$, 且

$$\int_{-\infty}^{+\infty} f(x)\,\mathrm{d}x = \int_{0}^{+\infty} \lambda \mathrm{e}^{-\lambda x}\,\mathrm{d}x = \left(-\mathrm{e}^{-\lambda x}\right)\Big|_{0}^{+\infty} = 1.$$

容易求得 X 的分布函数

$$F(x) = \begin{cases} 1-\mathrm{e}^{-\lambda x}, & x > 0, \\ 0, & x \leqslant 0. \end{cases}$$

若 $X \sim e(\lambda)$, 在 $b > a \geqslant 0$ 的条件下, 由分布函数计算公式, 可得指数分布的相关计算公式如下:

(1) $P\{a < X < b\} = P\{a < X \leqslant b\} = P\{a \leqslant X < b\} = P\{a \leqslant X \leqslant b\}$
$= \mathrm{e}^{-\lambda a} - \mathrm{e}^{-\lambda b}$;

(2) $P\{X > a\} = P\{X \geqslant a\} = \mathrm{e}^{-\lambda a}$;

(3) $P\{X < b\} = P\{X \leqslant b\} = 1 - \mathrm{e}^{-\lambda b}$.

例 2.15　某种型号电子元件的使用寿命 $X \sim e\left(\dfrac{1}{1000}\right)$, 求

(1) 任取 1 只电子元件, 使用寿命超过 1000 小时的概率;

(2) 任取 2 只电子元件, 使用寿命皆超过 1000 小时的概率.

解　(1) 因为 $X \sim e\left(\dfrac{1}{1000}\right)$, 所以

$$P\{X > 1000\} = \int_{1000}^{+\infty} \frac{1}{1000}\mathrm{e}^{-\frac{1}{1000}x}\,\mathrm{d}x = \mathrm{e}^{-\frac{1}{1000}\times 1000} = \mathrm{e}^{-1} \approx 0.3679.$$

(2) 设任取 2 只电子元件使用寿命超过 1000 小时的电子元件只数为 Y, 则 Y 是一个服从参数为 $n=2, p=\mathrm{e}^{-1}$ 的二项分布, 所求概率为

$$P\{Y=2\} = \mathrm{C}_2^2 p^2 q^0 = (\mathrm{e}^{-1})^2 \approx 0.1353.$$

指数分布具有一个重要的性质, 称为**“无记忆性”**或**“无后效性”**. 在连续型随机变量中只有指数分布具有这种性质. 这决定了指数分布在排队论及可靠性理论中的重要地位. 下面我们以定理的形式给出这一性质.

定理 2.3　设随机变量 $X \sim e(\lambda)$, 则对于任意的 $s > 0,\ t > 0$, 有

$$P\{X > s+t \mid X > s\} = P\{X > t\}.$$

证明 注意到对任意的 $s>0,\ t>0$, 有 $\{X>s+t\}\subset\{X>s\}$, 又因为 $X\sim e(\lambda)$, 所以由指数分布相关计算公式可得

$$P\{X>s+t|X>s\}=\frac{P\{X>s,\ X>s+t\}}{P\{X>s\}}=\frac{P\{X>s+t\}}{P\{X>s\}}$$
$$=\frac{\mathrm{e}^{-\lambda(s+t)}}{\mathrm{e}^{-\lambda s}}=\mathrm{e}^{-\lambda t}=P\{X>t\}.$$

例 2.16 某电子元件使用寿命 X 是一个连续型随机变量, 其概率密度为

$$f(x)=\begin{cases}k\mathrm{e}^{-\frac{x}{100}}, & x>0,\\ 0, & \text{其他}.\end{cases}$$

(1) 确定常数 k;

(2) 求寿命超过 100 小时的概率;

(3) 已知该元件已经正常使用了 200 小时, 求它还能正常使用 100 小时的概率.

解 (1) 由概率密度的性质可得

$$\int_0^{+\infty}k\mathrm{e}^{-\frac{x}{100}}\,\mathrm{d}x=100k=1,$$

因此, $k=0.01$, 所以 $X\sim e(0.01)$.

(2) 寿命超过 100 小时的概率为

$$P\{X>100\}=\mathrm{e}^{-0.01\times100}\approx0.3679.$$

(3) 已知该元件已经正常使用了 200 小时, 求它还能正常使用 100 小时的概率为 $P\{X>300|X>200\}$, 利用定理 2.3, 可得

$$P\{X>300|X>200\}=P\{X>100\}=\mathrm{e}^{-1}\approx0.3679.$$

3. 正态分布

现实世界中, 大量的随机变量服从或近似服从正态分布. 例如, 机械制造过程中所产生的误差、人的身高、海洋波浪的高度以及射击时弹着点对目标的横向偏差与纵向偏差等. 进一步的理论研究还表明, 一个变量如果受到大量的随机因素的影响, 各种因素所起的作用又都很微小时, 这样的变量一般都服从正态分布. 因此, 正态分布是现实世界中最常见也是最重要的分布, 无论在理论研究还是实际应用中都具有特别重要的地位.

定义 2.11 若连续型随机变量 X 的概率密度为

$$f(x)=\frac{1}{\sqrt{2\pi}\sigma}\mathrm{e}^{-\frac{(x-\mu)^2}{2\sigma^2}},\quad -\infty<x<+\infty,$$

其中 μ, σ 为常数且 $\sigma>0$, 则称 X 服从参数为 μ, σ^2 的**正态分布** (normal distribution), 记为 $X\sim N(\mu, \sigma^2)$.

若 $X\sim N(\mu, \sigma^2)$, 显然, $f(x)>0$, 令 $t=\dfrac{x-\mu}{\sigma}$, 作变量代换可得

$$\int_{-\infty}^{+\infty} f(x)\,\mathrm{d}x=\int_{-\infty}^{+\infty}\frac{1}{\sqrt{2\pi}\sigma}\mathrm{e}^{-\frac{(x-\mu)^2}{2\sigma^2}}\,\mathrm{d}x=\int_{-\infty}^{+\infty}\frac{1}{\sqrt{2\pi}}\mathrm{e}^{-\frac{t^2}{2}}\,\mathrm{d}t=1,$$

其中利用了泊松积分 $\displaystyle\int_{-\infty}^{+\infty}\mathrm{e}^{-x^2}\,\mathrm{d}x=\sqrt{\pi}$.

正态分布的分布函数为

$$F(x)=\int_{-\infty}^{x}\frac{1}{\sqrt{2\pi}\sigma}\mathrm{e}^{-\frac{(t-\mu)^2}{2\sigma^2}}\mathrm{d}t,\quad -\infty<x<+\infty.$$

服从参数为 μ, σ^2 的正态分布的随机变量 x 的概率密度 $f(x)$ 如图 2.4 所示, 是一条钟形的曲线, 且具有如下特点.

(1) 关于 μ 对称, 且在 $x=\mu$ 处达到最大, 最大值是 $1/(\sqrt{2\pi}\sigma)$; 在 $x=\mu\pm\sigma$ 处有拐点; 当 $x\to\infty$ 时, 以 x 轴为渐近线.

(2) 固定 σ, 改变 μ 的值, 则图形沿 x 轴平移, 而不改变其形状, 也就是说正态分布概率密度的位置由参数 μ 所确定, 因此称 μ 为**位置参数**.

(3) 固定 μ, 改变 σ 的值, 则图形位置不变, 但 σ 越小, 曲线呈瘦而高状, 分布较为集中; σ 越大, 曲线呈矮而胖状, 分布较为分散. 也就是说, 正态分布概率密度的尺度由参数 σ 所确定, 因此称 σ 为**尺度参数**.

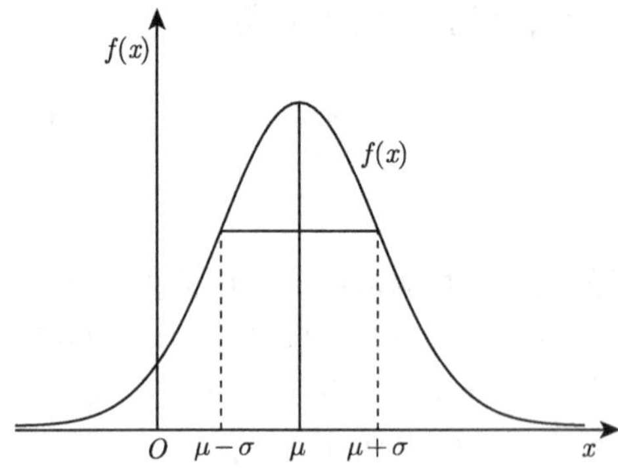

图 2.4 正态分布 $N(\mu,\sigma^2)$ 的概率密度函数

特别地, 当 $\mu=0$, $\sigma^2=1$ 时, 即 $X\sim N(0,1)$ 时, 称 X 服从**标准正态分布** (standard normal distribution). 由于标准正态分布的重要性, 其概率密度和分布函数分别记为 $\varphi(x)$ 和 $\Phi(x)$, 即

$$\varphi(x)=\frac{1}{\sqrt{2\pi}}\mathrm{e}^{-\frac{x^2}{2}},\qquad -\infty<x<+\infty,$$

$$\Phi(x)=\int_{-\infty}^{x}\frac{1}{\sqrt{2\pi}}\mathrm{e}^{-\frac{t^2}{2}}\mathrm{d}t,\qquad -\infty<x<+\infty.$$

由于标准正态分布不含任何未知参数, 所以其概率值完全可以算出来, 书末附表 2 为标准正态分布表. 注意表中第一列为 x 的整数及十分位数, 表中第一行为 x 的百分位数, 其纵横交叉处的数值即为函数值 $\Phi(x)$.

设 $X\sim N(0,1)$, 因为参数 $\mu=0$, 所以其概率密度的图形关于 y 轴对称. 结合分布函数定义和积分的几何意义, 对 $\Phi(x)$ 有如下结论:

(1) $\Phi(-x)=1-\Phi(x)$;

(2) $P\{X>x\}=1-\Phi(x)$;

(3) $P\{a<X<b\}=\Phi(b)-\Phi(a)$;

(4) 当 $c\geqslant 0$ 时, 有 $P\{|X|<c\}=2\Phi(c)-1$.

正态分布是一个大家族, 标准正态分布 $N(0,1)$ 只是其中一个成员, 实际上很少有随机变量恰好服从标准正态分布. 下面定理表明, 一般正态分布都可以通过一个线性变换 (标准化) 化成标准正态分布.

定理 2.4 若随机变量 $X\sim N(\mu,\sigma^2)$, 则 $Y=\dfrac{X-\mu}{\sigma}\sim N(0,1)$.

证明 记 X 与 Y 的分布函数分别为 $F_X(x)$ 和 $F_Y(y)$, 则由分布函数的定义知

$$F_Y(y)=P\{Y\leqslant y\}=P\left\{\frac{X-\mu}{\sigma}\leqslant y\right\}=P\{X\leqslant \mu+\sigma y\}=F_X(\mu+\sigma y).$$

由于正态分布的分布函数是严格单调增的函数, 且处处可导, 因此, 若记 X 与 Y 的概率密度分别为 $f_X(x)$ 和 $f_Y(y)$, 则有

$$f_Y(y)=\frac{\mathrm{d}(F_Y(y))}{\mathrm{d}y}=\frac{\mathrm{d}(F_X(\mu+\sigma y))}{\mathrm{d}y}=f_X(\mu+\sigma y)\cdot\sigma=\frac{1}{\sqrt{2\pi}}\mathrm{e}^{-\frac{y^2}{2}},$$

由此可得 $Y=\dfrac{X-\mu}{\sigma}\sim N(0,1)$.

因此, 与正态分布随机变量有关的一切事件的概率都可以通过查标准正态分布表获得, 可见标准正态分布 $N(0,1)$ 对一般正态分布 $N(\mu,\sigma^2)$ 的计算起着关键的作用.

例 2.17　设 $X \sim N(0,1)$, 求 $P\{X>1\}$, $P\{-1<X<2\}$, $P\{|X|<1.5\}$, $P\{|X|>2\}$.

解
$$P\{X>1\}=1-\Phi(1)=0.1587,$$
$$P\{-1<X<2\}=\Phi(2)-\Phi(-1)=\Phi(2)+\Phi(1)-1=0.8185,$$
$$P\{|X|<1.5\}=2\Phi(1.5)-1=0.8664,$$
$$P\{|X|>2\}=1-P\{|X|\leqslant 2\}=1-[2\Phi(2)-1]=0.0456.$$

例 2.18　设 $X \sim N(2,2^2)$, 求 $P\{X\leqslant 1\}$ 和 $P\{|X|<3\}$.

解　$P\{X\leqslant 1\}=P\left\{\dfrac{X-2}{2}\leqslant\dfrac{1-2}{2}\right\}=\Phi(-0.5)=1-\Phi(0.5)=0.3085,$

$$P\{|X|<3\}=P\{-3<X<3\}=P\left\{\frac{-3-2}{2}<\frac{X-2}{2}<\frac{3-2}{2}\right\}$$
$$=\Phi(0.5)-\Phi(-2.5)=\Phi(0.5)+\Phi(2.5)-1=0.6853.$$

最后, 为了方便将来正态分布在数理统计中的应用, 引入标准正态分布**上 α 分位点**的定义.

定义 2.12　设 $X\sim N(0,1)$, 对任意的 $0<\alpha<1$, 称满足条件

$$P\{X>z_\alpha\}=\alpha$$

的点 z_α 为标准正态分布的**上 α 分位点**.

表 2.2 给出了几个常用的 z_α 的值.

表 2.2　常用的 z_α 的值

α	0.001	0.005	0.01	0.025	0.05	0.10
z_α	3.090	2.576	2.325	1.960	1.645	1.282

另外, 由 $\varphi(x)$ 图形的对称性可知 $z_{1-\alpha}=-z_\alpha$.

同步基础训练 2.3

1. 设连续型随机变量 X 的概率密度为

$$f(x)=\begin{cases} x, & 0<x<r, \\ 0, & \text{其他}, \end{cases}$$

则常数 $r=($　　$)$.

A. $\dfrac{1}{2}$　　B. 1　　C. $\sqrt{2}$　　D. 2

2. 函数 $y=f(x)$ 分别在以下区间上等于 $\cos x$: $\left[0,\dfrac{\pi}{2}\right]$, $\left[\dfrac{\pi}{2},\pi\right]$, $\left[0,\dfrac{3\pi}{2}\right]$, 否则恒等于

零. 问 $y=f(x)$ 是否可以作为某个随机变量 X 的概率密度?

3. 设连续型随机变量 X 的概率密度为

$$f(x)=\begin{cases} cx, & 1<x<\sqrt{5}, \\ 0, & \text{其他}. \end{cases}$$

求 (1) 常数 c; (2) X 的分布函数; (3) $P\{X\leqslant 2\}$.

4. 设连续型随机变量 X 的分布函数为

$$F(x)=\begin{cases} A\mathrm{e}^{x}, & x<0, \\ B, & 0\leqslant x<1, \\ 1-A\mathrm{e}^{-(x-1)}, & x\geqslant 1. \end{cases}$$

求

(1) A, B 的值;

(2) X 的概率密度;

(3) $P\left\{X>\dfrac{1}{3}\right\}$.

5. 设公共汽车站每隔 10 分钟有一辆汽车通过, 乘客在 10 分钟内任一时刻到达汽车站是等可能的, 求乘客候车时间不超过 7 分钟的概率.

6. 设连续型随机变量 X 服从参数为 λ 的指数分布, 且已知它取值大于 100 的概率 $P\{X>100\}=\mathrm{e}^{-2}$, 求

(1) 参数 λ 的值;

(2) X 的分布函数;

(3) $P\{50<X<150\}$.

7. 已知 $X\sim N(0,1)$, $\varPhi(1)=0.8413$, 求 $P\{-1<X<0\}$, $P\{|X|\leqslant 1\}$.

8. 已知 $X\sim N(10,2^2)$, 求 $P\{10<X<13\}$, $P\{X\geqslant 13\}$.

2.4　随机变量函数的分布

在实际应用中, 我们常常遇到一些随机变量, 它们的分布往往难以直接得到, 但与它们有关系的另一些随机变量的分布却是容易得到的. 因此, 需要研究如何由已知随机变量的分布来求与其相关的随机变量的分布. 这是本节要讨论的内容.

设 X 是一个随机变量, $y=g(x)$ 是 x 的函数 (一般为连续函数), 如果当 X 取值 x 时, 另一个随机变量 Y 取值 $y=g(x)$, 则称随机变量 Y 是 X 的函数, 记为 $Y=g(X)$. 下面分别就离散型随机变量和连续型随机变量两种情况, 来讨论如何通过 X 的分布来求出 Y 的分布.

2.4.1　离散型随机变量函数的分布

设离散型随机变量 X 的所有可能取值为 $x_1, x_2, \cdots, x_k, \cdots$, 分布律为

$$p_k = P\{X = x_k\}, \quad k = 1, 2, \cdots.$$

若随机变量 $Y = g(X)$, 则 Y 的所有可能取值为

$$y_k = g(x_k), \quad k = 1, 2, \cdots,$$

因此 Y 也是一个离散型随机变量. 为求 Y 的分布, 首先把"Y 在一定范围内取值"转化为"X 在相应范围内取值", 然后根据 X 的分布律计算出 Y 的分布律.

注意到当 $k \neq l$ 时, 有可能出现 $g(x_k) = g(x_l)$ 的情形, 因此 Y 的分布律为

$$P\{Y = y_k\} = \sum_{g(x_k)=y_k} P\{X = x_k\} = \sum_{g(x_k)=y_k} p_k, \quad k = 1, 2, \cdots. \tag{2.3}$$

例 2.19　设随机变量 X 的分布律为

X	−2	−1	0	1	3
p	0.2	0.3	0.1	0.2	0.2

求 $Y = 2X + 1$ 和 $Z = X^2$ 的分布律.

解　依题意, 随机变量 Y 是离散型的且其所有可能取值为 $-3, -1, 1, 3, 7$,

$P\{Y = -3\} = P\{2X + 1 = -3\} = P\{X = -2\} = 0.2,$

$P\{Y = -1\} = P\{X = -1\} = 0.3,$

$P\{Y = 1\} = P\{X = 0\} = 0.1,$

$P\{Y = 3\} = P\{X = 1\} = 0.2,$

$P\{Y = 7\} = P\{X = 3\} = 0.2.$

综上可得

Y	−3	−1	1	3	7
p	0.2	0.3	0.1	0.2	0.2

同理, Z 的所有可能取值为 0, 1, 4, 9, 且

$P\{Z = 0\} = P\{X = 0\} = 0.1,$

$P\{Z = 1\} = P\{X^2 = 1\} = P\{X = 1\} + P\{X = -1\} = 0.3 + 0.2 = 0.5,$

$P\{Z = 4\} = P\{X = -2\} = 0.2,$

$P\{Z = 9\} = P\{X = 3\} = 0.2.$

综上可得

Z	0	1	4	9
p	0.1	0.5	0.2	0.2

2.4.2 连续型随机变量函数的分布

1. 分布函数法

当自变量 X 是连续型随机变量时, 为求其函数 $Y=g(X)$ 的分布, 仍是先把“Y 在一定范围内取值”转化为“X 在相应范围内取值”, 然后根据 X 的分布计算出 Y 的分布函数 $F_Y(y)$, 最后由公式 $f_Y(y)=F_Y'(y)$, 得到所求概率密度 $f_Y(y)$. 这种方法称为**分布函数法**, 它是求连续型随机变量函数的分布的基本方法.

我们通过两个例子来说明.

例 2.20 设连续型随机变量 X 的概率密度为

$$f_X(x)=\begin{cases}\dfrac{x}{8}, & 0<x<4,\\ 0, & \text{其他},\end{cases}$$

分别求 $Y=2X+1$ 和 $Z=-2X+8$ 的概率密度 $f_Y(y)$ 和 $f_Z(z)$.

解 因为 $Y=2X+1$, 所以

$$\begin{aligned}F_Y(y)&=P\{Y\leqslant y\}=P\{2X+1\leqslant y\}\\&=P\left\{X\leqslant\frac{y-1}{2}\right\}=F_X\left(\frac{y-1}{2}\right).\end{aligned}$$

由公式 $f_Y(y)=F_Y'(y)$ 及复合函数求导法则, 可得

$$\begin{aligned}f_Y(y)&=\frac{\mathrm{d}}{\mathrm{d}y}F_Y(y)=\frac{\mathrm{d}}{\mathrm{d}y}F_X\left(\frac{y-1}{2}\right)\\&=\frac{\mathrm{d}}{\mathrm{d}x}F_X\left(\frac{y-1}{2}\right)\cdot\frac{\mathrm{d}}{\mathrm{d}y}\left(\frac{y-1}{2}\right)\\&=\frac{1}{2}f_X\left(\frac{y-1}{2}\right).\end{aligned}$$

所以, 当 $0<\dfrac{y-1}{2}<4$, 即 $1<y<9$ 时, 有

$$f_Y(y)=\frac{1}{2}\cdot\frac{1}{8}\left(\frac{y-1}{2}\right)=\frac{y-1}{32};$$

当 $y\leqslant 1$ 或 $y\geqslant 9$ 时, 有 $f_Y(y)=0$. 综上,

$$f_Y(y)=\begin{cases}\dfrac{y-1}{32}, & 1<y<9,\\ 0, & \text{其他}.\end{cases}$$

若 $Z=-2X+8$, 则

$$F_Z(z)=P\{Z\leqslant z\}=P\{-2X+8\leqslant z\}$$

$$=P\left\{X\geqslant 4-\frac{z}{2}\right\}=1-F_X\left(4-\frac{z}{2}\right).$$

求导可得

$$f_Z(z)=\frac{\mathrm{d}}{\mathrm{d}z}F_Z(z)=\frac{\mathrm{d}}{\mathrm{d}z}\left[1-F_X\left(4-\frac{z}{2}\right)\right]=\frac{1}{2}f_X\left(4-\frac{z}{2}\right).$$

所以, 当 $0<4-\frac{z}{2}<4$, 即 $0<z<8$ 时, 有 $f_Z(z)=\frac{1}{4}-\frac{z}{32}$; 当 $z\leqslant 0$ 时, 有 $f_Z(z)=0$; 当 $z\geqslant 8$ 时, 有 $f_Z(z)=0$.

综上,

$$f_Z(z)=\begin{cases}\frac{1}{4}-\frac{z}{32}, & 0<z<8,\\ 0, & \text{其他}.\end{cases}$$

例 2.21　设连续型随机变量 X 的概率密度为

$$f_X(x)=\begin{cases}2\mathrm{e}^{-2x}, & x>0,\\ 0, & \text{其他}.\end{cases}$$

分别求 $Y=\sqrt{X}$ 和 $Z=X^2$ 的概率密度 $f_Y(y)$ 和 $f_Z(z)$.

解　当 $y\leqslant 0$ 时,

$$F_Y(y)=P\{Y\leqslant y\}=P\{\sqrt{X}\leqslant y\}=0,$$

所以, $f_Y(y)=0$.

当 $y>0$ 时,

$$F_Y(y)=P\{Y\leqslant y\}=P\{\sqrt{X}\leqslant y\}=F_X(y^2),$$

从而,

$$f_Y(y)=\frac{\mathrm{d}}{\mathrm{d}y}F_Y(y)=\frac{\mathrm{d}}{\mathrm{d}y}\left[F_X(y^2)\right]=f_X(y^2)\cdot 2y=4y\mathrm{e}^{-2y^2}.$$

综上,

$$f_Y(y)=\begin{cases}4y\mathrm{e}^{-2y^2}, & y>0,\\ 0, & \text{其他}.\end{cases}$$

同理可得

$$f_Z(z)=\begin{cases}\frac{1}{\sqrt{z}}\mathrm{e}^{-2\sqrt{z}}, & z>0,\\ 0, & \text{其他}.\end{cases}$$

2. **公式法**

若 $y=g(x)$ 为一个单调可导且其导数恒不为零的函数, 利用分布函数法, 可得到 $Y=g(X)$ 的概率密度 $f_Y(y)$ 的一个一般公式 (见下面公式 (2.4)).

定理 2.5　设 $X \sim f_X(x)$, $y=g(x)$ 是 x 的单调可导函数, 且其导数恒不为零. 记 $x=h(y)$ 是 $y=g(x)$ 的反函数, (a,b) 是 $y=g(x)$ 的值域, 其中 $-\infty<a<b<+\infty$, 则 $Y=g(X)$ 是连续型随机变量, 其概率密度为

$$f_Y(y)=\begin{cases} f_X(h(y))\cdot|h'(y)|, & a<y<b, \\ 0, & \text{其他}. \end{cases} \tag{2.4}$$

证明　不妨设 $g'(x)>0$, 则其反函数 $x=h(y)$ 在 (a,b) 上严格单调增加且可导. 因为 $Y=g(X)$ 在 (a,b) 上取值, 故

当 $y\leqslant a$ 时, $F_Y(y)=0$, 所以 $f_Y(y)=0$;

当 $y\geqslant b$ 时, $F_Y(y)=1$, 所以 $f_Y(y)=0$;

当 $a<y<b$ 时,

$$F_Y(y)=P\{Y\leqslant y\}=P\{g(X)\leqslant y\}=P\{X\leqslant h(y)\}=F_X(h(y)),$$

所以 $f_Y(y)=f_X(h(y))\cdot h'(y)$. 因此

$$f_Y(y)=\begin{cases} f_X(h(y))\cdot h'(y), & a<y<b, \\ 0, & \text{其他}. \end{cases} \tag{2.5}$$

对于 $g'(x)<0$ 的情况, 同理可证

$$f_Y(y)=\begin{cases} f_X(h(y))\cdot(-h'(y)), & a<y<b, \\ 0, & \text{其他}. \end{cases} \tag{2.6}$$

合并式 (2.5) 及式 (2.6) 可得式 (2.4).

直接用公式 (2.4) 求连续型随机变量函数的概率密度的方法称为**公式法**, 特别需要注意的是, 只有满足定理条件时, 才能运用公式法求概率密度, 否则只能利用分布函数法.

例 2.22　设 $X\sim U(1,2)$, 求

(1) $Y=\mathrm{e}^X$ 的概率密度;

(2) $Z=\ln X$ 的概率密度.

解　由题意, X 的概率密度为

$$f_X(x)=\begin{cases} 1, & 1<x<2, \\ 0, & \text{其他}. \end{cases}$$

(1) 函数 $y=\mathrm{e}^x$ 严格单调增加且导数恒不为零, $x=h(y)=\ln y, x'=\dfrac{1}{y}$, 当 $1<x<2$ 时, 有 $\mathrm{e}<y<\mathrm{e}^2$. 故根据公式 (2.4), 得 Y 的概率密度为

$$f_Y(y)=f_X(\ln y)\cdot\frac{1}{y}=\begin{cases} \dfrac{1}{y}, & \mathrm{e}<y<\mathrm{e}^2, \\ 0, & \text{其他}. \end{cases}$$

(2) 函数 $z=\ln x$ 严格单调增加且导数恒不为零, $x=h(z)=\mathrm{e}^z, x'=\mathrm{e}^z$, 当 $1<x<2$ 时, 有 $0<z<\ln 2$. 故根据公式(2.4), 得 Z 的概率密度为

$$f_Z(z)=f_X(\mathrm{e}^z)\cdot \mathrm{e}^z=\begin{cases}\mathrm{e}^z, & 0<z<\ln 2,\\ 0, & 其他.\end{cases}$$

推论 2.1 设 X 为连续型随机变量, 其概率密度为 $f_X(x), Y=kX+b\,(k\neq 0)$, 则 Y 的概率密度为

$$f_Y(y)=\frac{1}{|k|}f_X\left(\frac{y-b}{k}\right).$$

定理 2.6 设随机变量 $X\sim N(\mu,\sigma^2)$, 常数 $a\neq 0$, 则

$$Y=aX+b\sim N(a\mu+b,\,a^2\sigma^2).$$

证明 X 的概率密度为

$$f(x)=\frac{1}{\sqrt{2\pi}\sigma}\mathrm{e}^{-\frac{(x-\mu)^2}{2\sigma^2}},\quad -\infty<x<+\infty.$$

由推论 2.1 可知

$$f_Y(y)=\frac{1}{|a|}f_X\left(\frac{y-b}{a}\right)=\frac{1}{\sqrt{2\pi}|a|\sigma}\mathrm{e}^{-\frac{(y-(a\mu+b))^2}{2(a\sigma)^2}},\quad -\infty<x<+\infty,$$

故 $Y=aX+b\sim N(a\mu+b,\,a^2\sigma^2)$.

定理 2.6 告诉我们, 如果 $X\sim N(\mu,\sigma^2)$, 则 X 的线性函数 $Y=aX+b\,(a\neq 0)$ 也服从正态分布. 特别地, 若 $a=\frac{1}{\sigma}$, $b=-\frac{\mu}{\sigma}$, 则 $Y=\frac{X-\mu}{\sigma}\sim N(0,1)$, 即定理 2.4 可由定理 2.6 直接得到.

例 2.23 设随机变量 $X\sim N(0,2^2)$, 求 $Y=-X$ 的分布.

解 由定理 2.6 可直接得到 $Y\sim N(0,2^2)$.

例 2.23 表明, 随机变量 X 与 $-X$ 有相同的分布. 但这两个随机变量是不相等的. 所以我们要明确, 分布相同与随机变量相等是两个完全不同的概念.

同步基础训练2.4

1. 已知随机变量 X 的分布律为

X	$\frac{\pi}{4}$	$\frac{\pi}{2}$	$\frac{3\pi}{4}$
p	0.2	0.7	0.1

求随机变量 $Y=\cos X$ 的分布律.

2. 已知随机变量 X 的分布律为

X	-2	-1	0	1	2
p	0.2	0.4	0.1	0.1	0.2

求随机变量 $Y=\dfrac{1}{X+3}$, $Z=X^2$ 的分布律.

3. 设随机变量 $X\sim U(-1,1)$, 求 $Y=X^2$ 的概率密度.

4. 设 $X\sim U(0,1)$, 求下列随机变量函数的概率密度.

(1) $Y=\dfrac{1}{X+1}$; (2) $Z=-2\ln X$.

5. 设随机变量 X 的概率密度为

$$f_X(x)=\begin{cases}2x, & 0<x<1,\\ 0, & \text{其他}.\end{cases}$$

求 $Y=3X+1$ 的概率密度.

6. 设随机变量 $X\sim N(10,\,2^2)$, 求 $Y=3X+5$ 的分布.

习 题 2

(A)

1. 随机变量 X 只取 1, 2, 3 共三个值, 取各个值的概率组成等差数列, 且满足

$$3P\{X=1\}=P\{X=3\},$$

求 X 的分布律和分布函数.

2. 设 X 为随机变量, 且

$$p_k=P\{X=k\}=\frac{1}{2^k},\quad k=1,\,2,\,\cdots.$$

(1) 判断上式是否可以作为 X 的概率分布律;

(2) 求 $P\{X\text{ 为偶数}\}$ 和 $P\{X\geqslant 5\}$.

3. 设随机变量 X 具有分布律

$$p_k=P\{X=k\}=ak,\quad k=1,\,2,\,3,\,4,\,5.$$

(1) 确定常数 a;

(2) 计算 $P\{0.5<X<2.5\}$ 和 $P\{1\leqslant X\leqslant 2\}$.

4. 一台设备由三个部件构成, 在设备运转中各部件需要调整的概率相应为 0.1, 0.2, 0.3, 假设各部件的状态相互独立, 以 X 表示同时需要调整的部件数, 试求 X 的分布律.

5. 一袋中装有编号为 1, 2, 3, 4, 5 的 5 只球. 在袋中同时取 3 只, 以 X 表示取出的 3 只球中的最大号码, 写出随机变量 X 的分布律.

6. 掷四颗骰子, 求“6 点”出现次数 X 的分布律及“6 点”出现的最可能 (即概率最大) 次数及相应概率.

7. 有一繁忙汽车站, 每天有大量汽车通过, 设每辆汽车在某段时间内出事故的概率为 0.0001, 如果在该段时间内有 1000 辆汽车通过, 试利用泊松定理计算出事故的次数不小于 2 的概率.

8. 从一批有 90 个正品和 10 个次品的产品中任取 5 个, 求抽得的次品数 X 的分布律.

9. 已知随机变量 X 的概率密度为

$$f(x)=\begin{cases} ax+b, & 1<x<3, \\ 0, & \text{其他}, \end{cases}$$

且 $P\{2<X<3\}=2P\{-1<X<2\}$, 求 $P\left\{0<X<\dfrac{3}{2}\right\}$.

10. 已知随机变量 X 的概率密度为

$$f(x)=\begin{cases} \dfrac{a}{\sqrt{1-x^2}}, & |x|<1, \\ 0, & \text{其他}, \end{cases}$$

确定常数 a, 并求 X 的分布函数及 $P\left\{|X|\leqslant\dfrac{1}{2}\right\}$.

11. 某种电子元件寿命 X (单位：h) 的概率密度为

$$f(x)=\begin{cases} \dfrac{1000}{x^2}, & x>1000, \\ 0, & \text{其他}. \end{cases}$$

某仪器装有三只这种元件, 问仪器在使用的最初 1500h 内没有一只元件损坏和只有一只损坏的概率各是多少?

12. 设随机变量 $X\sim N(\mu,\,4^2)$, $Y\sim N(\mu,\,5^2)$, $p_1=P\{X\leqslant\mu-4\}$, $p_2=P\{Y\geqslant\mu+5\}$, 证明: $p_1=p_2$.

13. 设随机变量 $X\sim N(\mu,\,\sigma^2)$, 且 $P\{X\leqslant-1.6\}=0.036$, $P\{X\leqslant5.9\}=0.758$, 求 $\mu,\,\sigma$ 及 $P\{X>0\}$.

14. 设顾客在某银行等待服务的时间 X(单位：min) 服从指数分布, 其概率密度为

$$f(x)=\begin{cases} \dfrac{1}{5}\mathrm{e}^{-\frac{x}{5}}, & x>0, \\ 0, & \text{其他}. \end{cases}$$

已知某顾客在窗口等待服务, 若超过 10 min, 他就离开, 他一个月要到银行 5 次. 以 Y 表示一个月内他未等到服务而离开窗口的次数, 写出 Y 的分布律并求 $P\{Y\geqslant1\}$.

15. 设随机变量 $X\sim U(-1,\,2)$, 定义

$$Y=\begin{cases} 1, & X\geqslant0, \\ -1, & X<0, \end{cases}$$

求随机变量 Y 的分布律.

16. 已知随机变量 X 的分布律为

X	0	$\frac{\pi}{4}$	$\frac{\pi}{2}$	π
p	0.25	0.25	0.25	0.25

求随机变量 $Y=\dfrac{2}{3}X+2$ 和 $Z=\sin 2X+1$ 的分布律.

17. 设随机变量 X 服从参数为 2 的指数分布. 证明: $Y=1-\mathrm{e}^{-2X}$ 服从区间 $(0, 1)$ 上的均匀分布.

18. 设随机变量 $X\sim N(0, 1)$, 求下列随机变量函数的概率密度:

(1) $Y=2X^2+1$; (2) $Z=|X|$.

19. 设随机变量 X 的概率密度为

$$f(x)=\begin{cases}\dfrac{2x}{\pi^2}, & 0<x<\pi,\\ 0, & \text{其他},\end{cases}$$

求 $Y=\sin X$ 的概率密度.

20. 设随机变量 X 的概率密度为

$$f(x)=\begin{cases}1+x, & -1\leqslant x<0,\\ 1-x, & 0\leqslant x<1,\\ 0, & \text{其他},\end{cases}$$

求 $Y=X^2+1$ 的分布函数.

(B)

1. 如果 $p_n=cn^{-2}$, $n=1, 2, \cdots$, 问它能否成为一个离散型随机变量的概率分布, 为什么?

2. 一批零件有 4 件正品和 2 件次品, 今不放回逐件取出, X 表示取到正品之前已取出的次品数, 求 X 的分布律.

3. 设离散型随机变量 X 的分布函数为

$$F(x)=\begin{cases}0, & x<-1,\\ a, & -1\leqslant x<1,\\ \dfrac{2}{3}-a, & 1\leqslant x<2,\\ a+b, & x\geqslant 2\end{cases}$$

且 $P\{X=2\}=\dfrac{1}{2}$, 求 a, b 及 X 的分布律.

4. 设有同类型设备若干台, 各台工作是相互独立的, 发生故障的概率都是 0.01, 且一台设备的故障能由一个人处理. 考虑如下两种情况下, 设备发生故障而不能及时维修的概率.

(1) 1 人维护 20 台;

(2) 3 人共同维护 90 台.

5. 设随机变量 X 的概率密度为

$$f(x)=\begin{cases}\dfrac{1}{2}\cos\dfrac{x}{2}, & 0\leqslant x\leqslant \pi,\\ 0, & \text{其他}.\end{cases}$$

对 X 独立地重复观察 4 次, 用 Y 表示观察值大于 $\dfrac{\pi}{3}$ 的次数, 求 Y 的分布律.

6. 设随机变量 X 的概率密度为

$$f(x)=\begin{cases}\dfrac{1}{2}x^3\mathrm{e}^{-\frac{x^2}{2}}, & x>0,\\ 0, & \text{其他}.\end{cases}$$

求 X 的分布函数和 $P\{-2<X\leqslant 4\}$.

7. 设随机变量 X 满足 $P\{X\geqslant x_1\}=1-\alpha$, $P\{X\leqslant x_2\}=1-\beta$, 其中 $x_1<x_2$, 试求 $P\{x_1<X<x_2\}$.

8. 设随机变量 X 与 Y 同分布, X 的概率密度为

$$f(x)=\begin{cases}\dfrac{3}{8}x^2, & 0<x<2,\\ 0, & \text{其他}.\end{cases}$$

已知事件 $A=\{X>a\}$ 和事件 $B=\{Y>a\}$ 独立, 且 $P(A\bigcup B)=\dfrac{3}{4}$, 求常数 a.

9. 设连续型随机变量 X 的概率密度 $f(x)$ 是一个偶函数, $F(x)$ 为其分布函数, 证明: 对任意实数 $a>0$, 有

(1) $F(-a)=1-F(a)=0.5-\displaystyle\int_0^a f(x)\mathrm{d}x$;

(2) $P\{|X|<a\}=2F(a)-1$;

(3) $P\{|X|>a\}=2[1-F(a)]$.

10. 设 $F_1(x)$ 和 $F_2(x)$ 都是分布函数, 常数 $a>0$, $b>0$ 且 $a+b=1$, 证明: $F(x)=aF_1(x)+bF_2(x)$ 也是分布函数.

11. 设 $X\sim B(n,\,p)$, $Y\sim B(n,\,1-p)$, 证明:

$$P\{X\leqslant k\}=1-P\{Y\leqslant n-k-1\},\quad k=0,\,1,\,2,\,\cdots,\,n.$$

12. 设随机变量 $X\sim N(\mu,\,\sigma^2)$, 则对任意实数 a, 求 $F(\mu+a)+F(\mu-a)$ 的值.

13. 设随机变量 $X\sim N(0,\,\sigma^2)$, 若 $P\{|X|>k\}=0.1$, 试求 $P\{X<k\}$.

14. 设随机变量 $X\sim U(0,\,1)$, 求 $Y=|\ln X|$ 的概率密度.

15. 设随机变量 $X\sim N(0,\,\sigma^2)$, 求 $Y=X^2$ 的概率密度.

16. 设随机变量 $X\sim e(2)$, 试证 $Y=\mathrm{e}^{-2X}$ 和 $Z=1-\mathrm{e}^{-2X}$ 都服从区间 $(0,\,1)$ 上的均匀分布.

17. 设随机变量 X 的概率密度为

$$f(x)=\begin{cases}\dfrac{1}{3\sqrt[3]{x^2}}, & 1\leqslant x\leqslant 8,\\ 0, & \text{其他},\end{cases}$$

$F(x)$ 是 X 的分布函数, 求随机变量 $Y=F(X)$ 的分布函数 $F_Y(y)$.

第 3 章 多维随机变量及其分布

第 2 章研究了一维随机变量及其分布, 但在实际问题中往往需要同时考虑两个或两个以上的随机变量. 例如, 射击弹着点的位置由横坐标 X 和纵坐标 Y 共同确定, 其中 X 和 Y 是两个随机变量. 又如, 研究市场供给模型时, 需要同时考虑商品供给量、消费者收入和市场价格等因素, 每一个因素都可以用一个随机变量来表示. 在这种情况下, 我们不仅需要研究每个随机变量的统计规律性, 还需要研究各个随机变量之间的相互依存关系, 因而需要考虑它们联合取值的统计规律性, 即多维随机变量的概率分布. 本章主要讨论二维随机变量及其分布.

3.1 二维随机变量及其分布

3.1.1 二维随机变量

定义 3.1 设试验 E 的样本空间 $\Omega=\{\omega\}$, $X_1(\omega)$, $X_2(\omega)$, $\cdots$, $X_n(\omega)$ 是定义在 Ω 上的 n 个随机变量, 则由它们构成的一个 n 维向量 $(X_1, X_2, \cdots, X_n)$ 称为 n **维随机变量**或 n **维随机向量**. 当 $n=2$ 时, (X_1, X_2) 称为**二维随机变量** (two-dimensional random variable) 或**二维随机向量**.

例 3.1 (1) 研究初中孩子的生长发育情况时, 我们感兴趣于每个孩子 (样本点 ω) 的身高 $X_1(\omega)$ 和体重 $X_2(\omega)$, 这里 (X_1, X_2) 是一个二维随机变量.

(2) 在研究某地每个家庭的支出情况时, 我们感兴趣于每个家庭 (样本点 ω) 的衣食住行四个方面, 若用 $X_1(\omega)$, $X_2(\omega)$, $X_3(\omega)$, $X_4(\omega)$ 分别表示衣食住行的花费占其家庭总收入的百分比, 则 (X_1, X_2, X_3, X_4) 是一个四维随机变量.

(3) 研究射击弹着点的位置时, 我们感兴趣于每个弹着点(样本点 ω) 的横坐标 $X_1(\omega)$ 和纵坐标 $X_2(\omega)$, 这里 (X_1, X_2) 是一个二维随机变量.

注 3.1 n 维随机变量的关键是定义在同一个样本空间上, 对于不同的样本空间 $\Omega_1, \Omega_2, \cdots, \Omega_n$ 上的 n 个随机变量, 我们只能在乘积空间

$$\Omega_1\times\Omega_2\times\cdots\times\Omega_n=\{(\omega_1, \omega_2, \cdots, \omega_n):\omega_1\in\Omega_1,\ \omega_2\in\Omega_2,\ \cdots,\ \omega_n\in\Omega_n\}$$

上讨论.

3.1.2 二维随机变量的分布函数

定义 3.2 设 $(X_1, X_2, \cdots, X_n)$ 为 n 维随机变量, 对于任意 n 个实数 x_1, $x_2, \cdots, x_n$, n 元函数

$$F(x_1, x_2, \cdots, x_n) = P\{X_1 \leqslant x_1, X_2 \leqslant x_2, \cdots, X_n \leqslant x_n\}$$

称为 n 维随机变量 $(X_1, X_2, \cdots, X_n)$ 的**分布函数**, 或称为随机变量 $X_1, X_2, \cdots, X_n$ 的**联合分布函数** (joint distribution function).

当 $n=2$ 时, 二维随机变量 (X, Y) 的分布函数为

$$F(x, y) = P\{X \leqslant x, Y \leqslant y\}, \quad (x, y) \in \mathbb{R}^2.$$

分布函数 $F(x, y)$ 具有如下的几何意义：若将二维随机变量 (X, Y) 看成平面上随机点的坐标, 则分布函数 $F(x, y)$ 在 (x, y) 处的函数值就是随机点 (X, Y) 落入以 (x, y) 为顶点, 且位于该点左下方的无穷矩形区域内的概率 (图 3.1).

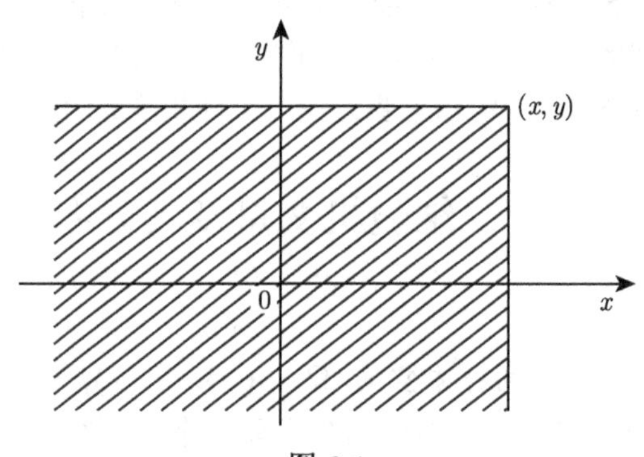

图 3.1

二维随机变量 (X, Y) 的分布函数 $F(x, y)$ 有如下基本性质.

(1) **有界性**　对任意的 x, y, 有 $0 \leqslant F(x, y) \leqslant 1$.

对任意固定的 y, 有

$$F(-\infty, y) = \lim_{x \to -\infty} F(x, y) = 0;$$

对任意固定的 x, 有

$$F(x, -\infty) = \lim_{y \to -\infty} F(x, y) = 0;$$

且有

$$F(-\infty, -\infty) = 0, \quad F(+\infty, +\infty) = 1.$$

(2) **单调性**　$F(x, y)$ 分别关于 x 和 y 单调不减. 即对固定的 y, 若 $x_1 < x_2$, 则有 $F(x_1, y) \leqslant F(x_2, y)$; 对固定的 x, 若 $y_1 < y_2$, 则有 $F(x, y_1) \leqslant F(x, y_2)$.

(3) **右连续性**　$F(x, y)$ 关于 x 和 y 均右连续. 即对固定的 y, 有 $F(x+0, y) = F(x, y)$; 对固定的 x, 有 $F(x, y+0) = F(x, y)$.

(4) **非负性**　对于任意实数 $x_1 < x_2, y_1 < y_2$, 有

$$P\{x_1 < X \leqslant x_2, y_1 < Y \leqslant y_2\}$$

$$=F(x_2, y_2)-F(x_2, y_1)-F(x_1, y_2)+F(x_1, y_1)\geqslant 0.$$

如果一个二元函数 $F(x, y)$ 具有上述四条性质, 则该函数可视为某个二维随机变量的分布函数. 反之, 如果 $F(x, y)$ 不具备上述性质中的任何一条, 则该函数一定不是任何一个二维随机变量的分布函数.

例 3.2 判断二元函数

$$F(x, y)=\begin{cases}0, & x+y<0,\\ 1, & x+y\geqslant 0\end{cases}$$

是否可以作为某个二维随机变量的分布函数.

解 取 $(x_1, y_1)=(-1, -1), (x_2, y_2)=(1, 1)$, 则有

$$\begin{aligned}&P\{x_1<X\leqslant x_2, y_1<Y\leqslant y_2\}\\ =&F(x_2, y_2)-F(x_2, y_1)-F(x_1, y_2)+F(x_1, y_1)\\ =&F(1, 1)-F(1, -1)-F(-1, 1)+F(-1, -1)\\ =&1-1-1+0=-1<0.\end{aligned}$$

由于不满足上述性质 (4), 所以 $F(x, y)$ 不能成为某个二维随机变量的分布函数.

3.1.3 二维随机变量的边缘分布函数

对于二维随机变量 (X, Y) 来说, 它的每一个分量都是一个一维的随机变量, 因此均有自己的分布, 我们称分量 X (或 Y) 的分布为 (X, Y) 关于 X (或 Y) 的**边缘分布** (marginal distribution). 下面记 X, Y 的分布函数分别为 $F_X(x), F_Y(y)$, 依次称为 (X, Y) 关于 X 和 Y 的**边缘分布函数** (marginal distribution function). 事实上, 若设 (X, Y) 的分布函数为 $F(X, Y)$, 则由分布函数的定义可得 (X, Y) 的边缘分布函数为

$$F_X(x)=P\{X\leqslant x\}=P\{X\leqslant x, Y<+\infty\}=\lim_{y\to+\infty}F(x, y)=F(x, +\infty); \quad (3.1)$$

$$F_Y(y)=P\{Y\leqslant y\}=P\{X<+\infty, Y\leqslant y\}=\lim_{x\to+\infty}F(x, y)=F(+\infty, y). \quad (3.2)$$

例 3.3 设二维随机变量 (X, Y) 的分布函数为

$$F(x, y)=\begin{cases}1-\mathrm{e}^{-x}-\mathrm{e}^{-y}+\mathrm{e}^{-x-y-\lambda xy}, & x>0, y>0,\\ 0, & \text{其他},\end{cases}$$

其中参数 $\lambda>0$, 分别求 (X, Y) 关于 X 和 Y 的边缘分布函数.

解 由 (3.1) 式和 (3.2) 式, 可得 (X, Y) 关于 X 和 Y 的边缘分布函数分别为

$$F_X(x)=F(x,\ +\infty)=\begin{cases}1-\mathrm{e}^{-x}, & x>0,\\ 0, & \text{其他},\end{cases}$$

$$F_Y(y)=F(+\infty,\ y)=\begin{cases}1-\mathrm{e}^{-y}, & y>0,\\ 0, & \text{其他}.\end{cases}$$

在本例中, (X, Y) 关于 X 和 Y 的边缘分布都是一维指数分布, 且和参数 λ 无关. 这说明由 X 和 Y 的联合分布函数可以唯一确定边缘分布函数, 但由边缘分布函数不能唯一确定联合分布函数. 事实上, 联合分布函数不仅含有每个变量的信息, 而且还含有变量之间关系的信息, 这正是人们研究二维随机变量的原因.

例 3.4　设二维随机变量 (X, Y) 的分布函数为

$$F(x,\ y)=\alpha\left(\beta+\arctan\frac{x}{2}\right)\left(\gamma+\arctan\frac{y}{3}\right),$$

求

(1) 常数 α, β, γ;

(2) (X, Y) 关于 X 和 Y 的边缘分布函数;

(3) $P\{X>2\}$.

解　(1) 由分布函数的性质, 得方程组

$$\begin{cases}F(+\infty,\ +\infty)=\alpha\left(\beta+\dfrac{\pi}{2}\right)\left(\gamma+\dfrac{\pi}{2}\right)=1,\\ F(-\infty,\ +\infty)=\alpha\left(\beta-\dfrac{\pi}{2}\right)\left(\gamma+\dfrac{\pi}{2}\right)=0,\\ F(+\infty,\ -\infty)=\alpha\left(\beta+\dfrac{\pi}{2}\right)\left(\gamma-\dfrac{\pi}{2}\right)=0,\end{cases}$$

解得 $\alpha=\dfrac{1}{\pi^2}, \beta=\gamma=\dfrac{\pi}{2}$.

(2) X 和 Y 的边缘分布函数分别为

$$F_X(x)=F(x,\ +\infty)=\frac{1}{2}+\frac{1}{\pi}\arctan\frac{x}{2},\quad -\infty<x<+\infty,$$

$$F_Y(y)=F(+\infty,\ y)=\frac{1}{2}+\frac{1}{\pi}\arctan\frac{y}{3},\quad -\infty<y<+\infty.$$

(3) $P\{X>2\}=1-F_X(2)=1-\dfrac{1}{2}-\dfrac{1}{\pi}\arctan 1=\dfrac{1}{4}$.

同步基础训练 3.1

1. 设随机变量 (X, Y) 的分布函数为 $F(x, y)$, 试用 $F(x, y)$ 表示下列概率:

(1) $P\{a<X\leqslant b, Y\leqslant d\}$;　(2) $P\{X\leqslant a, Y\leqslant d\}$;　(3) $P\{a<X\leqslant b\}$.

2. 二维随机变量 (X, Y) 的分布函数为

$$F(x, y)=\begin{cases}(a-x^{-2})(1-\mathrm{e}^{-y+1}), & x>1, y>1,\\ b, & \text{其他},\end{cases}$$

求

(1) 参数 a, b;

(2) $P\{1<X\leqslant 2, 0<Y\leqslant 1\}$.

3. 一个电子部件由两个元件并联而成, 即电子部件故障当且仅当两个元件都故障, 两个元件的寿命分别为 X 和 Y, (X, Y) 的分布函数为

$$F(x, y)=\begin{cases}1-\mathrm{e}^{-0.01x}-\mathrm{e}^{-0.01y}+\mathrm{e}^{-0.01(x+y)}, & x>0, y>0,\\ 0, & \text{其他},\end{cases}$$

分别求 (X, Y) 关于 X 和 Y 的边缘分布函数.

3.2 二维离散型随机变量

3.2.1 二维离散型随机变量的分布律

类似于一维离散型随机变量, 若二维随机变量 (X, Y) 的所有可能取值为有限对或者可列无穷多对, 则称 (X, Y) 为**二维离散型随机变量** (bivariate discrete random variable).

定义 3.3 设二维离散型随机变量 (X, Y) 的所有可能取值为 (x_i, y_j), $i, j=1, 2, \cdots$, 称

$$p_{ij}=P\{X=x_i, Y=y_j\}, \quad i, j=1, 2, \cdots$$

为 (X, Y) 的**分布律**, 也称为 X 与 Y 的**联合分布律** (law of joint distribution).

为了直观, 常把 (X, Y) 的分布律以表 3.1 的形式给出.

表 3.1

X \ Y	y_1	y_2	$\cdots$	y_j	$\cdots$
x_1	p_{11}	p_{12}	$\cdots$	p_{1j}	$\cdots$
x_2	p_{21}	p_{22}	$\cdots$	p_{2j}	$\cdots$
$\vdots$	$\vdots$	$\vdots$		$\vdots$	
x_i	p_{i1}	p_{i2}	$\cdots$	p_{ij}	$\cdots$
$\vdots$	$\vdots$	$\vdots$		$\vdots$	

显然, $p_{ij}\,(i,\,j=1,\,2,\,\cdots)$ 满足下列性质:

(1) **非负性**　$p_{ij}\geqslant 0$;

(2) **规范性**　$\sum\limits_{i=1}^{\infty}\sum\limits_{j=1}^{\infty}p_{ij}=1$.

例 3.5　设随机变量 $X\sim N(0,\,1)$,

$$Y_i=\begin{cases}0, & |X|\geqslant i,\\ 1, & |X|<i,\end{cases}\quad i=1,\,2.$$

求 Y_1 和 Y_2 的联合分布律.

解　$(Y_1,\,Y_2)$ 的所有可能取值为 $(0,\,0),\,(0,\,1),\,(1,\,0),\,(1,\,1)$.

$$\begin{aligned}P\{Y_1=0,\,Y_2=0\}&=P\{|X|\geqslant 1,\,|X|\geqslant 2\}\\&=P\{|X|\geqslant 2\}=1-P\{|X|<2\}\\&=1-[2\varPhi(2)-1]=0.0456;\end{aligned}$$

$$\begin{aligned}P\{Y_1=0,\,Y_2=1\}&=P\{|X|\geqslant 1,\,|X|<2\}\\&=P\{1\leqslant|X|<2\}=2[\varPhi(2)-\varPhi(1)]\\&=0.2718;\end{aligned}$$

$$P\{Y_1=1,\,Y_2=0\}=P\{|X|<1,\,|X|\geqslant 2\}=0;$$

$$\begin{aligned}P\{Y_1=1,\,Y_2=1\}&=P\{|X|<1,\,|X|<2\}\\&=P\{|X|<1\}=2\varPhi(1)-1=0.6826.\end{aligned}$$

综上,

Y_1 \ Y_2	0	1
0	0.0456	0.2718
1	0	0.6826

如果二维离散型随机变量 $(X,\,Y)$ 的分布律为

$$p_{ij}=P\{X=x_i,\,Y=y_j\},\quad i,\,j=1,\,2,\,\cdots,$$

则 $(X,\,Y)$ 的分布函数

$$F(x,\,y)=P\{X\leqslant x,\,Y\leqslant y\}=\sum_{x_i\leqslant x}\sum_{y_j\leqslant y}p_{ij}.$$

例 3.6 设二维离散型随机变量 (X, Y) 的分布律为

X \ Y	0	1	2
1	0	0	$\frac{3}{10}$
2	0	$\frac{3}{5}$	0
3	$\frac{1}{10}$	0	0

求 (X, Y) 的分布函数.

解 由

$$F(x, y) = P\{X \leqslant x, Y \leqslant y\} = \sum_{x_i \leqslant x} \sum_{y_j \leqslant y} p_{ij}$$

可知

$$F(x, y) = \begin{cases} \dfrac{3}{10}, & 1 \leqslant x < 2, y \geqslant 2, \\ \dfrac{3}{5}, & 2 \leqslant x < 3, 1 \leqslant y < 2, \\ \dfrac{3}{10} + \dfrac{3}{5} = \dfrac{9}{10}, & 2 \leqslant x < 3, y \geqslant 2, \\ \dfrac{1}{10}, & x \geqslant 3, 0 \leqslant y < 1, \\ \dfrac{3}{5} + \dfrac{1}{10} = \dfrac{7}{10}, & x \geqslant 3, 1 \leqslant y < 2, \\ 1, & x \geqslant 3, y \geqslant 2, \\ 0, & \text{其他}. \end{cases}$$

3.2.2 二维离散型随机变量的边缘分布律

类似于边缘分布函数, 我们也可以定义二维离散型随机变量的边缘分布律. 对于二维离散型随机变量 (X, Y), 设它的分布律为

$$p_{ij} = P\{X = x_i, Y = y_j\}, \quad i, j = 1, 2, \cdots,$$

则 (X, Y) 关于 X 的**边缘分布律**为

$$\begin{aligned} P\{X = x_i\} &= P\{X = x_i, -\infty < Y < +\infty\} \\ &= P\left\{X = x_i, \bigcup_{j=1}^{\infty} \{Y = y_j\}\right\} \\ &= \sum_{j=1}^{\infty} P\{X = x_i, Y = y_j\}, \quad i = 1, 2, \cdots. \end{aligned}$$

记

$$P\{X=x_i\}=\sum_{j=1}^{\infty}P\{X=x_i,Y=y_j\}\triangleq p_{i\cdot},\quad i=1,2,\cdots.$$

同理, (X,Y) 关于 Y 的**边缘分布律**为

$$P\{Y=y_j\}=\sum_{i=1}^{\infty}P\{X=x_i,Y=y_j\}\triangleq p_{\cdot j},\quad j=1,2,\cdots.$$

下面将二维离散型随机变量 (X,Y) 的分布律及 X 和 Y 的边缘分布律统一列表, 表示成表 3.2 的形式.

表 3.2

X \ Y	y_1	y_2	$\cdots$	y_j	$\cdots$	$p_{i\cdot}$
x_1	p_{11}	p_{12}	$\cdots$	p_{1j}	$\cdots$	$p_{1\cdot}$
x_2	p_{21}	p_{22}	$\cdots$	p_{2j}	$\cdots$	$p_{2\cdot}$
$\vdots$	$\vdots$	$\vdots$		$\vdots$		$\vdots$
x_i	p_{i1}	p_{i2}	$\cdots$	p_{ij}	$\cdots$	$p_{i\cdot}$
$\vdots$	$\vdots$	$\vdots$		$\vdots$		$\vdots$
$p_{\cdot j}$	$p_{\cdot 1}$	$p_{\cdot 2}$	$\cdots$	$p_{\cdot j}$	$\cdots$	1

在表 3.2 中, 中间部分是 (X,Y) 的分布律, 而边缘部分正是 (X,Y) 关于 X 和关于 Y 的边缘分布律, 它们由联合分布律的同一行或同一列相加而得到. 上表的形式从直观上体现了边缘分布律中"边缘"二字的含义.

例 3.7　求例 3.5 中 (Y_1,Y_2) 分别关于 Y_1 和 Y_2 的边缘分布律.

解　由例 3.5 可知

$$p_{11}=0.0456,\quad p_{12}=0.2718,\quad p_{21}=0,\quad p_{22}=0.6826.$$

于是

$$P\{Y_1=0\}=p_{11}+p_{12}=0.3174,\quad P\{Y_1=1\}=p_{21}+p_{22}=0.6826,$$
$$P\{Y_2=0\}=p_{11}+p_{21}=0.0456,\quad P\{Y_2=1\}=p_{12}+p_{22}=0.9544.$$

故 (Y_1,Y_2) 关于 Y_1 和 Y_2 的边缘分布律分别为

Y_1	0	1
p	0.3174	0.6826

Y_2	0	1
p	0.0456	0.9544

将二维随机变量 (Y_1,Y_2) 的分布律及关于 Y_1 和关于 Y_2 的边缘分布律放在一起得到如下列表.

Y_1 \ Y_2	0	1	$p_{i\cdot}$
0	0.0456	0.2718	0.3174
1	0	0.6826	0.6826
$p_{\cdot j}$	0.0456	0.9544	1

同步基础训练3.2

1. 设袋中有 2 只白球、3 只黑球, 连续摸球两次, 令 X 为第一次摸得的白球数, Y 为第二次摸得的白球数.

(1) 若有放回摸球两次, 求 (X, Y) 的分布律及其分别关于 X 和关于 Y 的边缘分布律;

(2) 若无放回摸球两次, 求 (X, Y) 的分布律及其分别关于 X 和关于 Y 的边缘分布律.

2. 抛掷一枚硬币三次, 以 X 表示三次中出现正面朝上的次数, Y 表示三次中出现正面朝上次数与反面朝上次数之差的绝对值.

(1) 写出 (X, Y) 的分布律;

(2) 求 (X, Y) 关于 X 和关于 Y 的边缘分布律.

3. 设二维随机变量 (X, Y) 的分布律为

X \ Y	y_1	y_2
x_1	0.1	a
x_2	b	0.4

$A=\{X=x_2\}$, $B=\{Y=y_2\}$. 若 $P(A|B)=\dfrac{2}{3}$, 试求常数 a, b 的值.

4. 设 A, B 为两个随机事件, 且

$$P(A)=\frac{1}{4},\quad P(A|B)=\frac{1}{2},\quad P(B|A)=\frac{1}{3}.$$

令

$$X=\begin{cases}1, & A\text{ 发生},\\ 0, & A\text{ 不发生},\end{cases}\qquad Y=\begin{cases}1, & B\text{ 发生},\\ 0, & B\text{ 不发生}.\end{cases}$$

求

(1) 二维随机变量 (X, Y) 的分布律;

(2) (X, Y) 的分布函数 $F(x, y)$.

3.3　二维连续型随机变量

3.3.1　二维连续型随机变量的概率密度

定义 3.4　设二维随机变量 (X, Y) 的分布函数为 $F(x, y)$, 如果存在非负可积的二元函数 $f(x, y)$, 使得对任意实数 x, y, 有

$$F(x, y)=\int_{-\infty}^{x}\int_{-\infty}^{y} f(u, v)\,\mathrm{d}u\mathrm{d}v,$$

则称 (X, Y) 是**二维连续型随机变量**(bivariate continuous random variable), 并称 $f(x,y)$ 为 (X,Y) 的**概率密度**, 或 X 与 Y 的**联合概率密度**(joint probability density), 记为 $(X, Y)\sim f(x, y)$.

概率密度 $f(x, y)$ 具有如下性质:

(1) **非负性**　$f(x, y)\geqslant 0$;

(2) **规范性**　$\int_{-\infty}^{+\infty}\int_{-\infty}^{+\infty} f(x, y)\mathrm{d}x\mathrm{d}y=F(+\infty,\ +\infty)=1$;

(3) 若 $f(x, y)$ 在点 (x, y) 连续, 则有

$$\frac{\partial^2 F(x, y)}{\partial x\partial y}=f(x, y);$$

(4) 若 D 是 xOy 平面的一个区域, 则点 (X, Y) 落在 D 内的概率为

$$P\{(X, Y)\in D\}=\iint\limits_{D} f(x, y)\mathrm{d}x\mathrm{d}y. \tag{3.3}$$

注 3.2　在使用公式 (3.3) 时, 要注意积分范围是 $f(x, y)$ 非零时对应的区域与 D 的交集部分. 另需注意"直线的面积为零", 故积分区域的边界是否在积分区域内不影响概率计算的结果.

例 3.8　设二维随机变量 (X, Y) 的概率密度为

$$f(x, y)=\begin{cases} kx^2y, & (x, y)\in G,\\ 0, & \text{其他}, \end{cases}$$

其中 G 是由 $y=|x|$ 和 $y=1$ 围成的区域 (图 3.2), 求 k 及 $P\left\{Y<\frac{1}{2}\right\}$.

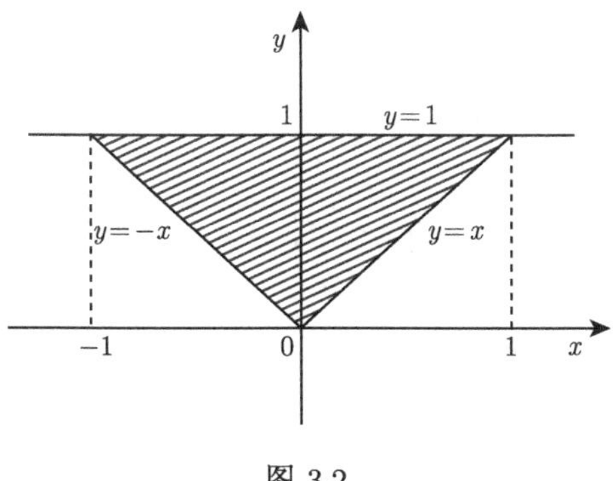

图 3.2

解 由规范性,

$$\int_{-\infty}^{+\infty}\int_{-\infty}^{+\infty} f(x, y)\mathrm{d}x\mathrm{d}y = \iint\limits_{G} kx^2y\mathrm{d}x\mathrm{d}y = \int_0^1 \mathrm{d}y\int_{-y}^{y} kx^2y\mathrm{d}x = \frac{2}{15}k = 1,$$

可得 $k = \dfrac{15}{2}$.

$$P\left\{Y < \frac{1}{2}\right\} = \iint\limits_{D} f(x, y)\mathrm{d}x\mathrm{d}y = \iint\limits_{D\cap G} \frac{15}{2}x^2y\mathrm{d}x\mathrm{d}y = \int_0^{\frac{1}{2}} \mathrm{d}y\int_{-y}^{y} \frac{15}{2}x^2y\mathrm{d}x = \frac{1}{32}.$$

例 3.9 设二维随机变量 (X, Y) 的概率密度为

$$f(x, y) = \begin{cases} Cxy, & 0 \leqslant x \leqslant 1, 0 \leqslant y \leqslant 2, \\ 0, & \text{其他}, \end{cases}$$

求

(1) 常数 C 及 $P\{X + Y \geqslant 1\}$;

(2) X 与 Y 的联合分布函数 $F(x, y)$.

解 (1) 由规范性有

$$\int_{-\infty}^{+\infty}\int_{-\infty}^{+\infty} f(x, y)\mathrm{d}x\mathrm{d}y = \int_0^1\int_0^2 Cxy\mathrm{d}x\mathrm{d}y = C = 1,$$

可得 $C = 1$.

由于在区域 $D = \{(x, y): 0 \leqslant x \leqslant 1, 0 \leqslant y \leqslant 2\}$ 外 $f(x, y) = 0$, 所以 $P\{X + Y \geqslant 1\}$ 为函数 xy 在区域 $D\bigcap\{(x, y): x + y \geqslant 1\}$ 上的二重积分 (图 3.3), 即

$$P\{X + Y \geqslant 1\} = \iint\limits_{x+y\geqslant 1} f(x, y)\mathrm{d}x\mathrm{d}y = \int_0^1 \mathrm{d}x\int_{1-x}^{2} xy\mathrm{d}y = \frac{23}{24}.$$

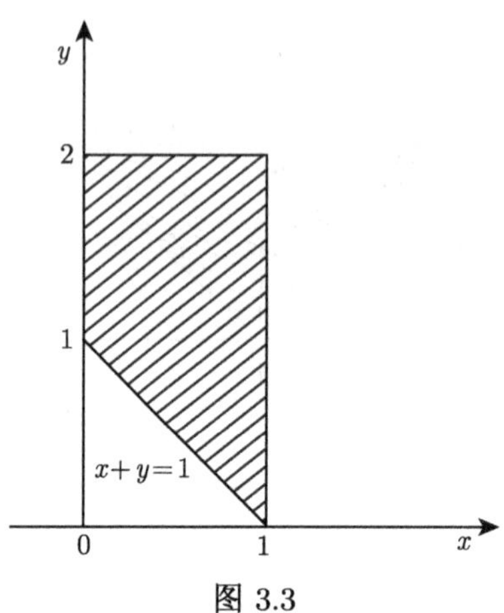

图 3.3

(2) 当 $x<0$ 或 $y<0$ 时,

$$F(x, y)=\int_{-\infty}^{x}\int_{-\infty}^{y} f(u, v)\,\mathrm{d}u\mathrm{d}v=0;$$

当 $0\leqslant x<1, 0\leqslant y<2$ 时,

$$F(x, y)=\int_{-\infty}^{x}\int_{-\infty}^{y} f(u, v)\,\mathrm{d}u\mathrm{d}v=\int_{0}^{x}\int_{0}^{y} uv\,\mathrm{d}u\mathrm{d}v=\frac{1}{4}x^2y^2;$$

当 $0\leqslant x<1, y\geqslant 2$ 时,

$$F(x, y)=\int_{-\infty}^{x}\int_{-\infty}^{y} f(u, v)\,\mathrm{d}u\mathrm{d}v=\int_{0}^{x}\int_{0}^{2} uv\,\mathrm{d}u\mathrm{d}v=x^2;$$

当 $x\geqslant 1, 0\leqslant y<2$ 时,

$$F(x, y)=\int_{-\infty}^{x}\int_{-\infty}^{y} f(u, v)\,\mathrm{d}u\mathrm{d}v=\int_{0}^{1}\int_{0}^{y} uv\,\mathrm{d}u\mathrm{d}v=\frac{1}{4}y^2;$$

当 $x\geqslant 1, y\geqslant 2$ 时,

$$F(x, y)=\int_{-\infty}^{x}\int_{-\infty}^{y} f(u, v)\,\mathrm{d}u\mathrm{d}v=1.$$

综上所述,

$$F(x, y)=\begin{cases} 0, & x<0\text{或}y<0, \\ \dfrac{1}{4}x^2y^2, & 0\leqslant x<1, 0\leqslant y<2, \\ x^2, & 0\leqslant x<1, y\geqslant 2, \\ \dfrac{1}{4}y^2, & x\geqslant 1, 0\leqslant y<2, \\ 1, & x\geqslant 1, y\geqslant 2. \end{cases}$$

3.3.2 二维连续型随机变量的边缘概率密度

对于二维连续型随机变量, 类似于二维离散型随机变量的边缘分布律, 可以定义边缘概率密度. 设二维连续型随机变量 (X, Y) 的分布函数和概率密度分别为 $F(x, y)$ 和 $f(x, y)$, 则关于 X 的边缘分布函数为

$$F_X(x) = P\{X \leqslant x\} = F(x,\ +\infty) = \int_{-\infty}^{x}\int_{-\infty}^{+\infty} f(u,\ v)\mathrm{d}u\mathrm{d}v,$$

从而 X 的概率密度为

$$\begin{aligned} f_X(x) &= \frac{\mathrm{d}}{\mathrm{d}x}F_X(x) = \frac{\mathrm{d}}{\mathrm{d}x}\left(\int_{-\infty}^{x}\int_{-\infty}^{+\infty} f(u,\ v)\mathrm{d}u\mathrm{d}v\right) \\ &= \frac{\mathrm{d}}{\mathrm{d}x}\left(\int_{-\infty}^{x}\left[\int_{-\infty}^{+\infty} f(u,\ v)\mathrm{d}v\right]\mathrm{d}u\right) \\ &= \int_{-\infty}^{+\infty} f(x,\ v)\mathrm{d}v = \int_{-\infty}^{+\infty} f(x,\ y)\mathrm{d}y. \end{aligned}$$

同理可得, Y 的概率密度为

$$f_Y(y) = \int_{-\infty}^{+\infty} f(x,\ y)\mathrm{d}x.$$

我们分别称

$$f_X(x) = \int_{-\infty}^{+\infty} f(x,\ y)\mathrm{d}y$$

和

$$f_Y(y) = \int_{-\infty}^{+\infty} f(x,\ y)\mathrm{d}x$$

为 (X, Y) 关于 X 和关于 Y 的**边缘概率密度** (marginal probability density).

例 3.10 设二维连续型随机变量 (X, Y) 的概率密度为

$$f(x,\ y) = \begin{cases} 12\mathrm{e}^{-(3x+4y)}, & x > 0,\ y > 0, \\ 0, & \text{其他}, \end{cases}$$

分别求 (X, Y) 关于 X 和关于 Y 的边缘概率密度.

解 由于 (X, Y) 的概率密度为分区域定义的函数, 所以边缘概率密度也需要分段计算.

当 $x \leqslant 0$ 时, 由 $f(x, y) = 0$ 可知 (X, Y) 关于 X 的边缘概率密度为

$$f_X(x) = \int_{-\infty}^{+\infty} f(x,\ y)\mathrm{d}y = 0;$$

当 $x>0$ 时, 可知 (X,Y) 关于 X 的边缘概率密度为

$$f_X(x)=\int_{-\infty}^{+\infty} f(x,\,y)\mathrm{d}y=\int_0^{+\infty} 12\mathrm{e}^{-(3x+4y)}\mathrm{d}y=3\mathrm{e}^{-3x}.$$

综上所述

$$f_X(x)=\begin{cases}3\mathrm{e}^{-3x}, & x>0,\\ 0, & x\leqslant 0.\end{cases}$$

同理, 当 $y\leqslant 0$ 时, 由 $f(x,\,y)=0$ 可知 (X,Y) 关于 Y 的边缘概率密度为

$$f_Y(y)=\int_{-\infty}^{+\infty} f(x,\,y)\mathrm{d}x=0;$$

当 $y>0$ 时, 可知 (X,Y) 关于 Y 的边缘概率密度为

$$f_Y(y)=\int_{-\infty}^{+\infty} f(x,\,y)\mathrm{d}x=\int_0^{+\infty} 12\mathrm{e}^{-(3x+4y)}\mathrm{d}x=4\mathrm{e}^{-4y}.$$

综上所述

$$f_Y(y)=\begin{cases}4\mathrm{e}^{-4y}, & y>0,\\ 0, & y\leqslant 0.\end{cases}$$

例 3.11　设二维连续型随机变量 (X,Y) 的概率密度为

$$f(x,\,y)=\begin{cases}x, & 0\leqslant x\leqslant 1,\ -x\leqslant y\leqslant 2x,\\ 0, & \text{其他},\end{cases}$$

分别求 (X,Y) 关于 X 和关于 Y 的边缘概率密度.

解　当 $0\leqslant x\leqslant 1$ 时,

$$f_X(x)=\int_{-\infty}^{+\infty} f(x,\,y)\mathrm{d}y=\int_{-x}^{2x} x\mathrm{d}y=3x^2;$$

当 $x<0$ 或 $x>1$ 时,

$$f_X(x)=\int_{-\infty}^{+\infty} f(x,\,y)\mathrm{d}y=0;$$

所以 (X,Y) 关于 X 的边缘概率密度为

$$f_X(x)=\begin{cases}3x^2, & 0\leqslant x\leqslant 1,\\ 0, & \text{其他}.\end{cases}$$

当 $-1\leqslant y\leqslant 0$ 时,

$$f_Y(y)=\int_{-\infty}^{+\infty} f(x,\,y)\mathrm{d}x=\int_{-y}^{1} x\mathrm{d}x=\frac{1}{2}(1-y^2);$$

当 $0<y\leqslant 2$ 时,

$$f_Y(y)=\int_{-\infty}^{+\infty}f(x,\,y)\mathrm{d}y=\int_{\frac{y}{2}}^{1}x\mathrm{d}x=\frac{1}{8}(4-y^2);$$

当 $y<0$ 或 $y>2$ 时,

$$f_Y(y)=\int_{-\infty}^{+\infty}f(x,\,y)\mathrm{d}x=0.$$

所以 (X,Y) 关于 Y 的边缘概率密度为

$$f_Y(y)=\begin{cases}\dfrac{1}{2}(1-y^2), & -1\leqslant y\leqslant 0,\\ \dfrac{1}{8}(4-y^2), & 0<y\leqslant 2,\\ 0, & \text{其他}.\end{cases}$$

3.3.3 两个常用的二维连续型随机变量

1. 二维均匀分布

定义 3.5 设 D 为平面上的有界区域, 其面积为 S_D, 如果 (X,Y) 的概率密度为

$$f(x,\,y)=\begin{cases}\dfrac{1}{S_D}, & (x,\,y)\in D,\\ 0, & \text{其他},\end{cases}$$

则称 (X,Y) 服从区域 D 上的**二维均匀分布** (two-dimensional uniform distribution), 记为 $(X,Y)\sim U(D)$.

若 D_1 为 D 的子区域, 则

$$P\{(X,Y)\in D_1\}=\frac{1}{S_D}\iint\limits_{D_1}\mathrm{d}x\mathrm{d}y=\frac{S_{D_1}}{S_D},$$

其中, S_{D_1} 为 D_1 的面积. 可以看到, 此概率仅与 D_1 的面积有关 (成正比) 而与 D_1 的位置和形状无关, 这正是二维均匀分布的含义.

例 3.12 设二维随机变量 (X,Y) 服从区域 $D=\{(x,\,y): x^2\leqslant y\leqslant x,\ x\in\mathbb{R}\}$ 上的均匀分布, 求 (X,Y) 的概率密度.

解 区域 D 的面积为

$$S_D=\int_0^1(x-x^2)\mathrm{d}x=\frac{1}{6},$$

因此, 由定义 3.5 可得

$$f(x,\,y)=\begin{cases}6, & x^2\leqslant y\leqslant x,\\ 0, & \text{其他}.\end{cases}$$

例 3.13　设二维随机变量 (X, Y) 服从区域 D 上的均匀分布, 其中 D 由 x 轴, y 轴及直线 $2x+y=2$ 所围成, 求 (X, Y) 关于 X 和关于 Y 的边缘概率密度.

解　可求得区域 D 的面积为 1, 所以 (X, Y) 的概率密度为

$$f(x, y)=\begin{cases}1, & (x,y)\in D,\\ 0, & \text{其他}.\end{cases}$$

则 (X, Y) 关于 X 的边缘概率密度为

$$f_X(x)=\int_{-\infty}^{+\infty} f(x, y)\mathrm{d}y=\begin{cases}\displaystyle\int_0^{2-2x} 1\,\mathrm{d}y=2-2x, & 0\leqslant x\leqslant 1,\\ 0, & \text{其他}.\end{cases}$$

(X, Y) 关于 Y 的边缘概率密度为

$$f_Y(y)=\int_{-\infty}^{+\infty} f(x, y)\mathrm{d}x=\begin{cases}\displaystyle\int_0^{1-\frac{y}{2}} 1\,\mathrm{d}x=1-\frac{y}{2}, & 0\leqslant y\leqslant 2,\\ 0, & \text{其他}.\end{cases}$$

我们注意到 X 和 Y 的分布并不是一维均匀分布.

2. 二维正态分布

定义 3.6　如果二维随机变量 (X, Y) 的概率密度为

$$\begin{aligned}f(x, y)=&\frac{1}{2\pi\sigma_1\sigma_2\sqrt{1-\rho^2}}\\ &\cdot\exp\left\{-\frac{1}{2(1-\rho^2)}\left[\frac{(x-\mu_1)^2}{\sigma_1^2}-2\rho\frac{(x-\mu_1)(y-\mu_2)}{\sigma_1\sigma_2}+\frac{(y-\mu_2)^2}{\sigma_2^2}\right]\right\},\\ &-\infty<x, y<+\infty,\end{aligned}$$

其中, $\mu_1, \mu_2, \sigma_1^2, \sigma_2^2, \rho$ 都为常数, 且 $\sigma_1>0, \sigma_2>0,\ -1<\rho<1$, 则称 (X, Y) 服从参数为 $\mu_1, \mu_2, \sigma_1^2, \sigma_2^2, \rho$ 的**二维正态分布** (two-dimensional normal distribution), 记为 $(X, Y)\sim N(\mu_1, \mu_2, \sigma_1^2, \sigma_2^2, \rho)$.

二维正态分布是最重要的二维分布, 其中参数 μ_1, μ_2 为位置参数, 反映概率密度 $f(x, y)$ 的图形中心位置信息; σ_1^2, σ_2^2 为形状参数, 反映 $f(x, y)$ 的图形陡峭或平坦的信息, ρ 反映随机变量 X, Y 之间相关关系的信息, 二维正态分布随机变量概率密度的图形如图 3.4 所示.

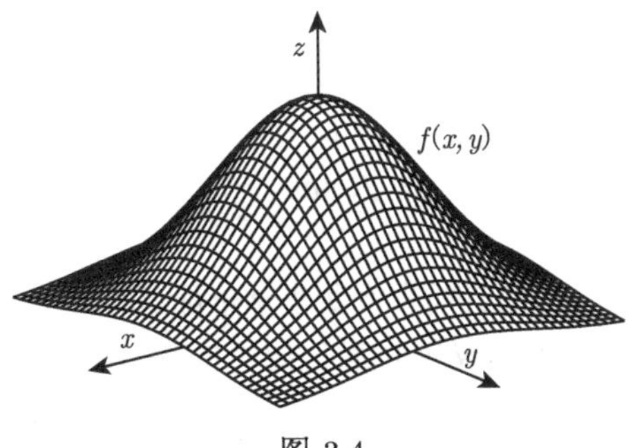

图 3.4

例 3.14 设二维随机变量 $(X, Y) \sim N(\mu_1, \mu_2, \sigma_1^2, \sigma_2^2, \rho)$, 求 (X, Y) 关于 X 和关于 Y 的边缘概率密度.

解 由定义3.6可知

$$f(x, y) = \frac{1}{2\pi\sigma_1\sigma_2\sqrt{1-\rho^2}} \exp\left\{-\frac{1}{2(1-\rho^2)} \cdot \left[\frac{(x-\mu_1)^2}{\sigma_1^2} - 2\rho\frac{(x-\mu_1)(y-\mu_2)}{\sigma_1\sigma_2} + \frac{(y-\mu_2)^2}{\sigma_2^2}\right]\right\}, \quad -\infty < x, y < +\infty,$$

关于 X 的边缘概率密度

$$f_X(x) = \int_{-\infty}^{+\infty} f(x, y)\mathrm{d}y,$$

令 $t = \dfrac{y-\mu_2}{\sigma_2}$, 并对 t 进行配方可得

$$\begin{aligned} f_X(x) &= \int_{-\infty}^{+\infty} \frac{1}{2\pi\sigma_1\sqrt{1-\rho^2}} \exp\left\{-\frac{1}{2(1-\rho^2)}\left[\frac{(x-\mu_1)^2}{\sigma_1^2} - 2\rho t\frac{x-\mu_1}{\sigma_1} + t^2\right]\right\}\mathrm{d}t \\ &= \int_{-\infty}^{+\infty} \frac{1}{2\pi\sigma_1\sqrt{1-\rho^2}} \exp\left\{-\frac{1}{2(1-\rho^2)}\left[\left(t-\rho\frac{x-\mu_1}{\sigma_1}\right)^2 + (1-\rho^2)\left(\frac{x-\mu_1}{\sigma_1}\right)^2\right]\right\}\mathrm{d}t \\ &= \frac{1}{\sqrt{2\pi}\sigma_1}\mathrm{e}^{-\frac{(x-\mu_1)^2}{2\sigma_1^2}} \int_{-\infty}^{+\infty} \frac{1}{\sqrt{2\pi}\sqrt{1-\rho^2}}\mathrm{e}^{-\frac{1}{2(1-\rho^2)}\left(t-\rho\frac{x-\mu_1}{\sigma_1}\right)^2}\mathrm{d}t. \end{aligned}$$

上式右边积分的被积函数恰好是参数为 $\rho\dfrac{x-\mu_1}{\sigma_1}$, $1-\rho^2$ 的正态分布的概率密度. 因此, 上式右边积分值是 1, 从而

$$f_X(x) = \frac{1}{\sqrt{2\pi}\sigma_1}\mathrm{e}^{-\frac{(x-\mu_1)^2}{2\sigma_1^2}},$$

即 $X \sim N(\mu_1, \sigma_1^2)$.

同理可得

$$f_Y(y) = \frac{1}{\sqrt{2\pi}\sigma_2} \mathrm{e}^{-\frac{(y-\mu_2)^2}{2\sigma_2^2}},$$

即 $Y \sim N(\mu_2, \sigma_2^2)$.

由上例可知, 二维正态分布的两个边缘分布都是一维正态分布, 且它们都不依赖于参数 ρ, 这一事实再次说明仅仅知道边缘分布是不能确定二维随机变量的联合分布的.

同步基础训练3.3

1. 设随机变量 (X, Y) 的概率密度为

$$f(x, y) = \begin{cases} \dfrac{A}{(1+x^2)(1+y^2)}, & x > 0, y > 0 \\ 0, & \text{其他}. \end{cases}$$

确定常数 A, 并求 (X, Y) 的分布函数 $F(x, y)$.

2. 已知随机变量 X 和 Y 的联合概率密度为

$$f(x, y) = \begin{cases} 4xy, & 0 \leqslant x \leqslant 1, 0 \leqslant y \leqslant 1, \\ 0, & \text{其他}. \end{cases}$$

求

(1) X 和 Y 的联合分布函数 $F(x, y)$;

(2) $P\left\{0 \leqslant X \leqslant 2, -1 < Y \leqslant \dfrac{1}{2}\right\}$;

(3) $P\left\{X + 2Y \leqslant \dfrac{3}{2}\right\}$.

3. 设随机变量 (X, Y) 的概率密度为

$$f(x, y) = \begin{cases} k(6-x-y), & 0 < x < 2, 2 < y < 4, \\ 0, & \text{其他}. \end{cases}$$

求

(1) 常数 k;

(2) $P\{X < 1, Y < 3\}$, $P\{X < 1.5\}$, $P\{X + Y \leqslant 4\}$.

4. 设随机变量 (X, Y) 的概率密度为

$$f(x, y) = \begin{cases} 4.8y(2-x), & 0 < y < x < 1, \\ 0, & \text{其他}. \end{cases}$$

求

(1) (X, Y) 关于 X 和关于 Y 的边缘概率密度;

(2) X 和 Y 至少有一个小于 $\frac{1}{2}$ 的概率.

5. 设二维随机变量 (X, Y) 服从区域 D 上的均匀分布, $D = \{(x, y): x^2 + y^2 \leqslant 1\}$, 分别求 (X, Y) 关于 X 和关于 Y 的边缘概率密度.

3.4 随机变量的独立性

随机变量的独立性是概率统计中的一个重要概念, 经常作为许多概率模型和统计问题的基本前提条件. 我们在研究随机现象时, 经常会遇到一个随机变量的取值不影响其余随机变量的分布的情形. 例如, 两个人各自向同一个目标射击, 其命中环数分别为 X 和 Y, 这里 X 的取值并不影响 Y 的取值. 为了描述这种情况, 根据随机事件的独立性概念, 我们引入随机变量独立性的概念.

3.4.1 二维随机变量的独立性

定义 3.7 设二维随机变量 (X, Y) 的分布函数为 $F(x, y)$, 边缘分布函数分别为 $F_X(x)$ 和 $F_Y(y)$, 如果对任意的 x, y, 有

$$P\{X \leqslant x, Y \leqslant y\} = P\{X \leqslant x\}P\{Y \leqslant y\},$$

即

$$F(x, y) = F_X(x)F_Y(y), \tag{3.4}$$

则称随机变量 X 和 Y 是**相互独立**的.

上述独立性的定义适用于任意的随机变量. 对于离散型和连续型的随机变量, 我们不加证明地给出如下相互独立的充要条件.

设 (X, Y) 是二维离散型随机变量, X 与 Y 的联合分布律和边缘分布律分别为

$$p_{ij} = P\{X = x_i, Y = y_j\}, \quad i, j = 1, 2, \cdots,$$

$$P\{X = x_i\} = \sum_{j=1}^{\infty} P\{X = x_i, Y = y_j\} = p_{i\cdot}, \quad i = 1, 2, \cdots,$$

$$P\{Y = y_j\} = \sum_{i=1}^{\infty} P\{X = x_i, Y = y_j\} = p_{\cdot j}, \quad j = 1, 2, \cdots.$$

则随机变量 X 和 Y 相互独立等价于对于 (X, Y) 的所有可能取值 $(x_i, y_j)\,(i, j = 1, 2, \cdots)$, 有

$$P\{X=x_i, Y=y_j\}=P\{X=x_i\}\cdot P\{Y=y_j\},$$

即

$$p_{ij}=p_{i\cdot}\cdot p_{\cdot j},\quad i, j=1, 2, \cdots. \tag{3.5}$$

设 (X, Y) 是二维连续型随机变量, X 与 Y 的联合概率密度和边缘概率密度分别为 $f(x, y)$, $f_X(x)$, $f_Y(y)$, 则 X 和 Y 相互独立等价于对一切实数对 (x, y), 有

$$f(x, y)=f_X(x)\cdot f_Y(y). \tag{3.6}$$

从离散型和连续型随机变量独立性的充要条件可知: 当随机变量相互独立时, 联合分布律 (联合概率密度) 与边缘分布律 (边缘概率密度) 可以相互唯一确定.

例 3.15　设二维随机变量 (X, Y) 的分布律为

X \ Y	-1	0	2
0	0.1	0.05	0.1
1	0.1	0.05	0.1
2	0.2	0.1	0.2

试证 X 与 Y 相互独立.

证明　由联合分布律可求得 X 和 Y 的边缘分布律分别为

X	0	1	2
p	0.25	0.25	0.5

和

Y	-1	0	2
p	0.4	0.2	0.4

则直接验证可知, 对任意的 $i, j=1, 2, 3$, 有

$$P\{X=x_i, Y=y_j\}=P\{X=x_i\}\cdot P\{Y=y_j\}$$

成立, 所以 X 与 Y 相互独立.

例 3.16　设二维随机变量 (X, Y) 的分布律为

X \ Y	1	2	3
1	$\frac{1}{3}$	a	b
2	$\frac{1}{6}$	$\frac{1}{9}$	$\frac{1}{18}$

试确定常数 a 与 b, 使 X 与 Y 相互独立.

解 先求出 (X,Y) 关于 X 和关于 Y 的边缘分布律, 如下表:

$X \backslash Y$	1	2	3	$p_{i\cdot}$
1	$\frac{1}{3}$	a	b	$\frac{1}{3}+a+b$
2	$\frac{1}{6}$	$\frac{1}{9}$	$\frac{1}{18}$	$\frac{1}{3}$
$p_{\cdot j}$	$\frac{1}{2}$	$\frac{1}{9}+a$	$\frac{1}{18}+b$	1

要使 X 与 Y 相互独立, 则必须满足

$$P\{X=2,Y=2\}=P\{X=2\}\cdot P\{Y=2\},$$
$$P\{X=2,Y=3\}=P\{X=2\}\cdot P\{Y=3\},$$

即

$$\frac{1}{9}=\left(a+\frac{1}{9}\right)\times\frac{1}{3},\quad \frac{1}{18}=\left(b+\frac{1}{18}\right)\times\frac{1}{3},$$

解得 $a=\frac{2}{9}, b=\frac{1}{9}$.

例 3.17 设二维随机变量 (X,Y) 的概率密度为

$$f(x,y)=\begin{cases}1, & (x,y)\in D,\\ 0, & \text{其他},\end{cases}$$

其中 D 由 x 轴, y 轴及直线 $2x+y=2$ 所围成. 判断 X 与 Y 是否独立.

解 (X,Y) 关于 X 和关于 Y 的边缘概率密度分别为

$$f_X(x)=\begin{cases}2-2x, & 0\leqslant x\leqslant 1,\\ 0, & \text{其他},\end{cases}\qquad f_Y(y)=\begin{cases}1-\dfrac{y}{2}, & 0\leqslant y\leqslant 2,\\ 0, & \text{其他}.\end{cases}$$

取 $x=\frac{1}{2}$ 和 $y=\frac{1}{2}$, 可得

$$1=f\left(\frac{1}{2},\frac{1}{2}\right)\neq f_X\left(\frac{1}{2}\right)f_Y\left(\frac{1}{2}\right)=\frac{3}{4},$$

所以 X 与 Y 不独立.

例 3.18 设 $X\sim e(2), Y\sim U(0,2)$ 且 X 与 Y 相互独立.

(1) 写出 X 与 Y 的联合概率密度;

(2) 求 $P\{X+Y\leqslant 3\}$.

解　(1) 由题意可知, X 与 Y 的概率密度分别为

$$f_X(x)=\begin{cases}2\mathrm{e}^{-2x}, & x>0,\\ 0, & \text{其他},\end{cases}\qquad f_Y(y)=\begin{cases}\dfrac{1}{2}, & 0<y<2,\\ 0, & \text{其他}.\end{cases}$$

因为 X 与 Y 相互独立, 所以 X 与 Y 的联合概率密度为

$$f(x,y)=f_X(x)f_Y(y)=\begin{cases}\mathrm{e}^{-2x}, & x>0,\ 0<y<2,\\ 0, & \text{其他}.\end{cases}$$

(2) $P\{X+Y\leqslant 3\}=\displaystyle\int_0^2\mathrm{d}y\int_0^{3-y}\mathrm{e}^{-2x}\mathrm{d}x=1-\frac{1}{4}(\mathrm{e}^{-2}-\mathrm{e}^{-6})$.

例 3.19　设二维随机变量 $(X,Y)\sim N(\mu_1,\mu_2,\sigma_1^2,\sigma_2^2,\rho)$. 证明: 随机变量 X 和 Y 相互独立的充要条件是 $\rho=0$.

证明　由例3.14知, (X,Y), X 及 Y 的概率密度分别为

$$\begin{aligned}&f(x,y)\\&=\frac{1}{2\pi\sigma_1\sigma_2\sqrt{1-\rho^2}}\exp\left\{-\frac{1}{2(1-\rho^2)}\right.\\&\quad\left.\cdot\left[\frac{(x-\mu_1)^2}{\sigma_1^2}-2\rho\frac{(x-\mu_1)(y-\mu_2)}{\sigma_1\sigma_2}+\frac{(y-\mu_2)^2}{\sigma_2^2}\right]\right\},\quad -\infty<x,y<+\infty,\end{aligned}$$

$$f_X(x)=\frac{1}{\sqrt{2\pi}\sigma_1}\exp\left\{-\frac{(x-\mu_1)^2}{2\sigma_1^2}\right\},\quad -\infty<x<+\infty,$$

$$f_Y(y)=\frac{1}{\sqrt{2\pi}\sigma_2}\exp\left\{-\frac{(y-\mu_2)^2}{2\sigma_2^2}\right\},\quad -\infty<y<+\infty.$$

边缘概率密度 $f_X(x)$ 和 $f_Y(y)$ 的乘积为

$$f_X(x)f_Y(y)=\frac{1}{2\pi\sigma_1\sigma_2}\exp\left\{-\frac{(x-\mu_1)^2}{2\sigma_1^2}-\frac{(y-\mu_2)^2}{2\sigma_2^2}\right\},\quad -\infty<x,y<+\infty.$$

若 X 和 Y 相互独立, 则由连续型随机变量相互独立的充要条件知, 对任意的实数对 (x,y) 都有

$$f(x,y)=f_X(x)f_Y(y).$$

不妨令 $x=\mu_1$, $y=\mu_2$, 则有

$$\frac{1}{2\pi\sigma_1\sigma_2\sqrt{1-\rho^2}}=\frac{1}{2\pi\sigma_1\sigma_2},$$

要使上式成立, 则 $\rho=0$.

反之, 若 $\rho=0$, 则对所有的实数对 (x, y) 都有

$$f(x, y)=f_X(x)f_Y(y),$$

所以 X 和 Y 相互独立.

定理 3.1 设 X 与 Y 是相互独立的随机变量, $h(x)$ 和 $g(y)$ 均为连续或单调函数, 则随机变量 $h(X)$ 与 $g(Y)$ 也是相互独立的.

3.4.2 n 维随机变量的独立性

在多维随机变量中, 各分量的取值有时会相互影响, 但有时会毫无影响, 也即各分量取值的概率如何, 毫不受其他分量的影响.

设 n 维随机变量 $(X_1, X_2, \cdots, X_n)$ 的分布函数为 $F(x_1, x_2, \cdots, x_n)$, X_i 的边缘分布函数定义为

$$F_{X_i}(x_i)=F(+\infty, +\infty, \cdots, x_i, \cdots, +\infty), \quad i=1, 2, \cdots, n.$$

定义 3.8 若对任意 n 个实数 $x_1, x_2, \cdots, x_n$, n 维随机变量 $(X_1, X_2, \cdots, X_n)$ 满足

$$F(x_1, x_2, \cdots, x_n)=\prod_{i=1}^{n}F_{X_i}(x_i),$$

则称 $X_1, X_2, \cdots, X_n$ 是**相互独立**的.

设 $(X_1, X_2, \cdots, X_n)$ 是 n 维离散型随机变量, 若对任意 n 个实数 $x_1, x_2, \cdots, x_n$, 有

$$P\{X_1=x_1, X_2=x_2, \cdots, X_n=x_n\}=\prod_{i=1}^{n}P\{X_i=x_i\},$$

则称 $X_1, X_2, \cdots, X_n$ 是相互独立的.

设 $(X_1, X_2, \cdots, X_n)$ 是 n 维连续型随机变量, 若对任意 n 个实数 $x_1, x_2, \cdots, x_n$, 有

$$f(x_1, x_2, \cdots, x_n)=\prod_{i=1}^{n}f_{X_i}(x_i),$$

其中 $f(x_1,x_2,\cdots,x_n)$ 和 $f_{x_i}(x_i)\,(i=1,2,\cdots,n)$ 分别为 $(x_1,x_2,\cdots,x_n)$ 和 $x_i\,(i=1,2,\cdots,n)$ 的概率密度, 则称 $X_1, X_2, \cdots, X_n$ 是相互独立的.

定义 3.9 若对任意 $m+n$ 个实数 $x_1, x_2, \cdots, x_m; y_1, y_2, \cdots, y_n$ 有

$$F(x_1, x_2, \cdots, x_m; y_1, y_2, \cdots, y_n)=F_1(x_1, x_2, \cdots, x_m)\cdot F_2(y_1, y_2, \cdots, y_n),$$

其中 F, F_1, F_2 依次为 $(X_1, X_2, \cdots, X_m, Y_1, Y_2, \cdots, Y_n)$, $(X_1, X_2, \cdots, X_m)$ 和 $(Y_1, Y_2, \cdots, Y_n)$ 的分布函数, 则称随机变量 $(X_1, X_2, \cdots, X_m)$ 和 $(Y_1, Y_2, \cdots, Y_n)$ 是相互独立的.

最后, 我们不加证明地给出如下定理, 它在数理统计中非常有用.

定理 3.2　若随机变量 $(X_1, X_2, \cdots, X_m)$ 和 $(Y_1, Y_2, \cdots, Y_n)$ 是相互独立的, 则 $X_i\,(i=1, 2, \cdots, m)$ 和 $Y_j\,(j=1, 2, \cdots, n)$ 是相互独立的; 又若 h, g 是连续函数, 则 $h(X_1, X_2, \cdots, X_m)$ 和 $g(Y_1, Y_2, \cdots, Y_n)$ 是相互独立的.

同步基础训练3.4

1. 设随机变量 X 与 Y 相互独立, 分布律分别为

X	0	1
p	0.6	0.4

Y	1	2	3
p	0.5	0.3	0.2

求 X 与 Y 的联合分布律.

2. 已知随机变量 (X, Y) 的分布律为

X \ Y	0	1
1	0.15	0.15
2	α	β

且知 X 与 Y 独立, 求 α, β 的值.

3. 设二维随机变量 (X, Y) 服从区域 D 上的均匀分布, 其中 $D=\{(x, y)\colon x^2+y^2 \leqslant 1\}$, 问 X 与 Y 是否独立?

4. 设随机变量 X 与 Y 相互独立且同分布:

$$P\{X=-1\}=P\{Y=-1\}=\frac{1}{2}, \quad P\{X=1\}=P\{Y=1\}=\frac{1}{2},$$

求 $P\{X=Y\}$.

3.5 条件分布

前面几节表明, 二维随机变量的分布不仅和每一个分量有关, 而且和它们之间的相互关系也有关. 当两个随机变量相互独立时, 一个随机变量的取值不影响另一个随机变量的分布; 当两个随机变量不独立时, 一个随机变量的取值会影响另一个随机变量的分布. 因此, 在不独立的情况下, 对于二维随机变量 (X, Y), 考虑在其中一个随机变量取得某个固定值或某范围的条件下, 关注与其相关的另一个随机变

量的概率分布就显得尤为必要, 这种分布称为条件分布. 本节我们分别就离散型和连续型两种情况讨论条件分布.

3.5.1 二维离散型随机变量的条件分布律

下面, 我们从随机事件的条件概率出发, 引入离散型随机变量的条件分布律.

定义 3.10 设随机变量 (X, Y) 的分布律为

$$p_{ij} = P\{X = x_i, Y = y_j\}, \quad i, j = 1, 2, \cdots.$$

如果 $P\{Y = y_j\} = p_{\cdot j} > 0$, 那么在给定 $Y = y_j$ 的条件下, 随机变量 X 的分布律为

$$P\{X = x_i \mid Y = y_j\} = \frac{P\{X = x_i, Y = y_j\}}{P\{Y = y_j\}} = \frac{p_{ij}}{p_{\cdot j}}, \quad i = 1, 2, \cdots.$$

由此得到的分布律称为在给定 $Y = y_j$ 的条件下随机变量 X 的**条件分布律** (conditional distribution law). 类似地, 如果 $P\{X = x_i\} = p_{i\cdot} > 0$, 则在给定 $X = x_i$ 的条件下随机变量 Y 的条件分布律为

$$P\{Y = y_j \mid X = x_i\} = \frac{P\{X = x_i, Y = y_j\}}{P\{X = x_i\}} = \frac{p_{ij}}{p_{i\cdot}}, \quad j = 1, 2, \cdots.$$

容易证明, 当 X 与 Y 相互独立时, 条件分布即为边缘分布.

例 3.20 将某一药厂 5 月份和 6 月份生产的感冒冲剂的数量 (单位: 盒) 分别记为 X 和 Y, 据以往积累的资料知 X 和 Y 的联合分布律为

X \ Y	510	520	530	540	550
510	0.06	0.05	0.05	0.01	0.01
520	0.07	0.05	0.01	0.01	0.01
530	0.05	0.10	0.10	0.05	0.05
540	0.05	0.02	0.01	0.01	0.03
550	0.05	0.06	0.05	0.01	0.03

求 5 月份生产数量为 510 时, 6 月份生产数量的条件分布律.

解 由题意知,

$$P\{X = 510\} = 0.06 + 0.05 + 0.05 + 0.01 + 0.01 = 0.18.$$

由条件概率公式, 得

$$P\{Y = 510 \mid X = 510\} = \frac{P\{X = 510, Y = 510\}}{P\{X = 510\}} = \frac{0.06}{0.18} = \frac{1}{3},$$

$$P\{Y=520 \mid X=510\}=\frac{P\{X=510, Y=520\}}{P\{X=510\}}=\frac{0.05}{0.18}=\frac{5}{18},$$

$$P\{Y=530 \mid X=510\}=\frac{P\{X=510, Y=530\}}{P\{X=510\}}=\frac{0.05}{0.18}=\frac{5}{18},$$

$$P\{Y=540 \mid X=510\}=\frac{P\{X=510, Y=540\}}{P\{X=510\}}=\frac{0.01}{0.18}=\frac{1}{18},$$

$$P\{Y=550 \mid X=510\}=\frac{P\{X=510, Y=550\}}{P\{X=510\}}=\frac{0.01}{0.18}=\frac{1}{18}.$$

或写成

y_j	510	520	530	540	550
$P\{Y=y_j \mid X=510\}$	$\frac{1}{3}$	$\frac{5}{18}$	$\frac{5}{18}$	$\frac{1}{18}$	$\frac{1}{18}$

3.5.2　二维连续型随机变量的条件概率密度

定义 3.11　设二维连续型随机变量 (X, Y) 的概率密度为 $f(x, y)$, (X, Y) 关于 X 和关于 Y 的边缘概率密度分别为 $f_X(x)$ 和 $f_Y(y)$.

(1) 对于给定的 y, 如果 $f_Y(y)>0$, 则称 $\dfrac{f(x, y)}{f_Y(y)}$ 为在 $Y=y$ 的条件下 X 的**条件概率密度** (conditional probability density), 记为 $f_{X|Y}(x \mid y)$, 即

$$f_{X|Y}(x \mid y)=\frac{f(x, y)}{f_Y(y)};$$

(2) 对于给定的 x, 如果 $f_X(x)>0$, 则称 $\dfrac{f(x, y)}{f_X(x)}$ 为在 $X=x$ 的条件下 Y 的**条件概率密度**, 记为 $f_{Y|X}(y \mid x)$, 即

$$f_{Y|X}(y \mid x)=\frac{f(x, y)}{f_X(x)}.$$

显然, 两个随机变量相互独立, 当且仅当其中一个随机变量关于另一个随机变量的条件分布就是该随机变量的 (无条件) 分布.

例 3.21　设二维随机变量 (X, Y) 服从区域 D 上的均匀分布, $D=\{(x, y)\}: x^2+y^2 \leqslant 1\}$, 求条件概率密度 $f_{X|Y}(x \mid y)$.

解　依据题意, (X, Y) 的概率密度为

$$f(x, y)=\begin{cases}\dfrac{1}{\pi}, & x^2+y^2 \leqslant 1, \\ 0, & \text{其他}.\end{cases}$$

关于 Y 的边缘概率密度为

$$f_Y(y)=\begin{cases}\dfrac{2}{\pi}\sqrt{1-y^2}, & |y|\leqslant 1,\\ 0, & \text{其他}.\end{cases}$$

所以, 当 $|y|<1$ 时,

$$f_{X|Y}(x\mid y)=\begin{cases}\dfrac{\dfrac{1}{\pi}}{\dfrac{2}{\pi}\sqrt{1-y^2}}=\dfrac{1}{2\sqrt{1-y^2}}, & -\sqrt{1-y^2}\leqslant x\leqslant\sqrt{1-y^2},\\ 0, & \text{其他}.\end{cases}$$

例 3.22 设数 X 在区间 $(0,1)$ 上随机的取值, 当观察到 $X=x\,(0<x<1)$ 时, 数 Y 在区间 $(x,1)$ 上随机的取值, 求 X 与 Y 的联合概率密度.

解 由题意知, X 的概率密度为

$$f_X(x)=\begin{cases}1, & 0<x<1,\\ 0, & \text{其他}.\end{cases}$$

对于任意给定的值 $x\,(0<x<1)$, 在 $X=x$ 的条件下, Y 的条件概率密度为

$$f_{Y|X}(y\mid x)=\begin{cases}\dfrac{1}{1-x}, & x<y<1,\\ 0, & \text{其他}.\end{cases}$$

于是, X 与 Y 的联合概率密度为

$$f(x,y)=f_X(x)f_{Y|X}(y\mid x)=\begin{cases}\dfrac{1}{1-x}, & 0<x<y<1,\\ 0, & \text{其他}.\end{cases}$$

同步基础训练3.5

1. 在一汽车厂中, 一辆汽车的两道工序是由机器人完成的. 一道是紧固 2 只螺栓, 另一道是焊接 3 处焊点. 随机变量 X 表示由机器人紧固的螺栓个数, Y 表示由机器人焊接的焊点个数. 根据已知的资料 (X,Y) 的分布律为

X \ Y	0	1	2	3
0	0.84	0.03	0.02	0.01
1	0.06	0.01	0.008	0.002
2	0.01	0.005	0.004	0.001

(1) 求在 $X=1$ 的条件下, Y 的条件分布律;

(2) 求在 $Y=1$ 的条件下, X 的条件分布律.

2. 设二维随机变量 (X, Y) 的概率密度为

$$f(x, y)=\begin{cases} x\mathrm{e}^{-y}, & 0<x<y, \\ 0, & \text{其他}. \end{cases}$$

求条件概率密度 $f_{Y|X}(y \mid x)$ 和 $f_{X|Y}(x \mid y)$.

3. 设二维随机变量 (X, Y) 的概率密度为

$$f(x, y)=\begin{cases} Cx^2y, & x^2 \leqslant y \leqslant 1, \\ 0, & \text{其他}. \end{cases}$$

(1) 确定 C 的值;

(2) 求条件概率密度 $f_{Y|X}(y \mid x)$, 并特别写出当 $X=\dfrac{1}{3}, X=\dfrac{1}{2}$ 时, Y 的条件概率密度;

(3) 求条件概率 $P\left\{Y \geqslant \dfrac{1}{4} \middle| X=\dfrac{1}{2}\right\}, P\left\{Y \geqslant \dfrac{3}{4} \middle| X=\dfrac{1}{2}\right\}$.

3.6 二维随机变量函数的分布

第 2 章讨论了一维随机变量函数的分布问题, 本节将这个问题进行推广, 讨论二维随机变量函数的分布. 设 (X, Y) 是二维随机变量, $g(x, y)$ 是二元连续函数, 如果当 X, Y 分别取值 x, y 时, 另一个随机变量 Z 取值 $g(x, y)$, 则称随机变量 Z 是 X, Y 的函数, 记为 $Z=g(X, Y)$. 下面我们分别就离散型随机变量和连续型随机变量两种情况, 来讨论如何通过 X, Y 的分布求出 Z 的分布.

3.6.1 二维离散型随机变量函数的分布

设二维离散型随机变量 (X, Y) 的分布律为

$$p_{ij}=P\{X=x_i, Y=y_j\}, \quad i, j=1, 2, \cdots .$$

令随机变量 $Z=g(X, Y)$, 则 Z 的所有可能取值为

$$z_k=g(x_i, y_j), \quad k=1, 2, \cdots,$$

因此 Z 是一个一维离散型随机变量. 注意到当 $(x_i, y_j) \neq (x_i', y_j')$ 时, 也有可能出现 $g(x_i, y_j)=g(x_i', y_j')$ 的情况, 因此, Z 的分布律为

$$P\{Z=z_k\}=\sum_{g(x_i, y_j)=z_k} P\{X=x_i, Y=y_j\} \tag{3.7}$$

$$= \sum_{g(x_i,\, y_j)=z_k} p_{ij}, \quad k=1,\, 2,\, \cdots. \tag{3.8}$$

下面通过具体的例子来说明计算过程.

例 3.23 设二维随机变量 (X, Y) 的分布律为

X \ Y	0	1	2
0	$\frac{1}{4}$	$\frac{1}{8}$	$\frac{1}{8}$
1	$\frac{1}{8}$	$\frac{1}{4}$	$\frac{1}{8}$

分别求 $Z_1 = X+Y$, $Z_2 = X^2+Y^2$, $Z_3 = XY$ 的分布律.

解 (X, Y) 的取值为 $(0, 0)$, $(0, 1)$, $(0, 2)$, $(1, 0)$, $(1, 1)$, $(1, 2)$, 相应地, $Z_1 = X+Y$ 的取值为 0, 1, 2, 3, 则由式 (3.7) 可得

$$P\{Z_1=0\} = P\{X=0, Y=0\} = \frac{1}{4},$$

$$P\{Z_1=1\} = P\{X=0, Y=1\} + P\{X=1, Y=0\} = \frac{1}{8} + \frac{1}{8} = \frac{1}{4},$$

$$P\{Z_1=2\} = P\{X=0, Y=2\} + P\{X=1, Y=1\} = \frac{1}{8} + \frac{1}{4} = \frac{3}{8},$$

$$P\{Z_1=3\} = P\{X=1, Y=2\} = \frac{1}{8}.$$

综上

Z_1	0	1	2	3
p	$\frac{1}{4}$	$\frac{1}{4}$	$\frac{3}{8}$	$\frac{1}{8}$

同理可得

Z_2	0	1	2	4	5
p	$\frac{1}{4}$	$\frac{1}{4}$	$\frac{1}{4}$	$\frac{1}{8}$	$\frac{1}{8}$

Z_3	0	1	2
p	$\frac{5}{8}$	$\frac{1}{4}$	$\frac{1}{8}$

3.6.2 二维连续型随机变量函数的分布

设 $f(x, y)$ 是二维连续型随机变量 (X, Y) 的概率密度, $Z = g(X, Y)$ 是 (X, Y) 的连续函数, 求 Z 的分布. 因为 $Z = g(X, Y)$ 是一个一维的连续型随机变量, 故求 Z 的分布的方法和求一维随机变量函数的分布一样, 最基本的方法是分布函数法. 具体是: 为求函数 $Z = g(X, Y)$ 的分布, 首先把"Z 在一定范围内取值"转化为"(X, Y) 在相应范围内取值", 然后根据已知的 (X, Y) 分布计算出 Z 的分布函数 $F_Z(z)$, 最后根据关系式 $f_Z(z) = F'_Z(z)$, 得到所求概率密度 $f_Z(z)$.

一般步骤如下:

(1) 求

$$F_Z(z) = P\{Z \leqslant z\} = P\{g(X, Y) \leqslant z\} = \iint\limits_{\{(x,y):\ g(x,\ y)\leqslant z\}} f(x,\ y)\mathrm{d}x\mathrm{d}y.$$

上述积分计算的难易既与被积函数 $f(x,y)$ 有关, 也与积分区域 $\{(x,y)\colon\ g(x,y)\leqslant z\}$ 有关.

(2) 根据连续型随机变量分布函数和概率密度的关系, 求 $Z = g(X, Y)$ 的概率密度为 $f_Z(z) = F'_Z(z)$.

下面分别讨论几种简单函数的分布: $Z = X + Y$, $U = \max\{X, Y\}$, $V = \min\{X, Y\}$ 的分布.

1. $Z = X + Y$ 的分布

设二维连续型随机变量 (X, Y) 的概率密度为 $f(x, y)$, 则 $Z = X + Y$ 的分布函数为

$$F_Z(z) = P\{X + Y \leqslant z\} = \iint\limits_{\{(x,\ y):\, x+y\leqslant z\}} f(x,\ y)\mathrm{d}x\mathrm{d}y = \int_{-\infty}^{+\infty}\int_{-\infty}^{z-y} f(x,\ y)\mathrm{d}x\mathrm{d}y,$$

其中, 积分区域 $\{x+y \leqslant z\}$ 是直线 $\{x+y = z\}$ 及其在下方半平面, 如图 3.5 所示.

先作变量代换 $x = u - y$, 再交换积分次序可得

$$\begin{aligned} F_Z(z) &= \int_{-\infty}^{+\infty}\int_{-\infty}^{z-y} f(x,\ y)\mathrm{d}x\mathrm{d}y = \int_{-\infty}^{+\infty}\mathrm{d}y\int_{-\infty}^{z} f(u-y,\ y)\mathrm{d}u \\ &= \int_{-\infty}^{z}\mathrm{d}u\int_{-\infty}^{+\infty} f(u-y,\ y)\mathrm{d}y = \int_{-\infty}^{z}\left[\int_{-\infty}^{+\infty} f(u-y,\ y)\mathrm{d}y\right]\mathrm{d}u, \end{aligned}$$

则 $Z = X + Y$ 的概率密度为

$$f_Z(z) = \frac{\mathrm{d}}{\mathrm{d}z}F_Z(z) = \frac{\mathrm{d}}{\mathrm{d}z}\left(\int_{-\infty}^{z}\left[\int_{-\infty}^{+\infty} f(u-y,\ y)\mathrm{d}y\right]\mathrm{d}u\right) = \int_{-\infty}^{+\infty} f(z-y,\ y)\mathrm{d}y,$$

类似可得

$$f_Z(z) = \int_{-\infty}^{+\infty} f(x,\, z-x)\mathrm{d}x.$$

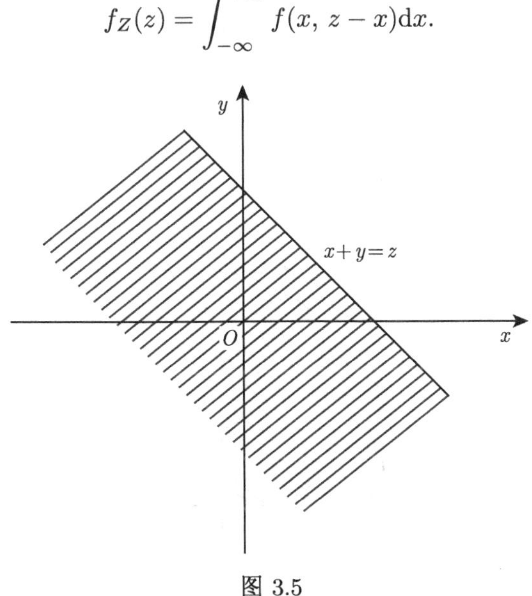

图 3.5

特别地, 当 X 与 Y 相互独立时, 有

$$f_Z(z) = \int_{-\infty}^{+\infty} f_X(x) f_Y(z-x)\mathrm{d}x$$

或

$$f_Z(z) = \int_{-\infty}^{+\infty} f_X(z-y) f_Y(y)\mathrm{d}y,$$

这两个公式称为**卷积公式** (convolution formula).

例 3.24 设随机变量 X 与 Y 相互独立, X 服从区间 $(0, 1)$ 上的均匀分布, Y 服从参数为 $\lambda = 1$ 的指数分布, 求随机变量 $Z = X + Y$ 的概率密度.

解 **方法 1** 用“分布函数法”.

由题意可知, X 和 Y 的概率密度分别为

$$f_X(x) = \begin{cases} 1, & 0 < x < 1, \\ 0, & \text{其他}, \end{cases} \qquad f_Y(y) = \begin{cases} \mathrm{e}^{-y}, & y > 0, \\ 0, & \text{其他}. \end{cases}$$

因为 X 与 Y 相互独立, 所以 (X, Y) 的概率密度为

$$f(x,\, y) = f_X(x) f_Y(y) = \begin{cases} \mathrm{e}^{-y}, & 0 < x < 1,\ y > 0, \\ 0, & \text{其他}. \end{cases}$$

则 Z 的分布函数

$$F_Z(z)=P\{Z\leqslant z\}=P\{X+Y\leqslant z\}=\iint\limits_{\{(x,\,y):x+y\leqslant z\}} f(x,\,y)\mathrm{d}x\mathrm{d}y.$$

积分区域如图 3.6 所示.

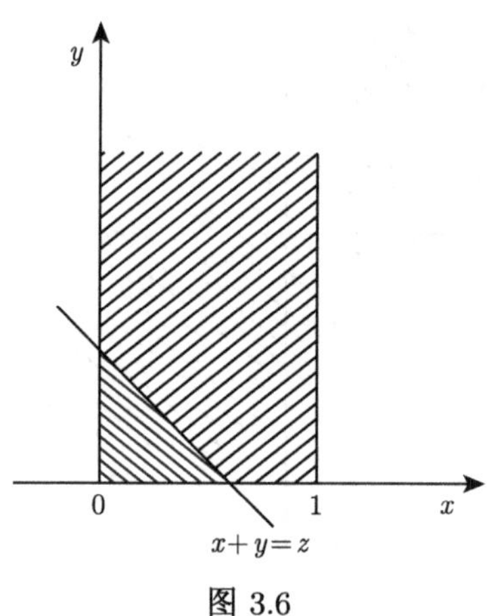

图 3.6

当 $z\leqslant 0$ 时, $F_Z(z)=0$, 因此 $f_Z(z)=F_Z'(z)=0$;

当 $0<z<1$ 时,

$$F_Z(z)=\int_0^z \mathrm{d}x\int_0^{z-x}\mathrm{e}^{-y}\mathrm{d}y=z+\mathrm{e}^{-z}-1,$$

因此, $f_Z(z)=F_Z'(z)=1-\mathrm{e}^{-z}$;

当 $z\geqslant 1$ 时,

$$F_Z(z)=\int_0^1 \mathrm{d}x\int_0^{z-x}\mathrm{e}^{-y}\mathrm{d}y=1+\mathrm{e}^{-z}-\mathrm{e}^{1-z},$$

因此, $f_Z(z)=F_Z'(z)=\mathrm{e}^{1-z}-\mathrm{e}^{-z}$.

综上,

$$f_Z(z)=\begin{cases}0, & z\leqslant 0,\\ 1-\mathrm{e}^{-z}, & 0<z<1,\\ \mathrm{e}^{1-z}-\mathrm{e}^{-z}, & z\geqslant 1.\end{cases}$$

方法 2　用“卷积公式”.

由题意可知, X 和 Y 的概率密度分别为

$$f_X(x)=\begin{cases}1, & 0<x<1,\\ 0, & 其他,\end{cases}\qquad f_Y(y)=\begin{cases}\mathrm{e}^{-y}, & y>0,\\ 0, & 其他,\end{cases}$$

因为 X 与 Y 相互独立, 由卷积公式知

$$f_Z(z)=\int_{-\infty}^{+\infty} f_X(x)f_Y(z-x)\mathrm{d}x.$$

$f_X(x)f_Y(z-x)$ 的非零区域是 $0<x<1,\ x<z$, 如图 3.7 所示.

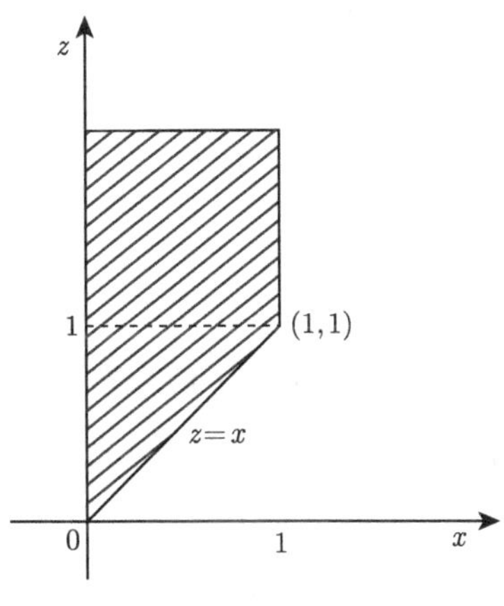

图 3.7

当 $z\leqslant 0$ 时, $f_Z(z)=0$;

当 $0<z<1$ 时, $f_Z(z)=\int_0^z \mathrm{e}^{x-z}\mathrm{d}x=\mathrm{e}^{-z}(\mathrm{e}^z-1)=1-\mathrm{e}^{-z}$;

当 $z\geqslant 1$ 时, $f_Z(z)=\int_0^1 \mathrm{e}^{x-z}\mathrm{d}x=\mathrm{e}^{1-z}-\mathrm{e}^{-z}$.

综上,

$$f_Z(z)=\begin{cases}0, & z\leqslant 0,\\ 1-\mathrm{e}^{-z}, & 0<z<1,\\ \mathrm{e}^{1-z}-\mathrm{e}^{-z}, & z\geqslant 1.\end{cases}$$

用卷积公式可以证得下述定理.

定理 3.3 如果随机变量 X 与 Y 相互独立, 且 $X\sim N(\mu_1,\sigma_1^2)$, $Y\sim N(\mu_2,\sigma_2^2)$, 则随机变量 $Z=X+Y\sim N(\mu_1+\mu_2,\sigma_1^2+\sigma_2^2)$.

定理 3.3 的结论可以推广到多个正态随机变量的情形.

定理 3.4 设随机变量 $X_1, X_2, \cdots, X_n$ 相互独立, 且 $X_i\sim N(\mu_i,\sigma_i^2)$, $i=1,2,\cdots,n$, 则有

(1) $\sum\limits_{i=1}^{n}X_i\sim N\left(\sum\limits_{i=1}^{n}\mu_i,\ \sum\limits_{i=1}^{n}\sigma_i^2\right)$;

(2) $\sum\limits_{i=1}^{n}k_iX_i\sim N\left(\sum\limits_{i=1}^{n}k_i\mu_i,\ \sum\limits_{i=1}^{n}k_i^2\sigma_i^2\right)$, 其中 $k_i\,(i=1,2,\cdots,n)$ 为常数.

定理 3.4 表明**有限个独立正态随机变量的线性组合仍为正态随机变量**.

多个独立随机变量之和的分布在数理统计中占有重要位置. 为了后续需要, 由定理 3.4 和定理 2.4, 对于独立同正态分布 $N(\mu, \sigma^2)$ 的随机变量 $X_1, X_2, \cdots, X_n$, 可证得如下三个重要结论:

(1) 若 $S=\sum_{i=1}^{n} X_i$, 则 $S \sim N(n\mu, n\sigma^2)$;

(2) 若 $\overline{X}=\frac{1}{n}\sum_{i=1}^{n} X_i$, 则 $\overline{X} \sim N\left(\mu, \frac{\sigma^2}{n}\right)$;

(3) 若 $U=\frac{\overline{X}-\mu}{\frac{\sigma}{\sqrt{n}}}$, 则 $U \sim N(0, 1)$.

2. $U=\max\{X, Y\}$ 和 $V=\min\{X, Y\}$ 的分布

设 X 与 Y 是两个相互独立的随机变量, 分布函数分别为 $F_X(x)$ 与 $F_Y(y)$. 若 $U=\max\{X, Y\}$, 则

$$F_U(z)=P\{U \leqslant z\}=P\{\max\{X, Y\} \leqslant z\}=P\{X \leqslant z, Y \leqslant z\}.$$

因为 X 与 Y 独立, 所以

$$F_U(z)=P\{X \leqslant z, Y \leqslant z\}=P\{X \leqslant z\}P\{Y \leqslant z\}=F_X(z) \cdot F_Y(z).$$

类似地, 若 $V=\min\{X, Y\}$, 则

$$\begin{aligned} F_V(z) &= P\{V \leqslant z\}=P\{\min\{X, Y\} \leqslant z\} \\ &= 1-P\{\min\{X, Y\}>z\}=1-P\{X>z, Y>z\} \\ &= 1-P\{X>z\}P\{Y>z\}=1-[1-P\{X \leqslant z\}][1-P\{Y \leqslant z\}] \\ &= 1-[1-F_X(z)][1-F_Y(z)]. \end{aligned}$$

以上结果可以推广到 n 个相互独立的随机变量情形. 设 $X_1, X_2, \cdots, X_n$ 是 n 个相互独立的随机变量, 其分布函数分别为 $F_{X_1}(x_1), F_{X_2}(x_2), \cdots, F_{X_n}(x_n)$, 则

$$U=\max\{X_1, X_2, \cdots, X_n\} \quad \text{和} \quad V=\min\{X_1, X_2, \cdots, X_n\}$$

的分布函数分别为

$$F_U(z)=F_{X_1}(z)F_{X_2}(z)\cdots F_{X_n}(z)$$

和

$$F_V(z)=1-[1-F_{X_1}(z)][1-F_{X_2}(z)]\cdots[1-F_{X_n}(z)].$$

特别地，当 $X_1, X_2, \cdots, X_n$ 相互独立且具有相同分布函数 $F(x)$ 时，有

$$F_U(z) = [F(z)]^n$$

和

$$F_V(z) = 1 - [1 - F(z)]^n.$$

例 3.25 设系统 L 由两个相互独立的子系统 L_1 和 L_2 连接而成，连接的方式分别为 (1) 串联; (2) 并联; (3) 备用 (当系统 L_1 损坏时，系统 L_2 立即开始工作)，如图 3.8 所示. 设 L_1 和 L_2 的寿命分别为 X 和 Y，其概率密度分别为

$$f_X(x) = \begin{cases} \alpha \mathrm{e}^{-\alpha x}, & x > 0, \\ 0, & \text{其他}, \end{cases} \qquad f_Y(y) = \begin{cases} \beta \mathrm{e}^{-\beta y}, & y > 0, \\ 0, & \text{其他}, \end{cases}$$

其中 $\alpha > 0$, $\beta > 0$, 且 $\alpha \neq \beta$. 分别就上述三种连接方式，求出系统 L 的寿命 Z 的概率密度.

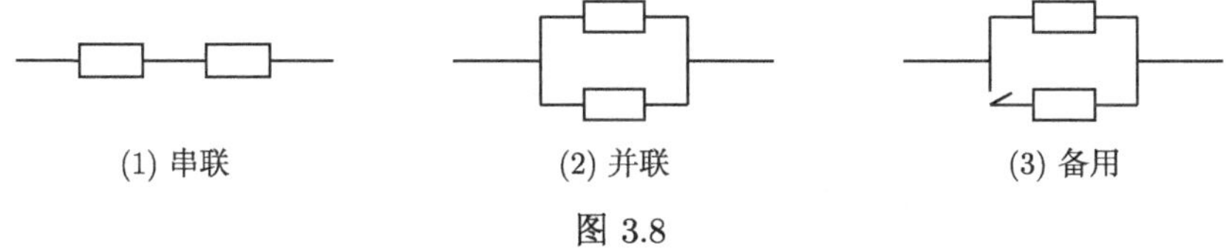

图 3.8

解 (1) 串联的情形. 此时 L 的寿命是 $Z = \min\{X, Y\}$. 由 X 和 Y 的概率密度 $f_X(x)$ 和 $f_Y(y)$，计算得到 X 和 Y 的分布函数分别为

$$F_X(x) = \begin{cases} 1 - \mathrm{e}^{-\alpha x}, & x > 0, \\ 0, & \text{其他}, \end{cases} \qquad F_Y(y) = \begin{cases} 1 - \mathrm{e}^{-\beta y}, & y > 0, \\ 0, & \text{其他}. \end{cases}$$

又因为 X 和 Y 相互独立，所以 Z 的分布函数为

$$F_Z(z) = 1 - [1 - F_X(z)] \cdot [1 - F_Y(z)] = \begin{cases} 1 - \mathrm{e}^{-(\alpha+\beta)z}, & z > 0, \\ 0, & \text{其他}. \end{cases}$$

从而 $Z = \min\{X, Y\}$ 的概率密度为

$$f_Z(z) = \begin{cases} (\alpha + \beta)\mathrm{e}^{-(\alpha+\beta)z}, & z > 0, \\ 0, & z \leqslant 0. \end{cases}$$

(2) 并联的情形. 此时 L 的寿命是 $Z = \max\{X, Y\}$. 故 Z 的分布函数为

$$F_Z(z) = F_X(z)F_Y(z) = \begin{cases} (1 - \mathrm{e}^{-\alpha z})(1 - \mathrm{e}^{-\beta z}), & z > 0, \\ 0, & \text{其他}, \end{cases}$$

所以 $Z=\max\{X, Y\}$ 的概率密度为

$$f_Z(z)=\begin{cases}\alpha e^{-\alpha z}+\beta e^{-\beta z}-(\alpha+\beta)e^{-(\alpha+\beta)z}, & z>0,\\ 0, & z\leqslant 0.\end{cases}$$

(3) 备用的情形. 此时 L 的寿命是 $Z=X+Y$. 因为 X 和 Y 相互独立, 所以由卷积公式可知 Z 的概率密度为

$$f_Z(z)=\int_{-\infty}^{+\infty} f_X(x)f_Y(z-x)\mathrm{d}x.$$

当 $z\leqslant 0$ 时, $f_Z(z)=0$;

当 $z>0$ 时, 有

$$\begin{aligned}f_Z(z)&=\int_{-\infty}^{+\infty} f_X(x)f_Y(z-x)\mathrm{d}x\\&=\int_0^z \alpha e^{-\alpha x}\beta e^{-\beta(z-x)}\mathrm{d}x\\&=\frac{\alpha\beta}{\beta-\alpha}(e^{-\alpha z}-e^{-\beta z}).\end{aligned}$$

综上, $Z=X+Y$ 的概率密度为

$$f_Z(z)=\begin{cases}\dfrac{\alpha\beta}{\beta-\alpha}(e^{-\alpha z}-e^{-\beta z}), & z>0,\\ 0, & z\leqslant 0.\end{cases}$$

同步基础训练3.6

1. 设二维随机变量 (X, Y) 的分布律为

X \ Y	0	1	2
0	$\frac{1}{3}$	$\frac{2}{9}$	$\frac{1}{9}$
1	$\frac{1}{6}$	$\frac{1}{9}$	$\frac{1}{18}$

分别求 $Z_1=X+Y$, $Z_2=X^2+Y^2$, $Z_3=XY$ 的分布律.

2. 设 X 与 Y 是两个相互独立的随机变量, 其概率密度分别为

$$f_X(x)=\begin{cases}\lambda e^{-\lambda x}, & x>0,\\ 0, & \text{其他},\end{cases}\qquad f_Y(y)=\begin{cases}\lambda^2 y e^{-\lambda y}, & y>0,\\ 0, & \text{其他},\end{cases}$$

其中常数 $\lambda>0$, 求随机变量 $Z=X+Y$ 的概率密度.

3. 设二维随机变量 (X, Y) 的分布律为

X \ Y	0	1	2	3	4	5
0	0	0.01	0.03	0.05	0.07	0.09
1	0.01	0.02	0.04	0.05	0.06	0.08
2	0.01	0.03	0.05	0.05	0.05	0.06
3	0.01	0.02	0.04	0.06	0.06	0.05

求

(1) $M=\max\{X, Y\}$ 分布律;

(2) $N=\min\{X, Y\}$ 分布律;

(3) $W=X+Y$ 分布律.

4. 设 $X_1\sim N(0, 2)$, $X_2\sim N(1, 3)$, $X_3\sim N(0, 6)$, 且 X_1, X_2, X_3 相互独立, 求 $P\{2\leqslant 3X_1+2X_2+X_3\leqslant 8\}$.

5. 设 X 与 Y 是两个的随机变量, 满足

$$P\{X\geqslant 0, Y\geqslant 0\}=\frac{3}{7},\quad P\{X\geqslant 0\}=P\{Y\geqslant 0\}=\frac{4}{7}.$$

求 $P\{\max\{X, Y\}\geqslant 0\}$ 及 $P\{\min\{X, Y\}<0\}$.

习 题 3

(A)

1. 袋内有五张卡片, 分别写有数字 1, 2, 3, 4, 5, 从中同时取三张, 记 X 与 Y 分别表示取出的三张卡片上的数字的最小值和最大值, 求 X 与 Y 的联合分布律及边缘分布律.

2. 盒子里装有 3 只黑球, 2 只红球, 2 只白球, 从中任取 4 只球, 以 X 表示取到的黑球的只数, 以 Y 表示取到的红球的只数, 求 X 与 Y 的联合分布律.

3. 已知随机变量 (X, Y) 的分布律为

X \ Y	1	2
1	$\frac{1}{8}$	$\frac{1}{2}$
2	$\frac{1}{8}$	$\frac{1}{4}$

求 (1) $P\{X+Y>2\}$; (2) $P\left\{\frac{X}{Y}>1\right\}$; (3) $P\{XY\leqslant 3\}$; (4) $P\{X=Y\}$.

4. 已知二维随机变量 (X, Y) 的分布函数为

$$F(x, y)=\begin{cases}1-\mathrm{e}^{-x}-x\mathrm{e}^{-y}, & 0 \leqslant x \leqslant y, \\ 1-\mathrm{e}^{-y}-y\mathrm{e}^{-y}, & 0 \leqslant y \leqslant x, \\ 0, & \text{其他}.\end{cases}$$

(1) 求 (X, Y) 关于 X 与 Y 的边缘分布函数 $F_X(x)$ 和 $F_Y(y)$;

(2) 问 X 与 Y 独立吗?

5. 已知二维随机变量 (X, Y) 的概率密度为

$$f(x, y)=\begin{cases}k\mathrm{e}^{-x-2y}, & x>0,\, y>0, \\ 0, & \text{其他}.\end{cases}$$

求

(1) 常数 k;

(2) (X, Y) 关于 X 与 Y 的边缘概率密度 $f_X(x)$ 和 $f_Y(y)$;

(3) $P\{X+Y<1\}$, $P\{X>1, Y<1\}$;

(4) (X, Y) 的分布函数 $F(x, y)$.

6. 设二维随机变量 (X, Y) 的概率密度为

$$f(x, y)=\begin{cases}x^2+\dfrac{1}{3}xy, & 0 \leqslant x \leqslant 1,\, 0 \leqslant y \leqslant 1, \\ 0, & \text{其他}.\end{cases}$$

求

(1) (X, Y) 关于 X 与 Y 的边缘概率密度;

(2) $P\left\{X<\dfrac{1}{2} \middle| Y<\dfrac{1}{2}\right\}$.

7. 设随机变量 X 与 Y 相互独立, 下表给出了随机变量 X 与 Y 的联合分布律和边缘分布律的部分数值, 试将其余数值填入表中空白处.

$X \backslash Y$	y_1	y_2	y_3	$p_{i\cdot}$
x_1		$\frac{1}{8}$		
x_2	$\frac{1}{8}$			
$p_{\cdot j}$	$\frac{1}{6}$			1

8. 设随机变量 (X, Y) 的概率密度为

$$f(x, y)=\begin{cases}3x, & 0 \leqslant x \leqslant 1,\, 0<y<x<1, \\ 0, & \text{其他},\end{cases}$$

问 X 与 Y 是否独立.

9. 甲、乙约定 8:00~9:00 在某地会面. 设两人都随机地在这期间的任一时刻到达, 先到者最多等待 15 分钟, 过时不候. 求两人能见面的概率.

10. 设随机变量 X 与 Y 相互独立, X 服从 $(0, 1)$ 上的均匀分布, Y 的概率密度为

$$f_Y(y) = \begin{cases} \dfrac{1}{2}\mathrm{e}^{-\frac{y}{2}}, & y > 0, \\ 0, & \text{其他}. \end{cases}$$

(1) 求 X 与 Y 的联合概率密度;

(2) 设关于 a 的二次方程 $a^2 + 2Xa + Y = 0$, 试求 a 有实根的概率.

11. 设二维随机变量 (X, Y) 的概率密度为

$$f(x, y) = \begin{cases} \dfrac{1}{2x^2 y}, & 1 < x < +\infty, \dfrac{1}{x} < y < x, \\ 0, & \text{其他}. \end{cases}$$

求条件概率密度 $f_{X|Y}(x \mid y)$ 和 $f_{Y|X}(y \mid x)$.

12. 设二维随机变量 (X, Y) 的概率密度为

$$f(x, y) = \begin{cases} \dfrac{21}{4}x^2 y, & x^2 < y < 1, \\ 0, & \text{其他}. \end{cases}$$

求条件概率密度 $f_{X|Y}(x \mid y)$ 和 $f_{Y|X}(y \mid x)$.

13. 已知二维离散型随机变量 (X, Y) 的分布律为

X \ Y	1	2
-1	$\frac{5}{20}$	$\frac{3}{20}$
1	$\frac{2}{20}$	$\frac{3}{20}$
2	$\frac{6}{20}$	$\frac{1}{20}$

求 $Z_1 = X + Y$ 和 $Z_2 = XY$ 的分布律.

14. 随机变量 X 与 Y 相互独立且 $X \sim B(n_1, p)$, $Y \sim B(n_2, p)$, 证明 $X + Y \sim B(n_1 + n_2, p)$.

15. 设二维随机变量 (X, Y) 的概率密度为

$$f(x, y) = \begin{cases} \dfrac{1}{2}(x + y)\mathrm{e}^{-(x+y)}, & x > 0, y > 0, \\ 0, & \text{其他}. \end{cases}$$

(1) 问 X 与 Y 是否独立?

(2) 求 $Z = X + Y$ 的概率密度.

16. 设随机变量 X, Y 相互独立, 密度函数分别为

$$f_X(x) = \begin{cases} \mathrm{e}^{-x}, & x > 0, \\ 0, & \text{其他}, \end{cases} \qquad f_Y(y) = \begin{cases} 2y, & 0 < y < 1, \\ 0, & \text{其他}, \end{cases}$$

且 $Z=X+Y$, 求 Z 的概率密度.

17. 一个电子仪器由两个部件并联构成, 以 X 和 Y 分别表示两个部件的寿命 (单位：小时), 已知 X 和 Y 的联合分布函数为

$$F(x, y)=\begin{cases}1-\mathrm{e}^{-0.5x}-\mathrm{e}^{-0.5y}+\mathrm{e}^{-0.5(x+y)}, & x \geqslant 0,\ y \geqslant 0, \\ 0, & \text{其他}.\end{cases}$$

(1) 问 X 与 Y 是否独立?

(2) 求该电子仪器能工作 100 小时以上的概率.

18. 设二维随机变量 (X, Y) 的概率密度为

$$f(x, y)=\begin{cases}\mathrm{e}^{-(x+y)}, & 0<x<+\infty, 0<y<+\infty, \\ 0, & \text{其他}.\end{cases}$$

求

(1) $Z_1=X+Y$ 的概率密度;

(2) $Z_2=\dfrac{X}{Y}$ 的概率密度.

(B)

1. 一个袋内有 10 个球, 其中有红球 4 个, 白球 5 个, 黑球 1 个, 有放回的抽取两次, 每次一个, 若记

$$X_i=\begin{cases}0, & \text{第 } i \text{ 次取到红球}, \\ 1, & \text{第 } i \text{ 次取到白球}, \\ 2, & \text{第 } i \text{ 次取到黑球}.\end{cases}$$

$i=1, 2$, 求二维随机变量 (X_1, X_2) 的分布律.

2. 设随机变量 $X_i\,(i=1, 2)$ 的分布律均为

X_i	-1	0	1
p	0.25	0.5	0.25

且满足 $P\{X_1X_2=0\}=1$, 求 $P\{X_1=X_2\}$.

3. 在一箱子中装有 12 只开关, 其中 2 只是次品, 取两次, 每一次任取一只, 考虑两种情况: (1) 采取放回抽样; (2) 采取不放回抽样. 定义随机变量 X 和 Y 如下:

$$X=\begin{cases}0, & \text{第一次取出的是正品}, \\ 1, & \text{第一次取出的是次品}.\end{cases}$$

$$Y=\begin{cases}0, & \text{第二次取出的是正品}, \\ 1, & \text{第二次取出的是次品}.\end{cases}$$

试分别就 (1), (2) 两种情况, 写出 X 和 Y 的联合分布律.

4. 设二维随机变量 (X, Y) 的概率密度为

$$f(x, y)=\begin{cases} k, & 0<x^2<y<x<1, \\ 0, & \text{其他}. \end{cases}$$

求

(1) 常数 k;

(2) $P\{X>0.5\}$, $P\{Y<0.5\}$.

5. 从 $(0, 1)$ 中随机地取两个数, 求其积不小于 $\dfrac{3}{16}$, 且其和不大于 1 的概率.

6. 设二维随机变量 (X, Y) 的概率密度为

$$f(x, y)=\begin{cases} 1, & 0<x<1, |y|<x, \\ 0, & \text{其他}. \end{cases}$$

求 $f_{X|Y}(x|y)$ 和 $f_{Y|X}(y|x)$.

7. 设随机变量 X 与 Y 相互独立, 且都服从 $(0, 1)$ 上的均匀分布, 求 $Z=|X-Y|$ 的分布函数和概率密度.

8. 进行打靶射击, 设弹着点 $A(X, Y)$ 的坐标 X 与 Y 相互独立, 且都服从 $N(0, 1)$, 规定点 A 落在区域 $D_1=\{(x, y)\colon x^2+y^2\leqslant 1\}$ 得 2 分, 点 A 落在区域 $D_2=\{(x, y)\colon 1<x^2+y^2\leqslant 4\}$ 得 1 分, 点 A 落在区域 $D_3=\{(x, y)\colon x^2+y^2>4\}$ 得 0 分, 以 Z 记打靶得分. 写出 X 与 Y 的联合概率密度, 并求 Z 的分布律.

9. 设随机变量 $X\sim P(\lambda_1)$, $Y\sim P(\lambda_2)$, 且 X 与 Y 相互独立, 证明: $Z=X+Y\sim P(\lambda_1+\lambda_2)$.

10. 设二维随机变量 (X, Y) 的概率密度为

$$f(x, y)=\begin{cases} 2-x-y, & 0<x<1, 0<y<1, \\ 0, & \text{其他}. \end{cases}$$

(1) 求 $P\{X>2Y\}$;

(2) 求 $Z=X+Y$ 的概率密度 $f_Z(z)$.

11. 设随机变量 X 与 Y 相互独立, 且都服从 $N(0, \sigma^2)$, 求 $Z=\sqrt{X^2+Y^2}$ 的概率密度.

12. 设随机变量 X 与 Y 相互独立, 且服从相同分布, 已知 X 的分布律为

$$P\{X=i\}=\frac{1}{3}, \quad i=1, 2, 3.$$

令 $U=\max\{X, Y\}$, $V=\min\{X, Y\}$, 求

(1) (U, V) 的分布律;

(2) (U, V) 分别关于 U 和关于 V 的边缘分布律;

(3) U 在 $V=2$ 条件下的条件分布律.

13. 设二维随机变量 (X, Y) 的概率密度为

$$f(x, y)=\begin{cases} \dfrac{1}{4}(1+xy), & |x|<1, |y|<1, \\ 0, & \text{其他}. \end{cases}$$

证明: X 与 Y 不独立, 但 X^2 与 Y^2 相互独立.

14. 设随机变量 X 与 Y 独立且均服从参数为 p 的 (0-1) 分布, 定义

$$U=\begin{cases}1, & X+Y\text{为偶数},\\ -1, & X+Y\text{为奇数}.\end{cases}$$

问当 p 为何值时, X 与 U 独立?

15. 设随机变量 X 服从区间 (0, 2) 上的均匀分布, 而随机变量 Y 服从区间 $(X, 2)$ 上的均匀分布, 试求:

(1) X 与 Y 的联合概率密度 $f(x, y)$;

(2) Y 的概率密度.

16. 设二维随机变量 (X, Y) 的概率密度为

$$f(x, y)=\begin{cases}1, & 0<x<1, 0<y<2(1-x),\\ 0, & \text{其他}.\end{cases}$$

求 $Z=X+Y$ 的概率密度.

第 4 章 随机变量的数字特征

随机变量的数字特征是指和随机变量的分布相关的某些数, 如平均值、最大可能值等, 这些数可以更具体、更准确、更突出地刻画随机变量某方面的特征. 前面我们讨论了随机变量的分布函数、离散型随机变量的分布律和连续型随机变量的概率密度, 它们能完整地描述随机变量的统计规律性. 然而, 对某些随机变量, 要完全确定它的分布并不是一件容易的事. 事实上, 在许多实际问题中, 我们不需要全面考查随机变量的分布, 只需关心反映它分布的某些特征就够了. 例如, 在评价某地区粮食产量时, 往往只需知道该地区粮食的平均产量即可. 又如要评价一个年级学生的概率论课程的考试成绩, 我们不仅关心考试成绩的分布情况, 还关心全年级的平均成绩、及格率、成绩差异程度等. 这些与随机变量有关的指标, 虽然不能完整地描述随机变量, 但能显示它在某些方面的重要特征. 由此可见, 研究随机变量的数字特征具有理论上和实际上的重要意义.

本章主要介绍随机变量的数学期望、方差、协方差、相关系数和矩等数字特征.

4.1 数学期望

17 世纪中叶, 一个赌徒向法国著名数学家帕斯卡 (Pascal) 提出一个令他苦恼很久的赌金分配问题: 两个赌徒赌技相同, 他们拿出相同的赌注, 并约定谁先赢 c 局便是赢家. 若在一赌徒胜 $a\,(a<c)$ 局, 另一赌徒胜 $b\,(b<c)$ 局时, 由于某些原因赌博需要终止, 问应如何分配赌金才算公平? 帕斯卡与费马 (Fermat) 通信讨论了这一问题, 并共同建立了概率论的一个基本概念 —— **数学期望** (mathematical expectation).

引例 1 (赌金分配问题) 甲、乙两赌徒赌技相同, 各出赌资 60 法郎, 每局中无平局, 并约定先胜三局者为胜, 赢得全部赌资 120 法郎. 在甲胜两局, 乙胜一局时, 由于意外情况出现, 不得不终止赌博, 现问这 120 法郎如何分配才算公平?

这个问题引起了不少人的兴趣. 人们意识到: 平均分对甲不公平; 全部归甲对乙不公平; 合理的分法是, 按一定的比例, 甲多分些, 乙少分些. 问题在于: 按怎样的比例来分才公平合理呢?

一种分法是基于已赌局数: 甲胜 2 局, 乙胜 1 局, 且甲、乙赌技相同, 故甲得 $120\times\dfrac{2}{3}=80$ (法郎); 乙得 $120\times\dfrac{1}{3}=40$ (法郎). 但是这种分法没有考虑到如果比赛继续下去, 比赛结果会出现什么情形, 即没有照顾到两人在现有基础上对比赛结果的一种期望.

1654 年, 帕斯卡提出了另一种分法, 假设赌博继续下去, 甲在两种情形下可能获胜:

(1) 第四局甲胜, 其概率为 $\frac{1}{2}$, 此时赌博结束;

(2) 第四局乙胜、第五局甲胜, 此事件的概率为 $\frac{1}{2}\times\frac{1}{2}=\frac{1}{4}$, 此时赌博也结束.

于是, 如果赌博继续, 则甲最终获胜 (获得 120 法郎) 的概率为 $\frac{1}{2}+\frac{1}{4}=\frac{3}{4}$, 乙最终获胜的概率为 $\frac{1}{4}$. 从而甲的"期望"所得为 $120\times\frac{3}{4}=90$ (法郎); 乙的"期望"所得为 $120\times\frac{1}{4}=30$ (法郎). 这种分法不仅考虑了已赌局数, 还包括了对再赌下去的一种"期望", 它比前面的分法更为合理. 这就是"数学期望"这个名字的由来.

事实上, 令 X 为赌博结束后甲所赢得的赌金, 则 X 的可能取值为 0 或 120. 且 X 的分布律为

$$P\{X=120\}=\frac{3}{4},\quad P\{X=0\}=\frac{1}{4}.$$

因而若赌博中途终止, 则甲所赢得的赌金即为 X 的"期望"值

$$120\times\frac{3}{4}+0\times\frac{1}{4}=90\ (\text{法郎}),$$

它是 X 的可能取值与概率之积的累加.

引例 2　*某商场计划在 10 月 1 日搞一次促销活动. 统计资料表明, 若在商场内搞促销活动, 可获得经济效益 3 万元; 若在商场外搞促销活动, 如果不遇到雨天可获得经济效益 14 万元, 如果遇到雨天则会带来经济损失 7 万元. 假如前一天的天气预报称 10 月 1 日有雨的概率为 0.4, 问商场该如何选择促销方式?*

设商场 10 月 1 日在商场外搞促销活动获得的经济效益为随机变量 X (单位: 万元), 则 X 的分布律为

$$P\{X=14\}=0.6,\quad P\{X=-7\}=0.4.$$

要做出决策就要确定商场外搞促销活动的平均效益. 如何求平均效益呢? 显然算术平均值 $[14+(-7)]\div 2=3.5$ 并不能真实地体现 X 取值的平均水平 (平均效益), 因为 X 取 14 的概率比取 -7 的概率大. 因此要真正体现 X 取值的平均水平, 即客观地反映平均效益, 不仅要考虑 X 的所有取值, 还要考虑 X 取每一个值时的概率, 进而得平均效益为

$$14\times 0.6+(-7)\times 0.4=5.6\ (\text{万元}).$$

由于商场外搞促销活动的平均效益 5.6 万元, 大于商场内搞促销活动的经济效益 3 万元, 故商场应该选择在商场外搞促销活动.

事实上, 这个平均效益也是 X 的可能取值与概率之积的累加, 该累加值即为随机变量 X 的数学期望.

4.1.1 离散型随机变量的数学期望

通过上面的两个引例, 我们可以给出如下定义.

定义 4.1 设离散型随机变量 X 的分布律为

$$p_k = P\{X = x_k\}, \quad k = 1, 2, \cdots.$$

如果级数 $\sum\limits_{k=1}^{\infty} x_k p_k$ 绝对收敛, 即 $\sum\limits_{k=1}^{\infty} |x_k| p_k < +\infty$, 则称该级数为 X 的**数学期望**, 记为 $E(X)$, 即

$$E(X) = \sum_{k=1}^{\infty} x_k p_k.$$

如果级数 $\sum\limits_{k=1}^{\infty} x_k p_k$ 不绝对收敛, 即 $\sum\limits_{k=1}^{\infty} |x_k| p_k$ 发散, 则称 X 的数学期望不存在.

数学期望简称**期望**, 又称其为**均值**.

注 4.1 (1) 由定义4.1 可知, 数学期望 $E(X)$ 是一个实数, 而非变量. 事实上, $E(X)$ 是 X 的所有取值 x_k 以概率 p_k 为权重的加权平均值. 即 $E(X)$ 从本质上体现了随机变量 X 取值的平均水平, 故也称其为均值.

(2) 当 X 的取值为有限个时, $E(X)$ 一定存在; 但当 X 的取值为可列多个时, 就必须要求级数 $\sum\limits_{k=1}^{\infty} x_k p_k$ 绝对收敛, $E(X)$ 才存在.

(3) 级数 $\sum\limits_{k=1}^{\infty} x_k p_k$ 的绝对收敛性保证了级数不随其各项次序的改变而改变. 因为数学期望反映了随机变量 X 取值的平均水平, 反映客观实在, 是一个确定的量, 它不随可能值的排列次序而改变.

例 4.1 (选拔运动员) 设某学校有甲、乙两名射击运动员, 现需要选拔其中的一名参加运动会. 过去的统计资料显示, 甲、乙二人的技术水平如下:

甲击中的环数	8	9	10
p	0.3	0.1	0.6

乙击中的环数	8	9	10
p	0.2	0.5	0.3

试问哪个射手技术更好?

解　射击水平一般用平均击中环数来衡量. 设甲、乙两名射手击中的环数分别为 X 和 Y, 则有

$$E(X) = 8 \times 0.3 + 9 \times 0.1 + 10 \times 0.6 = 9.3 \text{ (环)},$$

$$E(Y) = 8 \times 0.2 + 9 \times 0.5 + 10 \times 0.3 = 9.1 \text{ (环)},$$

故甲射手的技术更好.

例 4.2　某公司有一笔资金, 可投入房产、地产和商业这 3 个项目, 其收益和市场情况有关. 若把未来市场划分为 3 个等级: 好、中、差, 其发生的概率分别为 0.2, 0.7, 0.1. 市场调研的数据表明, 各种投资在不同市场状态下的年收益如表 4.1 所示. 问如何投资可使该公司平均收益最大?

表 4.1　各种投资年收益分布表　　单位: 万元

市场状态	好 (概率 0.2)	中 (概率 0.7)	差 (概率 0.1)
房产 (X)	11	3	−3
地产 (Y)	6	4	−4
商业 (Z)	10	2	−2

解　利用数学期望的定义, 有

$$E(X) = 11 \times 0.2 + 3 \times 0.7 + (-3) \times 0.1 = 4 \text{ (万元)},$$

$$E(Y) = 6 \times 0.2 + 4 \times 0.7 + (-4) \times 0.1 = 3.6 \text{ (万元)},$$

$$E(Z) = 10 \times 0.2 + 2 \times 0.7 + (-2) \times 0.1 = 3.2 \text{ (万元)},$$

故投资房产可使该公司平均收益最大.

例 4.3 ((0-1) 分布的期望)　设 X 服从参数为 p 的 (0-1) 分布, 其分布律为

$$P\{X = k\} = p^k q^{1-k}, \quad k = 0, 1, \quad q = 1 - p.$$

求 $E(X)$.

解　$E(X) = 0 \times q + 1 \times p = p$.

例 4.4 (二项分布的期望)　设 $X \sim B(n, p)$, 求 $E(X)$.

解　X 的分布律为

$$p_k = P\{X = k\} = \mathrm{C}_n^k p^k q^{n-k}, \quad k = 0, 1, 2, \cdots, n, \quad q = 1 - p,$$

所以

$$E(X) = \sum_{k=0}^{n} k p_k = \sum_{k=0}^{n} k \mathrm{C}_n^k p^k q^{n-k} = \sum_{k=1}^{n} k \frac{n!}{k!(n-k)!} p^k q^{n-k}$$

$$= \sum_{k=1}^{n} \frac{n(n-1)!p}{(k-1)![(n-1)-(k-1)]!} p^{k-1} q^{(n-1)-(k-1)} = np(p+q)^{n-1} = np.$$

例 4.5 (泊松分布的期望) 设 $X \sim P(\lambda)$, 求 $E(X)$.

解 X 的分布律为

$$p_k = P\{X=k\} = \frac{\lambda^k}{k!}\mathrm{e}^{-\lambda}, \quad k=0,1,2,\cdots, \quad \lambda>0.$$

所以

$$E(X) = \sum_{k=0}^{\infty} k p_k = \sum_{k=1}^{\infty} k \frac{\lambda^k}{k!}\mathrm{e}^{-\lambda} = \lambda \mathrm{e}^{-\lambda} \sum_{k=1}^{\infty} \frac{\lambda^{k-1}}{(k-1)!} = \lambda \mathrm{e}^{-\lambda}\mathrm{e}^{\lambda} = \lambda.$$

4.1.2 连续型随机变量的数学期望

定义 4.2 设连续型随机变量 X 的概率密度为 $f(x)$, 如果积分 $\int_{-\infty}^{+\infty} x f(x)\mathrm{d}x$ 绝对收敛, 即 $\int_{-\infty}^{+\infty} |x| f(x)\mathrm{d}x < +\infty$, 则称该积分为 X 的**数学期望**, 记为 $E(X)$, 即

$$E(X) = \int_{-\infty}^{+\infty} x f(x)\mathrm{d}x.$$

如果积分 $\int_{-\infty}^{+\infty} x f(x)\mathrm{d}x$ 不绝对收敛, 即 $\int_{-\infty}^{+\infty} |x| f(x)\mathrm{d}x$ 发散, 则称 X 的数学期望不存在.

由定义 4.2 可知, 连续型随机变量 X 的数学期望 $E(X)$ 完全由它的概率密度 $f(x)$ 确定, 即只要 $f(x)$ 给定了, 期望 $E(X)$ 也就确定了. 显然, 如果 $E(X)$ 存在, 那么 $E(X)$ 就是一个确定的实数.

例 4.6 设 $X \sim f(x)$, 且

$$f(x) = \begin{cases} x, & 0 \leqslant x \leqslant 1, \\ 2-x, & 1 < x \leqslant 2, \\ 0, & \text{其他}. \end{cases}$$

求 $E(X)$.

解 $E(X) = \int_{-\infty}^{+\infty} x f(x)\mathrm{d}x = \int_0^1 x^2\mathrm{d}x + \int_1^2 x(2-x)\mathrm{d}x = \frac{1}{3} + 3 - \frac{7}{3} = 1.$

例 4.7 设 $X \sim f(x)$, 且

$$f(x) = \frac{1}{2}\mathrm{e}^{-|x|}, \quad -\infty < x < +\infty,$$

求 $E(X)$.

解　$E(X)=\int_{-\infty}^{+\infty}xf(x)\mathrm{d}x=\int_{-\infty}^{+\infty}x\cdot\frac{1}{2}\mathrm{e}^{-|x|}\mathrm{d}x=0.$

例 4.8 (均匀分布的期望)　设 $X\sim U(a,b)$, 求 $E(X)$.

解　X 的概率密度为

$$f(x)=\begin{cases}\dfrac{1}{b-a}, & a<x<b,\\ 0, & \text{其他}.\end{cases}$$

所以

$$E(X)=\int_{-\infty}^{+\infty}xf(x)\mathrm{d}x=\int_a^b x\cdot\frac{1}{b-a}\mathrm{d}x=\frac{1}{b-a}\cdot\left.\frac{x^2}{2}\right|_a^b=\frac{a+b}{2}.$$

由此可见, 均匀分布的数学期望为区间 (a,b) 的中点.

例 4.9 (指数分布的期望)　设 $X\sim e(\lambda)$, 求 $E(X)$.

解　X 的概率密度为

$$f(x)=\begin{cases}\lambda\mathrm{e}^{-\lambda x}, & x>0,\\ 0, & x\leqslant 0.\end{cases}$$

所以

$$E(X)=\int_{-\infty}^{+\infty}xf(x)\mathrm{d}x=\int_0^{+\infty}\lambda x\mathrm{e}^{-\lambda x}\mathrm{d}x=-x\mathrm{e}^{-\lambda x}\Big|_0^{+\infty}+\int_0^{+\infty}\mathrm{e}^{-\lambda x}\mathrm{d}x=\frac{1}{\lambda}.$$

例 4.10 (正态分布的期望)　设 $X\sim N(\mu,\sigma^2)$, 求 $E(X)$.

解　X 的概率密度为

$$f(x)=\frac{1}{\sqrt{2\pi}\sigma}\mathrm{e}^{-\frac{(x-\mu)^2}{2\sigma^2}},\quad -\infty<x<+\infty,$$

所以

$$E(X)=\int_{-\infty}^{+\infty}xf(x)\mathrm{d}x=\int_{-\infty}^{+\infty}\frac{x}{\sqrt{2\pi}\sigma}\mathrm{e}^{-\frac{(x-\mu)^2}{2\sigma^2}}\mathrm{d}x.$$

令

$$y=\frac{x-\mu}{\sigma},$$

则有

$$E(X)=\int_{-\infty}^{+\infty}\frac{\sigma y+\mu}{\sqrt{2\pi}}\mathrm{e}^{-\frac{y^2}{2}}\mathrm{d}y=\frac{\sigma}{\sqrt{2\pi}}\int_{-\infty}^{+\infty}y\mathrm{e}^{-\frac{y^2}{2}}\mathrm{d}y+\mu\int_{-\infty}^{+\infty}\frac{1}{\sqrt{2\pi}}\mathrm{e}^{-\frac{y^2}{2}}\mathrm{d}y=\mu.$$

下面我们给出两个数学期望不存在的例子.

例 4.11 设离散型随机变量 X 的分布律为

$$p_k = P\left\{X = (-1)^k \frac{2^k}{k}\right\} = \frac{1}{2^k}, \quad k = 1, 2, \cdots,$$

求 $E(X)$.

解 由于

$$\sum_{k=1}^{\infty} |x_k| p_k = \sum_{k=1}^{\infty} \frac{1}{k} = +\infty,$$

因而 X 的数学期望 $E(X)$ 不存在.

例 4.12 设随机变量 X 服从**柯西分布** (Cauchy distribution), 即 X 的概率密度为

$$f(x) = \frac{1}{\pi(1+x^2)}, \quad -\infty < x < +\infty,$$

求 $E(X)$.

解 由于

$$\int_{-A}^{A} |x| \frac{1}{\pi(1+x^2)} \mathrm{d}x = \frac{2}{2\pi} \int_0^A \frac{\mathrm{d}(1+x^2)}{1+x^2} = \frac{1}{\pi} \ln(1+x^2)\Big|_0^A \to +\infty \quad (A \to +\infty),$$

因而 X 的数学期望 $E(X)$ 不存在.

4.1.3 随机变量函数的数学期望

设 $y = g(x)$ 为连续函数, $Y = g(X)$ 是随机变量 X 的函数. 理论上可通过 X 的分布先求出 Y 的分布, 再按数学期望的定义求出 $E(Y)$. 但这种求法往往比较复杂. 事实上, 我们可以不求出 $Y = g(X)$ 的具体分布, 而是直接利用 X 的分布求出随机变量 $Y = g(X)$ 的数学期望.

下面不加证明地引入计算随机变量函数的数学期望的定理.

定理 4.1 (1) 设 X 为离散型随机变量, 其分布律为

$$p_k = P\{X = x_k\}, \quad k = 1, 2, \cdots.$$

如果随机变量函数 $Y = g(X)$ 的数学期望 $E[g(X)]$ 存在, 则有

$$E(Y) = E[g(X)] = \sum_{k=1}^{\infty} g(x_k) p_k.$$

(2) 设 X 为连续型随机变量, 其概率密度为 $f(x)$. 如果随机变量函数 $Y = g(X)$ 的数学期望 $E[g(X)]$ 存在, 则有

$$E(Y) = E[g(X)] = \int_{-\infty}^{+\infty} g(x) f(x) \mathrm{d}x.$$

例 4.13　设 X 的分布律为

X	-1	0	1	2
p	0.4	0.3	0.2	0.1

$Y=X^2$, 求 $E(Y)$.

解　利用定理4.1, 得

$$E(Y)=E(X^2)=\sum_{k=1}^{4}x_k^2p_k=(-1)^2\times 0.4+0^2\times 0.3+1^2\times 0.2+2^2\times 0.1=1.$$

例 4.14　设 $X\sim U(0,\pi)$, $Y=\sin X$, $Z=[X-E(X)]^2$, 求 $E(Y)$, $E(Z)$.

解　$E(X)=\dfrac{\pi}{2}$, 且 X 的概率密度为

$$f(x)=\begin{cases}\dfrac{1}{\pi}, & 0<x<\pi,\\ 0, & \text{其他}.\end{cases}$$

利用定理4.1, 得

$$E(Y)=E[\sin(X)]=\int_{-\infty}^{+\infty}\sin x f(x)\mathrm{d}x=\int_0^{\pi}\frac{\sin x}{\pi}\mathrm{d}x=\frac{1}{\pi}(-\cos x)\Big|_0^{\pi}=\frac{2}{\pi},$$

$$E(Z)=E\left[\left(X-\frac{\pi}{2}\right)^2\right]=\int_{-\infty}^{+\infty}\left(x-\frac{\pi}{2}\right)^2 f(x)\mathrm{d}x=\int_0^{\pi}\left(x-\frac{\pi}{2}\right)^2\frac{1}{\pi}\mathrm{d}x=\frac{\pi^2}{12}.$$

例 4.15　某公司经销某种商品, 统计资料表明, 这种商品的市场需求量 X (单位: 吨) 服从 $(300, 500)$ 上的均匀分布. 每售出 1 吨该商品, 公司可获利 1.5 万元; 若卖不出去积压于库, 则每吨损失 0.5 万元. 问应该组织多少货源可使公司期望获利最大?

解　设公司组织该货源 a 吨, 则 $a\in(300,500)$. 设公司获利为 Y (单位: 万元), 则有

$$Y=g(X)=\begin{cases}1.5a, & X\geqslant a,\\ 1.5X-0.5(a-X), & X<a.\end{cases}$$

由定理4.1, 得

$$E(Y)=E[g(X)]=\int_{-\infty}^{+\infty}g(x)f(x)\mathrm{d}x=\int_{300}^{500}\frac{1}{200}g(x)\mathrm{d}x$$

$$=\frac{1}{200}\left[\int_{300}^{a}(2x-0.5a)\mathrm{d}x+\int_a^{500}1.5a\mathrm{d}x\right]=\frac{1}{200}(-a^2+900a-300^2).$$

这表明 $E(Y)$ 是关于 a 的二次函数, 用求极值的方法可以求得, 当 $a=450$ 吨时, $E(Y)$ 达到最大, 即公司应该组织货源 450 吨能使公司期望获利最大.

设 (X,Y) 为二维随机变量, 关于二维随机变量函数 $Z=g(X,Y)$ 的数学期望的计算有类似于定理 4.1 的结论, 这就是下面的定理 4.2.

定理 4.2 设 (X,Y) 为二维随机变量, $z=g(x,y)$ 为连续函数, 且二维随机变量函数 $Z=g(X,Y)$ 的数学期望 $E[g(X,Y)]$ 存在.

(1) 若 (X,Y) 为离散型随机变量, 其分布律为

$$p_{ij}=P\{X=x_i,Y=y_j\},\quad i,j=1,2,\cdots,$$

则

$$E(Z)=E[g(X,Y)]=\sum_{i=1}^{\infty}\sum_{j=1}^{\infty}g(x_i,y_j)p_{ij};$$

(2) 若 (X,Y) 为连续型随机变量, 其概率密度为 $f(x,y)$, 则

$$E(Z)=E[g(X,Y)]=\int_{-\infty}^{+\infty}\int_{-\infty}^{+\infty}g(x,y)f(x,y)\mathrm{d}x\mathrm{d}y.$$

例 4.16 设离散型随机变量 (X,Y) 的分布律为

X \ Y	-1	2
-1	0.2	0.1
1	0.1	0.3
2	0.2	0.1

求 $E(XY)$, $E(X+2Y)$.

解 利用定理 4.2, 可得

$$\begin{aligned}E(XY)=&\sum_{i=1}^{3}\sum_{j=1}^{2}x_iy_jp_{ij}=\sum_{i=1}^{3}x_iy_1p_{i1}+\sum_{i=1}^{3}x_iy_2p_{i2}\\=&(-1)\times(-1)\times0.2+1\times(-1)\times0.1+2\times(-1)\times0.2\\&+(-1)\times2\times0.1+1\times2\times0.3+2\times2\times0.1\\=&0.5.\end{aligned}$$

$$\begin{aligned}E(X+2Y)=&\sum_{i=1}^{3}\sum_{j=1}^{2}(x_i+2y_j)p_{ij}=\sum_{i=1}^{3}(x_i+2y_1)p_{i1}+\sum_{i=1}^{3}(x_i+2y_2)p_{i2}\\=&[-1+2\times(-1)]\times0.2+[1+2\times(-1)]\times0.1+[2+2\times(-1)]\times0.2\\&+(-1+2\times2)\times0.1+(1+2\times2)\times0.3+(2+2\times2)\times0.1=1.7.\end{aligned}$$

例 4.17　设 $(X, Y) \sim f(x, y)$, 且

$$f(x, y)=\begin{cases} x+y, & 0<x<1, 0<y<1, \\ 0, & \text{其他}. \end{cases}$$

求 $E(X)$, $E(XY)$.

解　利用定理4.2, 可得

$$E(X)=\int_{-\infty}^{+\infty}\int_{-\infty}^{+\infty} xf(x, y)\mathrm{d}x\mathrm{d}y=\int_0^1\int_0^1 x(x+y)\mathrm{d}x\mathrm{d}y=\int_0^1\left(x^2+\frac{x}{2}\right)\mathrm{d}x=\frac{7}{12},$$

$$E(XY)=\int_{-\infty}^{+\infty}\int_{-\infty}^{+\infty} xyf(x, y)\mathrm{d}x\mathrm{d}y=\int_0^1\int_0^1 xy(x+y)\mathrm{d}x\mathrm{d}y=\int_0^1\left(\frac{x^2}{2}+\frac{x}{3}\right)\mathrm{d}x=\frac{1}{3}.$$

4.1.4　数学期望的性质

下面给出数学期望的几个重要性质. 假定以下性质中涉及的随机变量的数学期望都存在.

(1) 设 C 为常数, 则 $E(C)=C$.

证明　如果将常数 C 看作仅取一个值的随机变量 X, 则有 $P\{X=C\}=1$, 从而有 $E(C)=E(X)=C$.

(2) 设 C 为常数, X 为随机变量, 则 $E(CX)=CE(X)$.

证明　若 X 为离散型随机变量, 其分布律为

$$p_k=P\{X=x_k\}, \quad k=1, 2, \cdots,$$

则

$$E(CX)=\sum_{k=1}^{\infty} Cx_k p_k=C\sum_{k=1}^{\infty} x_k p_k=CE(X).$$

若 X 为连续型随机变量, 其概率密度为 $f(x)$, 则

$$E(CX)=\int_{-\infty}^{+\infty} Cxf(x)\mathrm{d}x=C\int_{-\infty}^{+\infty} xf(x)\mathrm{d}x=CE(X).$$

(3) 设 X, Y 为随机变量, 则 $E(X+Y)=E(X)+E(Y)$.

证明　若 (X, Y) 为离散型随机变量, 其分布律为

$$p_{ij}=P\{X=x_i, Y=y_j\}, \quad i, j=1, 2, \cdots,$$

利用定理4.2, 可得

$$E(X+Y)=\sum_{i=1}^{\infty}\sum_{j=1}^{\infty}(x_i+y_j)p_{ij}=\sum_{i=1}^{\infty}\sum_{j=1}^{\infty} x_i p_{ij}+\sum_{i=1}^{\infty}\sum_{j=1}^{\infty} y_j p_{ij}=E(X)+E(Y).$$

若 (X, Y) 为连续型随机变量, 其概率密度为 $f(x, y)$, 可得

$$
\begin{aligned}
E(X+Y) &= \int_{-\infty}^{+\infty}\int_{-\infty}^{+\infty}(x+y)f(x, y)\mathrm{d}x\mathrm{d}y \\
&= \int_{-\infty}^{+\infty}\int_{-\infty}^{+\infty}xf(x, y)\mathrm{d}x\mathrm{d}y + \int_{-\infty}^{+\infty}\int_{-\infty}^{+\infty}yf(x, y)\mathrm{d}x\mathrm{d}y \\
&= E(X)+E(Y).
\end{aligned}
$$

推广 设 $X_1, X_2, \cdots, X_n$ 为 n 个随机变量, $C_1, C_2, \cdots, C_n$ 为任意 n 个常数, 则

$$
E\left(\sum_{i=1}^{n} C_i X_i\right) = \sum_{i=1}^{n} C_i E(X_i).
$$

特别地,

$$
E\left(\frac{1}{n}\sum_{i=1}^{n} X_i\right) = \frac{1}{n}\sum_{i=1}^{n} E(X_i).
$$

(4) 设 X 与 Y 是相互独立的随机变量, 则有 $E(XY)=E(X)E(Y)$.

证明 若 (X, Y) 为离散型随机变量, 其分布律为

$$
p_{ij} = P\{X=x_i, Y=y_j\}, \quad i, j=1, 2, \cdots,
$$

利用定理 4.2 及随机变量 X, Y 的独立性, 可得

$$
E(XY)=\sum_{i=1}^{\infty}\sum_{j=1}^{\infty}x_i y_j p_{ij}=\sum_{i=1}^{\infty}\sum_{j=1}^{\infty}x_i y_j p_{i\cdot}p_{\cdot j}=\sum_{i=1}^{\infty}x_i p_{i\cdot}\sum_{j=1}^{\infty}y_j p_{\cdot j}=E(X)E(Y).
$$

若 (X, Y) 为连续型随机变量, 其概率密度为 $f(x, y)$, 利用定理 4.2 及随机变量 X, Y 的独立性, 可得

$$
\begin{aligned}
E(XY) &= \int_{-\infty}^{+\infty}\int_{-\infty}^{+\infty}xyf(x, y)\mathrm{d}x\mathrm{d}y = \int_{-\infty}^{+\infty}\int_{-\infty}^{+\infty}xyf_X(x)f_Y(y)\mathrm{d}x\mathrm{d}y \\
&= \int_{-\infty}^{+\infty}xf_X(x)\mathrm{d}x\int_{-\infty}^{+\infty}yf_Y(y)\mathrm{d}y = E(X)E(Y).
\end{aligned}
$$

推广 设 $X_1, X_2, \cdots, X_n$ 为 n 个相互独立的随机变量, 则有

$$
E\left(\prod_{i=1}^{n} X_i\right) = \prod_{i=1}^{n} E(X_i).
$$

这个性质的逆命题是不成立的, 即由

$$
E\left(\prod_{i=1}^{n} X_i\right) = \prod_{i=1}^{n} E(X_i)
$$

不能推出 $X_1, X_2, \cdots, X_n$ 相互独立, 如例 4.18.

例 4.18　设离散型随机变量 (X, Y) 的分布律为

X \ Y	-1	0	1
-1	0.3	0	0.3
1	0.1	0.2	0.1

(1) $E(XY)=E(X)E(Y)$ 是否成立?

(2) X 与 Y 是否相互独立?

解　(1) 容易算得 $E(X)=-0.2,\ E(Y)=0,\ E(XY)=0$, 所以

$$E(XY)=E(X)E(Y)$$

成立.

(2) 由 $P\{X=-1, Y=-1\}=0.3, P\{X=-1\}=0.6, P\{Y=-1\}=0.4$, 知

$$P\{X=-1, Y=-1\} \neq P\{X=-1\}P\{Y=-1\},$$

所以 X 与 Y 不是相互独立的.

该例说明, 由 $E(XY)=E(X)E(Y)$ 不能推出 X 与 Y 相互独立.

例 4.19　设离散型随机变量 X, Y 的分布律分别为

X	-2	0	1	2
p	0.2	0.1	0.4	0.3

Y	3	4	6
p	0.3	0.5	0.2

求 $E(2X+1),\ E(X^2+2Y-1)$.

解　容易算得 $E(X)=0.6$, $E(X^2)=2.4$, $E(Y)=4.1$, 利用数学期望的性质, 得

$$E(2X+1)=2E(X)+1=2\times 0.6+1=2.2,$$
$$E(X^2+2Y-1)=E(X^2)+2E(Y)-1=2.4+2\times 4.1-1=9.6.$$

例 4.20　设随机变量 $X \sim U(a, b)$, 求 $E(6X-b)$.

解　$E(X)=\dfrac{a+b}{2}$, 因而

$$E(6X-b)=6E(X)-b=6\times\frac{a+b}{2}-b=3a+2b.$$

同步基础训练4.1

1. 设随机变量 X 的分布律为

X	-2	0	1	3
p	0.1	0.3	0.2	0.4

则 $E(X)=$______，$E(3X+2)=$______，$E(2X^2+1)=$______.

2. 设随机变量 X 的概率密度为

$$f(x)=\begin{cases} a+bx, & 0<x<1, \\ 0, & \text{其他}. \end{cases}$$

已知 $E(X)=0.6$, 则 $a=$______，$b=$______.

3. 设 $X\sim N(1,4)$，$Y\sim e(0.5)$，$Z=3X-2Y+1$, 则 $E(Z)=($　　).

A. $\dfrac{1}{2}$　　B. $\dfrac{1}{9}$　　C. $\dfrac{2}{9}$　　D. 0

4. 设 (X,Y) 的分布律为

X \ Y	-2	1	4
-2	0.2	0.1	0.2
3	0.1	0.1	0.3

求 $E(X),E(Y),E(XY),E(X^2+Y^2)$.

5. 设 (X,Y) 的概率密度为

$$f(x,y)=\begin{cases} 12y^2, & 0\leqslant y\leqslant x\leqslant 1, \\ 0, & \text{其他}. \end{cases}$$

求 $E(X),E(Y),E(2XY),E(X^2+Y^2)$.

6. 设随机变量 X 的概率密度为

$$f(x)=\begin{cases} x, & 0<x<1, \\ 2-x, & 1\leqslant x<2, \\ 0, & \text{其他}. \end{cases}$$

求 $E(2X+1)$.

7. 某种零件的次品率为 0.1, 质检员每天检查 4 次, 每次随机地取 10 个零件进行检验, 如果发现其中的次品数多于 1 个, 就去调整设备. 设一天中调整设备的次数为随机变量 X, 求 $E(X)$ (设诸零件是否为次品是相互独立的).

8. 设 $X \sim N(-1, 4)$, $Y \sim N(0.5, 9)$, 且 X 与 Y 相互独立, $Z = 2XY + 3$, 求 $E(Z)$.

4.2 方 差

随机变量的数学期望刻画了随机变量取值的平均水平, 但有时期望相同的两个随机变量取值情况差异很大, 因此还需要知道随机变量的取值偏离期望值的程度.

定义 4.3 设随机变量 X 的数学期望 $E(X)$ 存在, 称 $X - E(X)$ 为随机变量 X 的**偏差** (deviation).

在给出方差定义之前, 我们先来看一个例子.

例 4.21 甲、乙两台机器生产同一种零件, 其长度 (单位: mm) 与标准值的误差分别用随机变量 X, Y 表示, 它们的分布律如下:

X	-10	-5	0	5	10
p	0.06	0.14	0.60	0.15	0.05

Y	-10	-5	0	5	10
p	0.09	0.15	0.52	0.16	0.08

问哪台机器生产的零件质量较好?

解 容易算得 $E(X) = E(Y) = -0.05$. 虽然它们的期望相同, 但从分布来看, 甲机器生产零件的质量较乙机器的稳定, 所以甲机器生产的零件质量较好.

该例说明, 仅靠数学期望这一数字特征不能判断哪台机器生产的零件质量更好, 还需要进一步考察随机变量的取值偏离期望值的程度. 那么, 用怎样的量去度量这个偏离程度呢? 用 $E[X - E(X)]$ 来描述显然不行, 因为会出现正负偏差相互抵消的情况, 不能真正反映出实际偏差的大小. 我们看到, 用 $E[|X - E(X)|]$ 可以度量随机变量偏离期望 $E(X)$ 的程度, 但有绝对值运算不方便. 所以, 通常采用偏差平方的数学期望来描述随机变量的取值与期望值的偏离程度, 即用 $E[X - E(X)]^2$ 来度量 X 的取值偏离 $E(X)$ 的程度.

4.2.1 方差的定义

定义 4.4 设 X 是一个随机变量, 若 $E[X - E(X)]^2$ 存在, 则称 $E[X - E(X)]^2$ 为 X 的**方差** (variance), 记为 $D(X)$ 或 $\mathrm{Var}(X)$, 即

$$D(X) = \mathrm{Var}(X) = E[X - E(X)]^2.$$

称 $\sqrt{D(X)}$ 为 X 的**标准差** (standard deviation), 记为 $\sigma(X)$.

方差 $D(X)$ 刻画了随机变量 X 的取值对其数学期望的分散程度, $D(X)$ 越大, 表示 X 的取值越分散; 而 $D(X)$ 越小, 则表示 X 的取值越集中.

由定义 4.4 可以看出, 方差 $D(X)$ 是随机变量函数 $g(X)=[X-E(X)]^2$ 的数学期望, 因此方差 $D(X)$ 也是一个确定的常数, 且有 $D(X)\geqslant 0$.

下面给出方差的两种计算方法.

(1) **利用定义计算**　$D(X)=E[X-E(X)]^2=E[g(X)]$.

若 X 为离散型随机变量, 其分布律为

$$p_k=P\{X=x_k\},\quad k=1,2,\cdots,$$

则

$$D(X)=\sum_{k=1}^{\infty}[x_k-E(X)]^2p_k.$$

若 X 为连续型随机变量, 其概率密度为 $f(x)$, 则

$$D(X)=\int_{-\infty}^{+\infty}[x-E(X)]^2f(x)\mathrm{d}x.$$

(2) **利用公式计算**　$D(X)=E(X^2)-[E(X)]^2$.

事实上,

$$\begin{aligned}D(X)&=E[X-E(X)]^2=E\{X^2-2XE(X)+[E(X)]^2\}\\&=E(X^2)-2[E(X)]^2+[E(X)]^2=E(X^2)-[E(X)]^2.\end{aligned}$$

由公式 $D(X)=E(X^2)-[E(X)]^2$ 可以得到

$$E(X^2)=D(X)+[E(X)]^2.$$

例 4.22　设随机变量 X 的分布律为

X	-2	0	2	3
p	0.2	0.3	0.3	0.2

求 $D(X)$.

解　由于

$$E(X)=0.8,\quad E(X^2)=(-2)^2\times 0.2+2^2\times 0.3+3^2\times 0.2=3.8,$$

所以

$$D(X)=E(X^2)-[E(X)]^2=3.8-0.8^2=3.16.$$

例 4.23　设随机变量 X 的概率密度为

$$f(x)=\begin{cases}1+x, & -1\leqslant x<0,\\ 1-x, & 0\leqslant x<1,\\ 0, & \text{其他}.\end{cases}$$

求 $D(X)$.

解　由数学期望的计算公式可得

$$E(X)=\int_{-\infty}^{+\infty}xf(x)\mathrm{d}x=\int_{-1}^{0}x(1+x)\mathrm{d}x+\int_{0}^{1}x(1-x)\mathrm{d}x=0,$$

$$E(X^2)=\int_{-\infty}^{+\infty}x^2f(x)\mathrm{d}x=\int_{-1}^{0}x^2(1+x)\mathrm{d}x+\int_{0}^{1}x^2(1-x)\mathrm{d}x=\frac{1}{6},$$

利用方差的计算公式, 得

$$D(X)=E(X^2)-[E(X)]^2=\frac{1}{6}-0^2=\frac{1}{6}.$$

例 4.24　设随机变量 X 的概率密度为

$$f(x)=\begin{cases}ax^2+bx+c, & 0\leqslant x\leqslant 1,\\ 0, & \text{其他}.\end{cases}$$

又 $E(X)=0.5$, $D(X)=0.15$, 求系数 a, b, c.

解　由概率密度的规范性, 得

$$\int_{-\infty}^{+\infty}f(x)\mathrm{d}x=\int_{0}^{1}(ax^2+bx+c)\mathrm{d}x=\frac{a}{3}+\frac{b}{2}+c=1.$$

由 $E(X)=0.5$, 得

$$E(X)=\int_{-\infty}^{+\infty}xf(x)\mathrm{d}x=\int_{0}^{1}x(ax^2+bx+c)\mathrm{d}x=\frac{a}{4}+\frac{b}{3}+\frac{c}{2}=0.5.$$

由 $E(X^2)=D(X)+[E(X)]^2=0.4$, 得

$$E(X^2)=\int_{-\infty}^{+\infty}x^2f(x)\mathrm{d}x=\int_{0}^{1}x^2(ax^2+bx+c)\mathrm{d}x=\frac{a}{5}+\frac{b}{4}+\frac{c}{3}=0.4.$$

解关于 a, b, c 的方程组, 得 $a=12$, $b=-12$, $c=3$.

下面给出常用分布的方差.

例 4.25 ((0-1) 分布的方差)　设 X 服从参数为 p 的 (0-1) 分布, 其分布律为

$$P\{X=k\}=p^kq^{1-k},\quad k=0,1,\quad q=1-p.$$

求 $D(X)$.

解　由于 $E(X)=0\times q+1\times p=p$, $E(X^2)=0^2\times q+1^2\times p=p$, 故

$$D(X)=E(X^2)-[E(X)]^2=p-p^2=p(1-p)=pq.$$

例 4.26 (二项分布的方差)　设 $X\sim B(n,\,p)$, 求 $D(X)$.

解　X 的分布律为

$$p_k=P\{X=k\}=\mathrm{C}_n^k p^k q^{n-k},\quad k=0,\,1,\,2,\,\cdots,\,n,\quad q=1-p.$$

又 $E(X)=np$,

$$\begin{aligned}E(X^2)=&\sum_{k=0}^{n}k^2p_k=\sum_{k=0}^{n}k^2\mathrm{C}_n^kp^kq^{n-k}=\sum_{k=1}^{n}k^2\frac{n!}{k!(n-k)!}p^kq^{n-k}\\=&\sum_{k=1}^{n}(k-1)\frac{n!}{(k-1)!(n-k)!}p^kq^{n-k}+\sum_{k=1}^{n}\frac{n!}{(k-1)!(n-k)!}p^kq^{n-k}\\=&\sum_{k=2}^{n}\frac{n(n-1)p^2(n-2)!}{(k-2)![(n-2)-(k-2)]!}p^{k-2}q^{(n-2)-(k-2)}+np=n(n-1)p^2+np,\end{aligned}$$

所以

$$D(X)=E(X^2)-[E(X)]^2=n(n-1)p^2+np-(np)^2=npq.$$

例 4.27 (泊松分布的方差)　设 $X\sim P(\lambda)$, 求 $D(X)$.

解　X 的分布律为

$$p_k=P\{X=k\}=\frac{\lambda^k}{k!}\mathrm{e}^{-\lambda},\quad k=0,\,1,\,2,\,\cdots,\quad \lambda>0.$$

又 $E(X)=\lambda$,

$$\begin{aligned}E(X^2)=&E[X(X-1)+X]=E[X(X-1)]+E(X)=\sum_{k=0}^{\infty}k(k-1)p_k+\lambda\\=&\sum_{k=0}^{\infty}k(k-1)\frac{\lambda^k}{k!}\mathrm{e}^{-\lambda}+\lambda=\lambda^2\mathrm{e}^{-\lambda}\sum_{k=2}^{\infty}\frac{\lambda^{k-2}}{(k-2)!}+\lambda\\=&\lambda^2\mathrm{e}^{-\lambda}\mathrm{e}^{\lambda}+\lambda=\lambda^2+\lambda,\end{aligned}$$

所以

$$D(X)=E(X^2)-[E(X)]^2=\lambda.$$

例 4.28 (均匀分布的方差)　设 $X\sim U(a,\,b)$, 求 $D(X)$.

解　X 的概率密度为

$$f(x)=\begin{cases}\dfrac{1}{b-a}, & a<x<b,\\ 0, & \text{其他}.\end{cases}$$

而

$$E(X)=\frac{a+b}{2},$$

所以

$$D(X)=E(X^2)-[E(X)]^2=\int_a^b x^2\cdot\frac{1}{b-a}\mathrm{d}x-\left(\frac{a+b}{2}\right)^2=\frac{(b-a)^2}{12}.$$

例 4.29 (指数分布的方差)　设 $X\sim e(\lambda)$, 求 $D(X)$.

解　X 的概率密度为

$$f(x)=\begin{cases}\lambda\mathrm{e}^{-\lambda x}, & x>0,\\ 0, & x\leqslant 0.\end{cases}$$

而

$$E(X)=\frac{1}{\lambda},$$

$$\begin{aligned}E(X^2)&=\int_{-\infty}^{+\infty}x^2f(x)\mathrm{d}x=\int_0^{+\infty}\lambda x^2\mathrm{e}^{-\lambda x}\mathrm{d}x\\&=-x^2\mathrm{e}^{-\lambda x}\Big|_0^{+\infty}+2\int_0^{+\infty}x\mathrm{e}^{-\lambda x}\mathrm{d}x=\frac{2}{\lambda^2},\end{aligned}$$

所以

$$D(X)=E(X^2)-[E(X)]^2=\frac{2}{\lambda^2}-\left(\frac{1}{\lambda}\right)^2=\frac{1}{\lambda^2}.$$

例 4.30 (正态分布的方差)　设 $X\sim N(\mu,\sigma^2)$, 求 $D(X)$.

解　X 的概率密度为

$$f(x)=\frac{1}{\sqrt{2\pi}\sigma}\mathrm{e}^{-\frac{(x-\mu)^2}{2\sigma^2}},\quad -\infty<x<+\infty,$$

而 $E(X)=\mu$, 所以

$$D(X)=E[X-E(X)]^2=\int_{-\infty}^{+\infty}(x-\mu)^2f(x)\mathrm{d}x=\int_{-\infty}^{+\infty}\frac{(x-\mu)^2}{\sqrt{2\pi}\sigma}\mathrm{e}^{-\frac{(x-\mu)^2}{2\sigma^2}}\mathrm{d}x.$$

令

$$y=\frac{x-\mu}{\sigma},$$

则

$$D(X) = \int_{-\infty}^{+\infty} \frac{\sigma^2}{\sqrt{2\pi}} y^2 \mathrm{e}^{-\frac{y^2}{2}} \mathrm{d}y = -\sigma^2 \int_{-\infty}^{+\infty} \frac{y}{\sqrt{2\pi}} \mathrm{d}\mathrm{e}^{-\frac{y^2}{2}}$$

$$= -\frac{\sigma^2}{\sqrt{2\pi}} y\mathrm{e}^{-\frac{y^2}{2}} \Big|_{-\infty}^{+\infty} + \sigma^2 \int_{-\infty}^{+\infty} \frac{1}{\sqrt{2\pi}} \mathrm{e}^{-\frac{y^2}{2}} \mathrm{d}y = \sigma^2.$$

现在, 我们将几种常见分布的数学期望和方差整理汇集如下, 见表 4.2.

表 4.2　六种常见分布的数学期望和方差

分布名称	数学期望	方差
(0-1) 分布 $B(1, p)$	p	$pq \ (q = 1 - p)$
二项分布 $B(n, p)$	np	$npq \ (q = 1 - p)$
泊松分布 $P(\lambda)$	λ	λ
均匀分布 $U(a, b)$	$\frac{a+b}{2}$	$\frac{(b-a)^2}{12}$
指数分布 $e(\lambda)$	$\frac{1}{\lambda}$	$\frac{1}{\lambda^2}$
正态分布 $N(\mu, \sigma^2)$	μ	σ^2

4.2.2　方差的性质

下面给出方差的几个重要性质. 假定以下性质中涉及的随机变量的方差都存在.

(1) 设 C 为常数, 则有

$$D(C) = 0, \quad D(X + C) = D(X).$$

证明　$D(C) = E(C^2) - [E(C)]^2 = C^2 - C^2 = 0,$

$D(X + C) = E[(X + C) - E(X + C)]^2 = E[X - E(X)]^2 = D(X).$

(2) 设 C 为常数, X 为随机变量, 则有

$$D(CX) = C^2 D(X).$$

证明　$D(CX) = E[CX - E(CX)]^2 = C^2 E[X - E(X)]^2 = C^2 D(X).$

(3) 设 X 与 Y 为两个相互独立的随机变量, 则有

$$D(X \pm Y) = D(X) + D(Y).$$

证明　X 与 Y 相互独立, 故有

$$
\begin{aligned}
D(X\pm Y)&=E[(X\pm Y)-E(X\pm Y)]^2=E\{[X-E(X)]\pm[Y-E(Y)]\}^2\\
&=E[X-E(X)]^2+E[Y-E(Y)]^2\pm 2E\{[X-E(X)]\cdot[Y-E(Y)]\}\\
&=D(X)+D(Y).
\end{aligned}
$$

推广　设 $X_1, X_2, \cdots, X_n$ 为 n 个相互独立的随机变量, $C_1, C_2, \cdots, C_n$ 为任意 n 个常数, 则有

$$
D\left(\sum_{i=1}^{n}X_i\right)=\sum_{i=1}^{n}D(X_i),\quad D\left(\sum_{i=1}^{n}C_iX_i\right)=\sum_{i=1}^{n}C_i^2D(X_i).
$$

这个结论的逆命题不成立, 即由

$$
D\left(\sum_{i=1}^{n}C_iX_i\right)=\sum_{i=1}^{n}C_i^2D(X_i)
$$

不能推出 $X_1, X_2, \cdots, X_n$ 相互独立. 如在例 4.18 中, (X, Y) 的分布律为

X \ Y	-1	0	1
-1	0.3	0	0.3
1	0.1	0.2	0.1

且 $E(X)=-0.2,\ E(Y)=0,\ E(XY)=0$. 于是对任意的两个常数 C_1, C_2, 有

$$
\begin{aligned}
D(C_1X+C_2Y)&=E[(C_1X+C_2Y)^2]-[E(C_1X+C_2Y)]^2\\
&=C_1^2E(X^2)+C_2^2E(Y^2)-C_1^2[E(X)]^2-C_2^2[E(Y)]^2\\
&=C_1^2D(X)+C_2^2D(Y),
\end{aligned}
$$

但 X 与 Y 并不相互独立.

(4) 设 C 为任意常数, 则有

$$
D(X)=E[X-E(X)]^2\leqslant E(X-C)^2.
$$

证明　$E(X-C)^2-D(X)=E(X^2)-2CE(X)+C^2-E(X^2)+[E(X)]^2$

$$
=[E(X)]^2-2CE(X)+C^2=[E(X)-C]^2\geqslant 0,
$$

所以结论成立.

(5) $D(X)=0$ 的充分必要条件是 X 以概率 1 取常数 $E(X)$, 即

$$
P\{X=E(X)\}=1.
$$

证明　充分性. 设 $P\{X=E(X)\}=1$, 则有 $P\{X^2=[E(X)]^2\}=1$. 于是

$$D(X)=E(X^2)-[E(X)]^2=[E(X)]^2\times 1-[E(X)]^2=0.$$

必要性的证明需要用到第 5 章的切比雪夫不等式, 略.

例 4.31　设 $X\sim P(2)$, $Y=X^2$, $Z=3X-2$, 求 $E(Y)$, $E(Z)$ 和 $D(Z)$.

解　$X\sim P(2)$, 则 $E(X)=D(X)=2$. 故

$$E(Y)=E(X^2)=D(X)+[E(X)]^2=6,$$
$$E(Z)=E(3X-2)=3E(X)-2=4,$$
$$D(Z)=D(3X-2)=9D(X)=18.$$

例 4.32　设 $X\sim N(1,2)$, $Y\sim N(0,1)$, 且 X 与 Y 相互独立. $Z=2X-Y+3$, 求 $E(Z)$, $D(Z)$.

解　X 与 Y 相互独立, 且 $E(X)=1$, $D(X)=2$, $E(Y)=0$, $D(Y)=1$. 所以

$$E(Z)=E(2X-Y+3)=2E(X)-E(Y)+3=2\times 1-0+3=5,$$
$$D(Z)=D(2X-Y+3)=4D(X)+D(Y)=4\times 2+1=9.$$

同步基础训练4.2

1. 设 $X\sim B(n,p)$, $E(X)=4$, $D(X)=2.4$, 则 $n=$______, $p=$______.
2. 设 $X\sim U(1,3)$, 则 $E(X^2)=$______.
3. 设 $X\sim N(1,3)$, $Y\sim P(2)$, 且 X 与 Y 相互独立, 则 $D(XY)=($　　$)$.

A. 20　　B. 40　　C. $\dfrac{1}{20}$　　D. $\dfrac{1}{40}$

4. 设随机变量 X 的分布律为

X	-3	0	2	3
p	0.3	0.2	0.3	0.2

求 $E(X)$, $E(X^2)$, $E(3X^2+6)$, $D(X)$ 和 $D(3-2X)$.

5. 设 $X\sim P(\lambda)$, 且 $P\{X=1\}=P\{X=2\}$, 求 $E(X)$, $D(X)$.

6. 设随机变量 X_1, X_2, X_3, X_4 相互独立, 且有 $E(X_i)=i$, $D(X_i)=5-i$ $(i=1,2,3,4)$. 令 $Y=2X_1-X_2+4X_3-3X_4$, 求 $E(Y)$, $D(Y)$.

7. 对圆的直径 (单位: cm) 作近似测量, 其值均匀地分布在区间 $(9,12)$ 内, 求圆面积的数学期望和方差.

8. 设 $(X, Y) \sim f(x, y)$, 且

$$f(x, y) = \begin{cases} Ae^{-(x+y)}, & x > 0, y > 0, \\ 0, & \text{其他}. \end{cases}$$

求

(1) 常数 A;

(2) $D(X)$, $D(Y)$.

4.3　协方差与相关系数

对于二维随机变量 (X, Y), X 与 Y 的数学期望和方差仅反映了各自取值的平均水平和分散程度, 并不反映二者之间的相互关系. 但在许多实际问题中, X 与 Y 是有关系的. 下面介绍两个体现 X 与 Y 相互关系的数字特征 ——**协方差**和**相关系数**.

4.3.1　协方差

若 X 与 Y 相互独立, 则 $X - E(X)$ 与 $Y - E(Y)$ 相互独立, 由前面数学期望的性质 (4) 知,

$$E\{[X - E(X)][Y - E(Y)]\} = E[X - E(X)]E[Y - E(Y)] = 0.$$

这就意味着, 当

$$E\{[X - E(X)][Y - E(Y)]\} \neq 0$$

时, X 与 Y 一定不相互独立, 而是存在着一定的关系的. 于是,

$$E\{[X - E(X)][Y - E(Y)]\}$$

能在一定程度上反映 X 与 Y 之间的关系.

定义 4.5　设 (X, Y) 为二维随机变量, 若

$$E\{[X - E(X)][Y - E(Y)]\}$$

存在, 则称它为随机变量 X 与 Y 的**协方差** (covariance), 记为 $\text{Cov}(X, Y)$, 即

$$\text{Cov}(X, Y) = E\{[X - E(X)][Y - E(Y)]\}.$$

由定义 4.5 知, 协方差 $\mathrm{Cov}(X, Y)$ 是二维随机变量函数

$$g(X, Y)=[X-E(X)][Y-E(Y)]$$

的数学期望.

下面给出协方差的两种计算方法.

(1) **利用定义计算** $\mathrm{Cov}(X, Y)=E\{[X-E(X)][Y-E(Y)]\}=E[g(X, Y)]$.

根据定理 4.2 可以得到:

若 (X, Y) 为离散型随机变量, 其分布律为

$$p_{ij}=P\{X=x_i, Y=y_j\}, \quad i, j=1, 2, \cdots,$$

则

$$\mathrm{Cov}(X, Y)=\sum_{i=1}^{\infty}\sum_{j=1}^{\infty}[x_i-E(X)][y_j-E(Y)]p_{ij}.$$

若 (X, Y) 为连续型随机变量, 其概率密度为 $f(x, y)$, 则

$$\mathrm{Cov}(X, Y)=\int_{-\infty}^{+\infty}\int_{-\infty}^{+\infty}[x-E(X)][y-E(Y)]f(x, y)\mathrm{d}x\mathrm{d}y.$$

(2) **利用公式计算** $\mathrm{Cov}(X, Y)=E(XY)-E(X)E(Y)$.

事实上, 将协方差的定义式展开, 可得

$$\begin{aligned}\mathrm{Cov}(X, Y)&=E\{[X-E(X)][Y-E(Y)]\}\\&=E[XY-XE(Y)-YE(X)+E(X)E(Y)]\\&=E(XY)-E(X)E(Y)-E(X)E(Y)+E(X)E(Y)\\&=E(XY)-E(X)E(Y).\end{aligned}$$

我们常常利用这一公式计算协方差.

下面根据协方差的定义, 给出协方差的一些性质.

设 a, b 为任意常数, X, Y, Z 为任意随机变量, 且涉及的协方差均存在, 则协方差具有以下性质:

(1) $\mathrm{Cov}(X, X)=D(X)$;

(2) $\mathrm{Cov}(X, Y)=\mathrm{Cov}(Y, X)$;

(3) $\mathrm{Cov}(X, a)=0$;

(4) $\mathrm{Cov}(X+Y, Z)=\mathrm{Cov}(X, Z)+\mathrm{Cov}(Y, Z)$;

(5) $\mathrm{Cov}(aX, bY)=ab\mathrm{Cov}(X, Y)$;

(6) 若 X 与 Y 相互独立, 则 $\mathrm{Cov}(X, Y)=0$, 反之不然;

(7) $D(X \pm Y) = D(X) + D(Y) \pm 2\mathrm{Cov}(X, Y)$.

特别地, 当 X 与 Y 相互独立时, 有 $D(X \pm Y) = D(X) + D(Y)$.

证明　下面只证明性质 (4), (5), (7), 其余的由读者自己完成.

$$
\begin{aligned}
(4)\ \mathrm{Cov}(X+Y, Z) &= E[(X+Y)Z] - E(X+Y)E(Z) \\
&= E(XZ) + E(YZ) - E(X)E(Z) - E(Y)E(Z) \\
&= [E(XZ) - E(X)E(Z)] + [E(YZ) - E(Y)E(Z)] \\
&= \mathrm{Cov}(X, Z) + \mathrm{Cov}(Y, Z).
\end{aligned}
$$

$$
\begin{aligned}
(5)\ \mathrm{Cov}(aX, bY) &= E[(aX)(bY)] - E(aX)E(bY) \\
&= ab[E(XY) - E(X)E(Y)] = ab\mathrm{Cov}(X, Y).
\end{aligned}
$$

$$
\begin{aligned}
(7)\ D(X \pm Y) &= E[(X \pm Y) - E(X \pm Y)]^2 \\
&= E\left\{[X - E(X)] \pm [Y - E(Y)]\right\}^2 \\
&= E\left\{[X - E(X)]^2 + [Y - E(Y)]^2 \pm 2[X - E(X)][Y - E(Y)]\right\} \\
&= D(X) + D(Y) \pm 2\mathrm{Cov}(X, Y).
\end{aligned}
$$

例 4.33　设 (X, Y) 的分布律为

X \ Y	-2	0	2
-2	0.2	0	0.2
2	0.1	0.4	0.1

求 $\mathrm{Cov}(X, Y)$, 并判断 X 与 Y 是否相互独立.

解　X 与 Y 的边缘分布律分别为

X	-2	2
p	0.4	0.6

Y	-2	0	2
p	0.3	0.4	0.3

容易算得 $E(X) = 0.4$, $E(Y) = 0$,

$$
\begin{aligned}
E(XY) &= \sum_{i=1}^{2}\sum_{j=1}^{3} x_i y_j p_{ij} \\
&= (-2) \times (-2) \times 0.2 + (-2) \times 2 \times 0.2 + 2 \times (-2) \times 0.1 + 2 \times 2 \times 0.1 = 0,
\end{aligned}
$$

于是

$$\mathrm{Cov}(X, Y) = E(XY) - E(X)E(Y) = 0.$$

因为

$$P\{X = -2, Y = 0\} = 0,\ \ P\{X = -2\} = 0.4,\ \ P\{Y = 0\} = 0.4,$$

$$P\{X=-2, Y=0\}=0 \neq P\{X=-2\}P\{Y=0\},$$

所以 X 与 Y 不相互独立.

该例说明, 由 $\mathrm{Cov}(X, Y)=0$ 不能推出 X 与 Y 相互独立.

例 4.34 设二维随机变量 (X, Y) 的概率密度为

$$f(x, y)=\begin{cases}3x, & 0<y<x<1,\\ 0, & \text{其他},\end{cases}$$

求 $\mathrm{Cov}(X, Y)$.

解 利用协方差的计算公式, 我们需要先计算 $E(X)$, $E(Y)$, $E(XY)$ 的值, 这些值可直接用 $f(x, y)$ 导出, 但要注意积分限的确定, 具体如下:

$$E(X)=\int_{-\infty}^{+\infty}\int_{-\infty}^{+\infty} xf(x, y)\mathrm{d}x\mathrm{d}y=\int_0^1\int_0^x x\cdot 3x\mathrm{d}y\mathrm{d}x=\int_0^1 3x^3\mathrm{d}x=\frac{3}{4},$$

$$E(Y)=\int_{-\infty}^{+\infty}\int_{-\infty}^{+\infty} yf(x, y)\mathrm{d}x\mathrm{d}y=\int_0^1\int_0^x y\cdot 3x\mathrm{d}y\mathrm{d}x=\int_0^1 \frac{3}{2}x^3\mathrm{d}x=\frac{3}{8},$$

$$E(XY)=\int_{-\infty}^{+\infty}\int_{-\infty}^{+\infty} xyf(x, y)\mathrm{d}x\mathrm{d}y=\int_0^1\int_0^x xy\cdot 3x\mathrm{d}y\mathrm{d}x=\int_0^1 \frac{3}{2}x^4\mathrm{d}x=\frac{3}{10}.$$

因此

$$\mathrm{Cov}(X, Y)=E(XY)-E(X)E(Y)=\frac{3}{10}-\frac{3}{4}\times\frac{3}{8}=\frac{3}{160}.$$

例 4.35 设 X 与 Y 为随机变量, 且 $D(X)=4$, $D(Y)=2$, $\mathrm{Cov}(X, Y)=2$. 已知 $Z=3X-2Y$, 求 $D(Z)$.

解 由协方差的性质 (7), 得

$$\begin{aligned}D(Z)&=D(3X-2Y)=D(3X)+D(2Y)-2\mathrm{Cov}(3X, 2Y)\\&=9D(X)+4D(Y)-12\mathrm{Cov}(X, Y)=9\times 4+4\times 2-12\times 2=20.\end{aligned}$$

4.3.2 相关系数

协方差在一定程度上反映了 X 和 Y 的相互关系, 但它受 X 与 Y 本身度量单位的影响. 例如, 设 X, Y 分别表示人的身高和体重, 单位分别取米 (m)、千克 (kg) 与分别取厘米 (cm)、克 (g), 其协方差的大小是不相同的, 这就导致了 X 与 Y 之间的统计关系发生了变化, 不便于实际应用. 为了避免因随机变量本身度量单位的不同而影响随机变量之间相互关系的度量, 现对协方差除以相同度量单位的量, 得到一个新的概念 —— 相关系数, 它的定义如下:

定义 4.6　设随机变量 X, Y 的方差、协方差均存在, 且 $D(X)>0, D(Y)>0$, 称

$$\rho_{XY}=\frac{\operatorname{Cov}(X, Y)}{\sqrt{D(X)}\sqrt{D(Y)}}$$

为随机变量 X 与 Y 的**相关系数**(correlation coefficient).

从以上定义可以看出, 相关系数 ρ_{XY} 与协方差 $\operatorname{Cov}(X, Y)$ 同为正, 或同为负, 或同为 0.

相关系数, 又称线性相关系数, 它是表征随机变量 X 与 Y 的线性相关性的数字特征. 关于随机变量相关性的分析 —— 相关分析, 在经济学、统计学和管理学等领域都有着重要的应用.

下面讨论相关系数的性质:

(1) 若 X 与 Y 相互独立, 则 $\rho_{XY}=0$, 反之不然;

(2) $|\rho_{XY}|\leqslant 1$;

(3) $|\rho_{XY}|=1$ 当且仅当存在常数 $a, b\ (a\neq 0)$, 使得 $P\{Y=aX+b\}=1$.

证明　下面只给出性质 (2), (3) 的证明, (1) 的证明由读者自己完成.

(2) 由定义 4.6 知, 要证 $|\rho_{XY}|\leqslant 1$, 只需证明 $\operatorname{Cov}^2(X, Y)\leqslant D(X)D(Y)$ 即可. 因为方差均为非负, 所以对任意实数 k, 恒有

$$D(Y-kX)=D(Y)+k^2D(X)-2k\operatorname{Cov}(X, Y)\geqslant 0.$$

这是一个关于 k 的二次函数, 该不等式成立当且仅当判别式

$$\Delta=[-2\operatorname{Cov}(X, Y)]^2-4D(X)D(Y)=4\operatorname{Cov}^2(X, Y)-4D(X)D(Y)\leqslant 0,$$

即得

$$\operatorname{Cov}^2(X, Y)\leqslant D(X)D(Y).$$

(3) 若 $|\rho_{XY}|=1$, 则有

$$\operatorname{Cov}^2(X, Y)-D(X)D(Y)=0.$$

于是, 关于 t 的二次方程

$$t^2D(X)-2t\operatorname{Cov}(X, Y)+D(Y)=0$$

只有一个实根, 记该实根为 $t=a$. 从而可得

$$a^2D(X)-2a\operatorname{Cov}(X, Y)+D(Y)=D(Y-aX)=0.$$

根据方差的性质 (5) 知, 存在常数 b, 使得 $P\{Y-aX=b\}=1$. 因此, 存在常数 a, b, 使得 $P\{Y=aX+b\}=1$.

反之, 若存在常数 a, b, 使得 $P\{Y=aX+b\}=1$, 即 $P\{aX+b-Y=0\}=1$, 则 $D(aX+b-Y)=0$, 即

$$a^2D(X)-2a\mathrm{Cov}(X,Y)+D(Y)=0.$$

由此可知, a 是关于 t 的二次方程

$$t^2D(X)-2t\mathrm{Cov}(X,Y)+D(Y)=0$$

的解, 所以

$$\mathrm{Cov}^2(X,Y)-D(X)D(Y)\geqslant 0,$$

即

$$|\rho_{XY}|^2=\frac{\mathrm{Cov}^2(X,Y)}{D(X)D(Y)}\geqslant 1,$$

于是 $|\rho_{XY}|\geqslant 1$. 又 $|\rho_{XY}|\leqslant 1$, 可得 $|\rho_{XY}|=1$.

注 4.2 (1) 两个随机变量 X 与 Y 的相关系数 ρ_{XY} 绝对值的大小, 决定了这两个随机变量线性相关的程度, $|\rho_{XY}|$ 的值越接近 1, 这两个随机变量线性相关的程度越大; $|\rho_{XY}|$ 的值越接近 0, 这两个随机变量线性相关的程度越小.

(2) 当 X 与 Y 相互独立时, $\rho_{XY}=0$, 说明 X 与 Y 不相关, 即它们没有线性关系, 但不能说明它们没有其他函数关系, 从而不能推出 X 与 Y 相互独立. 简单地说, X 与 Y 相互独立, 则 $\rho_{XY}=0$; 但 $\rho_{XY}=0$, 不能推出 X 与 Y 相互独立.

定理 4.3 设 $(X,Y)\sim N(\mu_1,\mu_2,\sigma_1^2,\sigma_2^2,\rho)$, 则有

(1) $\rho_{XY}=\rho$;

(2) X 与 Y 相互独立的充分必要条件为 $\rho=0$, 即 X 与 Y 不相关.

证明 (1) 若 $(X,Y)\sim N(\mu_1,\mu_2,\sigma_1^2,\sigma_2^2,\rho)$, 则其概率密度为

$$f(x,y)=\frac{1}{2\pi\sigma_1\sigma_2\sqrt{1-\rho^2}}\cdot\exp\left\{-\frac{1}{2(1-\rho^2)}\left[\frac{(x-\mu_1)^2}{\sigma_1^2}-2\rho\frac{(x-\mu_1)(y-\mu_2)}{\sigma_1\sigma_2}+\frac{(y-\mu_2)^2}{\sigma_2^2}\right]\right\}.$$

由例 3.14 可知, (X,Y) 的两个边缘分布都是一维正态分布, 且

$$X\sim N(\mu_1,\sigma_1^2),\quad Y\sim N(\mu_2,\sigma_2^2).$$

于是

$$E(X)=\mu_1,\quad E(Y)=\mu_2,\quad D(X)=\sigma_1^2,\quad D(Y)=\sigma_2^2.$$

而

$$\mathrm{Cov}(X,Y)=\int_{-\infty}^{+\infty}\int_{-\infty}^{+\infty}(x-\mu_1)(y-\mu_2)f(x,y)\mathrm{d}x\mathrm{d}y$$

$$
\begin{aligned}
&= \frac{1}{2\pi\sigma_1\sigma_2\sqrt{1-\rho^2}}\int_{-\infty}^{+\infty}\int_{-\infty}^{+\infty}(x-\mu_1)(y-\mu_2) \\
&\quad \cdot \exp\left[\frac{-1}{2(1-\rho^2)}\left(\frac{y-\mu_2}{\sigma_2}-\rho\frac{x-\mu_1}{\sigma_1}\right)^2-\frac{(x-\mu_1)^2}{2\sigma_1^2}\right]\mathrm{d}x\mathrm{d}y.
\end{aligned}
$$

令

$$
t=\frac{1}{\sqrt{1-\rho^2}}\left(\frac{y-\mu_2}{\sigma_2}-\rho\frac{x-\mu_1}{\sigma_1}\right),\quad u=\frac{x-\mu_1}{\sigma_1},
$$

则有

$$
\begin{aligned}
\mathrm{Cov}(X,Y) &= \frac{1}{2\pi}\int_{-\infty}^{+\infty}\int_{-\infty}^{+\infty}(\rho\sigma_1\sigma_2u^2+\sigma_1\sigma_2\sqrt{1-\rho^2}tu)\mathrm{e}^{-\frac{u^2+t^2}{2}}\mathrm{d}t\mathrm{d}u \\
&= \frac{\rho\sigma_1\sigma_2}{2\pi}\left(\int_{-\infty}^{+\infty}u^2\mathrm{e}^{-\frac{u^2}{2}}\mathrm{d}u\right)\left(\int_{-\infty}^{+\infty}\mathrm{e}^{-\frac{t^2}{2}}\mathrm{d}t\right) \\
&\quad +\frac{\sigma_1\sigma_2\sqrt{1-\rho^2}}{2\pi}\left(\int_{-\infty}^{+\infty}u\mathrm{e}^{-\frac{u^2}{2}}\mathrm{d}u\right)\left(\int_{-\infty}^{+\infty}t\mathrm{e}^{-\frac{t^2}{2}}\mathrm{d}t\right) \\
&= \frac{\rho\sigma_1\sigma_2}{2\pi}\sqrt{2\pi}\times\sqrt{2\pi}=\rho\sigma_1\sigma_2.
\end{aligned}
$$

于是

$$
\rho_{XY}=\frac{\mathrm{Cov}(X,Y)}{\sqrt{D(X)}\sqrt{D(Y)}}=\rho.
$$

(2) 由例 3.19 知, X 与 Y 相互独立的充分必要条件为 $\rho=0$. 利用 (1) 的结论可得, X 与 Y 相互独立的充分必要条件为 $\rho_{XY}=\rho=0$, 即 X 与 Y 不相关.

这就是说, **对于二维正态随机变量 (X,Y) 而言, X 与 Y 的独立性与不相关性等价**.

定理 4.4　如果随机变量 Y 是 X 的线性函数, 即 $Y=aX+b\ (a\neq 0)$, 则当 $a>0$ 时, $\rho_{XY}=1$; 当 $a<0$ 时, $\rho_{XY}=-1$.

证明　由协方差性质, 得

$$
\mathrm{Cov}(X,Y)=\mathrm{Cov}(X,aX+b)=a\mathrm{Cov}(X,X)=aD(X).
$$

又

$$
D(Y)=D(aX+b)=a^2D(X),
$$

由相关系数定义, 得

$$
\rho_{XY}=\frac{\mathrm{Cov}(X,Y)}{\sqrt{D(X)}\sqrt{D(Y)}}=\frac{aD(X)}{|a|D(X)}=\frac{a}{|a|}.
$$

故当 $a>0$ 时, $\rho_{XY}=1$; 当 $a<0$ 时, $\rho_{XY}=-1$.

由此可见, 当 X 与 Y 之间具有线性关系时, 相关系数的绝对值达到最大值 1. 因此, 相关系数绝对值的大小反映了 Y 与 X 的线性关系的密切程度.

例 4.36 设 (X,Y) 的分布律为

$X \backslash Y$	-1	1
1	0	$\frac{1}{4}$
2	$\frac{1}{4}$	$\frac{1}{2}$

求 ρ_{XY}.

解 X 与 Y 的边缘分布律分别为

X	1	2
p	$\frac{1}{4}$	$\frac{3}{4}$

Y	-1	1
p	$\frac{1}{4}$	$\frac{3}{4}$

$$E(X)=\frac{7}{4},\quad E(X^2)=1^2\times\frac{1}{4}+2^2\times\frac{3}{4}=\frac{13}{4},$$

$$D(X)=E(X^2)-[E(X)]^2=\frac{13}{4}-\left(\frac{7}{4}\right)^2=\frac{3}{16}.$$

$$E(Y)=\frac{1}{2},\quad E(Y^2)=1^2\times\frac{3}{4}+(-1)^2\times\frac{1}{4}=1,$$

$$D(Y)=E(Y^2)-[E(Y)]^2=1-\left(\frac{1}{2}\right)^2=\frac{3}{4}.$$

$$E(XY)=\sum_{i=1}^{2}\sum_{j=1}^{2}x_iy_jp_{ij}=1\times1\times\frac{1}{4}+2\times(-1)\times\frac{1}{4}+2\times1\times\frac{1}{2}=\frac{3}{4}.$$

于是

$$\operatorname{Cov}(X,Y)=E(XY)-E(X)E(Y)=\frac{3}{4}-\frac{7}{4}\times\frac{1}{2}=-\frac{1}{8},$$

$$\rho_{XY}=\frac{\operatorname{Cov}(X,Y)}{\sqrt{D(X)}\sqrt{D(Y)}}=\frac{-\frac{1}{8}}{\sqrt{\frac{3}{16}}\sqrt{\frac{3}{4}}}=-\frac{1}{3}.$$

例 4.37　设二维随机变量 (X, Y) 的概率密度为

$$f(x, y)=\begin{cases}12y^2, & 0 \leqslant y \leqslant x \leqslant 1, \\ 0, & \text{其他},\end{cases}$$

求 ρ_{XY}.

解　利用相关系数的计算公式, 我们需要计算 $\mathrm{Cov}(X, Y)$, $D(X)$, $D(Y)$, 故先求 $E(X)$, $E(X^2)$, $E(Y)$, $E(Y^2)$, $E(XY)$ 的值, 具体如下:

$$E(X)=\int_{-\infty}^{+\infty}\int_{-\infty}^{+\infty} x f(x, y)\mathrm{d}x\mathrm{d}y=\int_0^1\int_0^x x\cdot 12y^2\mathrm{d}y\mathrm{d}x=\int_0^1 x\cdot 4x^3\mathrm{d}x=\frac{4}{5},$$

$$E(X^2)=\int_{-\infty}^{+\infty}\int_{-\infty}^{+\infty} x^2 f(x, y)\mathrm{d}x\mathrm{d}y=\int_0^1\int_0^x x^2\cdot 12y^2\mathrm{d}y\mathrm{d}x=\int_0^1 x^2\cdot 4x^3\mathrm{d}x=\frac{2}{3},$$

$$E(Y)=\int_{-\infty}^{+\infty}\int_{-\infty}^{+\infty} y f(x, y)\mathrm{d}x\mathrm{d}y=\int_0^1\int_y^1 y\cdot 12y^2\mathrm{d}x\mathrm{d}y=\int_0^1 12y^2(1-y)y\mathrm{d}y=\frac{3}{5},$$

$$E(Y^2)=\int_{-\infty}^{+\infty}\int_{-\infty}^{+\infty} y^2 f(x, y)\mathrm{d}x\mathrm{d}y=\int_0^1\int_y^1 y^2\cdot 12y^2\mathrm{d}x\mathrm{d}y=\int_0^1 12y^2(1-y)y^2\mathrm{d}y=\frac{2}{5},$$

$$E(XY)=\int_{-\infty}^{+\infty}\int_{-\infty}^{+\infty} xy f(x, y)\mathrm{d}x\mathrm{d}y=\int_0^1\int_0^x xy\cdot 12y^2\mathrm{d}y\mathrm{d}x=\int_0^1 3x^5\mathrm{d}x=\frac{1}{2}.$$

可得

$$D(X)=E(X^2)-[E(X)]^2=\frac{2}{3}-\left(\frac{4}{5}\right)^2=\frac{2}{75},$$

$$D(Y)=E(Y^2)-[E(Y)]^2=\frac{2}{5}-\left(\frac{3}{5}\right)^2=\frac{1}{25},$$

$$\mathrm{Cov}(X, Y)=E(XY)-E(X)E(Y)=\frac{1}{2}-\frac{4}{5}\times\frac{3}{5}=\frac{1}{50}.$$

因此

$$\rho_{XY}=\frac{\mathrm{Cov}(X, Y)}{\sqrt{D(X)}\sqrt{D(Y)}}=\frac{\frac{1}{50}}{\sqrt{\frac{2}{75}}\sqrt{\frac{1}{25}}}=\frac{\sqrt{6}}{4}.$$

例 4.38　设随机变量 $X \sim N(1, 4)$, $Y \sim N(0, 9)$, 且 X 与 Y 的相关系数 $\rho_{XY}=-0.5$, 令 $Z=3X+2Y$, 求

(1) X 与 Y 的协方差 $\mathrm{Cov}(X, Y)$;

(2) X 与 Z 的相关系数 ρ_{XZ}.

解 由题意得 $D(X)=4$, $D(Y)=9$, $\rho_{XY}=-0.5$.

(1) 利用

$$\rho_{XY}=\frac{\mathrm{Cov}(X,\,Y)}{\sqrt{D(X)}\sqrt{D(Y)}},$$

得

$$\mathrm{Cov}(X,\,Y)=\rho_{XY}\sqrt{D(X)}\sqrt{D(Y)}=-0.5\times2\times3=-3.$$

(2) 因为

$$D(Z)=D(3X+2Y)=9D(X)+4D(Y)+12\mathrm{Cov}(X,\,Y)=36,$$

$$\mathrm{Cov}(X,\,Z)=\mathrm{Cov}(X,\,3X)+\mathrm{Cov}(X,\,2Y)=3D(X)+2\mathrm{Cov}(X,\,Y)=6,$$

所以

$$\rho_{XZ}=\frac{\mathrm{Cov}(X,\,Z)}{\sqrt{D(X)}\sqrt{D(Z)}}=\frac{6}{\sqrt{4}\sqrt{36}}=0.5.$$

4.3.3* 协方差矩阵和相关矩阵

定义 4.7 设 $(X_1,\,X_2,\,\cdots,\,X_n)$ 为 n 维随机向量, 各分量的方差均存在, 则以 $c_{ij}=\mathrm{Cov}(X_i,\,X_j)$ $(i,\,j=1,\,2,\,\cdots,\,n)$ 为元素构成的 n 阶矩阵称为该随机向量的**协方差矩阵** (covariance matrix), 记为 $\boldsymbol{C}$, 即

$$\boldsymbol{C}=\begin{pmatrix} c_{11} & c_{12} & \cdots & c_{1n} \\ c_{21} & c_{22} & \cdots & c_{2n} \\ \vdots & \vdots & & \vdots \\ c_{n1} & c_{n2} & \cdots & c_{nn} \end{pmatrix}$$

由协方差性质知, $c_{ii}=\mathrm{Cov}(X_i,\,X_i)=D(X_i)$, $c_{ij}=c_{ji}$, $i,\,j=1,\,2,\,\cdots,\,n$.

协方差矩阵 $\boldsymbol{C}$ 具有以下性质:

(1) $\boldsymbol{C}$ 是对称矩阵;

(2) $\boldsymbol{C}$ 是非负定矩阵.

定义 4.8 设 $(X_1,\,X_2,\,\cdots,\,X_n)$ 为 n 维随机向量, 其中任何两个分量 X_i 与 X_j 的相关系数 ρ_{ij} $(i,\,j=1,\,2,\,\cdots,\,n)$ 都存在, 则以 ρ_{ij} 为元素构成的 n 阶矩阵称为该随机向量的**相关矩阵** (correlation matrix), 记为 $\boldsymbol{R}$, 即

$$\boldsymbol{R}=\begin{pmatrix} \rho_{11} & \rho_{12} & \cdots & \rho_{1n} \\ \rho_{21} & \rho_{22} & \cdots & \rho_{2n} \\ \vdots & \vdots & & \vdots \\ \rho_{n1} & \rho_{n2} & \cdots & \rho_{nn} \end{pmatrix}$$

由定义知,

$$\rho_{ii}=\frac{\mathrm{Cov}(X_i,\,X_i)}{\sqrt{D(X_i)}\sqrt{D(X_i)}}=\frac{D(X_i)}{D(X_i)}=1,$$

$$\rho_{ji}=\rho_{ij}=\frac{\mathrm{Cov}(X_i,\,X_j)}{\sqrt{D(X_i)}\sqrt{D(X_j)}}=\frac{c_{ij}}{\sqrt{c_{ii}}\sqrt{c_{jj}}},\quad i,\,j=1,\,2,\,\cdots,\,n.$$

相关矩阵 $\boldsymbol{R}$ 具有以下性质:

(1) $\boldsymbol{R}$ 是对称矩阵;

(2) $\boldsymbol{R}$ 是非负定矩阵.

例 4.39 设 X 与 Y 的方差都存在, 并且随机向量 $(X+Y,\,X-Y)$ 的协方差矩阵为

$$\begin{pmatrix} 25 & -5 \\ -5 & 1 \end{pmatrix},$$

求随机向量 $(X,\,Y)$ 的协方差矩阵.

解 由 $(X+Y,\,X-Y)$ 的协方差矩阵可得

$$D(X+Y)=D(X)+D(Y)+2\mathrm{Cov}(X,\,Y)=25,$$

$$D(X-Y)=D(X)+D(Y)-2\mathrm{Cov}(X,\,Y)=1,$$

$$\mathrm{Cov}(X+Y,\,X-Y)=D(X)-D(Y)=-5.$$

联立方程组, 解得

$$D(X)=4,\ \ D(Y)=9,\ \ \mathrm{Cov}(X,\,Y)=6.$$

故 $(X,\,Y)$ 的协方差矩阵为

$$\begin{pmatrix} 4 & 6 \\ 6 & 9 \end{pmatrix}.$$

例 4.40 已知随机变量 X 的期望 $E(X)=\mu$, 方差 $D(X)=\sigma^2$, 且 $Y=3-4X$, 求 $(X,\,Y)$ 的协方差矩阵 $\boldsymbol{C}$ 和相关矩阵 $\boldsymbol{R}$.

解 由题意知

$$c_{11}=D(X)=\sigma^2,$$

$$c_{22}=D(Y)=D(3-4X)=16\sigma^2,$$

由定理 4.4 知, $\rho_{XY}=-1$, 即 $\rho_{12}=\rho_{21}=-1$, 从而有

$$c_{12}=c_{21}=\rho_{12}\sqrt{c_{11}}\sqrt{c_{22}}=-4\sigma^2.$$

因此

$$C=\begin{pmatrix}\sigma^2 & -4\sigma^2\\ -4\sigma^2 & 16\sigma^2\end{pmatrix}=\sigma^2\begin{pmatrix}1 & -4\\ -4 & 16\end{pmatrix},$$

$$R=\begin{pmatrix}1 & -1\\ -1 & 1\end{pmatrix}.$$

同步基础训练4.3

1. 设 $D(X)=9$, $D(Y)=16$, $\rho_{XY}=0.4$, 则 $D(X+Y)=$______, $D(X-Y)=$______.

2. 设 $X\sim P(2)$, $Y=2X-1$, 则 $\mathrm{Cov}(X,Y)=$______, $\rho_{XY}=$______.

3. 设 (X,Y) 的分布律为

X \ Y	-1	0	1
-1	0.125	0.125	0.125
0	0.125	0	0.125
1	0.125	0.125	0.125

验证 X 和 Y 是不相关的, 且 X 和 Y 是不相互独立的.

4. 设 $X\sim N(1,4)$, $Y\sim N(0,16)$, 且 X 与 Y 的相关系数 $\rho_{XY}=-0.5$. 已知 $Z=2X+Y$, 求 $D(Z)$, ρ_{XZ}.

5. 设 (X,Y) 的协方差矩阵为

$$C=\begin{pmatrix}4 & 6\\ 6 & 9\end{pmatrix},$$

计算随机向量 $(X+Y,X-Y)$ 的协方差矩阵.

6. 设随机变量 X 与 Y 的联合概率密度为

$$f(x,y)=\begin{cases}\dfrac{1}{\pi}, & x^2+y^2\leqslant 1,\\ 0, & \text{其他}.\end{cases}$$

求 (X,Y) 的相关矩阵.

4.4* 矩

为了更好地描述随机变量分布的特征, 除了数学期望和方差外, 我们还经常用到随机变量的各阶矩, 包括原点矩和中心矩.

定义 4.9　设 X 为随机变量, k 为正整数,

(1) 若 $E(X^k)$ 存在, 则称

$$\nu_k = E(X^k), \quad k = 1, 2, \cdots$$

为随机变量 X 的 k 阶**原点矩** (origin moment).

(2) 若 $E[X-E(X)]^k$ 存在, 则称

$$\mu_k = E\{[X-E(X)]^k\} = E[(X-\nu_1)^k], \quad k = 1, 2, \cdots$$

为随机变量 X 的 k 阶**中心矩** (central moment).

根据定义 4.9, 有以下结论:

(1) X 的一阶原点矩为 $\nu_1 = E(X)$;

(2) X 的一阶中心矩为 $\mu_1 = E[X-E(X)] = 0$;

(3) X 的二阶中心矩为 $\mu_2 = D(X)$.

定义 4.10　设 X, Y 为两个随机变量, k, l 为正整数,

(1) 若 $E(X^kY^l)$ 存在, 则称

$$\nu_{kl} = E(X^kY^l), \quad k, l = 1, 2, \cdots$$

为随机变量 X 和 Y 的 $k+l$ 阶**混合原点矩** (mixed origin moment).

(2) 若 $E\{[X-E(X)]^k[Y-E(Y)]^l\}$ 存在, 则称

$$\mu_{kl} = E\{[X-E(X)]^k[Y-E(Y)]^l\}, \quad k, l = 1, 2, \cdots$$

为随机变量 X 和 Y 的 $k+l$ 阶**混合中心矩** (mixed central moment).

由定义 4.10 知, X 和 Y 的二阶混合中心矩: $\mu_{11} = \mathrm{Cov}(X, Y)$.

例 4.41　设随机变量 $X \sim U(0, 2)$, 求 X 的 k 阶原点矩 ν_k 和 k 阶中心矩 μ_k.

解　X 的概率密度为

$$f(x) = \begin{cases} \dfrac{1}{2}, & 0 < x < 2, \\ 0, & \text{其他}. \end{cases}$$

故有

$$\nu_k = E(X^k) = \int_{-\infty}^{+\infty} x^k f(x)\mathrm{d}x = \int_0^2 \frac{1}{2}x^k\mathrm{d}x = \frac{2^k}{k+1}.$$

特别地, $\nu_1 = E(X) = 1$, 所以

$$\mu_k = E\{[X-E(X)]^k\} = E[(X-1)^k] = \int_{-\infty}^{+\infty} (x-1)^k f(x)\mathrm{d}x$$

$$= \int_0^2 \frac{1}{2}(x-1)^k\mathrm{d}x = \frac{1}{2}\left[\frac{1}{k+1} - \frac{1}{k+1}(-1)^{k+1}\right].$$

同步基础训练4.4

1. 设随机变量 $X \sim P(\lambda)$, 求 X 的三阶、四阶中心矩.
2. 设随机变量 $X \sim U(a, b)$, 求 X 的 k 阶原点矩 ν_k.

习 题 4

(A)

1. 某种产品的不合格率为 10%, 假设每出售一件不合格品, 要亏损 2 元; 每出售一件合格品, 则获利 10 元, 求每件产品的平均利润.

2. 某种商品分为一、二、三等品及废品 4 种, 它们相应的比例分别为 60%, 20%, 10% 及 10%, 假设各等级商品的产值依次为 6 元、4.8 元、4 元及 0 元, 求商品的平均产值.

3. 一批数量较大的商品的次品率为 3%, 从中任意陆续地取出 30 件, 求其中次品数 X 的期望和方差.

4. 设 X 的概率密度为

$$f(x)=\begin{cases} kx^{\alpha}, & 0<x<1, \\ 0, & \text{其他}, \end{cases}$$

其中 $k, \alpha>0$. 已知 $E(X)=0.75$, 求 k, α.

5. 设 (X, Y) 的分布律为

$X \backslash Y$	-1	0	1
-2	0.1	0.2	0.1
-1	0.1	0	0.2
1	0.1	0.1	0.1

求 $E(2X+1)$, $E(3X^2)$, $E(XY)$, $E[(X-Y)^2]$.

6. 设 $X \sim e(1)$, $Y=2X$, $Z=X+\mathrm{e}^{-2X}$, 求 $E(Y)$, $E(Z)$.

7. 设 (X, Y) 的概率密度为

$$f(x, y)=\begin{cases} cy(2-x), & 0 \leqslant x \leqslant 1, 0 \leqslant y \leqslant x, \\ 0, & \text{其他}. \end{cases}$$

求: (1) 常数 c; (2) $E(2X)$, $E(Y)$, $E(XY)$.

8. 统计资料表明, 一个家庭在一年中被盗财产超过 2 万元的概率为 0.01. 某保险公司设置了一类险种 —— 家庭财产保险, 规定参保人需交保费 100 元, 若在一年内, 2 万元以上财产被盗, 保险公司赔偿 $a\,(a>100)$ 元. 问 a 如何确定, 可使保险公司获益?

9. 设市场对某种产品的需求量为 X (单位：吨), 且 $X \sim U(2000, 4000)$. 若每售出一吨该产品, 可获利 3 万欧元; 但若售不出去积压于库, 则每吨亏损 1 万欧元, 问生产多少吨该种产品, 能使期望获利最大?

10. 设 X 为离散型随机变量, 它的所有可能取值为：$-1, 0, 1$, 且 $E(X) = 0.1$, $D(X) = 0.89$, 求 X 的分布律.

11. 设 $X \sim N(1, 4)$, $Y \sim N(2, 16)$, $Z \sim N(0, 25)$, 且 X, Y, Z 相互独立, 已知 $W = 2X - Y + 3Z + 1$, 求 W 所服从的分布.

12. 设 (X, Y) 服从区域 D 上的均匀分布, 其中 D 为以点 $(0, 1), (1, 0), (1, 1)$ 为顶点的三角形区域. 求

(1) $\mathrm{Cov}(X, Y)$;

(2) 随机变量 $Z = X + Y$ 的方差.

13. 设 (X, Y) 的概率密度为

$$f(x, y) = \begin{cases} 1, & 0 < x < 1, 0 < y < 2(1 - x), \\ 0, & \text{其他}. \end{cases}$$

求 $\mathrm{Cov}(X, Y)$.

14. 设 $X \sim N(4, 25)$, $Y \sim e(0.1)$, 且 $\rho_{XY} = 0.4$, 求 $D(2X + Y)$, $D(2X - Y)$.

15. 设 (X, Y) 的概率密度为

$$f(x, y) = \begin{cases} k, & 0 < y < 1, |x| < y, \\ 0, & \text{其他}. \end{cases}$$

(1) 求 k, $\mathrm{Cov}(X, Y)$, ρ_{XY};

(2) 说明 X 与 Y 的相关性和独立性.

16. 设 (X, Y) 的概率密度为

$$f(x, y) = \begin{cases} \dfrac{1}{8}(x + y), & 0 \leqslant x \leqslant 2, 0 \leqslant y \leqslant 2, \\ 0, & \text{其他}. \end{cases}$$

求 $\mathrm{Cov}(X, Y)$, ρ_{XY}, $D(X + Y)$.

17. 设 $X \sim N(1, 4)$, $Y \sim N(-1, 9)$, 且 X 与 Y 相互独立, $Z = 2X + 3Y$, $W = X - 3Y$, 求 ρ_{ZW}.

18. 设 X 与 Y 为随机变量, 其相关系数为 ρ_{XY}, 已知 $X_1 = aX + b$, $Y_1 = cY + d$, 求 $\rho_{X_1Y_1}$, 其中 a, b, c, d 均为常数, 且 $ac \neq 0$.

19. 设 X 与 Y 为随机变量, 满足 $D(X + Y) = D(X - Y)$, 求 ρ_{XY}.

20. 设 (X, Y) 服从二维正态分布, $E(X) = \mu_1$, $E(Y) = \mu_2$, (X, Y) 的协方差矩阵为

$$\begin{pmatrix} \sigma_1^2 & \rho\sigma_1\sigma_2 \\ \rho\sigma_1\sigma_2 & \sigma_2^2 \end{pmatrix},$$

求随机向量 $(9X + Y, X - Y)$ 的协方差矩阵 $\boldsymbol{C}$.

21. 设随机变量 $X_1, X_2, \cdots, X_n$ 相互独立, 期望和方差都存在, 求证 $(X_1, X_2, \cdots, X_n)$ 的相关矩阵为 n 阶单位矩阵.

22. 设 X 的概率密度为

$$f(x)=\begin{cases}0.5x, & 0<x<2,\\ 0, & \text{其他}.\end{cases}$$

求 X 的一至四阶原点矩和中心矩.

(B)

1. 用 n 把开不同锁的钥匙随机地去开已准备好的 n 个锁, 求钥匙与锁刚好配对的个数 X 的数学期望.

2. 一台机器由三个部件组成, 在机器工作时各个部件需要调整的概率分别为 0.1, 0.2, 0.3. 假设各部件的状态是相互独立的, 求同时需要调整的部件数 X 的数学期望和方差.

3. 设 $X\sim U(0,1), Y\sim U(1,3)$, 且 X 与 Y 相互独立, 求 $E(XY)$ 和 $D(XY)$.

4. 设 X, Y 为随机变量, 且 $E(X)=E(Y)=0, D(X)=4, D(Y)=16, \rho_{XY}=-0.5$. 已知 $W=(aX+3Y)^2$, 求使 $E(W)$ 最小的常数 a 及 $E(W)$ 的最小值.

5. 某机器生产产品的次品率为 $p\ (0<p<1)$, 各产品是否为次品互不影响. 当出现一个次品时, 则停产检修. 设 X 为开机后第一次停机时已生产的产品个数, 求 $E(X), D(X)$.

6. 有五家连锁店, 它们每两周售出的某种商品的数量 (单位: 千克) 依次记为 X_1, X_2, X_3, X_4, X_5. 已知 $X_1\sim N(200, 225), X_2\sim N(240, 240), X_3\sim N(180, 225), X_4\sim N(260, 265), X_5\sim N(320, 270)$, 且 X_1, X_2, X_3, X_4, X_5 相互独立.

(1) 求五家连锁店两周的总销售量的数学期望和方差;

(2) 连锁店每隔两周进货一次, 为了使新的供货到达前不会脱销的概率大于 0.99, 问连锁店至少应储存多少千克该商品?

7. 设某种产品每周的需求量为随机变量 X, 且 $X\sim U(10, 30)$. 商场每售出一单位该产品可获利 500 元; 若供过于求则降价销售, 每售出一单位亏损 100 元; 若供不应求则从外部调货供应, 此时每一单位仅获利 300 元. 为使商场获利的期望值不少于 9280 元, 求最少进货量.

8. 设某种零件的内径为随机变量 X (单位: mm), 且 $X\sim N(\mu, 1)$. 内径小于 10 或大于 12 为次品, 其余为正品. 销售每件正品获利, 销售每件次品亏损, 已知销售利润 T (单位: 元) 与零件内径 X 的关系如下:

$$T=\begin{cases}-1, & X<10,\\ 20, & 10\leqslant X\leqslant 12,\\ -5, & X>12.\end{cases}$$

问 μ 取何值时, 能使销售一个零件的平均利润最大?

9. 某保险公司设置某一险种, 规定每个参保人需交保费 500 元、有效期为一年、有效理赔一次, 若参保人需索取理赔时, 每个保单的理赔额为 20000 元. 据统计资料显示, 每个参保人索赔的概率为 0.005. 设公司卖出 800 个这种保单, 求该公司在该险种上获得的平均利润.

10. 设 (X, Y) 的概率密度为

$$f(x, y)=\begin{cases}8xy, & 0 \leqslant x \leqslant y \leqslant 1, \\ 0, & \text{其他}.\end{cases}$$

求 $\operatorname{Cov}(X, Y)$, ρ_{XY} 和 $D(X+Y)$.

11. 设 $X \sim N(0, 1)$, Y 各以 0.5 的概率取值 $-1, 1$, 且假定 X 与 Y 相互独立. 令 $Z=XY$, 证明 X 与 Z 不相关.

12. 设 (X, Y) 的概率密度为

$$f(x, y)=\begin{cases}6xy, & x>0, x^2<y<1, \\ 0, & \text{其他}.\end{cases}$$

求 (X, Y) 的协方差矩阵 $\boldsymbol{C}$.

13. 设 $X \sim e(\lambda)$, 求 X 的 k 阶原点矩.

第 5 章　大数定律与中心极限定理

大数定律与中心极限定理是概率论与数理统计中最重要的两类极限理论. 大数定律是用来阐明频率的稳定性和大量观察值平均结果的稳定性的数学定律; 而中心极限定理则是确定在什么条件下, 大量独立随机变量之和的分布逼近于正态分布的一系列定理的总称. 本书只介绍最常用的极限定理, 其中大数定律包括伯努利大数定律、切比雪夫大数定律和辛钦大数定律; 中心极限定理包括莱维–林德伯格定理和棣莫弗–拉普拉斯定理. 这些结论都是极限理论的经典结果.

5.1　大数定律

概率论与数理统计是研究随机现象统计规律性的一门数学学科, 但只有在相同条件下进行大量重复试验才能得到随机现象的统计规律性. 随着试验次数的增多, 人们不仅发现事件发生的频率具有稳定性, 而且还认识到大量测量值的平均结果也具有稳定性. **大数定律** (law of large numbers) 以严格的数学形式表达并证明了在相同条件下大量重复试验时频率的稳定性和平均结果的稳定性, 从理论上肯定了用频率代替概率、用算术平均值代替均值的合理性.

5.1.1　依概率收敛

极限定理都是按随机变量序列的各种不同的收敛性来研究的. 下面我们只介绍随机变量序列依概率收敛的定义.

定义 5.1　设 $X_1, X_2, \cdots, X_n, \cdots$ 是一个随机变量序列, a 是一个常数, 若对任意给定的 $\varepsilon > 0$, 有

$$\lim_{n\to\infty} P\{|X_n - a| < \varepsilon\} = 1,$$

或等价地

$$\lim_{n\to\infty} P\{|X_n - a| \geqslant \varepsilon\} = 0,$$

则称随机变量序列 $X_1, X_2, \cdots, X_n, \cdots$ 依概率收敛于 a, 记为

$$X_n \xrightarrow{P} a \qquad (n \to \infty).$$

由定义 5.1 知, 依概率收敛的本质是 X_n 对 a 的绝对偏差小于任意给定正数的可能性将随着 n 的增大接近于 1, 或者说 X_n 对 a 的绝对偏差不小于任意给定正数的可能性将随着 n 的增大趋向于 0.

下面给出一个常用的依概率收敛的随机变量序列的性质.

定理 5.1　设 $\{X_n\}, \{Y_n\}$ 为两个随机变量序列, 且

$$X_n \xrightarrow{P} a \quad (n \to \infty), \qquad Y_n \xrightarrow{P} b \quad (n \to \infty).$$

又设函数 $g(x, y)$ 在点 (a, b) 连续, 则有

$$g(X_n, Y_n) \xrightarrow{P} g(a, b) \quad (n \to \infty).$$

5.1.2　切比雪夫不等式

为了证明大数定律, 我们首先证明一个非常重要的不等式 ——**切比雪夫不等式** (Chebyshev inequality).

定理 5.2　设随机变量 X 的期望 $E(X) = \mu$, 方差 $D(X) = \sigma^2$, 则对任意给定的 $\varepsilon > 0$, 有

$$P\{|X - \mu| \geqslant \varepsilon\} \leqslant \frac{\sigma^2}{\varepsilon^2}.$$

证明　如果 X 是离散型随机变量, 其分布律为

$$p_k = P\{X = x_k\}, \quad k = 1, 2, \cdots,$$

则有

$$\begin{aligned} P\{|X - \mu| \geqslant \varepsilon\} &= \sum_{|x_k - \mu| \geqslant \varepsilon} P\{X = x_k\} \leqslant \sum_{|x_k - \mu| \geqslant \varepsilon} \frac{(x_k - \mu)^2}{\varepsilon^2} p_k \\ &\leqslant \sum_k \frac{(x_k - \mu)^2}{\varepsilon^2} p_k = \frac{D(X)}{\varepsilon^2} = \frac{\sigma^2}{\varepsilon^2}. \end{aligned}$$

如果 X 是连续型随机变量, 其概率密度为 $f(x)$, 则有

$$\begin{aligned} P\{|X - \mu| \geqslant \varepsilon\} &= \int_{|x - \mu| \geqslant \varepsilon} f(x) \mathrm{d}x \leqslant \int_{|x - \mu| \geqslant \varepsilon} \frac{(x - \mu)^2}{\varepsilon^2} f(x) \mathrm{d}x \\ &\leqslant \frac{1}{\varepsilon^2} \int_{-\infty}^{+\infty} (x - \mu)^2 f(x) \mathrm{d}x = \frac{D(X)}{\varepsilon^2} = \frac{\sigma^2}{\varepsilon^2}. \end{aligned}$$

这就是著名的**切比雪夫不等式**, 它有下面的等价形式:

$$P\{|X - \mu| < \varepsilon\} \geqslant 1 - \frac{\sigma^2}{\varepsilon^2}.$$

切比雪夫不等式表明, 对于任意给定的 $\varepsilon > 0$, 随机变量的方差 σ^2 越小, 则事件 $\{|X - \mu| < \varepsilon\}$ 发生的概率越大, 即 X 的取值就越集中在期望 μ 附近. 这进一步说明方差刻画了随机变量取值偏离期望的程度.

若随机变量 X 的分布未知, 在方差 σ^2 已知的情况下, 切比雪夫不等式给出了估计概率 $P\{|X-\mu| \geqslant \varepsilon\}$ 的界限. 如取 $\varepsilon = 3\sigma$, 则有

$$P\{|X-\mu| \geqslant 3\sigma\} \leqslant \frac{\sigma^2}{9\sigma^2} \approx 0.111.$$

从而对任意分布, 只要方差存在, 随机变量 X 取值偏离 μ 超过 3σ 的概率就不大于0.111.

5.1.3 常用的几个大数定律

定理 5.3 (伯努利大数定律) 设 n_A 是 n 重伯努利试验中事件 A 发生的次数, p $(0<p<1)$ 是事件 A 在每次试验中发生的概率, 则对任意给定的 $\varepsilon>0$, 有

$$\lim_{n\to\infty} P\left\{\left|\frac{n_A}{n}-p\right| \geqslant \varepsilon\right\}=0.$$

证明 在 n 重伯努利试验中, 设 X_k 表示事件 A 在第 $k\,(k=1, 2, \cdots, n)$ 次试验中发生的次数, 则 $X_1, X_2, \cdots, X_n$ 相互独立且都服从参数为 p 的 (0-1) 分布, 所以

$$E(X_k)=p, \quad D(X_k)=p(1-p), \quad k=1, 2, \cdots, n.$$

又

$$n_A = X_1+X_2+\cdots+X_n, \quad \frac{n_A}{n}=\frac{1}{n}\sum_{k=1}^{n} X_k,$$

故

$$E\left(\frac{n_A}{n}\right)=E\left(\frac{1}{n}\sum_{k=1}^{n} X_k\right)=p,$$

$$D\left(\frac{n_A}{n}\right)=D\left(\frac{1}{n}\sum_{k=1}^{n} X_k\right)=\frac{1}{n^2}\sum_{k=1}^{n} D(X_k)=\frac{p(1-p)}{n}.$$

由切比雪夫不等式, 对任意的 $\varepsilon>0$, 有

$$P\left\{\left|\frac{n_A}{n}-p\right| \geqslant \varepsilon\right\} \leqslant \frac{p(1-p)}{n\varepsilon^2},$$

因此

$$\lim_{n\to\infty} P\left\{\left|\frac{n_A}{n}-p\right| \geqslant \varepsilon\right\}=0.$$

伯努利大数定律是历史上的第一个大数定律, 开创了概率论中极限理论的先河. 它表明: 在试验条件不变的情况下, 当试验次数 n 充分大时, 事件 A 发生的频率 $\frac{n_A}{n}$ 依概率收敛到 p. 定理 5.3 以严格的数学形式表达并证明了频率的稳定性, 为我们在实际应用中用频率估计概率 $\left(p \approx \frac{n_A}{n}\right)$ 提供了理论依据.

定理 5.4(切比雪夫大数定律)　设 $X_1, X_2, \cdots, X_n, \cdots$ 是一个相互独立的随机变量序列, 每个随机变量的期望 $E(X_i)\ (i=1, 2, \cdots)$ 都存在且方差一致有界, 即存在常数 $C>0$, 使

$$D(X_i) \leqslant C, \quad i=1, 2, \cdots,$$

则对任意给定的 $\varepsilon>0$, 有

$$\lim_{n\to\infty} P\left\{\left|\frac{1}{n}\sum_{i=1}^{n} X_i - \frac{1}{n}\sum_{i=1}^{n} E(X_i)\right| \geqslant \varepsilon\right\} = 0.$$

证明　因为 $X_1, X_2, \cdots, X_n, \cdots$ 相互独立, 所以有

$$0 \leqslant D\left(\frac{1}{n}\sum_{i=1}^{n} X_i\right) = \frac{1}{n^2}\sum_{i=1}^{n} D(X_i) \leqslant \frac{C}{n},$$

由切比雪夫不等式, 对任意给定的 $\varepsilon>0$, 有

$$0 \leqslant P\left\{\left|\frac{1}{n}\sum_{i=1}^{n} X_i - \frac{1}{n}\sum_{i=1}^{n} E(X_i)\right| \geqslant \varepsilon\right\} \leqslant \frac{D\left(\frac{1}{n}\sum_{i=1}^{n} X_i\right)}{\varepsilon^2} \leqslant \frac{C}{n\varepsilon^2},$$

因此

$$\lim_{n\to\infty} P\left\{\left|\frac{1}{n}\sum_{i=1}^{n} X_i - \frac{1}{n}\sum_{i=1}^{n} E(X_i)\right| \geqslant \varepsilon\right\} = 0.$$

切比雪夫大数定律表明, 当 n 很大时, 相互独立的随机变量 $X_1, X_2, \cdots, X_n$ 的算术平均值 $\frac{1}{n}\sum\limits_{i=1}^{n} X_i$ 在概率意义下接近其数学期望 $\frac{1}{n}\sum\limits_{i=1}^{n} E(X_i)$. 换句话说, 当 n 无限增大时, n 个相互独立的随机变量的算术平均值在概率意义下, 接近一个确定的常数.

切比雪夫大数定律要求每个随机变量的方差 $D(X_i)\ (i=1, 2, \cdots)$ 存在且一致有界, 但在许多实际问题中这一要求难以满足. 而辛钦 (Khinchin) 建立的辛钦大数定律很好地解决了这一问题, 它不要求随机变量的方差存在.

定理 5.5(辛钦大数定律)　设随机变量序列 $X_1, X_2, \cdots, X_n, \cdots$ 独立同分布且数学期望 $E(X_i)=\mu\ (i=1, 2, \cdots)$. 则对任意给定的 $\varepsilon>0$, 有

$$\lim_{n\to\infty} P\left\{\left|\frac{1}{n}\sum_{i=1}^{n} X_i - \mu\right| \geqslant \varepsilon\right\} = 0.$$

证明需要更深的数学知识, 略.

同步基础训练5.1

1. 设 $\{X_n\}$ 为随机变量序列, a 为常数, 则 $\{X_n\}$ 依概率收敛于 a 是指 ______.

2. 设随机变量 $X_1, X_2, \cdots, X_n$ 独立同分布, 且 $E(X_i)=\mu$, $D(X_i)=8$, $i=1,2,\cdots,n$. 已知 $\overline{X}=\dfrac{1}{n}\sum\limits_{i=1}^{n}X_i$, 写出切比雪夫不等式, 并估计 $P\{|\overline{X}-\mu|<4\}$.

3. 随机掷10颗质地均匀的骰子, 用切比雪夫不等式估计点数总和在 20 至 50 之间的概率.

4. 设一电网有10000盏电灯, 夜晚每一盏灯开灯的概率均为0.7. 假定各电灯开、关相互独立. 用切比雪夫不等式估计夜晚同时开着的电灯数目在6800至7200之间的概率.

5.2 中心极限定理

在实际应用中, 有一些随机变量是由大量的相互独立的随机因素的综合影响所形成的, 而其中每一个因素在总的影响中所起的作用很微小, 这些随机变量一般近似地服从正态分布. **中心极限定理** (central limit theorem) 就是从数学上解决了相互独立随机变量和的极限分布是正态分布的问题.

中心极限定理是由法国数学家棣莫弗 (De Moivre) 在18世纪首先提出的, 后来另一位法国数学家拉普拉斯 (Laplace) 发现并扩展了棣莫弗的理论, 提出了二项分布可用正态分布逼近. 于是, 概率论发展史上第一个中心极限定理诞生了, 即棣莫弗–拉普拉斯中心极限定理.

中心极限定理至今内容已经非常丰富, 这些定理在一定条件下证明了无论随机变量 $X_i\ (i=1,2,\cdots)$ 服从什么分布, 当 $n\to\infty$ 时, $\sum\limits_{i=1}^{n}X_i$ 的极限分布都是正态分布. 下面我们仅介绍两个最基本的定理, 其中一个是棣莫弗–拉普拉斯中心极限定理, 另一个则是由莱维 (Levy) 和林德伯格 (Lindeberg) 给出的莱维–林德伯格中心极限定理.

定理 5.6 (棣莫弗–拉普拉斯中心极限定理) 设 $Y\sim B(n,p)$, 则对任意的实数 x, 有

$$\lim_{n\to\infty}P\left\{\frac{Y-np}{\sqrt{npq}}\leqslant x\right\}=\int_{-\infty}^{x}\frac{1}{\sqrt{2\pi}}\mathrm{e}^{-\frac{t^2}{2}}\mathrm{d}t=\Phi(x),$$

其中 $q=1-p$.

证明略.

这个定理表明, 正态分布是二项分布的极限分布. 当 n 充分大时, 有

$$\frac{Y-np}{\sqrt{npq}} \overset{\text{近似}}{\sim} N(0,1),$$

于是

$$Y \overset{\text{近似}}{\sim} N(np, npq).$$

这样可用正态分布作为二项分布的近似分布来计算概率, 如

$$P\{a<Y\leqslant b\} \approx \Phi\left(\frac{b-np}{\sqrt{npq}}\right)-\Phi\left(\frac{a-np}{\sqrt{npq}}\right).$$

例 5.1　设有 500 辆出租车参加保险, 在一年里每辆出租车发生事故的概率为 0.006, 参加保险的出租车每年交保险费 800 元. 若发生事故, 保险公司最多赔偿 50000 元, 试利用中心极限定理计算保险公司一年赚钱不小于 200000 元的概率.

解　设 Y 表示 500 辆出租车中发生事故的车辆数, 则 $Y \sim B(500, 0.006)$, 这时有

$$np = 500\times 0.006 = 3, \quad npq = 500\times 0.006\times 0.994 = 2.982.$$

设 A 表示"保险公司一年赚钱不小于 200000 元", 即

$$A=\{200000\leqslant 500\times 800-50000Y\leqslant 500\times 800\}=\{0\leqslant Y\leqslant 4\},$$

从而可得

$$\begin{aligned}P(A)&=P\{0\leqslant Y\leqslant 4\}\approx \Phi\left(\frac{4-3}{\sqrt{2.982}}\right)-\Phi\left(\frac{0-3}{\sqrt{2.982}}\right)\\&=\Phi(0.579)-\Phi(-1.737)=0.719+0.9591-1=0.6781.\end{aligned}$$

定理 5.7 (莱维–林德伯格中心极限定理)　设 $X_1, X_2, \cdots, X_n, \cdots$ 是独立同分布的随机变量序列, $E(X_i)=\mu$, $D(X_i)=\sigma^2>0$ $(i=1,2,\cdots)$, 则对任意的实数 x, 有

$$\lim_{n\to\infty} P\left\{\frac{\sum\limits_{i=1}^{n} X_i - n\mu}{\sqrt{n}\sigma}\leqslant x\right\}=\int_{-\infty}^{x}\frac{1}{\sqrt{2\pi}}\mathrm{e}^{-\frac{t^2}{2}}\mathrm{d}t=\Phi(x).$$

证明略.

该定理表明, 独立同分布的随机变量 $X_1, X_2, \cdots, X_n, \cdots$, 无论它们服从什么分布, 只要 $D(X_i)=\sigma^2>0$ $(i=1,2,\cdots)$, 当 n 充分大时, $\sum\limits_{i=1}^{n} X_i$ 都近似服从

正态分布, 即有 $\dfrac{\sum\limits_{i=1}^{n} X_i - n\mu}{\sqrt{n}\sigma} \overset{\text{近似}}{\sim} N(0, 1)$ 或 $\dfrac{\frac{1}{n}\sum\limits_{i=1}^{n} X_i - \mu}{\frac{\sigma}{\sqrt{n}}} \overset{\text{近似}}{\sim} N(0, 1)$, 于是

$$\sum_{i=1}^{n} X_i \overset{\text{近似}}{\sim} N(n\mu, n\sigma^2).$$

例 5.2 根据统计资料知, 某种元件的使用寿命(单位: 小时)服从参数 $\lambda = 0.01$ 的指数分布, 现随机地取25只, 设它们的寿命是互不影响的. 求这25只元件的寿命总和大于2800小时的概率.

解 设 X_k $(k = 1, 2, \cdots, 25)$ 表示第 k 只元件的使用寿命, 则 $E(X_k) = 100$, $D(X_k) = 10000$. 记

$$X = \sum_{k=1}^{25} X_k,$$

即 X 表示这25只元件的使用寿命之和, 根据莱维–林德伯格中心极限定理, 可得

$$P\{X > 2800\} = P\left\{\frac{X - 25 \times 100}{\sqrt{25 \times 10000}} > \frac{2800 - 25 \times 100}{\sqrt{25 \times 10000}}\right\}$$
$$\approx 1 - \Phi(0.6) = 1 - 0.7257 = 0.2743.$$

例 5.3 设来学校参加家长会的家长人数是一个随机变量, 且一个学生无家长、1名家长、2名家长来参加家长会的概率依次为 0.05, 0.8, 0.15. 若学校有学生400名, 设各学生的家长来参加会议的人数是相互独立的, 且服从同一分布. 求

(1) 参加会议的家长数 X 超过450的概率;

(2) 有1名家长来参加家长会的学生不多于340的概率.

解 (1) 设 X_k $(k = 1, 2, \cdots, 400)$ 表示第 k 个学生来参加会议的家长数, 则 X_k 的分布律为

X_k	0	1	2
p	0.05	0.8	0.15

易知 $E(X_k) = 1.1$, $D(X_k) = 0.19$, $k = 1, 2, \cdots, 400$, 且

$$X = \sum_{k=1}^{400} X_k.$$

根据莱维–林德伯格中心极限定理, 可得

$$P\{X > 450\} = P\left\{\frac{X - 400 \times 1.1}{\sqrt{400 \times 0.19}} > \frac{450 - 400 \times 1.1}{\sqrt{400 \times 0.19}}\right\}$$

$$\approx 1-\Phi(1.147)=1-0.8749=0.1251.$$

(2) 设 Y 表示有 1 名家长来参加会议的学生数, 则 $Y\sim B(400,0.8)$. 根据棣莫弗–拉普拉斯中心极限定理, 可得

$$P\{Y\leqslant 340\}=P\left\{\frac{Y-400\times 0.8}{\sqrt{400\times 0.8\times 0.2}}\leqslant\frac{340-400\times 0.8}{\sqrt{400\times 0.8\times 0.2}}\right\}\approx\Phi(2.5)=0.9938.$$

同步基础训练5.2

1. 设某电网中有 10000 盏灯, 夜晚每一盏灯开着的概率都是 0.7, 假定各灯开、关时间相互独立, 设 X 为同时开着的灯数, 则 $P\{6800\leqslant X\leqslant 7200\}=$______.

2. 根据统计资料知, 异性双胞胎占双胞胎总数的 36%, 设 X 为 1000 例双胞胎中异性双胞胎的例数, 则 $P\{300\leqslant X\leqslant 400\}=$______.

3. 设某信息接收终端同时收到相互独立的 20 个噪声电压 V_k, 且 $V_k\sim U(0,10)$ $(k=1,2,\cdots,20)$. 记

$$V=\sum_{k=1}^{20}V_k,$$

求 $P\{V>105\}$ 的近似值.

习 题 5

(A)

1. 设 X 的期望 $E(X)=\mu$, 方差 $D(X)=\sigma^2$, 用切比雪夫不等式估计 $P\{|X-\mu|<3\sigma\}$ 的值.

2. 若事件 A 在每次试验中发生的概率均为 0.5, 设 X 为 A 在 1000 次独立试验中发生的次数, 利用切比雪夫不等式估计 $P\{400\leqslant X\leqslant 600\}$.

3. 某学校有 200 名学生参加计算机一级考试. 统计资料表明, 该考试通过率为 0.8. 求这 200 名学生至少有 150 人通过考试的概率.

4. 设某袋装味精的重量是随机变量, 其均值为 100 克, 标准差为 2 克. 求 100 袋味精的重量超过 10.05 千克 的概率.

5. 从一批种子中随机抽取 1000 粒, 已知该批种子发芽率为 0.9, 试估计这 1000 粒种子发芽率不低于 0.88 的概率.

6. 某种产品的次品率为 0.01, 问一盒中至少应装多少件该种产品才能使其中至少含有 100 件正品的概率不小于 0.95?

7. 将一颗骰子连掷 100 次, 求点数之和不少于 500 的概率.

8. 共有小麦 100 袋, 已知每袋小麦的重量 (单位: 斤) 是一个随机变量, 其均值是 100、标准差是 10. 求小麦的总重量超过 10200 斤的概率 (1 斤 = 0.5 千克).

9. 某保险公司设置一年人身保险险种, 规定投保人每年需交保险费 160 元; 若一年内发生重大人身事故, 其本人或家属可获 2 万元赔偿金. 已知投保人一年内发生重大事故的概率为 0.005, 现有 5000 人投保, 问保险公司一年内从中可获得的总收益在 20 万元到 40 万元之间的概率是多少?

10. 一船舶在某海区航行, 已知每遭受一次波浪的冲击, 纵摇角大于 3° 的概率为 $\dfrac{1}{3}$. 若船舶遭受了 90000 次波浪冲击, 问其中有 29500 至 30500 次纵摇角度大于 3° 的概率是多少?

11. 一批木柱中有 80%的长度不小于 4 米, 现从这批木柱中随机抽取 100 根, 求至少有 30 根短于 4 米的概率.

12. 设 $X_1, X_2, \cdots, X_n, \cdots$ 为独立同分布的随机变量序列, 已知 $E(X_i)=\mu, D(X_i)=\sigma^2$ $(\sigma \neq 0, i=1, 2, \cdots)$. 证明: 当 n 充分大时, $\overline{X}=\dfrac{1}{n}\sum\limits_{i=1}^{n} X_i$ 近似服从正态分布.

13. 某种轿车氧化氮排放量 (单位: g/km) 的均值为 0.9, 标准差为 1.9. 某公司有这种轿车 100 辆, 以 $\overline{X}$ 表示这些车辆氧化氮排放量的算术平均值, 试确定 L 的值, 使得 $P\{\overline{X}>L\} \leqslant 0.01$.

(B)

1. 已知每一毫升成年男性血液中的白细胞数为随机变量 X, 且 $E(X)=7300, D(X)=700^2$. 利用切比雪夫不等式估计 $P\{5200 \leqslant X \leqslant 9400\}$ 的值.

2. 设 X 与 Y 为随机变量, 且 $E(X)=-2, D(X)=1, E(Y)=2, D(Y)=4, \rho_{XY}=-0.5$. 根据切比雪夫不等式估计 $P\{|X+Y| \geqslant 6\}$ 的值.

3. 一商店有三种冰淇淋出售, 且售出哪一种冰淇淋是随机的, 所以售出一只冰淇淋的价格是一个随机变量, 其取值为 1 元、1.2 元、1.5 元的概率依次为 0.3, 0.2, 0.5. 若售出 300 只冰淇淋, 求

(1) 至少收入 400 元的概率;

(2) 售出价格为 1.2 元的冰淇淋多于 60 只的概率.

4. 某药厂断言, 该厂研制的某种药物医治一种疑难病的治愈率为 0.8. 医院随机抽取 100 个服用此药的患者, 若其中多于 75 人被治愈, 就接受此断言, 否则就拒绝此断言.

(1) 若实际上此药品对这种疾病的治愈率为 0.8, 问接受这一断言的概率是多少?

(2) 若实际上此药品对这种疾病的治愈率为 0.7, 问接受这一断言的概率是多少?

5. 设有 10000 个人在某家保险公司购买保险. 规定每人每年需交保险费 12 元, 死亡时其家属可向保险公司领取 1000 元抚恤金. 若在一年内一个人死亡的概率为 0.006, 求

(1) 保险公司亏本的概率;

(2) 保险公司一年的利润不少于 20000 元、50000 元的概率.

6. 某厂生产的产品成箱包装, 每箱的重量是随机变量. 假设每箱平均重 50 千克, 标准差为 5 千克. 若汽车的最大载重量为 5 吨, 试用中心极限定理说明每辆车最多装几箱, 才能使不超载的概率大于 0.977 (1 吨 = 1000 千克).

7. 设某厂生产的产品中优等品的概率为 10%, 现从中随机抽取 500 件.

(1) 分别用切比雪夫不等式和中心极限定理计算: 这 500 件中优等品的比例与 10% 之差的绝对值小于 2% 的概率;

(2) 至少应取多少件才能使优等品的比例与 10% 之差的绝对值小于 2% 的把握大于 95%?

第 6 章　随机样本及其抽样分布

第 1 章至第 5 章介绍了概率论的基础知识. 从本章开始, 我们将以概率论为理论基础, 介绍数理统计的初步知识, 主要包括抽样分布、参数估计和参数假设检验.

概率论建立了数理统计学的数学基础. 数理统计学运用概率论的基本理论, 研究如何有效地搜集、整理和分析随机性数据; 探究如何有效地建立数学方法去估计和推断研究对象的性质、特点, 找到其客观规律性, 即统计推断——数理统计的基本方法. 本书主要涉及统计推断中的参数估计和参数假设检验.

概率论与数理统计在研究问题的方法上是有所区别的. 概率论侧重于假定所研究的随机变量的分布已知, 寻求该随机变量的性质、数字特征以及函数的分布等. 数理统计侧重于所研究的随机变量的分布是完全未知的或部分未知的, 人们通过对所研究的随机现象进行独立重复的试验, 进而采用统计的方法分析所获得的数据, 寻求该随机变量的性质、分布等.

本章首先介绍数理统计中几个最常用的基本概念, 包括总体、随机样本及统计量等, 然后介绍几个常用统计量、抽样分布及相关重要定理.

6.1　总体、个体和随机样本

6.1.1　总体和个体

在数理统计中, 我们将研究问题所涉及的研究对象的全体称为**总体**(population); 组成总体的每一个研究对象称为 **个体** (individual). 总体中所含个体的数目称为总体的 **容量** (size). 容量有限的总体称为 **有限总体** (finite population); 容量无限的总体称为 **无限总体** (infinite population). 通常, 若有限总体容量比较大时, 我们可将其近似地视为无限总体.

例 6.1　设某企业共有 1000 名员工, 考察该企业员工的月平均收入. 显然, 1000 名员工构成一个总体, 每一名员工是一个个体. 由于总体容量为 1000, 故这里讨论的是一个有限总体.

例 6.2　观察某市每天的最高气温, 则每一天是一个个体, 但这样的个体数目是无法具体统计的, 故这里讨论的是一个无限总体.

例 6.3　考察某批灯泡的寿命, 则每一个灯泡是一个个体. 由于一批灯泡的数目是很大的, 故该批灯泡可视为一个无限总体.

例 6.4 考察某山区一小学学生的身高和体重, 则该小学的每一名学生是一个个体, 该小学的全部学生构成一个总体. 由于山区小学的学生数目有限, 故这里讨论的是一个有限总体.

在实际问题中, 我们往往关注所研究对象的一项或若干项数量指标.

例 6.1 关注员工的月平均收入;

例 6.2 关注某市的日最高气温;

例 6.3 关注灯泡的寿命;

例 6.4 关注学生的身高和体重.

在随机试验中, 由于每一个个体的出现是随机的, 故与每一个个体相关的数量指标的出现也是随机的, 将此随机数量指标记为 X. 因此, 研究总体的问题, 实为研究与其相关的随机数量指标 X 的问题, 从而研究总体的分布, 实际是研究 X 的分布. 为方便起见, 我们将总体记为 X, 总体的分布即为 X 的分布.

例 6.1 研究的总体实际是 1000 名员工的月平均收入, 记为 X;

例 6.2 研究的总体实际是该市每天的最高气温, 记为 Y;

例 6.3 研究的总体实际是该批灯泡的寿命, 记为 Z;

例 6.4 研究的总体实际是该山区小学全部小学生的身高和体重, 记为 (X_1, Y_1).

6.1.2 随机样本

在对总体进行研究时, 总体的分布一般是完全未知的, 或者是部分未知的. 为了掌握总体的分布情况, 人们往往从总体中抽取一部分个体进行观察 (或试验), 进而根据观察结果推断出总体的分布. 这里, 被抽取出的部分个体称为总体的一个**样本** (sample), 样本中所含个体的数目称为**样本容量** (sample size). 从总体中抽取样本的过程, 称为**抽样** (sampling). 抽取到的样本用来对总体进行统计推断, 进而获取总体的分布.

特别地, 若从总体 X 中抽取 n 个个体进行观察 (或试验), 则 n 个个体构成总体 X 的一个样本, 记为 $X_1, X_2, \cdots, X_n$, 且样本容量为 n; 这 n 个个体的观察值称为样本 $X_1, X_2, \cdots, X_n$ 的观察值, 亦称为**样本值** (sample value), 记为 $x_1, x_2, \cdots, x_n$.

在数理统计中, 抽样是为了有效地利用样本去推断总体, 一般要依据两个原则, 即

(1) **随机性** (randomness) 为了使样本具有充分的代表性, 从总体中抽取样本必须是随机的.

(2) **独立性** (independence) 每次抽样是相互独立进行的，即每次抽样的结果彼此互不影响.

依据上述两个原则进行的抽样，称为**简单随机抽样** (simple random sampling). 简单随机抽样的方式通常可分为两种——有放回抽样和不放回抽样. 它们分别有以下具体应用范围.

(1) 有限总体：一般采用有放回抽样；若抽取的个体数目 n 相比总体的容量 N 很小 (通常要求 $\dfrac{n}{N} \leqslant 0.1$)，亦可采用不放回抽样.

(2) 无限总体：一般采用不放回抽样.

事实上，采用不放回抽样，对总体的分布影响甚微，故一般采用不放回抽样.

由简单随机抽样得到的样本 $X_1, X_2, \cdots, X_n$ 称为**简单随机样本** (simple random sample). 依据简单随机抽样的特点 (即随机性和独立性) 可知

(1) $X_1, X_2, \cdots, X_n$ 相互独立；

(2) $X_1, X_2, \cdots, X_n$ 与总体 X 具有相同的分布.

例 6.5 设某企业共有 1000 名员工，现从该企业任意抽取 10 名员工，考察其月平均收入. 若所选取的 10 名员工的月平均收入 (单位：元) 为

5500 5800 4500 4000 6000 5800 4800 4600 4700 4500

则所选 10 名员工的月平均收入构成了一个简单随机样本 $X_1, X_2, \cdots, X_{10}$，样本容量为 10，且样本值为 5500, 5800, 4500, 4000, 6000, 5800, 4800, 4600, 4700, 4500.

本书所涉及的样本均为简单随机样本. 综上所述，我们给出如下定义.

定义 6.1 设 X 为一个随机变量，其分布函数为 $F(x)$. 若随机变量 $X_1, X_2, \cdots, X_n$ 相互独立且与 X 具有相同的分布函数，则称 $X_1, X_2, \cdots, X_n$ 为来自总体 X 的一个**简单随机样本**，简称**样本**，样本容量为 n；称样本 $X_1, X_2, \cdots, X_n$ 的 n 个独立观察值 $x_1, x_2, \cdots, x_n$ 为**样本值**.

每一个样本可以视为一个随机向量，记为 $(X_1, X_2, \cdots, X_n)$，其相应的样本值可记为 $(x_1, x_2, \cdots, x_n)$. 设总体 X 的分布函数为 $F(x)$，若 $X_1, X_2, \cdots, X_n$ 为来自总体 X 的一个样本，令 $Z = (X_1, X_2, \cdots, X_n)$，则

(1) Z 的分布函数为

$$F_z(x_1, x_2, \cdots, x_n) = \prod_{i=1}^{n} F(x_i);$$

(2) 若 X 是离散型随机变量，其分布律为

$$P\{X = x\} \triangleq p(x), \quad x = a_1, a_2, \cdots,$$

则 Z 的分布律为

$$\begin{aligned}p_Z(x_1, x_2, \cdots, x_n) &= P\{X_1 = x_1, X_2 = x_2, \cdots, X_n = x_n\}\\ &= \prod_{i=1}^{n} P\{X_i = x_i\} = \prod_{i=1}^{n} p(x_i),\end{aligned}$$

其中 $x_i = a_1, a_2, \cdots, a_i \in \mathbb{R}, i = 1, 2, \cdots, n$;

(3) 若 X 是连续型随机变量, 其概率密度为 $f(x)$, 则 Z 的概率密度为

$$f_Z(x_1, x_2, \cdots, x_n) = \prod_{i=1}^{n} f(x_i).$$

例 6.6　设某型号电子元件的寿命 X 服从参数为 λ 的指数分布, $X_1, X_2, \cdots, X_n$ 为来自总体 X 的一个样本, 求随机向量 $(X_1, X_2, \cdots, X_n)$ 的概率密度.

解　由于 $X_1, X_2, \cdots, X_n$ 为来自总体 X 的一个样本, 故 $X_i\,(i = 1, 2, \cdots, n)$ 的概率密度为

$$f(x_i) = \begin{cases} \lambda e^{-\lambda x_i}, & x_i > 0, \\ 0, & x_i \leqslant 0. \end{cases}$$

令 $Z = (X_1, X_2, \cdots, X_n)$, 则 Z 的概率密度为

$$\begin{aligned}f_Z(x_1, x_2, \cdots, x_n) = \prod_{i=1}^{n} f(x_i) &= \begin{cases} \prod\limits_{i=1}^{n} \lambda e^{-\lambda x_i}, & x_1, x_2, \cdots, x_n > 0, \\ 0, & \text{其他}, \end{cases}\\ &= \begin{cases} \lambda^n e^{-\lambda \sum\limits_{i=1}^{n} x_i}, & x_1, x_2, \cdots, x_n > 0, \\ 0, & \text{其他}. \end{cases}\end{aligned}$$

例 6.7　设某电影院的观影人数 X 服从参数为 λ 的泊松分布, $X_1, X_2, \cdots, X_n$ 为来自总体 X 的一个样本, 求随机向量 $(X_1, X_2, \cdots, X_n)$ 的分布律.

解　由于 $X_1, X_2, \cdots, X_n$ 为来自总体 X 的一个样本, 故 $X_i\,(i = 1, 2, \cdots, n)$ 的分布律为

$$p(x_i) = P\{X_i = x_i\} = \frac{\lambda^{x_i}}{x_i!} e^{-\lambda}, \quad x_i = 0, 1, 2, \cdots.$$

令 $Z = (X_1, X_2, \cdots, X_n)$, 则 Z 的分布律为

$$\begin{aligned}p_Z(x_1, x_2, \cdots, x_n) &= P\{X_1 = x_1, X_2 = x_2, \cdots, X_n = x_n\}\\ &= \prod_{i=1}^{n} p(x_i) = \prod_{i=1}^{n} \frac{\lambda^{x_i}}{x_i!} e^{-\lambda} = \frac{\lambda^{\sum\limits_{i=1}^{n} x_i}}{\prod\limits_{i=1}^{n} x_i!} e^{-n\lambda}.\end{aligned}$$

同步基础训练6.1

1. 设 $X_1, X_2, \cdots, X_n$ 为来自总体 X 的容量为 n 的样本, 则 $X_1, X_2, \cdots, X_n$ 一定满足(　　).

A. 独立但分布不同　　B. 不独立但分布相同
C. 独立同分布　　D. 不能确定

2. 设总体 $X \sim B(1, p)$, X_1, X_2, X_3, X_4 为来自总体 X 的一个样本, 试写出 (X_1, X_2, X_3, X_4) 的分布律.

3. 设总体 X 的概率密度为

$$f(x)=\begin{cases}\theta x^{\theta-1}, & 0<x<1,\\ 0, & \text{其他},\end{cases}$$

$X_1, X_2, \cdots, X_n$ 为来自总体 X 的一个样本, 求随机向量 $(X_1, X_2, \cdots, X_n)$ 的概率密度.

6.2 统 计 量

数理统计的基本方法是统计推断, 即根据抽样获得的样本信息估计和预测总体的特征. 然而初始获得的样本信息往往看起来杂乱无章, 需要事先对样本信息进行“加工”和“处理”, 然后再加以利用. “加工”和“处理”的方式之一是根据问题的需要, 构造适当的关于样本的函数, 然后利用此函数进行统计推断, 这样的函数称为**统计量** (statistic).

6.2.1 统计量的定义

定义 6.2 设 $X_1, X_2, \cdots, X_n$ 为来自总体 X 的一个样本, $g(X_1, X_2, \cdots, X_n)$ 为 $X_1, X_2, \cdots, X_n$ 的函数, 若 g 中不含未知参数, 则称 $g(X_1, X_2, \cdots, X_n)$ 是一个**统计量**.

注 6.1 由定义6.2可知

(1) 统计量 $g(X_1, X_2, \cdots, X_n)$ 是关于随机变量 $X_1, X_2, \cdots, X_n$ 的函数, 故统计量仍是随机变量;

(2) 因 $X_1, X_2, \cdots, X_n$ 为来自总体 X 的一个样本, 并且统计量 $g(X_1, X_2, \cdots, X_n)$ 不含任何未知参数, 故统计量仅仅是关于样本的函数;

(3) 设 $x_1, x_2, \cdots, x_n$ 是样本 $X_1, X_2, \cdots, X_n$ 的一个观察值, 即样本值, 则称 $g(x_1, x_2, \cdots, x_n)$ 为统计量 $g(X_1, X_2, \cdots, X_n)$ 的一个观察值.

例 6.8　设总体 $X \sim U[a, b]$, 其中参数 a 已知, 参数 b 未知, X_1, X_2, X_3, X_4 为来自总体 X 的一个样本. 根据定义 6.2 可知,

$$X_1 + X_2X_3 - X_4 \quad 和 \quad 0.3(X_1 + X_2 + X_3 + X_4 - a)$$

均是统计量; 但

$$\max\{X_1 - a, X_2, X_3, X_4 - b\} \quad 和 \quad X_1 + X_2X_3 - X_4 - b$$

均含有未知参数 b, 故这两个函数都不是统计量.

例 6.9　设 $X_1, X_2, \cdots, X_n$ 为来自总体 X 的一个样本, $x_1, x_2, \cdots, x_n$ 为其样本值. 将样本值按从小到大的顺序排列, 记为

$$x_{(1)} \leqslant x_{(2)} \leqslant \cdots \leqslant x_{(n)}.$$

规定随机变量 $X_{(k)}$ 的观察值为 $x_{(k)}$, $k = 1, 2, \cdots, n$, 这里称 $X_{(1)}, X_{(2)}, \cdots, X_{(n)}$ 为顺序统计量 (或次序统计量), 其样本值为

$$x_{(1)}, x_{(2)}, \cdots, x_{(n)}.$$

特别地, 称

$$X_{(1)} = \min\{X_1, X_2, \cdots, X_n\}$$

为最小统计量; 称

$$X_{(n)} = \max\{X_1, X_2, \cdots, X_n\}$$

为最大统计量.

6.2.2　常用统计量

下面给出数理统计中常用的几个统计量及其观察值. 设 $X_1, X_2, \cdots, X_n$ 为来自总体 X 的一个样本, 其样本值为 $x_1, x_2, \cdots, x_n$.

(1) **样本均值** (sample mean)

$$\overline{X} = \frac{1}{n}\sum_{i=1}^{n} X_i\,;$$

样本均值的观察值

$$\overline{x} = \frac{1}{n}\sum_{i=1}^{n} x_i.$$

(2) **样本方差** (sample variance)

$$S^2 = \frac{1}{n-1}\sum_{i=1}^{n}(X_i - \overline{X})^2 = \frac{1}{n-1}\left(\sum_{i=1}^{n} X_i^2 - n\overline{X}^2\right)\,;$$

样本方差的观察值

$$s^2=\frac{1}{n-1}\sum_{i=1}^{n}(x_i-\overline{x})^2=\frac{1}{n-1}\left(\sum_{i=1}^{n}x_i^2-n\overline{x}^2\right).$$

(3) **样本标准差** (sample standard deviation)

$$S=\sqrt{S^2}=\sqrt{\frac{1}{n-1}\sum_{i=1}^{n}(X_i-\overline{X})^2}\ ;$$

样本标准差的观察值

$$s=\sqrt{s^2}=\sqrt{\frac{1}{n-1}\sum_{i=1}^{n}(x_i-\overline{x})^2}\ .$$

(4) **样本 k 阶原点矩** (sample k-th origin moment)

$$A_k=\frac{1}{n}\sum_{i=1}^{n}X_i^k,\quad k=1,2,\cdots;$$

样本 k 阶原点矩的观察值

$$a_k=\frac{1}{n}\sum_{i=1}^{n}x_i^k,\quad k=1,2,\cdots.$$

(5) **样本 k 阶中心矩** (sample k-th central moment)

$$B_k=\frac{1}{n}\sum_{i=1}^{n}(X_i-\overline{X})^k,\quad k=1,2,\cdots;$$

样本 k 阶中心矩的观察值

$$b_k=\frac{1}{n}\sum_{i=1}^{n}(x_i-\overline{x})^k,\quad k=1,2,\cdots.$$

注 6.2 比较分析上面所述统计量可知, 样本均值即为样本一阶原点矩, 即 $\overline{X}=A_1$; 样本方差与样本二阶中心矩相差一个常数倍, 即

$$S^2=\frac{n}{n-1}B_2.$$

但当 $n\to\infty$ 时, $S^2\to B_2$.

定理 6.1 *设总体 X 的均值为 $E(X)$, 方差为 $D(X)$, 则*

$$E(\overline{X}) = E(X), \quad D(\overline{X}) = \frac{1}{n}D(X), \quad E(S^2) = D(X).$$

证明 根据期望和方差的性质可知

$$E(\overline{X}) = E\left(\frac{1}{n}\sum_{i=1}^{n} X_i\right) = \frac{1}{n}\sum_{i=1}^{n} E(X_i) = \frac{1}{n}nE(X) = E(X),$$

$$D(\overline{X}) = D\left(\frac{1}{n}\sum_{i=1}^{n} X_i\right) = \frac{1}{n^2}\sum_{i=1}^{n} D(X_i) = \frac{1}{n^2}nD(X) = \frac{1}{n}D(X),$$

$$\begin{aligned}
E(S^2) &= E\left[\frac{1}{n-1}\left(\sum_{i=1}^{n} X_i^2 - n\overline{X}^2\right)\right] \\
&= \frac{1}{n-1}\left[\sum_{i=1}^{n} E(X_i^2) - nE(\overline{X}^2)\right] \\
&= \frac{1}{n-1}\left[nE(X^2) - nE(\overline{X}^2)\right] \\
&= \frac{n}{n-1}E(X^2) - \frac{n}{n-1}E(\overline{X}^2) \\
&= \frac{n}{n-1}\left\{D(X) + [E(X)]^2\right\} - \frac{n}{n-1}\left\{D(\overline{X}) + [E(\overline{X})]^2\right\} \\
&= \frac{n}{n-1}\{D(X) + [E(X)]^2\} - \frac{n}{n-1}\left\{\frac{1}{n}D(X) + [E(X)]^2\right\} \\
&= D(X).
\end{aligned}$$

6.2.3 经验分布函数

除上述常见统计量外, 这里介绍与总体分布函数直接相关的统计量: 经验分布函数.

设 $X_1, X_2, \cdots, X_n$ 为来自总体 X 的一个样本, 其样本值为 $x_1, x_2, \cdots, x_n$. 将样本值按从小到大的顺序排列, 记为

$$x_{(1)} \leqslant x_{(2)} \leqslant \cdots \leqslant x_{(n)}.$$

对于任一实数 x, 取 $S_n(x)$ 为 $X_1, X_2, \cdots, X_n$ 中不大于 x 的随机变量的个数, 则称统计量

$$F_n(x) = \frac{1}{n}S_n(x)$$

为经验分布函数, 其观察值为

$$F_n^*(x) = \begin{cases} 0, & x < x_{(1)}, \\ \dfrac{k}{n}, & x_{(k)} \leqslant x < x_{(k+1)}, \ k = 1, 2, \cdots, n-1, \\ 1, & x \geqslant x_{(n)}. \end{cases}$$

事实上, 格里汶科 (Glivenko) 定理指出, 对于任一实数 x, 当 $n \to \infty$ 时, $F_n(x)$ 以概率 1 一致收敛于总体的分布函数 $F(x)$. 因此当样本容量 n 足够大时, $F_n(x)$ 的观察值 $F_n^*(x)$ 可用于估计 $F(x)$.

例 6.10 设 X_1, X_2, X_3, X_4 为来自总体 X 的一个样本, 其样本值为 3, 2, 5, 2, 求经验分布函数的观察值.

解 对于样本值 3, 2, 5, 2, 将其按从小到大顺序排列为 2, 2, 3, 5, 则经验分布函数的观察值为

$$F_4^*(x) = \begin{cases} 0, & x < 2, \\ \dfrac{1}{2}, & 2 \leqslant x < 3, \\ \dfrac{3}{4}, & 3 \leqslant x < 5, \\ 1, & x \geqslant 5. \end{cases}$$

同步基础训练 6.2

1. 设 $X_1, X_2, \cdots, X_{10}$ 为来自总体 X 的一个样本, $X \sim B(10, p)$, 其中 p 未知. 指出下列函数

$$X_1 + X_3, \quad \min_{1 \leqslant i \leqslant 10}\{X_i\}, \quad X_5 + p, \quad (X_1 - X_{10})^p$$

哪个是统计量?

2. 设 X_1, X_2, X_3 为来自总体 X 的一个样本, 其样本值为 1, 5, 9, 则该样本的样本均值、样本方差和样本标准差的观察值分别为__________, __________ 和__________.

3. 设 X_1, X_2, X_3, X_4, X_5 为来自总体 X 的一个样本, $X \sim e(4)$, 则 $E(\overline{X}) =$ ______, $D(\overline{X}) =$ ________, $E(S^2) =$ ________.

6.3 抽样分布

统计量本质上是随机变量, 确定统计量的分布是数理统计的基本问题之一. 统计量的分布称为**抽样分布** (sampling distribution), 一般来说, 确定抽样分布是非常困难的. 但在一些特殊情形下, 例如样本来自正态总体, 统计量的分布是相对容易确定的. 本节主要讨论数理统计中几个常用统计量的分布.

6.3.1 χ^2 分布

χ^2 分布 (χ^2 distribution) 是数理统计中的一个重要分布, 此分布实质为正态分布派生出来的一种分布.

定义 6.3　设随机变量 $X_1, X_2, \cdots, X_n$ 相互独立，且 $X_i \sim N(0,1), i=1, 2, \cdots, n$，则称随机变量

$$\chi^2 = X_1^2 + X_2^2 + \cdots + X_n^2 \tag{6.1}$$

服从自由度为 n 的 $\boldsymbol{\chi^2}$ **分布**，记为 $\chi^2 \sim \chi^2(n)$. 这里随机变量 χ^2 的概率密度为

$$f(x) = \begin{cases} \dfrac{1}{2^{\frac{n}{2}}\Gamma\left(\dfrac{n}{2}\right)} x^{\frac{n}{2}-1}\mathrm{e}^{-\frac{x}{2}}, & x>0, \\ 0, & x \leqslant 0, \end{cases}$$

其中伽马函数

$$\Gamma(\gamma) = \int_0^{+\infty} y^{\gamma-1}\mathrm{e}^{-y}\,\mathrm{d}y,$$

且 $\gamma > 0$. 当 $n = 1, 4, 6, 10, 20$ 时，$f(x)$ 的图形如图 6.1 所示.

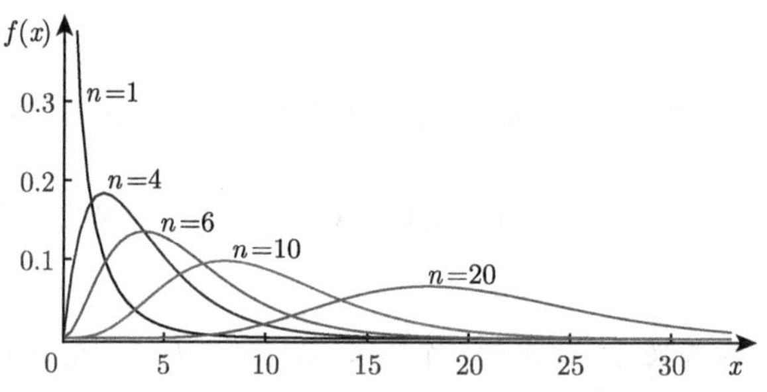

图 6.1　随机变量 χ^2 的概率密度 $f(x)$ 的图形

特别地，自由度 n 表示式 (6.1) 中的随机变量 χ^2 涉及 n 个相互独立的随机变量. 此外，由图 6.1 可知，当自由度 n 逐步增大时，χ^2 的概率密度曲线逐步趋近于对称.

注 6.3　由定义6.3可知，若 $X_1, X_2, \cdots, X_n$ 为来自总体 X 的一个样本，且 $X \sim N(0,1)$，则统计量 $X_1^2 + X_2^2 + \cdots + X_n^2$ 服从自由度为 n 的 χ^2 分布.

χ^2 分布具有以下特点.

(1) **可加性**　设 $X \sim \chi^2(n_1)$，$Y \sim \chi^2(n_2)$，且 X 与 Y 相互独立，则 $X+Y \sim \chi^2(n_1+n_2)$.

事实上，由于 $X \sim \chi^2(n_1)$，故存在 n_1 个相互独立的随机变量 $X_1, X_2, \cdots, X_{n_1}$，满足 $X_i \sim N(0,1)\,(i=1, 2, \cdots, n_1)$，使得

$$X = \sum_{i=1}^{n_1} X_i^2;$$

同理，$Y \sim \chi^2(n_2)$，则存在 n_2 个相互独立的随机变量 $Y_1, Y_2, \cdots, Y_{n_2}$，满足 $Y_j \sim$

$N(0, 1)\,(j=1, 2, \cdots, n_2)$, 使得

$$Y=\sum_{j=1}^{n_2} Y_j^2.$$

从而可知

$$X+Y=\sum_{i=1}^{n_1} X_i^2+\sum_{j=1}^{n_2} Y_j^2.$$

又由于 X 和 Y 相互独立, 故 $X_1, X_2, \cdots, X_{n_1}, Y_1, Y_2, \cdots, Y_{n_2}$ 相互独立. 考虑到 $X_i \sim N(0, 1), Y_j \sim N(0, 1), i=1, 2, \cdots, n_1, j=1, 2, \cdots, n_2$, 因而根据定义 6.3, 可得

$$X+Y \sim \chi^2(n_1+n_2).$$

该性质可推广到多个随机变量的情形：若 $X_i \sim \chi^2(n_i), i=1, 2, \cdots, k$, 且此 k 个随机变量相互独立, 则

$$X_1+X_2+\cdots+X_k \sim \chi^2(n_1+n_2+\cdots+n_k).$$

(2) **数学期望和方差** 若 $\chi^2 \sim \chi^2(n)$, 则 $E(\chi^2)=n, D(\chi^2)=2n$.

事实上, 由于 $\chi^2 \sim \chi^2(n)$, 故存在 n 个相互独立的随机变量 $X_1, X_2, \cdots, X_n$, 满足 $X_i \sim N(0, 1)\,(i=1, 2, \cdots, n)$, 使得 $\chi^2=\sum_{i=1}^{n} X_i^2$. 又由 $X_i \sim N(0, 1)$, 故 $E(X_i)=1, D(X_i)=0$. 从而可得

$$E(X_i^2)=D(X_i)+E(X_i)^2=1,$$

$$D(X_i^2)=E(X_i^4)-[E(X_i^2)]^2=\frac{1}{\sqrt{2\pi}}\int_{-\infty}^{+\infty} x^4 \mathrm{e}^{-\frac{x^2}{2}}\,\mathrm{d}x-1=3-1=2.$$

于是

$$E(\chi^2)=E\left(\sum_{i=1}^{n} X_i^2\right)=\sum_{i=1}^{n} E(X_i^2)=n,$$

$$D(\chi^2)=D\left(\sum_{i=1}^{n} X_i^2\right)=\sum_{i=1}^{n} D(X_i^2)=2n.$$

注 6.4 由中心极限定理可知, 若 $\chi^2 \sim \chi^2(n)$, 则 χ^2 的极限分布是正态分布 $N(n, 2n)$. 于是可得 $\dfrac{\chi^2-n}{\sqrt{2n}}$ 的极限分布是标准正态分布.

定义 6.4　设 $\chi^2 \sim \chi^2(n)$, 给定正实数 $\alpha\,(0<\alpha<1)$, 若

$$P\{\chi^2 > \chi^2_\alpha(n)\} = \int_{\chi^2_\alpha(n)}^{+\infty} f(x)\,\mathrm{d}x = \alpha, \tag{6.2}$$

则称 $\chi^2_\alpha(n)$ 为 **$\chi^2(n)$ 分布的上 α 分位点**, 如图 6.2 所示.

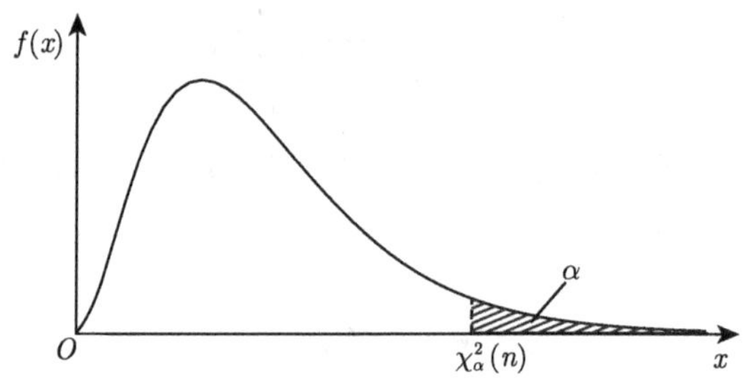

图 6.2　$\chi^2(n)$ 分布的上 α 分位点

对于不同的 α 和 n, 附表 5 给出了部分 $\chi^2(n)$ 分布的上 α 分位点 $\chi^2_\alpha(n)$ 的值. 例如, 当 $\alpha = 0.05$, $n = 20$ 时, 查表可得 $\chi^2_{0.05}(20) = 31.410$.

例 6.11　设 $\chi^2 \sim \chi^2(10)$, $P\{\chi^2 < c\} = 0.9$, 求 c.

解　根据定义 6.4 可知, c 值不能直接获得. 但

$$0.9 = P\{\chi^2 < c\} = 1 - P\{\chi^2 \geqslant c\},$$

故可得 $P\{\chi^2 > c\} = 0.1$. 因此, 可得 $c = \chi^2_{0.1}(10) = 15.987$.

注 6.5　设随机变量 $\chi^2 \sim \chi^2(n)$, 当 $n \leqslant 45$ 时, $\chi^2_\alpha(n)$ 可通过查附表 5 得到; 但当 $n > 45$ 时, 此值无法通过查附表 5 得到. 这时可通过

$$\chi^2_\alpha(n) \approx \frac{1}{2}(z_\alpha + \sqrt{2n-1})^2 \tag{6.3}$$

近似得到, 其中 z_α 为标准正态分布的上 α 分位点, 并可通过查附表 2 得到.

事实上, 统计学家费希尔 (Fisher) 指出当 n 足够大时, 随机变量 $\sqrt{2\chi^2}$ 近似服从正态分布 $N(\sqrt{2n-1},\ 1)$, 即 $\sqrt{2\chi^2} - \sqrt{2n-1}$ 近似服从标准正态分布 $N(0,\ 1)$. 进而由

$$\begin{aligned}\alpha &= P\{\chi^2 > \chi^2_\alpha(n)\} \\ &= P\left\{\sqrt{2\chi^2} > \sqrt{2\chi^2_\alpha(n)}\right\} \\ &= P\left\{\sqrt{2\chi^2} - \sqrt{2n-1} > \sqrt{2\chi^2_\alpha(n)} - \sqrt{2n-1}\right\},\end{aligned}$$

可知

$$z_\alpha \approx \sqrt{2\chi^2_\alpha(n)} - \sqrt{2n-1}.$$

于是得

$$\chi_\alpha^2(n) \approx \frac{1}{2}(z_\alpha + \sqrt{2n-1})^2.$$

例如, $\chi_{0.025}^2(85) \approx \frac{1}{2}(z_{0.025} + \sqrt{169})^2 = \frac{1}{2}(1.96+13)^2 \approx 111.901.$

6.3.2 t 分布

t 分布, 也称为学生氏 t 分布 (student t distribution), 是由英国学者戈塞特 (Gosset) 于1908年以“student” 的笔名首次提出的一种重要分布.

定义 6.5 设 $X \sim N(0,1)$, $Y \sim \chi^2(n)$, 且 X 与 Y 相互独立, 则称随机变量

$$t = \frac{X}{\sqrt{Y/n}} \tag{6.4}$$

服从自由度为 n 的 **t 分布**, 记为 $t \sim t(n)$. 这里 t 的概率密度为

$$f(t) = \frac{\Gamma[(n+1)/2]}{\sqrt{n\pi}\,\Gamma(n/2)}\left(1+\frac{t^2}{n}\right)^{-(n+1)/2}, \quad -\infty < t < +\infty.$$

当 $n = 1, 4, 15, \infty$ 时, $f(t)$ 的图形如图 6.3 所示.

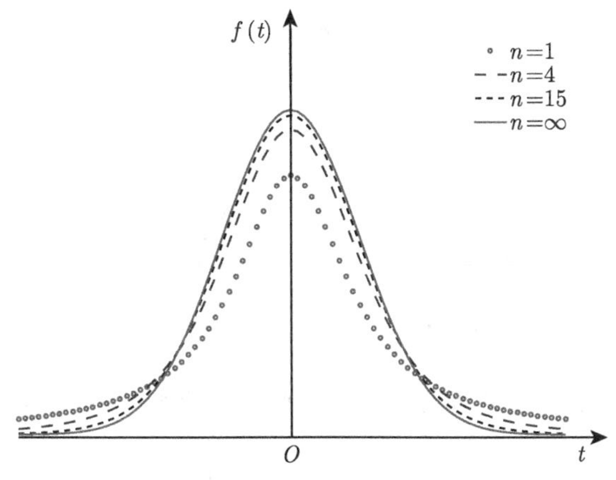

图 6.3 随机变量 t 的概率密度 $f(t)$ 的图形

注 6.6 由定义6.5 可知, 若 $X_1, X_2, \cdots, X_n, X_{n+1}$ 为来自总体 X 的一个样本, 且 $X \sim N(0,1)$, 则统计量

$$\frac{X_{n+1}}{\sqrt{\left(\sum_{i=1}^{n} X_i^2\right) \Big/ n}}$$

服从自由度为 n 的 t 分布.

t 分布具有以下特点.

(1) **数学期望和方差** 设 $t \sim t(n)$, 当 $n=1$ 时, $t(1)$ 分布即为柯西分布, 且由例 4.12 可知, $E(t)$ 不存在; 当 $n>1$ 时, $E(t)=0$; 当 $n>2$ 时, $D(t)=\dfrac{n}{n-2}$.

(2) **$t(n)$ 分布与标准正态分布的关系** $t(n)$ 分布的概率密度曲线是关于纵轴 $t=0$ 对称的单峰图, 其形状与自由度 n 直接相关. 随着自由度 n 的逐步增大, $t(n)$ 分布的概率密度曲线逐步趋近于标准正态分布的概率密度曲线. 事实上, 由 $t(n)$ 分布的概率密度 $f(t)$ 可知

$$\lim_{n\to\infty} f(t)=\frac{1}{\sqrt{2\pi}}\mathrm{e}^{-\frac{t^2}{2}}=\varphi(t).$$

故当自由度 n 较大 (如 $n \geqslant 30$) 时, $t(n)$ 分布可近似视为标准正态分布, 见图 6.3.

定义 6.6 设 $t \sim t(n)$, 给定正实数 $\alpha\,(0<\alpha<1)$, 若

$$P\{t>t_\alpha(n)\}=\int_{t_\alpha(n)}^{+\infty} f(t)\,\mathrm{d}t=\alpha, \tag{6.5}$$

则称 $t_\alpha(n)$ 为 **$t(n)$ 分布的上 α 分位点**, 如图 6.4 所示.

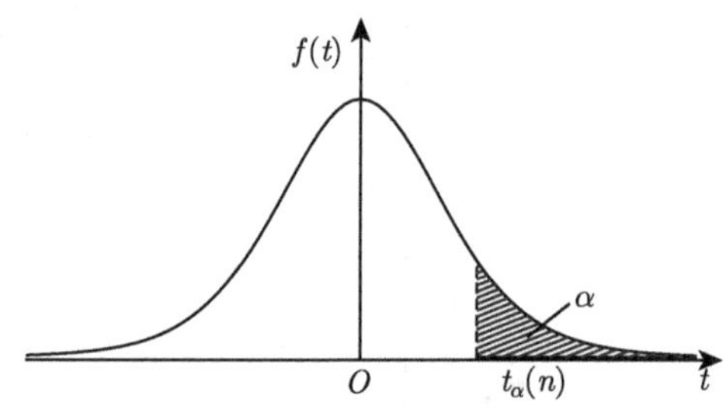

图 6.4 $t(n)$ 分布的上 α 分位点

注 6.7 (1) 由于 $t(n)$ 分布的概率密度曲线关于纵轴对称, 故根据定义 6.6 可知

$$t_{1-\alpha}(n)=-t_\alpha(n).$$

(2) $t_\alpha(n)$ 一般很难直接计算得到. 当 n 不是很大时, $t_\alpha(n)$ 可通过查 t 分布表 (附表 4) 得到; 当 n 较大时, 根据 $t_\alpha(n)\approx z_\alpha$, 可通过查标准正态分布表 (附表 2) 得到.

例如, $t_{0.15}(10)=1.093$, $t_{0.15}(50)\approx z_{0.15}=1.04$.

6.3.3 F 分布

费希尔于 20 世纪 20 年代首次提出一种重要分布—— F **分布** (F distribution), 该分布在数理统计中扮演着很重要的角色.

定义 6.7 设 $X \sim \chi^2(n_1)$, $Y \sim \chi^2(n_2)$, X 和 Y 相互独立, 则称随机变量

$$F = \frac{X/n_1}{Y/n_2} \tag{6.6}$$

服从自由度为 (n_1, n_2) 的 **F 分布**, 记为 $F \sim F(n_1, n_2)$, 其中 n_1, n_2 分别称为 F 分布的第一自由度和第二自由度. 这里 F 的概率密度为

$$f(x) = \begin{cases} \dfrac{\Gamma[(n_1+n_2)/2](n_1/n_2)^{n_1/2}x^{(n_1/2)-1}}{\Gamma(n_1/2)\Gamma(n_2/2)[1+(n_1x/n_2)]^{(n_1+n_2)/2}}, & x > 0, \\ 0, & x \leqslant 0. \end{cases}$$

当 $n_1 = 1, 2, 4, 10, \infty$, $n_2 = 10$ 时, $f(x)$ 的图形如图 6.5 所示; 当 $n_1 = 10$, $n_2 = 1, 2, 4, 10, \infty$ 时, $f(x)$ 的图形如图 6.6 所示.

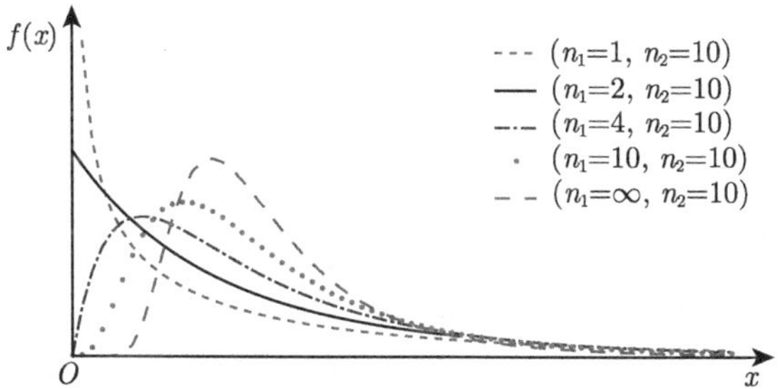

图 6.5 随机变量 F 的概率密度 $f(x)$ 的图形 $(n_2 = 10, n_1 = 1, 2, 4, 10, \infty)$

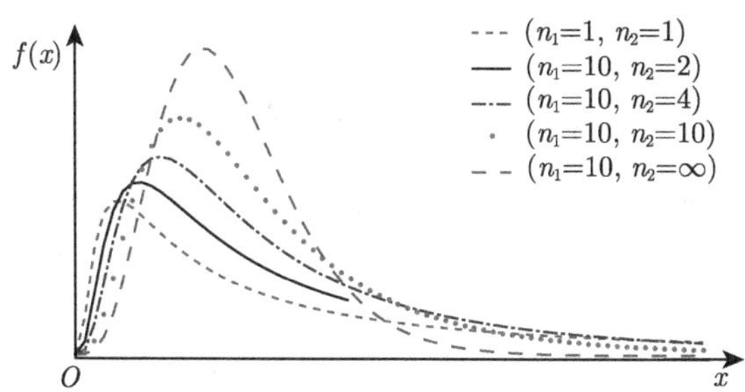

图 6.6 随机变量 F 的概率密度 $f(x)$ 的图形 $(n_1 = 10, n_2 = 1, 2, 4, 10, \infty)$

注 6.8 由定义6.7可知, 若 $X_1, X_2, \cdots, X_{n_1}$ 和 $Y_1, Y_2, \cdots, Y_{n_2}$ 均为来自总体 X 的两个样本, 且 $X \sim N(0, 1)$, 则统计量

$$F = \frac{\left(\sum\limits_{i=1}^{n_1} X_i^2\right) \Big/ n_1}{\left(\sum\limits_{j=1}^{n_2} Y_j^2\right) \Big/ n_2}$$

服从自由度为 (n_1, n_2) 的 F 分布.

$F(n_1, n_2)$ 分布具有以下特点.

(1) 由图 6.5 和图 6.6 可知, $F(n_1, n_2)$ 分布是一种非对称分布, 并且第一自由度与第二自由度不能互相交换. 例如, $F(1, 10)$ 和 $F(10, 1)$ 的概率密度曲线相差很大.

(2) 设 $F \sim F(n_1, n_2)$, 则

$$\frac{1}{F} \sim F(n_2, n_1).$$

该性质可直接根据定义 6.7 得到.

(3) 设 $t \sim t(n)$, 则 $t^2 \sim F(1, n)$.

事实上, 由于 $t \sim t(n)$, 故存在两个相互独立的随机变量 X 与 Y, $X \sim N(0, 1)$, $Y \sim \chi^2(n)$, 使得

$$t = \frac{X}{\sqrt{Y/n}}.$$

进而

$$t^2 = \frac{X^2}{Y/n}.$$

又 $X^2 \sim \chi^2(1)$, 于是根据定义 6.7 可知 $t^2 \sim F(1, n)$.

该性质刻画了 t 分布与 F 分布的关系.

(4) 设 $X \sim F(n_1, n_2)$, 则当 $n_2 > 2$ 时, $E(X)$ 存在, 且

$$E(X) = \frac{n_2}{n_2 - 2};$$

当 $n_2 > 4$ 时, $D(X)$ 存在, 且

$$D(X) = \frac{2n_2^2(n_1 + n_2 - 2)}{n_1(n_2 - 2)^2(n_2 - 4)}.$$

该性质可根据期望和方差的定义以及伽马函数的性质推导得到.

定义 6.8　设 $F \sim F(n_1, n_2)$, 给定实数 $\alpha\,(0 < \alpha < 1)$, 若

$$P\{F > F_\alpha(n_1, n_2)\} = \int_{F_\alpha(n_1, n_2)}^{+\infty} f(x)\,\mathrm{d}x = \alpha, \tag{6.7}$$

则称 $F_\alpha(n_1, n_2)$ 为 **$F(n_1, n_2)$ 分布的上 α 分位点**, 如图 6.7 所示.

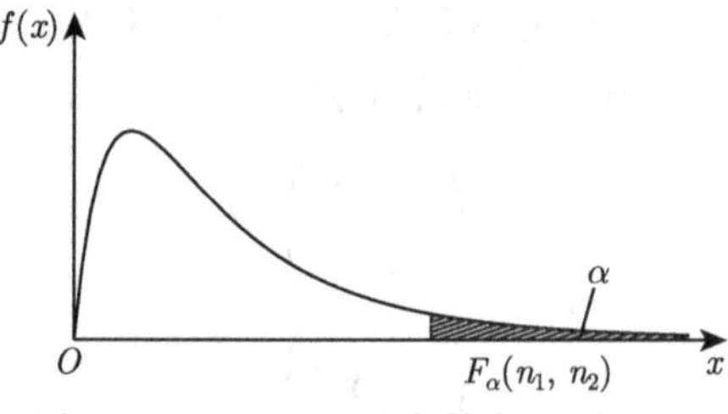

图 6.7　$F(n_1, n_2)$ 分布的上 α 分位点

注 6.9 (1) 根据定义6.8可知

$$F_\alpha(n_1, n_2) = \frac{1}{F_{1-\alpha}(n_2, n_1)}.$$

事实上, 设 $F \sim F(n_2, n_1)$, 则

$$\begin{aligned} 1-\alpha &= P\{F > F_{1-\alpha}(n_2, n_1)\} \\ &= P\left\{\frac{1}{F} < \frac{1}{F_{1-\alpha}(n_2, n_1)}\right\} \\ &= 1 - P\left\{\frac{1}{F} \geqslant \frac{1}{F_{1-\alpha}(n_2, n_1)}\right\}, \end{aligned}$$

即

$$P\left\{\frac{1}{F} \geqslant \frac{1}{F_{1-\alpha}(n_2, n_1)}\right\} = \alpha.$$

又因 $\dfrac{1}{F} \sim F(n_1, n_2)$, 故

$$F_\alpha(n_1, n_2) = \frac{1}{F_{1-\alpha}(n_2, n_1)}.$$

(2) $F_\alpha(n_1, n_2)$ 一般很难直接计算得到, 而是通过查表(附表 6)得到. 例如, $F_{0.1}(10, 4) = 3.92$, $F_{0.1}(4, 10) = 2.61$,

$$F_{0.9}(10, 4) = \frac{1}{F_{0.1}(4, 10)} = \frac{1}{2.61} = 0.3831.$$

6.3.4 基于正态总体的样本均值与样本方差的分布

由于正态总体的抽样分布在统计推断中扮演着非常重要的角色, 故下面分别从单个正态总体、两个正态总体出发详细讨论样本均值与样本方差的分布.

1. 基于单个正态总体的样本均值与样本方差的分布

设 $X_1, X_2, \cdots, X_n$ 为来自总体 X 的一个样本, 样本均值与样本方差分别为

$$\overline{X} = \frac{1}{n}\sum_{i=1}^{n} X_i,$$

$$S^2 = \frac{1}{n-1}\sum_{i=1}^{n}(X_i - \overline{X})^2 = \frac{1}{n-1}\left(\sum_{i=1}^{n} X_i^2 - n\overline{X}^2\right).$$

定理 6.2　设 $X\sim N(\mu,\sigma^2)$, $X_1, X_2, \cdots, X_n$ 为来自总体 X 的一个样本, 则

(1) $\overline{X}\sim N\left(\mu, \dfrac{\sigma^2}{n}\right)$;

(2) $\dfrac{\overline{X}-\mu}{\sigma/\sqrt{n}}\sim N(0, 1)$.

证明　由于 $X\sim N(\mu,\sigma^2)$, $X_1, X_2, \cdots, X_n$ 为来自总体 X 的一个样本, 则 $X_1, X_2, \cdots, X_n$ 相互独立, 且 $X_i\sim N(\mu,\sigma^2)$, $i=1, 2, \cdots, n$. 又因

$$E(\overline{X})=E(X)=\mu, \quad D(\overline{X})=\frac{1}{n}D(X)=\frac{1}{n}\sigma^2,$$

故根据正态分布的性质可知

$$\overline{X}=\frac{1}{n}\sum_{i=1}^{n}X_i\sim N\left(\mu, \frac{\sigma^2}{n}\right).$$

进一步, 可得

$$\frac{\overline{X}-\mu}{\sigma/\sqrt{n}}\sim N(0, 1).$$

定理 6.3　设 $X\sim N(\mu,\sigma^2)$, $X_1, X_2, \cdots, X_n$ 为来自总体 X 的一个样本, 则

(1) $\displaystyle\sum_{i=1}^{n}\frac{(X_i-\mu)^2}{\sigma^2}\sim\chi^2(n)$;

(2) $\dfrac{(n-1)S^2}{\sigma^2}=\displaystyle\sum_{i=1}^{n}\frac{(X_i-\overline{X})^2}{\sigma^2}\sim\chi^2(n-1)$;

(3) 样本均值 $\overline{X}$ 与样本方差 S^2 相互独立.

证明　(1) 由于 $X\sim N(\mu,\sigma^2)$, $X_1, X_2, \cdots, X_n$ 为来自总体 X 的一个样本, 则 $X_1, X_2, \cdots, X_n$ 相互独立, 且 $X_i\sim N(\mu,\sigma^2)$, $i=1, 2, \cdots, n$. 进一步可得

$$Y_i=\frac{X_i-\mu}{\sigma}\sim N(0, 1), \quad i=1, 2, \cdots, n,$$

并且 $Y_1, Y_2, \cdots, Y_n$ 相互独立. 从而, 根据定义 6.3 可知

$$\sum_{i=1}^{n}Y_i^2=\sum_{i=1}^{n}\frac{(X_i-\mu)^2}{\sigma^2}\sim\chi^2(n).$$

该定理中 (2) 和 (3) 的证明超出本书范围, 故略.

定理 6.4　设 $X\sim N(\mu,\sigma^2)$, $X_1, X_2, \cdots, X_n$ 为来自总体 X 的一个样本, 则

$$\frac{\overline{X}-\mu}{S/\sqrt{n}}\sim t(n-1).$$

证明 根据定理6.2和定理6.3可知

$$\frac{\overline{X}-\mu}{\sigma/\sqrt{n}} \sim N(0,1), \quad \frac{(n-1)S^2}{\sigma^2} \sim \chi^2(n-1),$$

且 $\dfrac{\overline{X}-\mu}{\sigma/\sqrt{n}}$ 和 $\dfrac{(n-1)S^2}{\sigma^2}$ 相互独立. 从而根据定义6.5可得

$$\frac{\overline{X}-\mu}{\sigma/\sqrt{n}} \bigg/ \sqrt{\frac{(n-1)S^2}{\sigma^2(n-1)}} = \frac{\overline{X}-\mu}{S/\sqrt{n}} \sim t(n-1)\,.$$

例 6.12 设某饮品店每位顾客的消费金额 X 服从正态分布 $N(\mu,\sigma^2)$, 在一个月内, 任选9名顾客, 考察其消费金额.

(1) 若 $\mu=15$, σ^2 未知, 样本方差的观察值 $s^2=4$, 求9名顾客的平均消费金额 $\overline{X}$ 大于15.74的概率;

(2) 若 $\mu=15$, $\sigma^2=4$, 求9名顾客的平均消费金额 $\overline{X}$ 大于15.74的概率, 以及 $P\left\{6.94 \leqslant \sum\limits_{i=1}^{9}(X_i-\mu)^2 \leqslant 10.8\right\}$;

(3) 若 μ 未知, $\sigma^2=4$, 求 $P\left\{7 \leqslant \sum\limits_{i=1}^{9}(X_i-\overline{X})^2 \leqslant 10.8\right\}$.

解 (1) 由题意知 $\mu=15$, $s^2=4$, $n=9$, 且 $\dfrac{\overline{X}-\mu}{S/\sqrt{n}} \sim t(n-1)$, 故 $\dfrac{\overline{X}-15}{2/3} \sim t(8)$. 从而

$$P\{\overline{X}>15.74\} = P\left\{\frac{\overline{X}-15}{2/3} > \frac{15.74-15}{2/3}\right\} = P\left\{\frac{\overline{X}-15}{2/3} > 1.11\right\} = 0.15.$$

(2) 由题意知 $\mu=15$, $\sigma=2$, $n=9$, $\dfrac{\overline{X}-\mu}{\sigma/\sqrt{n}} \sim N(0,1)$, 且 $\sum\limits_{i=1}^{9}\dfrac{(X_i-\mu)^2}{\sigma^2} \sim \chi^2(9)$. 故

$$\frac{\overline{X}-15}{2/3} \sim N(0,1), \quad \sum_{i=1}^{9}\frac{(X_i-15)^2}{4} \sim \chi^2(9).$$

从而可得

$$\begin{aligned} P\{\overline{X}>15.74\} &= P\left\{\frac{\overline{X}-15}{2/3} > \frac{15.74-15}{2/3}\right\} = P\left\{\frac{\overline{X}-15}{2/3} > 1.11\right\} \\ &= 1-\Phi(1.11) = 1-0.8665 = 0.1335, \end{aligned}$$

以及

$$
\begin{aligned}
&P\left\{6.94 \leqslant \sum_{i=1}^{9}(X_i-\mu)^2 \leqslant 10.8\right\}\\
&=P\left\{\frac{6.94}{4} \leqslant \sum_{i=1}^{9}\frac{(X_i-15)^2}{4} \leqslant \frac{10.8}{4}\right\}\\
&=P\left\{\sum_{i=1}^{9}\frac{(X_i-15)^2}{4} \geqslant 1.735\right\}-P\left\{\sum_{i=1}^{9}\frac{(X_i-15)^2}{4} > 2.7\right\}\\
&=0.995-0.975=0.02.
\end{aligned}
$$

(3) 由题意知 μ 未知, $\sigma=2$, $n=9$. 故

$$
\frac{(n-1)S^2}{\sigma^2}=\sum_{i=1}^{9}\frac{(X_i-\overline{X})^2}{4}\sim\chi^2(8).
$$

于是可得

$$
\begin{aligned}
&P\left\{7 \leqslant \sum_{i=1}^{9}(X_i-\overline{X})^2 \leqslant 10.8\right\}\\
&=P\left\{\frac{7}{4} \leqslant \sum_{i=1}^{9}\frac{(X_i-\overline{X})^2}{4} \leqslant \frac{10.8}{4}\right\}\\
&=P\left\{\sum_{i=1}^{9}\frac{(X_i-15)^2}{4} \geqslant 1.75\right\}-P\left\{\sum_{i=1}^{9}\frac{(X_i-15)^2}{4} > 2.7\right\}\\
&\approx 0.99-0.95=0.04.
\end{aligned}
$$

2. 基于两个正态总体的样本均值与样本方差的分布

设 $X_1, X_2, \cdots, X_{n_1}$ 为来自总体 X 的一个样本, 样本均值和样本方差分别为 $\overline{X}=\dfrac{1}{n_1}\sum_{i=1}^{n_1}X_i$, $S_1^2=\dfrac{1}{n_1-1}\sum_{i=1}^{n_1}(X_i-\overline{X})^2$; 设 $Y_1, Y_2, \cdots, Y_{n_2}$ 为来自总体 Y 的一个样本, 样本均值和样本方差分别为 $\overline{Y}=\dfrac{1}{n_2}\sum_{j=1}^{n_2}Y_j$, $S_2^2=\dfrac{1}{n_2-1}\sum_{j=1}^{n_2}(Y_j-\overline{Y})^2$.

定理 6.5　设 $X\sim N(\mu_1, \sigma_1^2)$, $X_1, X_2, \cdots, X_{n_1}$ 为来自总体 X 的一个样本; $Y\sim N(\mu_2, \sigma_2^2)$, $Y_1, Y_2, \cdots, Y_{n_2}$ 为来自总体 Y 的一个样本; X 和 Y 相互独立, 则

(1) $(\overline{X}-\overline{Y})\sim N\left(\mu_1-\mu_2, \dfrac{\sigma_1^2}{n_1}+\dfrac{\sigma_2^2}{n_2}\right)$;

(2) $\dfrac{(\overline{X}-\overline{Y})-(\mu_1-\mu_2)}{\sqrt{\dfrac{\sigma_1^2}{n_1}+\dfrac{\sigma_2^2}{n_2}}}\sim N(0,1)$.

定理 6.6 设 $X\sim N(\mu_1,\sigma_1^2)$, $X_1, X_2, \cdots, X_{n_1}$ 为来自总体 X 的一个样本, $Y\sim N(\mu_2,\sigma_2^2)$, $Y_1, Y_2, \cdots, Y_{n_2}$ 为来自总体 Y 的一个样本; X 和 Y 相互独立; $\sigma_1^2=\sigma_2^2=\sigma^2$.

(1)

$$\frac{(\overline{X}-\overline{Y})-(\mu_1-\mu_2)}{\sigma\sqrt{\dfrac{1}{n_1}+\dfrac{1}{n_2}}}\sim N(0,1);$$

(2)

$$\frac{(\overline{X}-\overline{Y})-(\mu_1-\mu_2)}{S_w\sqrt{\dfrac{1}{n_1}+\dfrac{1}{n_2}}}\sim t(n_1+n_2-2),$$

其中 $S_w=\sqrt{S_w^2}$, 且

$$S_w^2=\frac{(n_1-1)S_1^2+(n_2-1)S_2^2}{n_1+n_2-2}.$$

定理 6.7 设 $X\sim N(\mu_1,\sigma_1^2)$, $X_1, X_2, \cdots, X_{n_1}$ 为来自总体 X 的一个样本; $Y\sim N(\mu_2,\sigma_2^2)$, $Y_1, Y_2, \cdots, Y_{n_2}$ 为来自总体 Y 的一个样本; X 和 Y 相互独立.

(1)

$$\frac{\sum\limits_{i=1}^{n_1}(X_i-\mu_1)^2/n_1\sigma_1^2}{\sum\limits_{j=1}^{n_2}(Y_j-\mu_2)^2/n_2\sigma_2^2}\sim F(n_1,n_2);$$

(2)

$$\frac{S_1^2/S_2^2}{\sigma_1^2/\sigma_2^2}\sim F(n_1-1,n_2-1).$$

同步基础训练6.3

1. 设总体 $X\sim N(1,4)$, X_1, X_2, X_3, X_4 为来自总体 X 的一个样本, 则下列结论成立的是 (　　).

A. $\dfrac{\overline{X}-1}{2} \sim N(0, 1)$　　B. $\dfrac{\overline{X}-1}{4} \sim N(0, 1)$

C. $\dfrac{\overline{X}-1}{\sqrt{2}} \sim N(0, 1)$　　D. $\overline{X}-1 \sim N(0, 1)$

2. 设总体 $X \sim t(10)$, $Y = X^2$, 则下列结果正确的是 (　　).

A. $Y \sim \chi^2(10)$　　B. $Y \sim \chi^2(9)$

C. $Y \sim F(10, 1)$　　D. $Y \sim F(1, 10)$

3. 设总体 $X \sim N(0, 1)$, $Y \sim N(0, 1)$, X 和 Y 相互独立, 则 $X^2 + Y^2 \sim$ (　　).

A. $N(0, 2)$　　B. $N(0, 1)$　　C. $\chi^2(1)$　　D. $\chi^2(2)$

4. 设总体 $X \sim N(\mu, 1)$, $Y \sim \chi^2(n)$, X 和 Y 相互独立, 则 $\dfrac{X-\mu}{\sqrt{Y}}\sqrt{n} \sim$ ________.

5. 设总体 $X \sim N(0, 1)$, $Y \sim N(0, 1)$, X 和 Y 相互独立, 则 $\dfrac{X^2}{Y^2} \sim$ ________.

6. 设总体 $X \sim N(\mu, \sigma^2)$, $X_1, X_2, \cdots, X_n$ 为来自总体 X 的一个样本, 则

$$\sum_{i=1}^{n}\left(\frac{X_i-\overline{X}}{\sigma}\right)^2 \sim \text{________}.$$

习　题　6

(A)

1. 从一批活塞中随机抽取 8 个活塞, 测试其直径 (单位: mm) 为

108　105　110　113　104　125　130　120

(1) 指出总体、样本、样本值和样本容量;

(2) 求样本均值、样本方差、样本标准差及样本二阶中心矩的观察值.

2. 设总体 $X \sim N(3.25, 0.016^2)$, X_1, X_2, X_3, X_4, X_5 为来自总体 X 的一个样本, 样本值为

3.7　3.4　3.6　2.5　2.4

(1) 计算 $\overline{x}$, s^2 及顺序统计量中 $X_{(3)}$ 的观察值 $x_{(3)}$;

(2) 求 $Z = \dfrac{\overline{X}-\mu}{\sigma/\sqrt{n}}$, $\chi^2 = \dfrac{(n-1)S^2}{\sigma^2}$ 的观察值.

3. 设总体 $X \sim N(0, 1)$, $X_1, X_2, X_3, X_4, X_5, X_6$ 为来自正态总体 X 的一个样本.

(1) 已知 $Y = (X_1+X_2)^2 + (X_3+X_4)^2 + (X_5+X_6)^2$, 试给出常数 a, 使得 aY 服从 χ^2 分布, 并指出自由度;

(2) 已知 $U = \dfrac{X_1 + X_6}{\sqrt{X_2^2 + X_3^2 + X_4^2 + X_5^2}}$, 试给出常数 b, 使得 bU 服从 t 分布, 并指出自由度;

(3) 已知 $V = \dfrac{(X_1 + X_2)^2}{X_3^2 + X_4^2 + X_5^2 + X_6^2}$, 试给出常数 c, 使得 cV 服从 F 分布, 并指出自由度.

4. 设 $X \sim t(n)$, $Y = \dfrac{1}{X^2}$, 求证: $Y \sim F(n, 1)$.

5. (1) 设 $X \sim \chi^2(12)$, 求常数 c, 使得 $P\{X > c\} = 0.99$;

(2) 设 $t \sim t(12)$, 求常数 a, b, 使得 $P\{t < a\} = 0.99$, $P\{t > b\} = 0.99$;

(3) 设 $F \sim F(12, 9)$, 求常数 c, 使得 $P\{F < c\} = 0.05$.

6. 设总体 $X \sim N(10, \sigma^2)$, $X_1, X_2, \cdots, X_{25}$ 为来自正态总体 X 的一个样本.

(1) 已知 $\sigma^2 = 100$, 求 $P\{8 < \overline{X} < 14\}$;

(2) σ^2 未知, 样本方差的观察值 $s^2 = 100$, 求 $P\{8 < \overline{X} < 14\}$.

7. 设总体 $X \sim N(0, 0.3^2)$, $X_1, X_2, \cdots, X_{10}$ 为来自总体 X 的一个样本. 求

(1) $P\left\{\sum_{i=1}^{10} X_i^2 > 1.44\right\}$;

(2) $P\left\{0.018 < \dfrac{1}{10}\sum_{i=1}^{10}(X_i - \overline{X})^2 \leqslant 0.153\right\}$.

8. 设总体 $X \sim N(\mu, \sigma^2)$, 从总体 X 中抽取一个样本容量为 25 的样本, 样本方差的观察值 $s^2 = 12.44$, 求总体标准差大于 3 的概率.

9. 设总体 $X \sim N(\mu, 4)$, $X_1, X_2, \cdots, X_n$ 为来自正态总体 X 的一个样本. 求 n 至少取多少, 才能使样本均值与总体均值的误差小于 0.4 的概率为 0.9.

10. 设总体 $X \sim N(\mu, \sigma^2)$, $X_1, X_2, \cdots, X_9$ 为来自总体 X 的一个样本. μ, σ^2 未知, 求

(1) $P\left\{\dfrac{S^2}{\sigma^2} \leqslant 0.375\right\}$;

(2) $D(S^2)$.

11. 设总体 $X \sim N(10, 4^2)$, 总体 $Y \sim N(4, 2^2)$, 从总体 X 和总体 Y 中分别抽取样本容量为 13 和 9 的两个样本. 已知这两个样本相互独立, 样本方差分别为 S_1^2 和 S_2^2, 求 $P\left\{\dfrac{S_1^2}{S_2^2} \leqslant 10\right\}$.

12. 设总体 $X \sim N(5, 4)$, 总体 $Y \sim N(4, 9)$, 从总体 X 和总体 Y 中分别抽取样本容量为 8 和 9 的两个样本. 已知这两个样本相互独立, 样本均值分别为 $\overline{X}$ 和 $\overline{Y}$, 求 $P\{0 < \overline{X} - \overline{Y} < 3\}$.

13. 设总体 $X \sim N(\mu_1, \sigma^2)$, 总体 $Y \sim N(\mu_2, \sigma^2)$, $X_1, X_2, \cdots, X_7$ 为来自总体 X 的一个样本, $Y_1, Y_2, \cdots, Y_8$ 为来自总体 Y 的一个样本, 且这两个样本相互独立. 已知这两个样本的样本均值和样本方差的观察值分别为

$$\overline{x} = 54, \quad s_1^2 = 116.7, \quad \overline{y} = 42, \quad s_2^2 = 85.7,$$

求 $P\left\{4.48 < (\overline{X}-\overline{Y})-(\mu_1-\mu_2) \leqslant 11.14\right\}$.

(B)

1. 设总体 X 的概率密度为

$$f(x)=\begin{cases}\dfrac{1}{2}x, & 0<x<2,\\ 0, & \text{其他}.\end{cases}$$

$X_1,\ X_2$ 为来自总体 X 的一个样本, 求 $P\left\{\dfrac{X_1}{X_2}\leqslant 1\right\}$.

2. 设总体 $X\sim N(8,\ 2^2)$, $X_1,\ X_2,\ X_3,\ X_4,\ X_5$ 为来自总体 X 的一个样本. 求

(1) $P\left\{\max\{X_1,\ X_2,\ X_3,\ X_4,\ X_5\}>10\right\}$;

(2) $P\left\{\min\{X_1,\ X_2,\ X_3,\ X_4,\ X_5\}<5\right\}$.

3. 设总体 $X\sim N(\mu,\ \sigma^2)$, $X_1,\ X_2,\ \cdots,\ X_{2n}$ 为来自总体 X 的一个样本, 其中 $\sigma>0$, $n\geqslant 2$. 令 $Y=\sum\limits_{i=1}^{n}(X_i+X_{n+i}-2\overline{X})^2$, 求 $E(Y)$.

4. 设总体 $X\sim N(\mu,\ \sigma^2)$, $X_1,\ X_2,\ \cdots,\ X_8$ 为来自总体 X 的一个样本. 令

$$Y_1=\frac{1}{4}(X_1+X_2+X_3+X_4),\quad Y_2=\frac{1}{4}(X_5+X_6+X_7+X_8),\quad S^2=\frac{1}{3}\sum_{i=5}^{8}(X_i-Y_2)^2,$$

求证: $\dfrac{\sqrt{2}(Y_1-Y_2)}{S}\sim t(3)$.

5. 设总体 $X\sim F(4,\ 4)$, 求 $P\{X<1\}$.

6. 设总体 $X\sim e(3)$, $X_1,\ X_2,\ \cdots,\ X_n$ 为来自总体 X 的一个样本, 则当 $n\to\infty$ 时, $Y=\dfrac{1}{n}\sum\limits_{i=1}^{n}X_i^2$ 依概率收敛于多少?

第7章　参数估计

统计推断可分为两大类：统计估计和假设检验. 统计估计是本章讨论的重点，假设检验是第 8 章讨论的重点.

对于统计估计，我们经常会遇到总体的分布函数 $F(x;\theta)$ 形式已知，但参数 θ (可能涉及不止一个参数) 未知的情形，因而估计未知参数成为统计估计的一个重要问题. 本章将借助于样本信息，研究在分布函数 $F(x;\theta)$ 的形式已知的前提下，如何估计未知参数 θ 的问题，即**参数估计** (parameter estimation) 问题. 具体地，本章主要讨论参数的**点估计** (point estimation) 和参数的**区间估计** (interval estimation).

7.1　参数的点估计

设总体 X 的分布函数 $F(x;\theta)$ 形式已知，θ 是待估计的未知参数，$X_1, X_2, \cdots, X_n$ 为来自总体 X 的一个样本，其样本值为 $x_1, x_2, \cdots, x_n$. 参数的点估计就是构造一个适当的统计量 $\hat{\theta}(X_1, X_2, \cdots, X_n)$，将其观察值 $\hat{\theta}(x_1, x_2, \cdots, x_n)$ 作为待估参数 θ 的近似值，其中 $\hat{\theta}(X_1, X_2, \cdots, X_n)$ 称为 θ 的**点估计量**(point estimator)，其观察值 $\hat{\theta}(x_1, x_2, \cdots, x_n)$ 称为 θ 的**点估计值**(point estimate).

注 7.1　参数的点估计实际上是借助于一个统计量去估计总体的未知参数. 此外，参数的点估计可能会涉及若干个未知参数，且其讨论类似于一个未知参数的情形.

例 7.1　设某批灯泡的寿命 X 服从正态分布 $N(\mu, 625)$，现从该批灯泡中抽取6个灯泡，其寿命(单位：小时) 分别如下：

1000　1500　1480　1460　1480　1200

估计未知参数 μ.

解　由于 X 服从正态分布 $N(\mu, 625)$，故 $E(X) = \mu$. 若采用样本均值 $\overline{X}$ 去估计 $E(X)$，则 $\hat{\mu} = \overline{X}$.

计算 $\overline{X}$ 的观察值 (即6个灯泡的平均寿命) 为

$$\overline{x} = \frac{1000 + 1500 + 1480 + 1460 + 1480 + 1200}{6} \approx 1353.3.$$

从而估计 μ 为 1353.3. 即 1353.3 为 μ 的点估计值，$\overline{X}$ 为 μ 的点估计量.

下面具体介绍两种常用的点估计方法：**矩估计** (moment estimation) 法和**最大似然估计** (maximum likelihood estimation) 法.

7.1.1　矩估计法

矩估计法最早是由英国的统计学家皮尔逊提出的一种参数点估计方法. 其实质是用样本矩去估计总体矩, 用样本矩的函数去估计总体矩的函数.

1. 矩估计法思想

设 $X_1, X_2, \cdots, X_n$ 为来自总体 X 的一个样本. 若 X 的 k 阶原点矩 $\nu_k = E(X^k)$ 存在, 则由辛钦大数定律可知

$$A_k = \frac{1}{n}\sum_{i=1}^{n} X_i^k \xrightarrow{P} \nu_k, \quad k = 1, 2, \cdots .$$

进而, 根据依概率收敛的性质可得

$$g(A_1, A_2, \cdots, A_k) \xrightarrow{P} g(\nu_1, \nu_2, \cdots, \nu_k),$$

其中 g 为连续函数.

注 7.2　上述思想表明当样本容量很大时, 可以用样本原点矩去估计总体原点矩, 用样本原点矩的连续函数去估计总体原点矩的连续函数. 这种点估计法称为矩估计法.

2. 矩估计法的基本步骤及应用

设总体 X 的分布函数涉及 k 个未知参数 $\theta_1, \theta_2, \cdots, \theta_k$, 且总体 X 的前 k 阶原点矩存在, 则对此 k 个未知参数进行估计的具体步骤如下：

第一步　求出总体 X 的前 k 阶原点矩，得方程组

$$\begin{cases} \nu_1 = E(X) = \nu_1(\theta_1, \theta_2, \cdots, \theta_k), \\ \nu_2 = E(X^2) = \nu_2(\theta_1, \theta_2, \cdots, \theta_k), \\ \qquad\cdots\cdots \\ \nu_k = E(X^k) = \nu_k(\theta_1, \theta_2, \cdots, \theta_k); \end{cases} \tag{7.1}$$

第二步　求解式 (7.1) 中关于 $\theta_1, \theta_2, \cdots, \theta_k$ 的方程组, 可得

$$\begin{cases} \theta_1 = \theta_1(\nu_1, \nu_2, \cdots, \nu_k), \\ \theta_2 = \theta_2(\nu_1, \nu_2, \cdots, \nu_k), \\ \qquad\cdots\cdots \\ \theta_k = \theta_k(\nu_1, \nu_2, \cdots, \nu_k); \end{cases} \tag{7.2}$$

第三步 用样本原点矩 A_i 取代式 (7.2) 中的总体原点矩 $\nu_i\ (i=1, 2, \cdots, k)$, 得 k 个未知参数的矩估计量为

$$\begin{cases} \hat{\theta}_1 = \theta_1(A_1, A_2, \cdots, A_k), \\ \hat{\theta}_2 = \theta_2(A_1, A_2, \cdots, A_k), \\ \qquad \cdots\cdots \\ \hat{\theta}_k = \theta_k(A_1, A_2, \cdots, A_k). \end{cases}$$

按上述三个步骤得到的估计量 $\hat{\theta}_i\ (i=1, 2, \cdots, k)$ 称为未知参数 θ_i 的**矩估计量** (moment estimator), 其观察值称为未知参数 θ_i 的**矩估计值** (moment estimate).

例 7.2 设总体 $X \sim B(n, p)$, 参数 n 和 p 未知, $X_1, X_2, \cdots, X_n$ 为来自总体 X 的一个样本, 其样本值为 $x_1, x_2, \cdots, x_n$. 求 n, p 的矩估计量与矩估计值.

解 根据题意知

$$\begin{cases} \nu_1 = E(X) = np, \\ \nu_2 = E(X^2) = [E(X)]^2 + D(X) = (np)^2 + np(1-p) = np(np-p+1), \end{cases}$$

即

$$\begin{cases} np = \nu_1, \\ np(np-p+1) = \nu_2. \end{cases}$$

解此方程组得

$$p = 1 + \nu_1 - \frac{\nu_2}{\nu_1}, \qquad n = \frac{(\nu_1)^2}{\nu_1 + (\nu_1)^2 - \nu_2}.$$

用样本原点矩 A_1, A_2 分别取代 ν_1, ν_2, 得 n 和 p 的矩估计量为

$$\hat{p} = 1 + A_1 - \frac{A_2}{A_1} = 1 + \overline{X} - \frac{A_2}{\overline{X}},$$

$$\hat{n} = \frac{(A_1)^2}{A_1 + (A_1)^2 - A_2} = \frac{(\overline{X})^2}{\overline{X} + (\overline{X})^2 - A_2}.$$

于是 n 和 p 的矩估计值为

$$\hat{p} = 1 + \overline{x} - \frac{a_2}{\overline{x}}, \quad \hat{n} = \frac{(\overline{x})^2}{\overline{x} + (\overline{x})^2 - a_2},$$

其中 a_2 为 A_2 的观察值.

例 7.3 设总体 $X \sim U[a, b]$, 参数 a 和 b 未知, $X_1, X_2, \cdots, X_n$ 为来自总体 X 的一个样本, 其样本值为 $x_1, x_2, \cdots, x_n$. 求 a, b 的矩估计量与矩估计值.

解　根据题意知

$$\begin{cases} \nu_1 = E(X) = \dfrac{a+b}{2}, \\ \nu_2 = E(X^2) = [E(X)]^2 + D(X) = \dfrac{(a+b)^2}{4} + \dfrac{(b-a)^2}{12}, \end{cases}$$

即

$$\begin{cases} \dfrac{a+b}{2} = \nu_1, \\ \dfrac{(a+b)^2}{4} + \dfrac{(b-a)^2}{12} = \nu_2. \end{cases}$$

解此方程组得

$$a = \nu_1 - \sqrt{3(\nu_2 - \nu_1^2)}, \qquad b = \nu_1 + \sqrt{3(\nu_2 - \nu_1^2)}.$$

用样本原点矩 A_1, A_2 分别取代 ν_1, ν_2, 得 a 和 b 的矩估计量为

$$\hat{a} = A_1 - \sqrt{3(A_2 - A_1^2)} = \overline{X} - \sqrt{\frac{3}{n}\sum_{i=1}^{n}(X_i - \overline{X})^2},$$

$$\hat{b} = A_1 + \sqrt{3(A_2 - A_1^2)} = \overline{X} + \sqrt{\frac{3}{n}\sum_{i=1}^{n}(X_i - \overline{X})^2}.$$

于是 a 和 b 的矩估计值为

$$\hat{a} = \overline{x} - \sqrt{\frac{3}{n}\sum_{i=1}^{n}(x_i - \overline{x})^2}, \qquad \hat{b} = \overline{x} + \sqrt{\frac{3}{n}\sum_{i=1}^{n}(x_i - \overline{x})^2}.$$

例 7.4　设总体 $X \sim N(\mu, \sigma^2)$, 参数 μ 和 σ^2 未知, $X_1, X_2, \cdots, X_n$ 为来自总体 X 的一个样本, 其样本值为 $x_1, x_2, \cdots, x_n$. 求 μ, σ^2 的矩估计量与矩估计值.

解　根据题意知

$$\begin{cases} \nu_1 = E(X) = \mu, \\ \nu_2 = E(X^2) = [E(X)]^2 + D(X) = \mu^2 + \sigma^2, \end{cases}$$

即

$$\begin{cases} \mu = \nu_1, \\ \mu^2 + \sigma^2 = \nu_2. \end{cases}$$

解此方程组得

$$\mu = \nu_1, \quad \sigma^2 = \nu_2 - \nu_1^2.$$

用样本原点矩 A_1, A_2 分别取代 ν_1, ν_2, 得 μ 和 σ^2 的矩估计量为

$$\hat{\mu}=A_1=\overline{X}, \qquad \hat{\sigma}^2=A_2-A_1^2=\frac{1}{n}\sum_{i=1}^{n}X_i^2-\overline{X}^2=\frac{1}{n}\sum_{i=1}^{n}(X_i-\overline{X})^2.$$

于是 μ 和 σ^2 的矩估计值为

$$\hat{\mu}=\overline{x}, \qquad \hat{\sigma}^2=\frac{1}{n}\sum_{i=1}^{n}x_i^2-\overline{x}^2=\frac{1}{n}\sum_{i=1}^{n}(x_i-\overline{x})^2.$$

注 7.3 (1) 假定总体的期望和方差未知, 由矩估计法可知, 不管总体服从何种分布, 期望和方差的矩估计量分别是样本均值和样本二阶中心矩.

(2) 矩估计法直观简便, 但存在多处不足: 要求总体存在所需的各阶矩; 矩估计量有时不唯一; 不能充分利用总体分布类型提供的信息, 导致估计的精度可能比其他方法低.

7.1.2 最大似然估计法

最大似然估计法是由德国数学家高斯 (Gauss) 于 1821 年提出, 并于 20 世纪初由费希尔重新发现的一种点估计方法. 其理论依据为 "**概率最大的事件, 在一次试验中最有可能发生**"(即**最大似然原理**).

例 7.5 小王和小张进行射击, 小王射击的命中率为 0.8, 小张射击的命中率为 0.3. 两人同时射向同一靶子, 但只有一人命中靶子, 请问谁击中了靶子?

显然, 大家会认为小王击中了靶子. 因为在一次试验中, 小王射击的命中率大于小张射击的命中率, 因而小王最有可能击中靶子. 这一结论利用了最大似然原理.

1. 离散型与连续型总体参数的最大似然估计

设总体 X 的分布类型已知, $X_1, X_2, \cdots, X_n$ 为来自总体 X 的一个样本, 待估参数为 θ. 为了估计参数 θ, 下面根据最大似然原理就离散型总体和连续型总体两种情形分别加以讨论.

(1) 设 X 为离散型随机变量, 其分布律为 $P\{X=x\}=p(x;\theta)$, 其中 $\theta\in\Theta$, Θ 是 θ 的取值范围. 已知在一次试验中, 样本 $X_1, X_2, \cdots, X_n$ 取到了样本值 $x_1, x_2, \cdots, x_n$, 即事件 $\{X_1=x_1, X_2=x_2, \cdots, X_n=x_n\}$ 发生了, 并且此事件发生的概率为

$$P\{X_1=x_1, X_2=x_2, \cdots, X_n=x_n\}=\prod_{i=1}^{n}p(x_i;\theta). \tag{7.3}$$

令

$$L(x_1, x_2, \cdots, x_n;\theta)=\prod_{i=1}^{n}p(x_i;\theta), \tag{7.4}$$

则 $L(x_1, x_2, \cdots, x_n; \theta)$ 是关于 θ 的函数, 称为样本的**似然函数** (likelihood function).

事实上, 对于上述取到的样本值 $x_1, x_2, \cdots, x_n$, 似然函数 $L(x_1, x_2, \cdots, x_n; \theta)$ 的取值会随 θ 取值的变化而变化. 而且, $L(x_1, x_2, \cdots, x_n; \theta)$ 取值的变大意味着样本 $X_1, X_2, \cdots, X_n$ 取到样本值 $x_1, x_2, \cdots, x_n$ 的概率变大. 特别注意的是, 在一次试验中, 样本值 $x_1, x_2, \cdots, x_n$ 已经被取到, 则根据最大似然原理可知, θ 的选取需要使得此样本值被取到的概率最大, 即使得似然函数 $L(x_1, x_2, \cdots, x_n; \theta)$ 的取值达到最大. 不妨设当 θ 取 $\hat{\theta}$ 时, 似然函数值 $L(x_1, x_2, \cdots, x_n; \theta)$ 达到最大, 即

$$L(x_1, x_2, \cdots, x_n; \hat{\theta}) = \max_{\theta \in \Theta} L(x_1, x_2, \cdots, x_n; \theta), \tag{7.5}$$

则称 $\hat{\theta}$ 为待估参数 θ 的**最大似然估计值** (maximum likelihood estimate), 通常记为 $\hat{\theta}(x_1, x_2, \cdots, x_n)$; 称 $\hat{\theta}(X_1, X_2, \cdots, X_n)$ 为待估参数 θ 的**最大似然估计量** (maximum likelihood estimator).

(2) 设 X 为连续型随机变量, 其概率密度为 $f(x; \theta)$, 其中 $\theta \in \Theta$, Θ 是 θ 的取值范围. 已知在一次试验中, 样本 $X_1, X_2, \cdots, X_n$ 取到了样本值 $x_1, x_2, \cdots, x_n$, 则随机点 $(X_1, X_2, \cdots, X_n)$ 落在点 $(x_1, x_2, \cdots, x_n)$ 的 n 维邻域内 (边长分别为 $\mathrm{d}x_1, \mathrm{d}x_2, \cdots, \mathrm{d}x_n$) 的概率近似地为

$$\prod_{i=1}^{n} f(x_i; \theta)\mathrm{d}x_i = \left(\prod_{i=1}^{n} f(x_i; \theta)\right)\left(\prod_{i=1}^{n} \mathrm{d}x_i\right). \tag{7.6}$$

类似于离散情形, 根据最大似然原理, 对于上述取到的样本值 $x_1, x_2, \cdots, x_n$, 选取使得概率 $\prod\limits_{i=1}^{n} f(x_i; \theta)\mathrm{d}x_i$ 达到最大的 $\hat{\theta}$ 作为 θ 的估计值. 鉴于 $\prod\limits_{i=1}^{n} \mathrm{d}x_i$ 不含参数 θ, 故随 θ 取值的变化, 影响概率 $\prod\limits_{i=1}^{n} f(x_i; \theta)\mathrm{d}x_i$ 取值变化的仅是 $\prod\limits_{i=1}^{n} f(x_i; \theta)$. 令

$$L(x_1, x_2, \cdots, x_n; \theta) = \prod_{i=1}^{n} f(x_i; \theta), \tag{7.7}$$

则由上面的分析可知, 选取使得函数 $L(x_1, x_2, \cdots, x_n; \theta)$ 达到最大的 $\hat{\theta}$ 作为 θ 的估计值, 即

$$L(x_1, x_2, \cdots, x_n; \hat{\theta}) = \max_{\theta \in \Theta} L(x_1, x_2, \cdots, x_n; \theta). \tag{7.8}$$

这里称 $L(x_1, x_2, \cdots, x_n; \theta)$ 为样本的**似然函数**; 称 $\hat{\theta}(x_1, x_2, \cdots, x_n)$ 为待估参数 θ 的**最大似然估计值**; 称 $\hat{\theta}(X_1, X_2, \cdots, X_n)$ 为待估参数 θ 的**最大似然估计量**.

事实上, 分布中的待估参数可能不止一个, 例如 $\theta_1, \theta_2, \cdots, \theta_k$. 这时似然函数可记为 $L(x_1, x_2, \cdots, x_n; \theta_1, \theta_2, \cdots, \theta_k)$, 简记为 $L(\theta_1, \theta_2, \cdots, \theta_k)$.

2. 最大似然估计法的步骤及应用

事实上, 由上面分析可知, 无论是离散型总体还是连续型总体, 最大似然估计值的求解问题实质为似然函数的最大值求解问题. 根据微分知识可知, 似然函数 $L(\theta_1, \theta_2, \cdots, \theta_k)$ 和其对数似然函数 $\ln L(\theta_1, \theta_2, \cdots, \theta_k)$ 可在同一点取到极大值, 因而似然函数的极值点求解可等价地转换为其对数似然函数的极值点求解. 假设对数似然函数关于待估参数可微, 下面给出最大似然估计法的具体步骤:

第一步 给出似然函数

$$L(\theta_1, \theta_2, \cdots, \theta_k) = L(x_1, x_2, \cdots, x_n; \theta_1, \theta_2, \cdots, \theta_k);$$

第二步 取似然函数的对数, 得到对数似然函数 $\ln L(\theta_1, \theta_2, \cdots, \theta_k)$;

第三步 求对数似然函数关于待估参数的导数 (或偏导数), 并令所得导数 (或偏导数) 为 0:

(1) 若待估参数只有一个 (即 $k = 1$), 将其记为 θ, 则求关于该待估参数的导数, 并令导数为 0, 即

$$\frac{\mathrm{d}\ln L(\theta)}{\mathrm{d}\theta} = 0; \tag{7.9}$$

(2) 若待估参数不止一个, 则求关于每一个待估参数的偏导数, 并令偏导数为 0, 即

$$\begin{cases} \dfrac{\partial \ln L(\theta_1, \theta_2, \cdots, \theta_k)}{\partial \theta_1} = 0, \\ \dfrac{\partial \ln L(\theta_1, \theta_2, \cdots, \theta_k)}{\partial \theta_2} = 0, \\ \cdots\cdots \\ \dfrac{\partial \ln L(\theta_1, \theta_2, \cdots, \theta_k)}{\partial \theta_k} = 0; \end{cases} \tag{7.10}$$

第四步 求解式 (7.9), 得最大似然估计值 $\hat{\theta}$; 或求解式 (7.10), 得最大似然估计值 $\hat{\theta}_1, \hat{\theta}_2, \cdots, \hat{\theta}_k$.

例 7.6 设总体 $X \sim P(\lambda)$, λ 未知, $x_1, x_2, \cdots, x_n$ 是取自总体 X 的一个样本值. 求 λ 的最大似然估计量.

解 由于 $X \sim P(\lambda)$, 故 X 的分布律为

$$P\{X = x\} = p(x; \lambda) = \frac{\lambda^x}{x!}\mathrm{e}^{-\lambda},$$

其中 $x = 0, 1, 2, \cdots$. 从而似然函数为

$$L(\lambda) = \prod_{i=1}^{n} \frac{\lambda^{x_i}}{x_i!}\mathrm{e}^{-\lambda} = \frac{\lambda^{\sum\limits_{i=1}^{n} x_i}}{\prod\limits_{i=1}^{n}(x_i!)}\mathrm{e}^{-n\lambda}.$$

进而, 可得对数似然函数为

$$\ln L(\lambda)=(\ln\lambda)\sum_{i=1}^{n}x_i-\sum_{i=1}^{n}\ln(x_i!)-n\lambda\,.$$

令

$$\frac{\mathrm{d}\ln L(\lambda)}{\mathrm{d}\lambda}=\frac{1}{\lambda}\sum_{i=1}^{n}x_i-n=0\,,$$

解此方程得

$$\hat{\lambda}=\frac{1}{n}\sum_{i=1}^{n}x_i=\overline{x}\,.$$

因此, λ 的最大似然估计量为

$$\hat{\lambda}=\frac{1}{n}\sum_{i=1}^{n}X_i=\overline{X}\,.$$

例 7.7 设总体 $X\sim N(\mu,\sigma^2)$, μ, σ^2 未知, x_1, x_2, $\cdots$, x_n 是取自总体 X 的一个样本值. 求 μ, σ^2 的最大似然估计量.

解 由于 $X\sim N(\mu,\sigma^2)$, 故 X 的概率密度为

$$f(x;\,\mu,\,\sigma^2)=\frac{1}{\sqrt{2\pi}\sigma}\mathrm{e}^{-\frac{1}{2\sigma^2}(x-\mu)^2}.$$

从而似然函数为

$$\begin{aligned}L(\mu,\,\sigma^2)&=\prod_{i=1}^{n}\frac{1}{\sqrt{2\pi}\sigma}\mathrm{e}^{-\frac{1}{2\sigma^2}(x_i-\mu)^2}\\&=(2\pi)^{-\frac{n}{2}}(\sigma^2)^{-\frac{n}{2}}\mathrm{e}^{-\frac{1}{2\sigma^2}\sum\limits_{i=1}^{n}(x_i-\mu)^2}.\end{aligned}$$

进而, 可得对数似然函数为

$$\ln L(\mu,\,\sigma^2)=-\frac{n}{2}\ln(2\pi)-\frac{n}{2}\ln(\sigma^2)-\frac{1}{2\sigma^2}\sum_{i=1}^{n}(x_i-\mu)^2.$$

令

$$\begin{cases}\dfrac{\partial\ln L(\mu,\,\sigma^2)}{\partial\mu}=\dfrac{1}{\sigma^2}\left(\displaystyle\sum_{i=1}^{n}x_i-n\mu\right)=0,\\[2ex]\dfrac{\partial\ln L(\mu,\,\sigma^2)}{\partial\sigma^2}=-\dfrac{n}{2\sigma^2}+\dfrac{1}{2(\sigma^2)^2}\displaystyle\sum_{i=1}^{n}(x_i-\mu)^2=0\,,\end{cases}$$

解此方程组, 得

$$\hat{\mu}=\frac{1}{n}\sum_{i=1}^{n}x_i=\overline{x},\quad \hat{\sigma}^2=\frac{1}{n}\sum_{i=1}^{n}(x_i-\overline{x})^2.$$

因此, μ, σ^2 的最大似然估计量为

$$\hat{\mu} = \frac{1}{n}\sum_{i=1}^{n} X_i = \overline{X}, \quad \hat{\sigma}^2 = \frac{1}{n}\sum_{i=1}^{n}(X_i - \overline{X})^2.$$

注 7.4　如果似然函数或对数似然函数关于待估参数不可微, 或者关于待估参数的导数(或偏导数)恒不为零, 那上述步骤不再适用, 需根据式(7.5)或式(7.8)的含义去求解.

例 7.8　设总体 $X \sim U[a, b]$, a, b 未知, $x_1, x_2, \cdots, x_n$ 是取自总体 X 的一个样本值. 求 a, b 的最大似然估计量.

解　由于 $X \sim U[a, b]$, 故 X 的概率密度为

$$f(x;\, a,\, b) = \begin{cases} \dfrac{1}{b-a}, & a \leqslant x \leqslant b, \\ 0, & \text{其他}. \end{cases}$$

似然函数为

$$L(a,\, b) = \begin{cases} \dfrac{1}{(b-a)^n}, & a \leqslant x_1, x_2, \cdots, x_n \leqslant b, \\ 0, & \text{其他}. \end{cases}$$

令 $x_{(1)} = \min\{x_1, x_2, \cdots, x_n\}$, $x_{(n)} = \max\{x_1, x_2, \cdots, x_n\}$, 则似然函数亦可表示为

$$L(a,\, b) = \begin{cases} \dfrac{1}{(b-a)^n}, & a \leqslant x_{(1)}, x_{(n)} \leqslant b, \\ 0, & \text{其他}. \end{cases}$$

注意到当 $a \leqslant x_{(1)}, x_{(n)} \leqslant b$ 时, $\ln L(a, b) = -n\ln(b-a)$, 且

$$\frac{\partial \ln L(a,\, b)}{\partial a} = \frac{n}{b-a}, \quad \frac{\partial \ln L(a,\, b)}{\partial b} = \frac{-n}{b-a}.$$

从而 $\ln L(a, b)$ 关于 a, b 的偏导数恒不为零, 因而不能通过式(7.10)求得 a, b 的最大似然估计值.

现在, 我们从式(7.8)的含义出发去估计 a 和 b. 为了使 $L(a, b)$ 达到最大, $b-a$ 要尽可能的小, 即 a 尽可能取大, b 尽可能取小. 事实上, 由似然函数可知

$$a \leqslant x_{(1)}, \quad b \geqslant x_{(n)}$$

从而 a 最大可取到 $x_{(1)}$, b 最小可取到 $x_{(n)}$. 故 a, b 的最大似然估计值为

$$\hat{a} = x_{(1)} = \min\{x_1, x_2, \cdots, x_n\}, \quad \hat{b} = x_{(n)} = \max\{x_1, x_2, \cdots, x_n\};$$

a, b 的最大似然估计量为

$$\hat{a} = X_{(1)} = \min\{X_1, X_2, \cdots, X_n\}, \quad \hat{b} = X_{(n)} = \max\{X_1, X_2, \cdots, X_n\}.$$

注 7.5　设 $\hat{\theta}$ 是 θ 的最大似然估计值, 函数 $u(\theta)\ (\theta \in \Theta)$ 具有单值反函数, 则 $u(\hat{\theta})$ 是 $u(\theta)$ 的最大似然估计值. 此性质称为最大似然估计的不变性.

事实上, 由于 $\hat{\theta}$ 是 θ 的最大似然估计值, 则 $L(\theta)$ 在点 $\hat{\theta}$ 处取得最大值. 又因 $u(\theta)$ 具有单值反函数, 则 $L[u(\theta)]$ 在点 $u(\hat{\theta})$ 处也会取得最大值.

例如, 在例 7.7 中, σ^2 的最大似然估计值为

$$\hat{\sigma}^2 = \frac{1}{n}\sum_{i=1}^{n}(x_i - \overline{x})^2.$$

令 $u = \sqrt{z}$, $z \geqslant 0$, 显然此函数具有单值反函数 $z = u^2$, $u \geqslant 0$. 取 $z = \sigma^2$, 则 $u = \sqrt{\sigma^2} = \sigma$. 根据最大似然估计的不变性可知, 标准差 σ 的最大似然估计值为

$$\hat{\sigma} = \sqrt{\hat{\sigma}^2} = \sqrt{\frac{1}{n}\sum_{i=1}^{n}(x_i - \overline{x})^2}.$$

同步基础训练7.1

1. 设总体 $X \sim B(1, p)$, 且 0, 1, 0, 1, 1 为来自总体 X 的一个样本值, 则 p 的矩估计值是 (　　).

A. 0.2　　B. 0.4　　C. 0.6　　D. 0.8

2. 设总体 $X \sim P(\lambda)$, λ 未知, $x_1, x_2, \cdots, x_n$ 是取自总体 X 的一个样本值, 则 λ 的矩估计量为________.

3. 设总体 $X \sim U[0, \theta]$, θ 未知, $x_1, x_2, \cdots, x_n$ 是取自总体 X 的一个样本值, 则 θ 的矩估计值为________, 最大似然估计值为________.

7.2　估计量的评价标准

由 7.1 节可知, 采用矩估计法和最大似然估计法均可对同一未知参数进行估计, 但是可能会得到不同的估计量. 例如, 设 $X \sim U[a, b]$, 则 a 和 b 的矩估计量分别为

$$\hat{a} = A_1 - \sqrt{3(A_2 - A_1^2)} = \overline{X} - \sqrt{\frac{3}{n}\sum_{i=1}^{n}(X_i - \overline{X})^2},$$

$$\hat{b} = A_1 + \sqrt{3(A_2 - A_1^2)} = \overline{X} + \sqrt{\frac{3}{n}\sum_{i=1}^{n}(X_i - \overline{X})^2};$$

a 和 b 的最大似然估计量分别为

$$\hat{a} = X_{(1)} = \min\{X_1, X_2, \cdots, X_n\}, \quad \hat{b} = X_{(n)} = \max\{X_1, X_2, \cdots, X_n\}.$$

然而, a 和 b 究竟采用哪一个估计量更好? 如何评价这些估计量? 本节主要给出估计量的三个常用的评价标准: **无偏性** (unbiasedness)、**有效性** (effectiveness) 和**相合性** (consistency).

7.2.1 无偏性

一般地, 在参数估计中, 由一个样本值 (例如, $x_1, x_2, \cdots, x_n$) 所得到的估计值 (例如, $\hat{\theta}(x_1, x_2, \cdots, x_n)$) 通常并不是待估参数 θ 的真值, 而是可能有偏差 (偏大, 或偏小). 为了减小偏差, 往往需要进行大量的重复抽样, 进而根据所得的样本值得到待估参数的估计值. 实际上, 依据大数定律, 我们总是期望这些估计值的平均值能够与待估参数的真值相等, 即无系统误差——这一特性称为**无偏性**.

设总体 X 的分布函数 $F(x;\theta)$ 的形式已知, θ 是待估参数, $X_1, X_2, \cdots, X_n$ 为来自总体 X 的一个样本, 其中 $\theta \in \Theta$, Θ 是 θ 的取值范围.

定义 7.1 若 $\hat{\theta}(X_1, X_2, \cdots, X_n)$ 为待估参数 θ 的估计量, $E(\hat{\theta})$ 存在, 且 $E(\hat{\theta}) = \theta$, 则称 $\hat{\theta}$ 是 θ 的**无偏估计量** (unbiased estimator).

例 7.9 设 $X_1, X_2, \cdots, X_n$ 为来自总体 X 的一个样本, 且总体 X 的 k 阶原点矩 $\nu_k = E(X^k)$ 存在, $k = 1, 2, \cdots$. 求证: 样本 k 阶原点矩 $A_k = \dfrac{1}{n}\sum\limits_{i=1}^{n} X_i^k$ 是 ν_k 的无偏估计量.

证明 由于 $E(X_i^k) = E(X^k) = \nu_k$, $i = 1, 2, \cdots, n$, 故

$$E(A_k) = E\left(\frac{1}{n}\sum_{i=1}^{n} X_i^k\right) = \frac{1}{n}\sum_{i=1}^{n} E(X_i^k) = \nu_k,$$

即 A_k 是 ν_k 的无偏估计量.

注 7.6 设总体 X 的均值与方差均存在, 记为 $E(X) = \mu$, $D(X) = \sigma^2$. 由于总体一阶原点矩 $\nu_1 = \mu$, 样本一阶原点矩 $A_1 = \overline{X}$, 故

(1) 根据 $E(\overline{X}) = \mu$ 可知, $\overline{X}$ 是 μ 的无偏估计量;

(2) 根据定理 6.1 可知

$$E(S^2) = D(X) = \sigma^2,$$

从而 S^2 是总体方差 σ^2 的无偏估计量. 但样本二阶中心矩 $B_2 = \dfrac{1}{n}\sum\limits_{i=1}^{n}(X_i - \overline{X})^2$ 并不是 σ^2 的无偏估计量.

事实上，由于 $\dfrac{B_2}{S^2}=\dfrac{n-1}{n}$，故 $B_2=\dfrac{n-1}{n}S^2$，进而

$$E(B_2)=\frac{n-1}{n}E(S^2)=\frac{n-1}{n}\sigma^2\neq\sigma^2.$$

例 7.10　设总体 $X\sim N(\mu,2)$，X_1, X_2 为来自总体 X 的一个样本，求证 $\overline{X}$，$\dfrac{1}{4}X_1+\dfrac{3}{4}X_2$ 均是 μ 的无偏估计量.

证明　由于

$$E(\overline{X})=E(X)=\mu,\ E\left(\frac{1}{4}X_1+\frac{3}{4}X_2\right)=E(X)=\mu,$$

故 $\overline{X}$，$\dfrac{1}{4}X_1+\dfrac{3}{4}X_2$ 均是 μ 的无偏估计量.

7.2.2　有效性

由例 7.10 可知，待估参数的无偏估计量可能不止一个，究竟哪一个估计量更胜一筹？一个判断标准是分析和比较这些无偏估计量的取值，并确定哪一个估计量的取值更集中于待估参数真值的附近，即选择方差更小的无偏估计量，从而引出估计量的第二个常用评价标准——**有效性**.

定义 7.2　设 $\hat{\theta}_1=\hat{\theta}_1(X_1,X_2,\cdots,X_n)$，$\hat{\theta}_2=\hat{\theta}_2(X_1,X_2,\cdots,X_n)$ 均为待估参数 θ 的无偏估计量. 若 $D(\hat{\theta}_1)<D(\hat{\theta}_2)$，则称 $\hat{\theta}_1$ 比 $\hat{\theta}_2$ **更有效**.

注 7.7　事实上，由于 $E(\hat{\theta}_1)=\theta$ 和 $E(\hat{\theta}_2)=\theta$，故根据方差的定义可知

$$D(\hat{\theta}_1)=E[\hat{\theta}_1-E(\hat{\theta}_1)]^2=E(\hat{\theta}_1-\theta)^2,$$
$$D(\hat{\theta}_2)=E[\hat{\theta}_2-E(\hat{\theta}_2)]^2=E(\hat{\theta}_2-\theta)^2.$$

显然，$D(\hat{\theta}_1)$ 和 $D(\hat{\theta}_2)$ 分别表示估计量 $\hat{\theta}_1, \hat{\theta}_2$ 偏离真值 θ 的程度. 若 $D(\hat{\theta}_1)<D(\hat{\theta}_2)$，则表明 $\hat{\theta}_1$ 偏离真值的程度比 $\hat{\theta}_2$ 偏离真值的程度要小，从而 $\hat{\theta}_1$ 比 $\hat{\theta}_2$ 更有效.

例 7.11　设 $X_1, X_2, \cdots, X_{10}$ 为来自总体 X 的一个样本，$E(X)=\mu$，求证：$\overline{X}$，$\dfrac{1}{2}X_1+\dfrac{1}{4}X_2+\dfrac{1}{4}X_3$ 均是 μ 的无偏估计量，并确定哪个估计量更有效.

证明　由于

$$E(\overline{X})=E(X)=\mu,$$
$$\begin{aligned}E\left(\frac{1}{2}X_1+\frac{1}{4}X_2+\frac{1}{4}X_3\right)&=\frac{1}{2}E(X_1)+\frac{1}{4}E(X_2)+\frac{1}{4}E(X_3)\\&=\frac{1}{2}\mu+\frac{1}{4}\mu+\frac{1}{4}\mu=\mu,\end{aligned}$$

故 $\overline{X}$，$\dfrac{1}{2}X_1+\dfrac{1}{4}X_2+\dfrac{1}{4}X_3$ 均是 μ 的无偏估计量. 又因

$$D(\overline{X})=\frac{1}{10}D(X)=\frac{1}{10}\sigma^2,$$

$$D\left(\frac{1}{2}X_1+\frac{1}{4}X_2+\frac{1}{4}X_3\right)=\frac{1}{4}D(X_1)+\frac{1}{16}D(X_2)+\frac{1}{16}D(X_3)$$
$$=\frac{1}{4}\sigma^2+\frac{1}{16}\sigma^2+\frac{1}{16}\sigma^2=\frac{3}{8}\sigma^2,$$

于是

$$D(\overline{X})<D\left(\frac{1}{2}X_1+\frac{1}{4}X_2+\frac{1}{4}X_3\right),$$

故 $\overline{X}$ 比 $\frac{1}{2}X_1+\frac{1}{4}X_2+\frac{1}{4}X_3$ 更有效.

7.2.3 相合性

设 $\hat{\theta}(X_1, X_2, \cdots, X_n)$ 为待估参数 θ 的估计量, 由于此估计量依赖于样本容量 n, 故将其记为 $\hat{\theta}_n(X_1, X_2, \cdots, X_n)$ (简记为 $\hat{\theta}_n$). 一般情形下, 我们希望随着 n 的增大, $\hat{\theta}_n$ 的估计精度逐步增大, 于是引出估计量的第三个常用评价标准——**相合性**. 值得注意的是, 前面所述的无偏性和有效性是在样本容量 n 固定的前提下提出的标准.

定义 7.3 设 $\{\hat{\theta}_n(X_1, X_2, \cdots, X_n)\}$ (简记为 $\{\hat{\theta}_n\}$) 为待估参数 θ 的估计量序列. 若当 $n\to\infty$ 时, $\hat{\theta}_n$ 依概率收敛于 θ, 即对于任意给定的 $\varepsilon>0$, 有

$$\lim_{n\to\infty}P\{|\hat{\theta}_n-\theta|<\varepsilon\}=1,$$

则称 $\hat{\theta}_n$ 是待估参数 θ 的**相合 (或一致) 估计量**.

注 7.8 由本章 7.1 节可知, 样本 k 阶原点矩 A_k 依概率收敛于总体的 k 阶原点矩 ν_k, 故 A_k 是 ν_k 的相合估计量, 即

$$\hat{\nu}_k=A_k,\quad k=1, 2, \cdots.$$

进而可得, $g(A_1, A_2, \cdots, A_n)$ 是 $g(\nu_1, \nu_2, \cdots, \nu_n)$ 的相合估计量, 即

$$g(\hat{\nu}_1, \hat{\nu}_2, \cdots, \hat{\nu}_n)=g(A_1, A_2, \cdots, A_n),$$

其中 g 为连续函数.

相合性是检验估计量的一个基本标准. 若某一个估计量不能满足相合性, 则无论样本容量 n 取值是多少, 该估计量都不能准确地估计待估参数, 从而该估计量是不可取的.

同步基础训练 7.2

1. 设总体 $X\sim N(\mu, \sigma^2)$, X_1, X_2 为来自总体 X 的一个样本. 若 $CX_1+\frac{1}{9}X_2$ 为 μ 的一个无偏估计量, 则 $C=$________.

2. 设总体 $X \sim N(\mu, \sigma^2)$, $X_1, X_2, \cdots, X_n$ 为来自总体 X 的一个样本, 则下列关于 μ 的估计量最有效的是(　　).

A. $2\overline{X} - X_1$　　B. $\overline{X}$　　C. $\dfrac{X_1 + X_2}{2}$　　D. $\dfrac{2}{3}X_1 + \dfrac{1}{3}X_2$

3. 设 $X_1, X_2, \cdots, X_n$ 为来自总体 X 的一个样本, $E(X) = \mu$, $D(X) = \sigma^2$, 则下列叙述正确的是(　　).

A. S 是 σ 的无偏估计量　　B. S^2 是 σ^2 的无偏估计量

C. $\overline{X}^2$ 是 μ^2 的无偏估计量　　D. $\dfrac{1}{n-1}\sum\limits_{i=1}^{n} X_i^2$ 是 $E(X^2)$ 的无偏估计量

7.3　双侧置信区间

点估计法直观简单, 但无法确定点估计值接近待估参数真值的程度, 可靠性也无法预估. 20 世纪 30 年代, 统计学家奈曼 (Neyman) 提出了**区间估计**的方法. 此方法依据一定概率去估计待估参数, 并给出一个随机区间. 显然, 依据一定概率选择随机区间, 一方面确保了所选择的随机区间的可靠性, 另一方面给出了待估参数的取值范围, 从而展示了其接近待估参数的程度.

设总体 X 的分布函数 $F(x;\theta)$ 的形式已知, θ 是待估参数, $X_1, X_2, \cdots, X_n$ 为来自总体 X 的一个样本, 其样本值为 $x_1, x_2, \cdots, x_n$, 其中 $\theta \in \Theta$, Θ 是 θ 的取值范围.

定义 7.4　对于给定的值 $\alpha\,(0 < \alpha < 1)$, 若存在统计量 $\hat{\theta}_1(X_1, X_2, \cdots, X_n)$ 和 $\hat{\theta}_2(X_1, X_2, \cdots, X_n)$, $\hat{\theta}_1(X_1, X_2, \cdots, X_n) < \hat{\theta}_2(X_1, X_2, \cdots, X_n)$, 使得

$$P\{\hat{\theta}_1(X_1, X_2, \cdots, X_n) < \theta < \hat{\theta}_2(X_1, X_2, \cdots, X_n)\} = 1 - \alpha, \tag{7.11}$$

则称随机区间 $(\hat{\theta}_1(X_1, X_2, \cdots, X_n), \hat{\theta}_2(X_1, X_2, \cdots, X_n))$ (简记为 $(\hat{\theta}_1, \hat{\theta}_2)$) 为待估参数 θ 的置信水平为 $1-\alpha$ 的**双侧置信区间** (two-sided confidence interval); 称 $1-\alpha$ 为**置信水平** (confidence level); 称 $\hat{\theta}_1(X_1, X_2, \cdots, X_n)$ (简记为 $\hat{\theta}_1$) 为置信下限; 称 $\hat{\theta}_2(X_1, X_2, \cdots, X_n)$ (简记为 $\hat{\theta}_2$) 为置信上限.

注 7.9　(1) 由于 $(\hat{\theta}_1(X_1, X_2, \cdots, X_n), \hat{\theta}_2(X_1, X_2, \cdots, X_n))$ 是一随机区间, 故随着样本值的变化, 会相应得到不同的区间值

$$(\hat{\theta}_1(x_1, x_2, \cdots, x_n), \hat{\theta}_2(x_1, x_2, \cdots, x_n)).$$

这些区间值实质为双侧置信区间的观察值, 为方便起见, 本书也称其为双侧置信区间, 且 $\hat{\theta}_1(x_1, x_2, \cdots, x_n)$ 和 $\hat{\theta}_2(x_1, x_2, \cdots, x_n)$ 亦分别简记为 $\hat{\theta}_1$ 和 $\hat{\theta}_2$.

(2) 若 X 是连续型随机变量, 则根据式(7.11), 可直接求出双侧置信区间; 若 X 是离散型随机变量, 则往往不易找到随机区间 $(\hat{\theta}_1, \hat{\theta}_2)$, 使得 $P\{\hat{\theta}_1 < \theta < \hat{\theta}_2\}$ 恰为 $1-\alpha$. 此时, 我们通常选择随机区间 $(\hat{\theta}_1, \hat{\theta}_2)$ 使得

$$P\{\hat{\theta}_1 < \theta < \hat{\theta}_2\} \geqslant 1-\alpha,$$

并且尽可能地接近 $1-\alpha$.

例 7.12 设 $X \sim N(\mu, 1)$, $X_1, X_2, \cdots, X_n$ 为来自总体 X 的一个样本. 若

$$P\{\overline{X} - 0.1 < \mu < \overline{X} + 0.1\} = 0.95,$$

则 $(\overline{X} - 0.1, \overline{X} + 0.1)$ 为待估参数 μ 的置信水平为 0.95 的双侧置信区间, 其中 $\overline{X} - 0.1$ 为置信下限, $\overline{X} + 0.1$ 为置信上限.

由于 $\overline{x}$ 为 $\overline{X}$ 的观察值, 故由注 7.9 可知 $(\overline{x} - 0.1, \overline{x} + 0.1)$ 也为待估参数 μ 的置信水平为 0.95 的双侧置信区间, 其中 $\overline{x} - 0.1$ 为置信下限, $\overline{x} + 0.1$ 为置信上限.

为方便起见, **本书将双侧置信区间简称为置信区间**.

7.3.1 置信区间的求解步骤

由置信区间的定义可知以下结论.

(1) 置信区间的长度 $\hat{\theta}_2 - \hat{\theta}_1$ 反映了估计的精度, $\hat{\theta}_2 - \hat{\theta}_1$ 越小, 表明估计的精度越高.

(2) 置信水平 $1-\alpha$ 反映了置信区间 $(\hat{\theta}_1, \hat{\theta}_2)$ 包含待估参数的可靠性程度, $1-\alpha$ 越大, 表明估计的可靠性程度越高. 例如, 令 $\alpha = 0.05$, 则 $1-\alpha = 0.95$, 这表明若进行 100 次抽样, 每次抽样得到一个置信区间 (例如, $(\hat{\theta}_1, \hat{\theta}_2)$), 则理论上可断言共 95 (即 $100(1-0.05) = 95$) 个置信区间包含了待估参数真值. 换言之, 对于每一个给定的置信区间 $(\hat{\theta}_1, \hat{\theta}_2)$, 可知此区间有 95% 的把握包含了待估参数真值.

显然, 可靠性与精度是一对不可调和的矛盾, 因此不可能同时提高可靠性与精度. 一般地, 若样本容量不变, 往往选择一个定值 α, 即事先确定可靠性, 然后尽可能地去提高精度, 即选择长度尽可能小的置信区间.

那么置信水平 $1-\alpha$ 一旦给定, 如何确定置信区间呢? 下面给出具体步骤.

第一步 构造一个关于样本 $X_1, X_2, \cdots, X_n$ 和待估参数 θ 的函数

$$T = T(X_1, X_2, \cdots, X_n; \theta).$$

此函数 T 的分布已知, 且该分布并不依赖于参数 θ 和其他未知参数. 这里称函数 T 为枢轴量.

第二步 给定置信水平 $1-\alpha$, 根据 T 的分布确定常数 a 和 b, 使得

$$P\{a < T(X_1, X_2, \cdots, X_n; \theta) < b\} = 1-\alpha.$$

第三步　求解 $a < T(X_1, X_2, \cdots, X_n; \theta) < b$, 得等价不等式

$$\hat{\theta}_1(X_1, X_2, \cdots, X_n) < \theta < \hat{\theta}_2(X_1, X_2, \cdots, X_n).$$

从而

$$P\{\hat{\theta}_1(X_1, X_2, \cdots, X_n) < \theta < \hat{\theta}_2(X_1, X_2, \cdots, X_n)\} = 1-\alpha.$$

于是 θ 的置信水平为 $1-\alpha$ 的置信区间为 $(\hat{\theta}_1, \hat{\theta}_2)$.

第四步　给定样本值 $x_1, x_2, \cdots, x_n$, 计算

$$\hat{\theta}_1(x_1, x_2, \cdots, x_n), \quad \hat{\theta}_2(x_1, x_2, \cdots, x_n),$$

则 θ 的置信水平为 $1-\alpha$ 的置信区间是

$$(\hat{\theta}_1(x_1, x_2, \cdots, x_n), \hat{\theta}_2(x_1, x_2, \cdots, x_n)),$$

简记为 $(\hat{\theta}_1, \hat{\theta}_2)$.

注 7.10　显然, 在置信区间的求解过程中, 当 a 和 b 取不同数值时, 可得不同的置信区间. 但是, 为了得到精度高的置信区间, 须选择合适的 a 和 b, 使得所得置信区间的长度最短.

(1) 给定置信水平 α, 若 T 服从正态分布 (或 $t(n)$ 分布), 则一般取 $a = -z_{\alpha/2}$, $b = z_{\alpha/2}$ (或 $a = -t_{\alpha/2}(n)$, $b = t_{\alpha/2}(n)$), 即取对称的上分位点. 这时所得置信区间的长度最短.

(2) 给定置信水平 α, 若 T 服从 $\chi^2(n)$ 分布 (或 $F(n_1, n_2)$ 分布), 习惯上仍取对称的上分位点, 即

$$a = \chi^2_{1-\alpha/2}(n), \quad b = \chi^2_{\alpha/2}(n) \quad (\text{或 } a = F_{1-\alpha/2}(n_1, n_2), b = F_{\alpha/2}(n_1, n_2)).$$

7.3.2　单个正态总体均值与方差的区间估计

设 $X \sim N(\mu, \sigma^2)$, $X_1, X_2, \cdots, X_n$ 为来自总体 X 的一个样本, $\overline{X}$ 为样本均值, S^2 为样本方差, 置信水平为 $1-\alpha$.

1. *方差 σ^2 已知, 均值 μ 的置信区间*

(1) 确定枢轴量 $Z = \dfrac{\overline{X}-\mu}{\sigma/\sqrt{n}} \sim N(0, 1)$;

(2) 查标准正态分布表得 $z_{\alpha/2}$, 使得 $P\{|Z| < z_{\alpha/2}\} = 1-\alpha$ (图 7.1);

(3) 求解 $|Z| < z_{\alpha/2}$, 即

$$\left|\frac{\overline{X}-\mu}{\sigma/\sqrt{n}}\right| < z_{\alpha/2},$$

可得

$$\overline{X} - \frac{\sigma}{\sqrt{n}} z_{\alpha/2} < \mu < \overline{X} + \frac{\sigma}{\sqrt{n}} z_{\alpha/2},$$

从而 μ 的置信水平为 $1-\alpha$ 的置信区间是

$$\left(\overline{X} - \frac{\sigma}{\sqrt{n}} z_{\alpha/2}, \overline{X} + \frac{\sigma}{\sqrt{n}} z_{\alpha/2}\right),$$

简记为

$$\left(\overline{X} \pm \frac{\sigma}{\sqrt{n}} z_{\alpha/2}\right);$$

(4) 给定样本值 $x_1, x_2, \cdots, x_n$, 计算 $\overline{x}$, 则 μ 的置信水平为 $1-\alpha$ 的置信区间是

$$\left(\overline{x} - \frac{\sigma}{\sqrt{n}} z_{\alpha/2}, \overline{x} + \frac{\sigma}{\sqrt{n}} z_{\alpha/2}\right), \tag{7.12}$$

简记为

$$\left(\overline{x} \pm \frac{\sigma}{\sqrt{n}} z_{\alpha/2}\right).$$

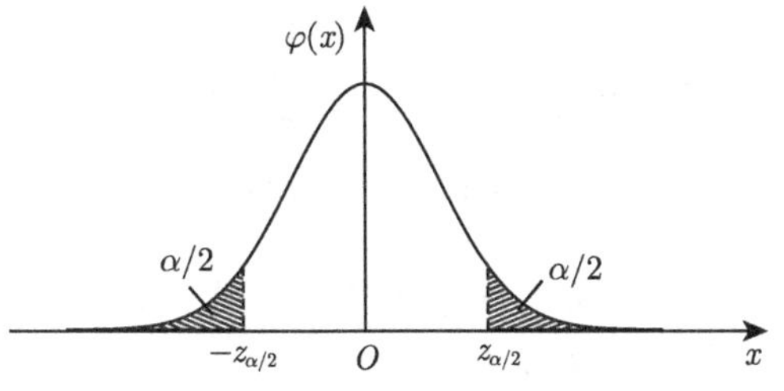

图 7.1 标准正态分布

2. *方差 σ^2 未知, 均值 μ 的置信区间*

(1) 确定枢轴量 $t = \dfrac{\overline{X} - \mu}{S/\sqrt{n}} \sim t(n-1)$;

(2) 查 t 分布表得 $t_{\alpha/2}(n-1)$, 使得 $P\{|t| < t_{\alpha/2}(n-1)\} = 1-\alpha$ (图 7.2);

(3) 求解 $|t| < t_{\alpha/2}(n-1)$, 即

$$\left|\frac{\overline{X} - \mu}{S/\sqrt{n}}\right| < t_{\alpha/2}(n-1),$$

可得

$$\overline{X} - \frac{S}{\sqrt{n}} t_{\alpha/2}(n-1) < \mu < \overline{X} + \frac{S}{\sqrt{n}} t_{\alpha/2}(n-1),$$

从而μ的置信水平为$1-\alpha$的置信区间是

$$\left(\overline{X}-\frac{S}{\sqrt{n}}t_{\alpha/2}(n-1),\,\overline{X}+\frac{S}{\sqrt{n}}t_{\alpha/2}(n-1)\right),$$

简记为

$$\left(\overline{X}\pm\frac{S}{\sqrt{n}}t_{\alpha/2}(n-1)\right);$$

(4) 给定样本值$x_1, x_2, \cdots, x_n$, 计算$\overline{x}$和s^2, 则μ的置信水平为$1-\alpha$的置信区间是

$$\left(\overline{x}-\frac{s}{\sqrt{n}}t_{\alpha/2}(n-1),\,\overline{x}+\frac{s}{\sqrt{n}}t_{\alpha/2}(n-1)\right),\tag{7.13}$$

简记为

$$\left(\overline{x}\pm\frac{s}{\sqrt{n}}t_{\alpha/2}(n-1)\right).$$

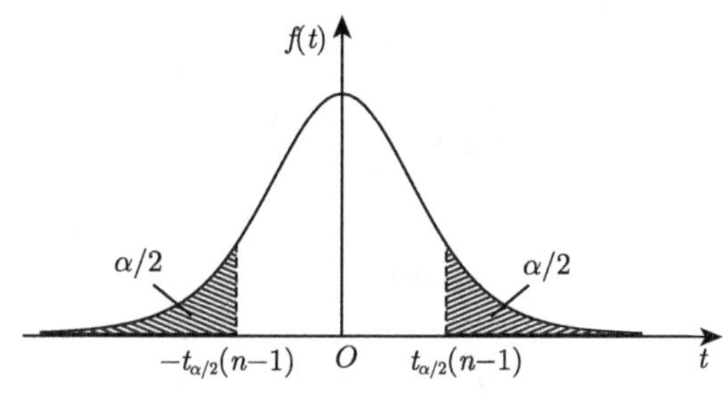

图 7.2 $t(n-1)$分布

例 7.13 已知某一保险公司投保人的年龄服从正态分布$N(\mu,\sigma^2)$, 现任意选取16个投保人, 其投保年龄具体如下:

43 42 31 27 36 44 35 23 49 38 48 45 32 34 50 34

(1) 若$\sigma^2=4$, 求μ的置信水平为0.9的置信区间;

(2) 若σ^2未知, 求μ的置信水平为0.9的置信区间.

解 (1) 根据题意知$\sigma^2=4$, $n=16$, $1-\alpha=0.9$,

$$\overline{x}=\frac{1}{16}\sum_{i=1}^{16}x_i=38.1875,$$

且查表可得 $z_{0.05}=1.645$. 由于σ^2已知, 故根据式(7.12)可知, μ的置信区间为

$$\left(\overline{x}-\frac{\sigma}{\sqrt{n}}z_{\alpha/2},\,\overline{x}+\frac{\sigma}{\sqrt{n}}z_{\alpha/2}\right).$$

代入数值, 可得

$$\left(38.1875-\frac{\sqrt{4}}{\sqrt{16}}1.645,\ 38.1875+\frac{\sqrt{4}}{\sqrt{16}}1.645\right)=(37.365,\ 39.01),$$

即 μ 的置信水平为 0.9 的置信区间是 (37.365, 39.01).

(2) 根据题意知 $n=16,\ 1-\alpha=0.9$,

$$\overline{x}=\frac{1}{16}\sum_{i=1}^{16}x_i=38.1875,\quad s^2=\frac{\sum\limits_{i=1}^{16}(x_i-\overline{x})^2}{15}=64.4292,$$

且查表可得 $t_{0.05}(15)=1.7531$. 由于 σ^2 未知, 故根据式 (7.13) 可知, μ 的置信区间为

$$\left(\overline{x}-\frac{s}{\sqrt{n}}t_{\alpha/2}(n-1),\ \overline{x}+\frac{s}{\sqrt{n}}t_{\alpha/2}(n-1)\right).$$

代入数值, 可得

$$\left(38.1875-\frac{\sqrt{64.4292}}{\sqrt{16}}1.7531,\ 38.1875+\frac{\sqrt{64.4292}}{\sqrt{16}}1.7531\right)=(34.6696,\ 41.7054),$$

即 μ 的置信水平为 0.9 的置信区间是 (34.6696, 41.7054).

3. 均值 μ 已知, 方差 σ^2 的置信区间

(1) 确定枢轴量 $\chi_1^2=\sum\limits_{i=1}^{n}\left(\dfrac{X_i-\mu}{\sigma}\right)^2\sim\chi^2(n)$;

(2) 查 χ^2 分布表得 $\chi^2_{\alpha/2}(n)$ 和 $\chi^2_{1-\alpha/2}(n)$, 使得

$$P\{\chi^2_{1-\alpha/2}(n)<\chi_1^2<\chi^2_{\alpha/2}(n)\}=1-\alpha\,(\text{图 } 7.3);$$

(3) 求解 $\chi^2_{1-\alpha/2}(n)<\chi_1^2<\chi^2_{\alpha/2}(n)$, 即

$$\chi^2_{1-\alpha/2}(n)<\sum_{i=1}^{n}\left(\frac{X_i-\mu}{\sigma}\right)^2<\chi^2_{\alpha/2}(n),$$

可得

$$\frac{\sum\limits_{i=1}^{n}(X_i-\mu)^2}{\chi^2_{\alpha/2}(n)}<\sigma^2<\frac{\sum\limits_{i=1}^{n}(X_i-\mu)^2}{\chi^2_{1-\alpha/2}(n)},$$

从而 σ^2 的置信水平为 $1-\alpha$ 的置信区间是

$$\left(\frac{\sum\limits_{i=1}^{n}(X_i-\mu)^2}{\chi^2_{\alpha/2}(n)},\ \frac{\sum\limits_{i=1}^{n}(X_i-\mu)^2}{\chi^2_{1-\alpha/2}(n)}\right);$$

(4) 给定样本值 $x_1, x_2, \cdots, x_n$, 则 μ 的置信水平为 $1-\alpha$ 的置信区间是

$$\left(\frac{\sum_{i=1}^{n}(x_i-\mu)^2}{\chi^2_{\alpha/2}(n)}, \frac{\sum_{i=1}^{n}(x_i-\mu)^2}{\chi^2_{1-\alpha/2}(n)}\right). \tag{7.14}$$

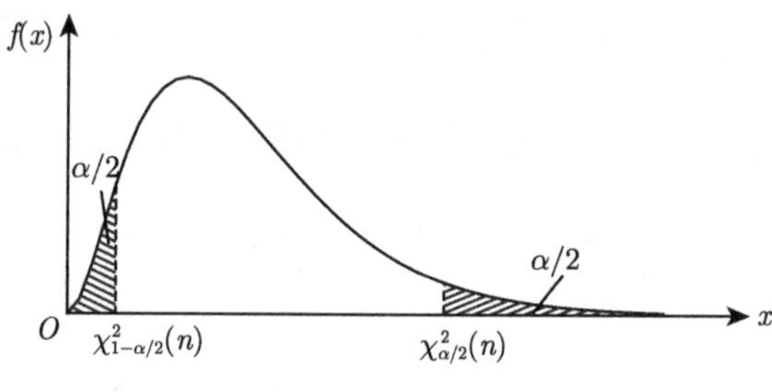

图 7.3　$\chi^2(n)$ 分布

4. 均值 μ 未知, 方差 σ^2 的置信区间

(1) 确定枢轴量 $\chi_2^2 = \dfrac{(n-1)S^2}{\sigma^2} \sim \chi^2(n-1)$;

(2) 查 χ^2 分布表得 $\chi^2_{\alpha/2}(n-1)$ 和 $\chi^2_{1-\alpha/2}(n-1)$, 使得

$$P\{\chi^2_{1-\alpha/2}(n-1) < \chi_2^2 < \chi^2_{\alpha/2}(n-1)\} = 1-\alpha;$$

(3) 求解 $\chi^2_{1-\alpha/2}(n-1) < \chi_2^2 < \chi^2_{\alpha/2}(n-1)$, 即

$$\chi^2_{1-\alpha/2}(n-1) < \frac{(n-1)S^2}{\sigma^2} < \chi^2_{\alpha/2}(n-1),$$

可得

$$\frac{(n-1)S^2}{\chi^2_{\alpha/2}(n-1)} < \sigma^2 < \frac{(n-1)S^2}{\chi^2_{1-\alpha/2}(n-1)},$$

从而 σ^2 的置信水平为 $1-\alpha$ 的置信区间是

$$\left(\frac{(n-1)S^2}{\chi^2_{\alpha/2}(n-1)}, \frac{(n-1)S^2}{\chi^2_{1-\alpha/2}(n-1)}\right);$$

(4) 给定样本值 $x_1, x_2, \cdots, x_n$, 计算 s^2, 则 μ 的置信水平为 $1-\alpha$ 的置信区间是

$$\left(\frac{(n-1)s^2}{\chi^2_{\alpha/2}(n-1)}, \frac{(n-1)s^2}{\chi^2_{1-\alpha/2}(n-1)}\right). \tag{7.15}$$

例 7.14 在例 7.13 中, (1) 若 $\mu=35$ 周岁, 求 σ^2 的置信水平为 0.9 的置信区间; (2) 若 μ 未知, 求 σ^2 的置信水平为 0.9 的置信区间.

解 (1) 根据题意知 $\mu=35$, $n=16$, $1-\alpha=0.9$, 且查表可得

$$\chi^2_{0.05}(16)=26.296,\quad \chi^2_{0.95}(16)=7.962.$$

由于 μ 已知, 故根据式 (7.14) 可知, σ^2 的置信区间为

$$\left(\frac{\sum_{i=1}^{n}(x_i-\mu)^2}{\chi^2_{\alpha/2}(n)},\ \frac{\sum_{i=1}^{n}(x_i-\mu)^2}{\chi^2_{1-\alpha/2}(n)}\right).$$

代入数值, 可得

$$\left(\frac{\sum_{i=1}^{16}(x_i-35)^2}{26.296},\ \frac{\sum_{i=1}^{16}(x_i-35)^2}{7.962}\right)=(42.9343,\ 141.7985),$$

即 σ^2 的置信水平为 0.9 的置信区间是 (42.9343, 141.7985).

(2) 根据题意知 $n=16$, $1-\alpha=0.9$,

$$s^2=\frac{\sum_{i=1}^{16}(x_i-\overline{x})^2}{15}=64.4292,$$

且查表可得 $\chi^2_{0.05}(15)=24.996$, $\chi^2_{0.95}(15)=7.261$. 由于 μ 未知, 故根据式 (7.15) 可知, σ^2 的置信区间为

$$\left(\frac{(n-1)s^2}{\chi^2_{\alpha/2}(n-1)},\ \frac{(n-1)s^2}{\chi^2_{1-\alpha/2}(n-1)}\right).$$

代入数值, 可得

$$\left(\frac{15\times 64.4292}{24.996},\ \frac{15\times 64.4292}{7.261}\right)=(38.6637,\ 133.0998),$$

即 σ^2 的置信水平为 0.9 的置信区间是 (38.6637, 133.0998).

7.3.3 两个正态总体均值与方差的区间估计

设 $X\sim N(\mu_1,\sigma_1^2)$, $X_1, X_2, \cdots, X_{n_1}$ 为来自总体 X 的一个样本, 样本均值和样本方差分别为 $\overline{X}$, S_1^2; 设 $Y\sim N(\mu_2,\sigma_2^2)$, $Y_1, Y_2, \cdots, Y_{n_2}$ 为来自总体 Y 的一个样本, 样本均值和样本方差分别为 $\overline{Y}$, S_2^2; X 和 Y 相互独立, 置信水平为 $1-\alpha$.

1. σ_1^2, σ_2^2 已知, 两个总体均值差 $\mu_1-\mu_2$ 的置信区间

由定理6.5可知

$$\frac{(\overline{X}-\overline{Y})-(\mu_1-\mu_2)}{\sqrt{\dfrac{\sigma_1^2}{n_1}+\dfrac{\sigma_2^2}{n_2}}} \sim N(0,1).$$

确定枢轴量

$$\frac{(\overline{X}-\overline{Y})-(\mu_1-\mu_2)}{\sqrt{\dfrac{\sigma_1^2}{n_1}+\dfrac{\sigma_2^2}{n_2}}},$$

可得 $\mu_1-\mu_2$ 的置信水平为 $1-\alpha$ 的置信区间是

$$\left((\overline{X}-\overline{Y})-z_{\alpha/2}\sqrt{\frac{\sigma_1^2}{n_1}+\frac{\sigma_2^2}{n_2}},\ (\overline{X}-\overline{Y})+z_{\alpha/2}\sqrt{\frac{\sigma_1^2}{n_1}+\frac{\sigma_2^2}{n_2}}\right).$$

给定样本值 $x_1, x_2, \cdots, x_{n_1}, y_1, y_2, \cdots, y_{n_2}$, 则 $\mu_1-\mu_2$ 的置信水平为 $1-\alpha$ 的置信区间是

$$\left((\overline{x}-\overline{y})-z_{\alpha/2}\sqrt{\frac{\sigma_1^2}{n_1}+\frac{\sigma_2^2}{n_2}},\ (\overline{x}-\overline{y})+z_{\alpha/2}\sqrt{\frac{\sigma_1^2}{n_1}+\frac{\sigma_2^2}{n_2}}\right), \tag{7.16}$$

其中, $\overline{x}, \overline{y}$ 分别是总体 X 和 Y 的样本均值的观察值.

2. σ_1^2, σ_2^2 未知, 但 $\sigma_1^2=\sigma_2^2$, 两个总体均值差 $\mu_1-\mu_2$ 的置信区间

由定理6.6可知, 若 σ_1^2, σ_2^2 未知, $\sigma_1^2=\sigma_2^2$, 则

$$\frac{(\overline{X}-\overline{Y})-(\mu_1-\mu_2)}{S_w\sqrt{\dfrac{1}{n_1}+\dfrac{1}{n_2}}} \sim t(n_1+n_2-2),$$

其中

$$S_w^2=\frac{(n_1-1)S_1^2+(n_2-1)S_2^2}{n_1+n_2-2}.$$

确定枢轴量

$$\frac{(\overline{X}-\overline{Y})-(\mu_1-\mu_2)}{S_w\sqrt{\dfrac{1}{n_1}+\dfrac{1}{n_2}}},$$

可得 $\mu_1-\mu_2$ 的置信水平为 $1-\alpha$ 的置信区间是

$$\Bigg((\overline{X}-\overline{Y})-t_{\alpha/2}(n_1+n_2-2)S_w\sqrt{\frac{1}{n_1}+\frac{1}{n_2}},$$

$$(\overline{X}-\overline{Y})+t_{\alpha/2}(n_1+n_2-2)S_w\sqrt{\frac{1}{n_1}+\frac{1}{n_2}}\bigg).$$

给定样本值 $x_1, x_2, \cdots, x_{n_1}, y_1, y_2, \cdots, y_{n_2}$, 则 $\mu_1-\mu_2$ 的置信水平为 $1-\alpha$ 的置信区间是

$$\begin{aligned}&\left((\overline{x}-\overline{y})-t_{\alpha/2}(n_1+n_2-2)s_w\sqrt{\frac{1}{n_1}+\frac{1}{n_2}},\right.\\&\left.(\overline{x}-\overline{y})+t_{\alpha/2}(n_1+n_2-2)s_w\sqrt{\frac{1}{n_1}+\frac{1}{n_2}}\right),\end{aligned} \tag{7.17}$$

其中 $\overline{x}, \overline{y}$ 分别是总体 X 和 Y 的样本均值的观察值,

$$s_w^2=\frac{(n_1-1)s_1^2+(n_2-1)s_2^2}{n_1+n_2-2},$$

且 s_1^2, s_2^2 分别是总体 X 和 Y 的样本方差的观察值.

例 7.15 某公司制造螺栓, 引进甲和乙两种不同型号的机器进行生产. 假设由甲型号机器生产的螺栓口径 (单位: cm) $X\sim N(\mu_1, \sigma_1^2)$; 由乙型号机器生产的螺栓口径 (单位: cm) $Y\sim N(\mu_2, \sigma_2^2)$. 随机抽取甲型号机器生产的螺栓 16 只, 可得 $\overline{x}=7.1$, $s_1^2=0.03$, 随机抽取乙型号机器生产的螺栓 25 只, 可得 $\overline{y}=7$, $s_2^2=0.02$.

(1) 若 $\sigma_1^2=0.03, \sigma_2^2=0.02$, 求均值差 $\mu_1-\mu_2$ 的置信水平为 0.95 的置信区间;

(2) 若 σ_1^2, σ_2^2 未知, 但 $\sigma_1^2=\sigma_2^2$, 求均值差 $\mu_1-\mu_2$ 的置信水平为 0.95 的置信区间.

解 (1) 由题意知 $n_1=16, n_2=25, \overline{x}=7.1, \overline{y}=7, 1-\alpha=0.95$, 且查表得 $z_{0.025}=1.96$. 于是根据式 (7.16) 可知, $\mu_1-\mu_2$ 的置信水平为 0.95 的置信区间是

$$\left((\overline{x}-\overline{y})-z_{\alpha/2}\sqrt{\frac{\sigma_1^2}{n_1}+\frac{\sigma_2^2}{n_2}}, (\overline{x}-\overline{y})+z_{\alpha/2}\sqrt{\frac{\sigma_1^2}{n_1}+\frac{\sigma_2^2}{n_2}}\right).$$

代入数值, 可得

$$\begin{aligned}&\left((7.1-7)-1.96\sqrt{\frac{0.03}{16}+\frac{0.02}{25}}, (7.1-7)+1.96\sqrt{\frac{0.03}{16}+\frac{0.02}{25}}\right)\\&=(-0.0014, 0.2014),\end{aligned}$$

即 $\mu_1-\mu_2$ 的置信水平为 0.95 的置信区间是 $(-0.0014, 0.2014)$.

(2) 由题意知 $n_1=16, n_2=25, \overline{x}=7.1, \overline{y}=7, s_1^2=0.03, s_2^2=0.02, 1-\alpha=0.95$, 且查表得 $t_{0.025}(39)=2.0227$. 于是根据式 (7.17) 可知, $\mu_1-\mu_2$ 的置信水平

为 0.95 的置信区间是

$$\left((\overline{x}-\overline{y})-t_{\alpha/2}(n_1+n_2-2)s_w\sqrt{\frac{1}{n_1}+\frac{1}{n_2}},\right.$$
$$\left.(\overline{x}-\overline{y})+t_{\alpha/2}(n_1+n_2-2)s_w\sqrt{\frac{1}{n_1}+\frac{1}{n_2}}\right),$$

其中 $s_w^2=\dfrac{(n_1-1)s_1^2+(n_2-1)s_2^2}{n_1+n_2-2}$. 代入数值, 可得

$$s_w^2=\frac{(16-1)s_1^2+(25-1)s_2^2}{16+25-2}=0.0238,$$

$$\left((7.1-7)-2.0227\times\sqrt{0.0238}\times\sqrt{\frac{1}{16}+\frac{1}{25}},\right.$$
$$\left.(7.1-7)+2.0227\times\sqrt{0.0238}\times\sqrt{\frac{1}{16}+\frac{1}{25}}\right)$$
$$=(0.0011,\ 0.1989),$$

即 $\mu_1-\mu_2$ 的置信水平为 0.95 的置信区间是 (0.0011, 0.1989).

3. $\mu_1,\ \mu_2$ **已知, 两个总体方差比** σ_1^2/σ_2^2 **的置信区间**

根据定理 6.7(1) 中的结论可知, 若 $\mu_1,\ \mu_2$ 已知, 则

$$\frac{\sum\limits_{i=1}^{n_1}(X_i-\mu_1)^2\Big/(n_1\sigma_1^2)}{\sum\limits_{j=1}^{n_2}(Y_j-\mu_2)^2\Big/(n_2\sigma_2^2)}\sim F(n_1,\ n_2).$$

确定枢轴量

$$\frac{\sum\limits_{i=1}^{n_1}(X_i-\mu_1)^2\Big/(n_1\sigma_1^2)}{\sum\limits_{j=1}^{n_2}(Y_j-\mu_2)^2\Big/(n_2\sigma_2^2)},$$

可得 σ_1^2/σ_2^2 置信水平为 $1-\alpha$ 的置信区间是

$$\left(\frac{n_2\sum\limits_{i=1}^{n_1}(X_i-\mu_1)^2\Big/\left(n_1\sum\limits_{j=1}^{n_2}(Y_j-\mu_2)^2\right)}{F_{\alpha/2}(n_1,\ n_2)},\ \frac{n_2\sum\limits_{i=1}^{n_1}(X_i-\mu_1)^2\Big/\left(n_1\sum\limits_{j=1}^{n_2}(Y_j-\mu_2)^2\right)}{F_{1-\alpha/2}(n_1,\ n_2)}\right).$$

给定样本值 $x_1, x_2, \cdots, x_{n_1}$, $y_1, y_2, \cdots, y_{n_2}$, 则 σ_1^2/σ_2^2 的置信水平为 $1-\alpha$ 的置信区间是

$$\left(\frac{n_2\sum_{i=1}^{n_1}(x_i-\mu_1)^2\Big/\left(n_1\sum_{j=1}^{n_2}(y_j-\mu_2)^2\right)}{F_{\alpha/2}(n_1, n_2)}, \frac{n_2\sum_{i=1}^{n_1}(x_i-\mu_1)^2\Big/\left(n_1\sum_{j=1}^{n_2}(y_j-\mu_2)^2\right)}{F_{1-\alpha/2}(n_1, n_2)}\right). \tag{7.18}$$

4. μ_1, μ_2 **未知, 两个总体方差比** σ_1^2/σ_2^2 **的置信区间**

根据定理 6.7(2) 中的结论可知, 若 μ_1, μ_2 未知, 则

$$\frac{S_1^2/S_2^2}{\sigma_1^2/\sigma_2^2} \sim F(n_1-1, n_2-1).$$

确定枢轴量

$$\frac{S_1^2/S_2^2}{\sigma_1^2/\sigma_2^2},$$

可得 σ_1^2/σ_2^2 的置信水平为 $1-\alpha$ 的置信区间是

$$\left(\frac{S_1^2}{S_2^2}\cdot\frac{1}{F_{\alpha/2}(n_1-1, n_2-1)}, \frac{S_1^2}{S_2^2}\cdot\frac{1}{F_{1-\alpha/2}(n_1-1, n_2-1)}\right).$$

给定样本值 $x_1, x_2, \cdots, x_{n_1}$, $y_1, y_2, \cdots, y_{n_2}$, 则 σ_1^2/σ_2^2 置信水平为 $1-\alpha$ 的置信区间是

$$\left(\frac{s_1^2}{s_2^2}\cdot\frac{1}{F_{\alpha/2}(n_1-1, n_2-1)}, \frac{s_1^2}{s_2^2}\cdot\frac{1}{F_{1-\alpha/2}(n_1-1, n_2-1)}\right), \tag{7.19}$$

其中 s_1^2, s_2^2 分别是总体 X 和 Y 的样本方差的观察值.

例 7.16 设某经销商购进一批 A 型号和 B 型号的电池, 其中 A 型号电池的寿命 $X \sim N(40, \sigma_1^2)$, B 型号电池的寿命 $Y \sim N(54, \sigma_2^2)$, 且 X 和 Y 相互独立. 现随机抽测了 12 件 A 型号的电池和 10 件 B 型号的电池, 其寿命 (单位: h) 具体如下:

A 型号	38	46	38	37	43	39	42	45	48	35	38	40
B 型号	56	59	55	52	51	66	58	46	50	51		

求方差比 σ_1^2/σ_2^2 的置信水平为 0.9 的置信区间.

解 由题意知 $n_1=12, n_2=10, \mu_1=40, \mu_2=54, s_1^2=16.2045, s_2^2=32.2667$, $1-\alpha=0.9$, 且查表得 $F_{0.05}(12, 10)=2.91$, $F_{0.95}(12, 10)=0.3636$. 于是根据式 (7.18) 可知, σ_1^2/σ_2^2 的置信水平为 0.9 的置信区间是

$$\left(\frac{n_2\sum_{i=1}^{n_1}(x_i-\mu_1)^2\Big/\left(n_1\sum_{j=1}^{n_2}(y_j-\mu_2)^2\right)}{F_{\alpha/2}(n_1,\,n_2)},\ \frac{n_2\sum_{i=1}^{n_1}(x_i-\mu_1)^2\Big/\left(n_1\sum_{j=1}^{n_2}(y_j-\mu_2)^2\right)}{F_{1-\alpha/2}(n_1,\,n_2)}\right).$$

代入数值, 可得

$$\left(\frac{10\sum_{i=1}^{12}(x_i-40)^2\Big/\left(12\sum_{j=1}^{10}(y_j-54)^2\right)}{F_{0.05}(12,\,10)},\ \frac{10\sum_{i=1}^{12}(x_i-40)^2\Big/\left(12\sum_{j=1}^{10}(y_j-54)^2\right)}{F_{0.95}(12,\,10)}\right)$$

$$=(0.1814,\ 1.4519),$$

即方差比 σ_1^2/σ_2^2 的置信水平为 0.9 的置信区间是 (0.1814, 1.4519).

例 7.17　根据例 7.15 中的数据, 若 μ_1, μ_2 未知, 求方差比 σ_1^2/σ_2^2 的置信水平为 0.95 的置信区间.

解　由题意知 $n_1=16$, $n_2=25$, $s_1^2=0.03$, $s_2^2=0.02$, $1-\alpha=0.95$, 且查表得 $F_{0.025}(15,\,24)=2.44$, $F_{0.975}(15,\,24)=0.3704$. 于是根据式 (7.19) 可知, σ_1^2/σ_2^2 的置信水平为 0.95 的置信区间是

$$\left(\frac{s_1^2}{s_2^2}\cdot\frac{1}{F_{\alpha/2}(n_1-1,\,n_2-1)},\ \frac{s_1^2}{s_2^2}\cdot\frac{1}{F_{1-\alpha/2}(n_1-1,\,n_2-1)}\right).$$

代入数值, 可得

$$\left(\frac{0.03}{0.02}\cdot\frac{1}{F_{0.025}(16-1,\,25-1)},\ \frac{0.03}{0.02}\cdot\frac{1}{F_{0.975}(16-1,\,25-1)}\right)=(0.6148,\ 4.0497),$$

即方差比 σ_1^2/σ_2^2 的置信水平为 0.95 的置信区间是 (0.6148, 4.0497).

同步基础训练7.3

1. 设总体 $X\sim N(\mu,\,\sigma^2)$, $X_1, X_2, \cdots, X_n$ 为来自总体 X 的一个样本, 则下列关于 μ 的置信区间长度 l 与置信水平 $1-\alpha$ 的关系是 (　　).

A. 当 $1-\alpha$ 变小时, l 变短　　B. 当 $1-\alpha$ 变小时, l 变长

C. 当 $1-\alpha$ 变小时, l 不变　　D. 不能确定

2. 设总体 $X\sim N(\mu,\,\sigma^2)$, $X_1, X_2, \cdots, X_n$ 为来自总体 X 的一个样本, 则无论 σ^2 是否已知, μ 的置信区间的中心均是 (　　).

A. μ　　B. σ^2　　C. $\overline{X}$　　D. S^2

3. 在置信水平不变的条件下, 欲缩小置信区间, 需要(　　).

A. 减少样本容量　　B. 增加样本容量

C. 保持样本容量不变　　D. 改变样本方差

4. 设 $X \sim F(m, n)$, 置信水平为 $1-\alpha$. 若

$$P\{\lambda_1 < X < \lambda_2\} = 1-\alpha,$$

则 λ_1 为(　　), λ_2 为(　　).

A. $F_{\frac{\alpha}{2}}(n, m)$　　B. $\dfrac{1}{F_{\frac{\alpha}{2}}(n, m)}$　　C. $\dfrac{1}{F_{\frac{\alpha}{2}}(m, n)}$　　D. $F_{\frac{\alpha}{2}}(m, n)$

5. 设总体 $X \sim N(\mu, 0.9^2)$, $X_1, X_2, \cdots, X_9$ 为来自总体 X 的一个样本, 样本均值的观察值 $\overline{x}=5$, 则 μ 的置信水平为 0.95 的置信区间是________.

6. 设总体 $X \sim N(\mu, \sigma^2)$, $X_1, X_2, \cdots, X_{25}$ 为来自总体 X 的一个样本, 样本方差的观察值 $s^2=100$, 则 σ^2 的置信水平为 0.95 的置信区间是________.

7. 设总体 $X \sim N(\mu_1, \sigma_1^2)$ 和总体 $Y \sim N(\mu_2, \sigma_2^2)$, 从两个总体中分别抽取样本容量为 9 和 16 的两个样本, 样本方差的观察值分别为 $s_1^2=25$, $s_2^2=36$, 则总体方差比 σ_1^2/σ_2^2 的置信水平为 0.95 的置信区间是________.

7.4 单侧置信区间

在 7.3 节中, 我们讨论了待估参数 θ 的双侧置信区间 $(\hat{\theta}_1, \hat{\theta}_2)$, 其中置信下限 $\hat{\theta}_1$ 和置信上限 $\hat{\theta}_2$ 分别是对 θ 进行估计的下界估计量和上界估计量. 但在实际应用中, 我们往往只关心置信上限, 或者只关心置信下限. 例如, 评估某一建筑物的平均使用年限, 我们期望其使用年限越长越好, 因而其“下限”成为关注的重要指标; 相反地, 我们估计某一物体的平均度量的误差, 我们期望误差越小越佳, 因而其“上限”就成为关注的重要指标.

本节将只关心置信上限或置信下限的置信区间称为**单侧置信区间**. 下面主要讨论单个正态总体均值和方差的单侧置信区间.

设 $X \sim N(\mu, \sigma^2)$, $X_1, X_2, \cdots, X_n$ 为来自总体 X 的一个样本, $\overline{X}$ 为样本均值, S^2 为样本方差, 置信水平为 $1-\alpha$.

定义 7.5　对于给定的值 $\alpha\,(0<\alpha<1)$, 若存在统计量 $\hat{\theta}_1(X_1, X_2, \cdots, X_n)$, 使得

$$P\{\theta > \hat{\theta}_1(X_1, X_1, \cdots, X_n)\} = 1-\alpha, \tag{7.20}$$

则称随机区间 $(\hat{\theta}_1,\ +\infty)$ 为待估参数 θ 的置信水平为 $1-\alpha$ 的**单侧置信区间** (one-sided confidence interval); 称 $1-\alpha$ 为**置信水平** (confidence level); 称 $\hat{\theta}_1(X_1,\ X_2,\ \cdots,\ X_n)$ (简记为 $\hat{\theta}_1$) 为单侧置信下限.

若存在统计量 $\hat{\theta}_2(X_1,\ X_2,\ \cdots,\ X_n)$, 使得

$$P\{\theta < \hat{\theta}_2(X_1,\ X_1,\ \cdots,\ X_n)\} = 1-\alpha, \tag{7.21}$$

则称随机区间 $(-\infty,\ \hat{\theta}_2)$ 为待估参数 θ 的置信水平为 $1-\alpha$ 的单侧置信区间; 称 $\hat{\theta}_2(X_1,\ X_2,\ \cdots,\ X_n)$ (简记为 $\hat{\theta}_2$) 为单侧置信上限.

注 7.11　若 X 是连续型随机变量, 则根据式 (7.20) (或者式 (7.21)), 可直接求出置信区间; 但若 X 是离散型随机变量, 则往往不易找到随机区间 $(\hat{\theta}_1,\ +\infty)$ (或者 $(-\infty,\ \hat{\theta}_2)$), 使得 $P\{\theta > \hat{\theta}_1\}$ (或者 $P\{\theta < \hat{\theta}_2\}$) 恰为 $1-\alpha$. 此时, 我们通常选择随机区间 $(\hat{\theta}_1,\ +\infty)$(或者 $(-\infty,\ \hat{\theta}_2)$) 使得 $P\{\theta > \hat{\theta}_1\} \geqslant 1-\alpha$ (或者 $P\{\theta < \hat{\theta}_2\} \geqslant 1-\alpha$), 并且尽可能地接近 $1-\alpha$.

为方便起见, 单侧置信区间的观察值也称为单侧置信区间.

例 7.18　设 $X \sim P(\lambda)$, $X_1, X_2, \cdots, X_n$ 为来自总体 X 的一个样本, 样本均值 $\overline{X}$ 的观察值 $\overline{x} = 3.5$. 若

$$P\{\lambda > \overline{X}\} = 0.9,$$

则 $(\overline{X},\ +\infty)$ 为待估参数 λ 的置信水平为 0.9 的单侧置信区间, 其中 $\overline{X}$ 为单侧置信下限.

由于 $\overline{x} = 3.5$ 为 $\overline{X}$ 的观察值, 则 $(3.5,\ +\infty)$ 也为待估参数 λ 的置信水平为 0.9 的单侧置信区间, 其中 3.5 为单侧置信下限.

1. 方差 σ^2 已知, 均值 μ 的单侧置信区间

(1) 确定枢轴量 $Z = \dfrac{\overline{X}-\mu}{\sigma/\sqrt{n}} \sim N(0,\ 1)$;

(2) 查标准正态分布表得 z_α, 使得 $P\{Z < z_\alpha\} = 1-\alpha$ (或 $P\{Z > -z_\alpha\} = 1-\alpha$), 如图 7.4(或图 7.5) 所示;

(3) 求解 $Z < z_\alpha$ (或 $Z > -z_\alpha$), 即

$$\frac{\overline{X}-\mu}{\sigma/\sqrt{n}} < z_\alpha \quad \left(\text{或}\ \frac{\overline{X}-\mu}{\sigma/\sqrt{n}} > -z_\alpha\right),$$

可得

$$\mu > \overline{X} - \frac{\sigma}{\sqrt{n}} z_\alpha \quad \left(\text{或}\ \mu < \overline{X} + \frac{\sigma}{\sqrt{n}} z_\alpha\right),$$

从而 μ 的置信水平为 $1-\alpha$ 的单侧置信区间是

$$\left(\overline{X} - \frac{\sigma}{\sqrt{n}} z_\alpha,\ +\infty\right) \quad \left(\text{或}\left(-\infty,\ \overline{X} + \frac{\sigma}{\sqrt{n}} z_\alpha\right)\right);$$

(4) 给定样本值 $x_1, x_2, \cdots, x_n$, 计算 $\overline{x}$, 则 μ 的置信水平为 $1-\alpha$ 的单侧置信区间是

$$\left(\overline{x}-\frac{\sigma}{\sqrt{n}}z_\alpha,\ +\infty\right) \quad \left(\text{或}\left(-\infty, \overline{x}+\frac{\sigma}{\sqrt{n}}z_\alpha\right)\right).$$

这里称

$$\hat{\mu}_1=\overline{x}-\frac{\sigma}{\sqrt{n}}z_\alpha \tag{7.22}$$

是 μ 的置信水平为 $1-\alpha$ 的单侧置信下限; 称

$$\hat{\mu}_2=\overline{x}+\frac{\sigma}{\sqrt{n}}z_\alpha \tag{7.23}$$

是 μ 的置信水平为 $1-\alpha$ 的单侧置信上限.

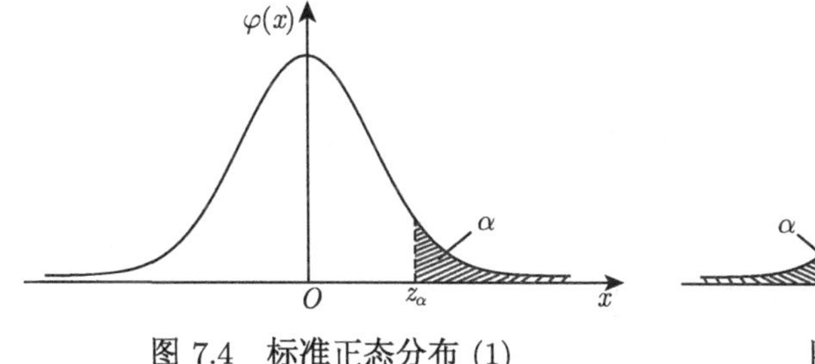

图 7.4 标准正态分布 (1)

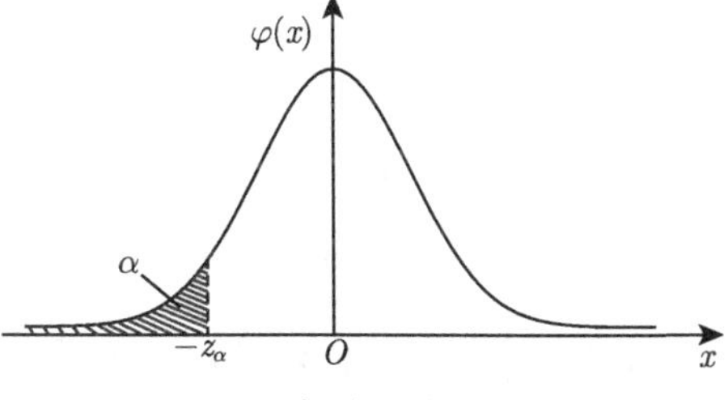

图 7.5 标准正态分布 (2)

2. 方差 σ^2 未知, 均值 μ 的单侧置信区间

(1) 确定枢轴量 $t=\dfrac{\overline{X}-\mu}{S/\sqrt{n}}\sim t(n-1)$;

(2) 查 t 分布表得 $t_\alpha(n-1)$, 使得 $P\{t<t_\alpha(n-1)\}=1-\alpha$ (或 $P\{t>-t_\alpha(n-1)\}=1-\alpha$), 如图 7.6 (或图 7.7) 所示;

(3) 求解 $t<t_\alpha(n-1)$ (或 $t>-t_\alpha(n-1)$), 即

$$\frac{\overline{X}-\mu}{S/\sqrt{n}}<t_\alpha(n-1) \quad \left(\text{或}\ \frac{\overline{X}-\mu}{S/\sqrt{n}}>-t_\alpha(n-1)\right),$$

可得

$$\mu>\overline{X}-\frac{S}{\sqrt{n}}t_\alpha(n-1) \quad \left(\text{或}\ \mu<\overline{X}+\frac{S}{\sqrt{n}}t_\alpha(n-1)\right),$$

从而 μ 的置信水平为 $1-\alpha$ 的单侧置信区间是

$$\left(\overline{X}-\frac{S}{\sqrt{n}}t_\alpha(n-1),\ +\infty\right) \quad \left(\text{或}\left(-\infty, \overline{X}+\frac{S}{\sqrt{n}}t_\alpha(n-1)\right)\right);$$

(4) 给定样本值 $x_1, x_2, \cdots, x_n$, 计算 $\overline{x}$, 则 μ 的置信水平为 $1-\alpha$ 的单侧置信区间是

$$\left(\overline{x}-\frac{s}{\sqrt{n}}t_\alpha(n-1),\ +\infty\right) \quad \left(\text{或}\left(-\infty, \overline{x}+\frac{s}{\sqrt{n}}t_\alpha(n-1)\right)\right).$$

这里称

$$\hat{\mu}_1 = \overline{x} - \frac{s}{\sqrt{n}} t_\alpha(n-1) \tag{7.24}$$

是 μ 的置信水平为 $1-\alpha$ 的单侧置信下限; 称

$$\hat{\mu}_2 = \overline{x} + \frac{s}{\sqrt{n}} t_\alpha(n-1) \tag{7.25}$$

是 μ 的置信水平为 $1-\alpha$ 的单侧置信上限.

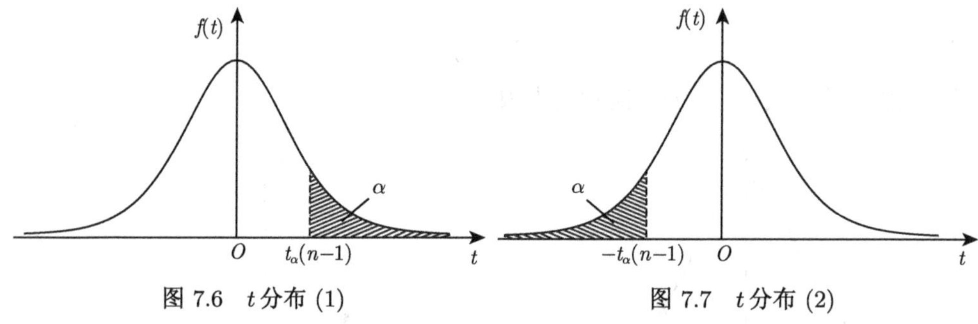

图 7.6　t 分布 (1)　　　图 7.7　t 分布 (2)

3. 均值 μ 未知, 方差 σ^2 的单侧置信区间

(1) 确定枢轴量 $\chi^2 = \dfrac{(n-1)S^2}{\sigma^2} \sim \chi^2(n-1)$;

(2) 查 χ^2 分布表, 得 $\chi^2_\alpha(n-1)$ (或 $\chi^2_{1-\alpha}(n-1)$), 使得

$$P\{\chi^2 < \chi^2_\alpha(n-1)\} = 1-\alpha \quad (\text{或}\, P\{\chi^2 > \chi^2_{1-\alpha}(n-1)\} = 1-\alpha),$$

如图 7.8(或图 7.9) 所示;

(3) 求解 $\chi^2 < \chi^2_\alpha(n-1)$ (或 $\chi^2 > \chi^2_{1-\alpha}(n-1)$), 即

$$\frac{(n-1)S^2}{\sigma^2} < \chi^2_\alpha(n-1) \quad \left(\text{或}\, \frac{(n-1)S^2}{\sigma^2} > \chi^2_{1-\alpha}(n-1)\right),$$

可得

$$\sigma^2 > \frac{(n-1)S^2}{\chi^2_\alpha(n-1)} \quad \left(\text{或}\, \sigma^2 < \frac{(n-1)S^2}{\chi^2_{1-\alpha}(n-1)}\right),$$

从而 σ^2 的置信水平为 $1-\alpha$ 的单侧置信区间是

$$\left(\frac{(n-1)S^2}{\chi^2_\alpha(n-1)},\ +\infty\right) \quad \left(\text{或}\, \left(-\infty,\ \frac{(n-1)S^2}{\chi^2_{1-\alpha}(n-1)}\right)\right);$$

(4) 给定样本值 $x_1, x_2, \cdots, x_n$, 计算 s^2, 则 μ 的置信水平为 $1-\alpha$ 的单侧置信区间是

$$\left(\frac{(n-1)s^2}{\chi^2_\alpha(n-1)},\ +\infty\right) \quad \left(\text{或}\, \left(-\infty,\ \frac{(n-1)s^2}{\chi^2_{1-\alpha}(n-1)}\right)\right).$$

这里称

$$\hat{\chi}_1^2 = \frac{(n-1)s^2}{\chi_\alpha^2(n-1)} \tag{7.26}$$

是 σ^2 的置信水平为 $1-\alpha$ 的单侧置信下限; 称

$$\hat{\chi}_2^2 = \frac{(n-1)s^2}{\chi_{1-\alpha}^2(n-1)} \tag{7.27}$$

是 σ^2 的置信水平为 $1-\alpha$ 的单侧置信上限.

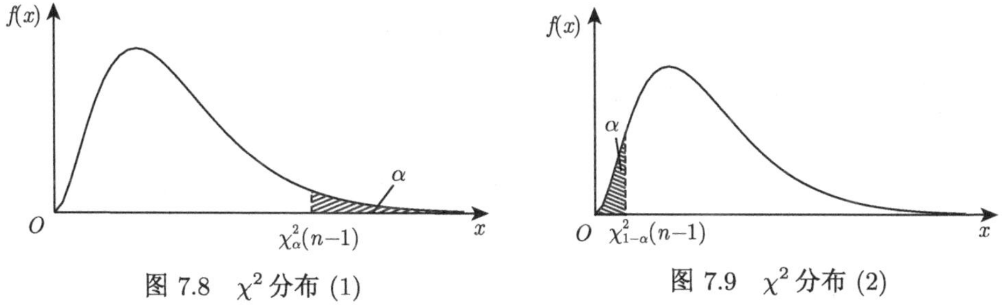

图 7.8 χ^2 分布 (1)　　图 7.9 χ^2 分布 (2)

例 7.19 设某公司随机抽取 9 个工人, 要求每个工人组装一件产品, 测得组装时间 (单位: min) 如下:

27.6　32.0　33.4　28.0　20.0　37.6　28.8　21.2　30.0

已知该公司工人组装一件产品所需时间近似服从正态分布 $N(\mu, \sigma^2)$, 求

(1) μ 的置信水平为 0.95 的单侧置信下限;

(2) σ^2 的置信水平为 0.95 的单侧置信上限.

解 (1) 根据题意知 $n=9$, $1-\alpha=0.95$,

$$\overline{x} = \frac{1}{9}\sum_{i=1}^{9} x_i = 28.7333, \quad s^2 = \frac{1}{8}\sum_{i=1}^{9}(x_i-\overline{x})^2 = 30.94,$$

且查 t 分布表可得 $t_{0.05}(8) = 1.8595$. 由于 σ^2 未知, 故根据式 (7.24) 可知, μ 的单侧置信下限为

$$\hat{\mu}_1 = \overline{x} - \frac{s}{\sqrt{n}} t_\alpha(n-1)\,.$$

代入数值, 可得

$$\hat{\mu}_1 = 28.7333 - \frac{\sqrt{30.94}}{\sqrt{9}} 1.8595 = 25.2856,$$

即 μ 的置信水平为 0.95 的单侧置信下限为 25.2856.

(2) 根据题意知 $n=9$, $1-\alpha=0.95$,

$$s^2=\frac{1}{8}\sum_{i=1}^{9}(x_i-\overline{x})^2=30.94\,.$$

且查 χ^2 分布表可得 $\chi^2_{0.95}(8)=2.733$. 由于 μ 未知, 故根据式 (7.27) 可知, σ^2 的单侧置信上限为

$$\hat{\chi}_2^2=\frac{(n-1)s^2}{\chi^2_{1-\alpha}(n-1)}\,.$$

代入数值, 可得

$$\hat{\chi}_2^2=\frac{8\times 30.94}{2.733}=90.5671,$$

即 σ^2 的置信水平为 0.95 的单侧置信上限为 90.5671.

同步基础训练7.4

1. 设 $X\sim F(m,\,n)$, $P\{X<\lambda\}=1-\alpha$, 则 λ 为 (　　).

A. $F_\alpha(n,\,m)$　　B. $F_{1-\alpha}(n,\,m)$　　C. $F_{1-\alpha}(m,\,n)$　　D. $F_\alpha(m,\,n)$

2. 设总体 $X\sim N(\mu,\,0.9^2)$, $X_1,\,X_2,\,\cdots,\,X_9$ 为来自总体 X 的一个样本, 样本均值的观察值为 $\overline{x}=5$, 则 μ 的置信水平为 0.975 的单侧置信下限是________, 单侧置信上限是________.

3. 设总体 $X\sim N(\mu,\,\sigma^2)$, $X_1,\,X_2,\,\cdots,\,X_9$ 为来自总体 X 的一个样本, 样本均值的观察值 $\overline{x}=5$, 样本方差的观察值 $s^2=0.9^2$, 则 μ 的置信水平为 0.975 的单侧置信下限是________, 单侧置信上限是________.

4. 设总体 $X\sim N(\mu,\,\sigma^2)$, $X_1,\,X_2,\,\cdots,\,X_{25}$ 为来自总体 X 的一个样本, 样本方差的观察值 $s^2=100$, 则 σ^2 的置信水平为 0.975 的单侧置信上限是________.

习 题 7

(A)

1. 设总体 $X\sim P(\lambda)$, $X_1,\,X_2,\,\cdots,\,X_n$ 为来自总体 X 的一个样本, 其样本值为 $x_1,\,x_2,\,\cdots,\,x_n$, 求 λ 的矩估计值.

2. 设总体 $X\sim U[0,\,\theta]$, $X_1,\,X_2,\,\cdots,\,X_n$ 为来自总体 X 的一个样本.

(1) 求 θ 的矩估计量;

(2) 若样本容量是 5, 0.5, 0.6, 0.4, 0.5, 0.6 是一个样本值, 求 θ 的矩估计值;

(3) 求 θ 的最大似然估计量.

3. 设总体 X 的分布律为

X	0	-1	3
p	$1-3\theta$	2θ	θ

其中 θ 未知. 从总体 X 中抽取一个样本容量为 5 的样本, 其样本值为 $-1, 0, -1, 3, -1$, 求 θ 的矩估计值和最大似然估计值.

4. 设总体 X 的概率密度为

$$f(x)=\begin{cases}\theta x^{\theta-1}, & 0<x<1,\\ 0, & \text{其他},\end{cases}$$

$x_1, x_2, \cdots, x_n$ 为来自总体 X 的一个样本值, 其中 θ 未知, 求 θ 的最大似然估计量.

5. 设总体 X 的概率密度为

$$f(x)=\begin{cases}2\mathrm{e}^{-2(x-\theta)}, & x>\theta,\\ 0, & \text{其他},\end{cases}$$

$x_1, x_2, \cdots, x_n$ 为来自总体 X 的一个样本值, 其中 θ 未知, 求 θ 的最大似然估计值.

6. 设 X_1, X_2, X_3 为来自总体 X 的一个样本, $E(X)=\mu$, 且 μ 未知. 下面给出 μ 的估计量:

$$W_1=\frac{1}{4}X_1+\frac{1}{2}X_2+\frac{1}{3}X_3, \quad W_2=\frac{1}{6}X_1+\frac{1}{3}X_2+\frac{1}{2}X_3,$$

$$W_3=\frac{1}{3}X_1+\frac{1}{3}X_2+\frac{1}{3}X_3.$$

(1) 指出上述三个估计量中, 哪个是 μ 的无偏估计量;

(2) 若上述估计量中存在无偏估计量, 请指出哪个无偏估计量最有效.

7. 设 $X_1, X_2, \cdots, X_n$ 为来自总体 X 的一个样本, $E(X)=\mu$, $D(X)=\sigma^2$. 求证: $\hat{\sigma}^2=\frac{1}{n}\sum\limits_{i=1}^{n}(X_i-\mu)^2$ 是 σ^2 的无偏估计量.

8. 设 $X_1, X_2, \cdots, X_n$ 为来自总体 X 的一个样本, $E(X)=\mu$, μ 未知.

(1) 求证: $Y=\sum\limits_{i=1}^{n}a_iX_i$ 为 μ 的无偏估计量, 其中 $\sum\limits_{i=1}^{n}a_i=1$, $a_1, a_2, \cdots, a_n$ 互不相等, $a_i\geqslant 0$, $i=1, 2, \cdots, n$;

(2) 验证 $\overline{X}$ 比 Y 更有效.

9. 设总体 $X\sim e(\lambda)$, $X_1, X_2, \cdots, X_n$ 为来自总体 X 的一个样本. 求证:

(1) $\overline{X}$ 是 λ^{-1} 的无偏估计量; 但 $\overline{X}^2$ 不是 λ^{-2} 的无偏估计量;

(2) $\dfrac{n}{n+1}\overline{X}^2$ 是 λ^{-2} 的无偏估计量.

10. 设一公司安装某种部件的时间 X 服从正态分布 $N(\mu, \sigma^2)$. 如今随机抽测 9 次安装这种部件的时间 (单位: h), 具体如下:

5.7 6.0 5.8 6.5 7.0 6.3 5.6 6.1 5.0

(1) 若 $\sigma = 0.6$, 求 μ 的置信水平为 0.95 的置信区间;

(2) 若 σ 未知, 求 μ 的置信水平为 0.95 的置信区间.

11. 设某工厂订购了一批金属材料, 其抗弯强度 X 服从正态分布 $N(\mu, \sigma^2)$. 现从这批材料中随机抽取 6 件, 测试其抗弯强度 (单位: $\mathrm{N/mm^2}$) 如下:

14.6　15.1　14.9　14.8　15.2　15.1

(1) 若 $\sigma^2 = 0.06$, 求 μ 的置信水平为 0.9 的置信区间;

(2) 若 σ^2 未知, 求 μ 的置信水平为 0.95 的置信区间.

12. 设某批零件的长度 X 服从正态分布 $N(\mu, \sigma^2)$, 从这批零件中随机抽取 10 件, 测得其长度 (单位: cm) 如下:

469　394　418　435　446　510　471　457　493　482

(1) 若 $\mu = 450$, 求 σ^2 的置信水平为 0.95 的置信区间;

(2) 若 μ 未知, 求 σ^2 的置信水平为 0.95 的置信区间.

13. 设某商场 2017 年的发票金额 (单位: 元) X 服从正态分布 $N(\mu, \sigma^2)$, 今从这些发票存根中随机抽取 25 张, 计算得 $\overline{x} = 78.5, s^2 = 400$, 求 σ^2 与 σ 的置信水平为 0.9 的置信区间.

14. 设甲型号灯管的寿命 (单位: h) X 服从正态分布 $N(\mu_1, \sigma_1^2)$, 乙型号灯管的寿命 (单位: h) Y 服从正态分布 $N(\mu_2, \sigma_2^2)$, 且 X 和 Y 相互独立. 随机抽取甲型号灯管 5 个, 计算得 $\overline{x} = 10000, s_1^2 = 28$; 随机抽取乙型号灯管 7 个, 计算得 $\overline{y} = 9800, s_2^2 = 32$.

(1) 若 $\sigma_1^2 = 28, \sigma_2^2 = 32$, 求 $\mu_1 - \mu_2$ 的置信水平为 0.95 的置信区间;

(2) 若 σ_1^2, σ_2^2 未知, 但 $\sigma_1^2 = \sigma_2^2$, 求 $\mu_1 - \mu_2$ 的置信水平为 0.95 的置信区间.

15. 设某地第一中学的英语成绩 X 服从正态分布 $N(\mu_1, \sigma_1^2)$, 第二中学的英语成绩 Y 服从正态分布 $N(\mu_2, \sigma_2^2)$, 且 X 和 Y 相互独立. 随机从第一中学抽取 8 名学生成绩, 计算得 $\overline{x} = 91.73, s_1^2 = 3.89$; 随机从第二中学抽取 8 名学生成绩, 计算得 $\overline{y} = 93.75, s_2^2 = 4.02$.

(1) 若 $\sigma_1^2 = 3, \sigma_2^2 = 4$, 求两所中学的英语平均成绩差的置信水平为 0.95 的置信区间;

(2) 若 σ_1^2, σ_2^2 未知, 但 $\sigma_1^2 = \sigma_2^2$, 求两所中学的英语平均成绩差的置信水平为 0.95 的置信区间.

16. 设甲炼铁厂铁水的含碳量 X 服从正态分布 $N(\mu_1, \sigma_1^2)$, 乙炼铁厂铁水的含碳量 Y 服从正态分布 $N(\mu_2, \sigma_2^2)$, 且 X 和 Y 相互独立. 随机检测了甲炼铁厂 10 炉炼铁水的含碳量, 测得 $s_1^2 = 0.34$; 随机检测了乙炼铁厂 8 炉炼铁水的含碳量, 测得 $s_2^2 = 0.29$. 求方差比 σ_1^2/σ_2^2 的置信水平为 0.9 的置信区间.

17. 设品牌 I 和品牌 II 的手机充电宝充满电后所能使用的时间分别为 X 和 Y, X 和 Y 相互独立, 且 $X \sim N(\mu_1, \sigma_1^2)$, $Y \sim N(\mu_2, \sigma_2^2)$, 其中 σ_1^2, σ_2^2 均未知. 现随机记录了 8 次品牌 I 的充电宝充满电后所能使用的时间, 9 次品牌 II 的充电宝充满电后所能使用的时间 (单位: h), 具体数据如下:

品牌 I	4.6	3.8	3.7	4.3	3.9	4.2	4.5	4.8	
品牌 II	5.6	5.9	5.5	5.2	5.1	6.6	5.8	4.6	5.0

(1) 若 $\mu_1 = 4, \mu_2 = 5$, 求方差比 σ_1^2/σ_2^2 的置信水平为 0.95 的置信区间;

(2) 若 μ_1, μ_2 未知, 求方差比 σ_1^2/σ_2^2 的置信水平为 0.95 的置信区间.

18. 设某工厂生产一种螺丝, 螺丝的长度 X 服从正态分布 $N(\mu, \sigma^2)$. 随机抽取此种螺丝 6 件, 测得其长度 (单位: mm) 如下;

$$14.8 \quad 15.2 \quad 15.1 \quad 14.6 \quad 15.1 \quad 14.9$$

(1) 若 $\sigma^2 = 0.06$, 求 μ 的置信水平为 0.95 的单侧置信下限;

(2) 若 σ^2 未知, 求 μ 的置信水平为 0.975 的单侧置信上限;

(3) 求 σ^2 的置信水平为 0.95 的单侧置信下限.

19. 设某车间启用一种新仪器测量一批零件的尺寸, 已知这批零件的尺寸与规定尺寸的偏差 X 服从正态分布 $N(\mu, \sigma^2)$. 随机从这批零件中抽取 10 个, 测得其尺寸与规定尺寸的偏差 (单位: mm) 分别为

$$4 \quad 3 \quad 2 \quad 1 \quad -2 \quad 3 \quad 2 \quad 4 \quad -2 \quad 5$$

(1) 求 μ 的置信水平为 0.95 的单侧置信下限;

(2) 求 σ^2 的置信水平为 0.95 的单侧置信上限.

(B)

1. 设总体 X 的概率密度为

$$f(x)=\begin{cases}\theta(1-x)^{\theta-1}, & 0<x<1,\\ 0, & \text{其他},\end{cases}$$

其中 θ 未知, $\theta>0$. 若 $X_1, X_2, \cdots, X_n$ 为来自总体 X 的一个样本, 求 θ 的矩估计量.

2. 设总体 X 的概率密度为

$$f(x)=\begin{cases}\dfrac{6x}{\theta^3}(\theta-x), & 0<x<\theta,\\ 0, & \text{其他},\end{cases}$$

其中 θ 未知, $X_1, X_2, \cdots, X_n$ 为来自总体 X 的一个样本.

(1) 求 θ 的矩估计量 $\hat{\theta}$;

(2) 求 $D(\hat{\theta})$;

(3) 判断 $\hat{\theta}$ 是否为 θ 的无偏矩估计量.

3. 设总体 X 的概率密度为

$$f(x)=\frac{1}{2\sigma}\mathrm{e}^{-\frac{|x|}{\sigma}}, \quad -\infty<x<\infty,$$

其中 σ 未知, $\sigma>0$. 若 $X_1, X_2, \cdots, X_n$ 为来自总体 X 的一个样本, 求 σ 的最大似然估计量.

4. 设 $X_1, X_2, \cdots, X_n$ 为来自总体 X 的一个样本, $X\sim N(\mu, \sigma^2)$, $\sigma^2>0$, $\overline{X}$ 为样本均值, S^2 为样本方差.

(1) 求常数 a, 使得 $a\sum\limits_{i=1}^{n-1}(X_{i+1}-X_i)^2$ 为 σ^2 的无偏估计量;

(2) 求常数 c, 使得 $\overline{X}^2-cS^2$ 为 μ^2 的无偏估计量.

5. 设某大学学生的日消费额 (单位: 元) X 服从正态分布 $N(\mu, 144)$. 今对该校学生的日平均消费额进行估计, 为了保证以 95% 把握保证此次估计的误差不超过 2 元, 请问至少需要调查多少名学生?

6. 设某投资公司每天的投资利润 (单位: 万元) X 服从正态分布 $N(\mu, \sigma^2)$. 随机抽查 16 天中每天的投资利润, 计算得 $\overline{x} = 12.7, s^2 = 0.0025$. 一般情形下, 若 σ^2 不超过 0.008, 则认为投资公司运营平稳. 给定置信水平为 0.95, 请问能否根据此次抽查结果判定此投资公司运营平稳?

7. 设某厂生产的袋装方便面的净重 (单位: 克) X 服从正态分布 $N(\mu, \sigma^2)$. 随机抽测 10 袋方便面的净重, 其数据具体如下:

102.2 107.5 102.3 103.5 104.8 106.7 106.0 106.5 105.4 101.5

(1) 若 $\sigma^2 = 4$, 求 μ 的置信水平为 0.975 的单侧置信下限;

(2) 若 μ 未知, 求 σ^2 的置信水平为 0.95 的单侧置信上限.

8. 一公司采用甲和乙两条自动化流水线罐装某品牌饮料. 由长期实践可知, 甲条自动化流水线罐装的饮料每罐净含量 (单位: 毫升) X 服从正态分布 $N(\mu_1, \sigma_1^2)$, 乙条自动化流水线罐装的饮料每罐净含量 (单位: 毫升) Y 服从正态分布 $N(\mu_2, \sigma_2^2)$, 且 X 和 Y 相互独立. 随机从甲条自动化流水线抽取了 13 罐饮料, 测得 $\overline{x} = 331.1, s_1^2 = 2.8$; 随机从乙条自动化流水线抽取了 17 罐饮料, 测得 $\overline{y} = 330, s_2^2 = 2.4$.

(1) 若 $\sigma_1^2 = \sigma_2^2 = \sigma^2$, 求 $\mu_1 - \mu_2$ 的置信水平为 0.9 的单侧置信下限;

(2) 求 σ_1^2/σ_2^2 的置信水平为 0.9 的单侧置信下限.

第 8 章 假 设 检 验

本章将讨论另一类统计推断—— **假设检验** (hypothesis-testing). 事实上, 假设检验可分为**参数假设检验** (parameter hypothesis testing) 和**非参数假设检验** (non-parameter hypothesis testing). 参数假设检验是指基于分布函数 $F(x;\theta)$ 的形式已知而参数 θ 未知的总体, 对未知参数 θ 提出假设, 进而借助于样本信息检验此假设是否成立, 最后作出决策. 非参数假设检验是指参数假设检验之外的检验. 例如, 若总体的分布函数 $F(x)$ 的形式未知, 对此分布函数的形式提出假设, 进而借助于样本信息对此假设进行检验, 即为一种非参数假设检验. 本章主要讨论参数假设检验.

8.1 假设检验的基本概念

8.1.1 假设检验问题的提出

下面主要通过一个例子, 来分析如何根据问题的性质提出假设.

例 8.1 某工厂引进一台新型机器制造香皂. 已知该机器制造出的香皂厚度服从正态分布 $N(\mu,\sigma^2)$. 当机器性能良好时, 该机器制造出的香皂的平均厚度为 5 cm, 标准差为 0.01cm. 为验证这台机器的性能, 现随机抽取 16 块香皂, 测得其厚度 (单位: cm) 如下:

5.01	5.03	4.99	4.98	5.0	5.02	5.03	4.96
5.01	5.0	5.05	4.95	4.92	5.05	5.02	5.03

假设标准差比较稳定, 试问这台新型机器性能是否良好?

设这台新型机器制造出的香皂厚度为 X, 则由题意知 $X\sim N(\mu,\sigma^2)$. 若这台新型机器的性能良好, 那么其造出的香皂的平均厚度为 5 cm. 这说明判断机器性能是否良好, 实际是判定总体 X 的均值 μ 是否为 5, 即判定 $E(X)=\mu=5$ 是否成立. 因此, 上述问题转化为判定下面两个假设

$$H_0:\mu=5,\quad H_1:\mu\neq 5 \tag{8.1}$$

哪一个成立.

由式 (8.1) 可看出, H_0 和 H_1 是两个对立的假设. 一般称 H_0 为**原假设或零假设** (null hypothesis), H_1 为**备择假设或对立假设** (alternative hypothesis). 假设检验

需借助样本信息来检验这两个假设中的其中之一成立：若 H_0 成立，则 H_1 不成立，这意味着接受原假设，拒绝备择假设；若 H_0 不成立，则 H_1 成立，这意味着拒绝原假设，接受备择假设.

注 8.1 (1) 等号"="一般出现在原假设 H_0 中.

例如，设 $X \sim N(\mu, \sigma^2)$. 若 μ 未知，μ_0 为某一常数，则参数 μ 的检验通常有如下形式：

$$H_0: \mu = \mu_0, \quad H_1: \mu \neq \mu_0;$$

$$H_0: \mu \leqslant \mu_0, \quad H_1: \mu > \mu_0;$$

$$H_0: \mu \geqslant \mu_0, \quad H_1: \mu < \mu_0.$$

若 σ^2 未知，σ_0^2 为某一常数，则参数 σ^2 的检验通常有如下形式：

$$H_0: \sigma^2 = \sigma_0^2, \quad H_1: \sigma^2 \neq \sigma_0^2;$$

$$H_0: \sigma^2 \leqslant \sigma_0^2, \quad H_1: \sigma^2 > \sigma_0^2;$$

$$H_0: \sigma^2 \geqslant \sigma_0^2, \quad H_1: \sigma^2 < \sigma_0^2.$$

(2) 根据具体问题的题设和要求，选择原假设和备择假设. 例如，对于例 8.1，如果问题改为：假设标准差比较稳定，试问这台新型机器制造的香皂的平均厚度是否超过 5 cm？显然，式 (8.1) 所示的假设不能够回答所提出的问题. 事实上，因为原来的假设检验结果只能为 $\mu = 5$ 或 $\mu \neq 5$，故不可能确定是否超过 5. 因而此问题的假设应为

$$H_0: \mu \leqslant 5, \quad H_1: \mu > 5.$$

8.1.2 假设检验的基本原理和基本步骤

假设检验的基本原理为**小概率原理** (small probability principle)：**小概率事件在一次试验中是几乎不可能发生的**.

一般在假设检验中，事先假定原假设 H_0 成立，然后通过构造某一统计量来确定一个小概率事件，并根据一次试验的样本值，判断小概率事件在这次试验中是否发生. 由于小概率事件的产生与假定原假设 H_0 成立有关，因此若小概率事件发生了，则依据小概率原理，有理由认为原假设 H_0 不成立，即拒绝原假设；反之，若小概率事件未发生，则依据小概率原理，接受原假设 H_0.

接下来续例 8.1，我们讨论假设检验的过程.

解 设这台新型机器制造出的香皂厚度为 X，则由题意知 $X \sim N(\mu, 0.01^2)$. 为解决问题，我们提出原假设和备择假设：

$$H_0: \mu = \mu_0 = 5, \quad H_1: \mu \neq \mu_0 = 5.$$

假定原假设 H_0 成立, 则可得统计量

$$Z=\frac{\overline{X}-\mu_0}{\sigma/\sqrt{n}}=\frac{\overline{X}-5}{\sigma/\sqrt{n}}\sim N(0,1).$$

不妨设小概率为 $\alpha\,(0<\alpha<1)$, 下面根据统计量 Z 的分布, 构造小概率事件如下.

由于样本均值 $\overline{X}$ 是总体均值 μ 的无偏估计量, 故 $\overline{X}$ 的观察值 $\overline{x}$ 在一定程度上反映 μ 值的大小. 若原假设 H_0 成立, 则 $\overline{x}$ 与 μ_0 的偏差 $|\overline{x}-\mu_0|$ 一般不应太大, 从而 $|z|=\left|\dfrac{\overline{x}-\mu_0}{\sigma/\sqrt{n}}\right|$ 亦不应太大. 若 $|z|=\left|\dfrac{\overline{x}-\mu_0}{\sigma/\sqrt{n}}\right|$ 太大, 则怀疑 H_0 不成立. 因此, 可选取某一常数 $k>0$, 使得当 $|z|=\left|\dfrac{\overline{x}-\mu_0}{\sigma/\sqrt{n}}\right|\geqslant k$ 时, 拒绝 H_0, 否则接受 H_0. 令

$$P\left\{\left|\frac{\overline{X}-\mu_0}{\sigma/\sqrt{n}}\right|\geqslant k\right\}=\alpha.$$

由于 $Z=\dfrac{\overline{X}-\mu_0}{\sigma/\sqrt{n}}\sim N(0,1)$, 故根据标准正态分布上分位点的定义, 可得 $k=z_{\alpha/2}$. 于是小概率事件为

$$\left\{\left|\frac{X-\mu_0}{\sigma/\sqrt{n}}\right|\geqslant z_{\alpha/2}\right\},$$

即

$$\left\{\left|\frac{\overline{X}-5}{\sigma/\sqrt{n}}\right|\geqslant z_{\alpha/2}\right\}.$$

因此在试验中, 若统计量 Z 的观察值的绝对值 $|z|$ 大于等于 $z_{\alpha/2}$, 即

$$|z|=\left|\frac{\overline{x}-5}{\sigma/\sqrt{n}}\right|\geqslant z_{\alpha/2},$$

则拒绝原假设 H_0; 若统计量 Z 的观察值的绝对值 $|z|$ 小于 $z_{\alpha/2}$, 即

$$|z|=\left|\frac{\overline{x}-5}{\sigma/\sqrt{n}}\right|<z_{\alpha/2},$$

则接受原假设 H_0.

若取 $\alpha=0.05$, 则查标准正态分布表可得 $z_{\alpha/2}=z_{0.025}=1.96$. 由题意知 $n=16$, $\sigma=0.01$, 则根据例中所给样本值可得

$$\overline{x}=5.003,\quad |z|=\left|\frac{\overline{x}-\mu_0}{\sigma/\sqrt{n}}\right|=\left|\frac{5.003-5}{0.01/4}\right|=1.25.$$

由于 $|z|=1.25<1.96=z_{0.025}$, 故接受原假设 H_0, 即认为这台新型机器性能良好.

注 8.2　设 n, σ 已知. 若检验假设 $H_0: \mu = \mu_0, H_1: \mu \neq \mu_0$, 则统计量 $Z = \dfrac{\overline{X} - \mu_0}{\sigma/\sqrt{n}}$ 称为**检验统计量** (test statistics), 例 8.1 中的检验统计量为 $Z = \dfrac{\overline{X} - 5}{0.01/4}$; 拒绝原假设 H_0 的区域称为**拒绝域** (region of rejection), 例 8.1 中的拒绝域为 $(-\infty, -1.96] \bigcup [1.96, +\infty)$; 接受原假设 H_0 的区域称为**接受域** (region of acceptance), 例 8.1 中的接受域为 $(-1.96, 1.96)$; 拒绝域与接受域的分界点的值称为**临界值** (critical value); 小概率 α 称为**显著性水平** (significance level).

根据例 8.1 假设检验的基本过程, 可得假设检验的基本步骤如下:

第一步　提出原假设 H_0 和备择假设 H_1;

第二步　假定原假设 H_0 成立, 选择检验统计量;

第三步　给定显著性水平 α, 构造小概率事件, 并确定拒绝域;

第四步　根据样本信息, 计算检验统计量的观察值, 进而判断此值是否落入拒绝域, 即判断小概率事件是否发生;

第五步　依据小概率原理, 作出决策: 若落入拒绝域 (即小概率事件发生), 拒绝原假设 H_0; 若落入接受域 (即小概率事件未发生), 接受原假设 H_0.

8.1.3　假设检验的两类错误

在假设检验中, 原假设提出的命题可能为真, 也可能为伪. 人们往往依据一个样本的信息作出推断, 即由部分个体推断总体, 因而所作推断可能正确, 也可能错误. 一般可将推断所犯的错误分为两种类型:

第一类错误　原假设 H_0 为真, 却拒绝了 H_0, 也称为**弃真错误**;

第二类错误　原假设 H_0 为伪, 却接受了 H_0, 也称为**取伪错误**.

针对第一类错误, 由于无法排除犯此类错误的可能性, 通常规定犯第一类错误的概率不超过 α, 其中 $0 < \alpha < 1$. 此外, 记犯第二类错误的概率为 β. 为了降低假设检验犯错误的可能性, 自然希望犯两类错误的概率 α 和 β 尽可能地小. 但当样本容量固定时, 如果减小犯第一类错误的概率 α, 则会增大犯第二类错误的概率 β; 如果减小犯第二类错误的概率 β, 则会增大犯第一类错误的概率 α. 若想同时减小犯两类错误的概率 α 和 β, 只能增大样本容量.

事实上, 例如考虑关于 μ 的假设检验问题. 令

$$H_0: \mu = \mu_0, \quad H_1: \mu \neq \mu_0.$$

假定原假设 H_0 成立, 则 $\dfrac{\overline{X} - \mu_0}{\sigma/\sqrt{n}} \sim N(0, 1)$, 且犯第一类错误的概率 α 如图 8.1 所示. 若原假设 H_0 不成立 (即备择假设 H_1 成立), 不妨假定 $\mu > \mu_0$, 则

$$\frac{\overline{X} - \mu_0}{\sigma/\sqrt{n}} \sim N\left(\frac{\mu - \mu_0}{\sigma/\sqrt{n}}, 1\right).$$

即相比标准正态分布的概率密度图形, $\dfrac{\overline{X}-\mu_0}{\sigma/\sqrt{n}}$ 的图形向右偏移了 $\dfrac{\mu-\mu_0}{\sigma/\sqrt{n}}$ 个单位. 此时犯第二类错误的概率 β 见图 8.1, 且由此图可知以下结论.

(1) 若样本容量 n 固定, 则当 α 减小时, $z_{\alpha/2}$ 向右移动, 从而 β 变大; 反之, 当 α 增大时, $z_{\alpha/2}$ 向左移动, 从而 β 变小.

(2) 若样本容量 n 增大, 则 $\dfrac{\overline{X}-\mu_0}{\sigma/\sqrt{n}}$ 的图形向右所偏移的单位 $\dfrac{\mu-\mu_0}{\sigma/\sqrt{n}}$ 增大. 此时若 α 固定, 则临界值 $z_{\alpha/2}$ 保持不变, 从而犯第二类错误的概率 β 变小; 若 α 减小, 则临界值 $z_{\alpha/2}$ 增大, 从而 β 也减小.

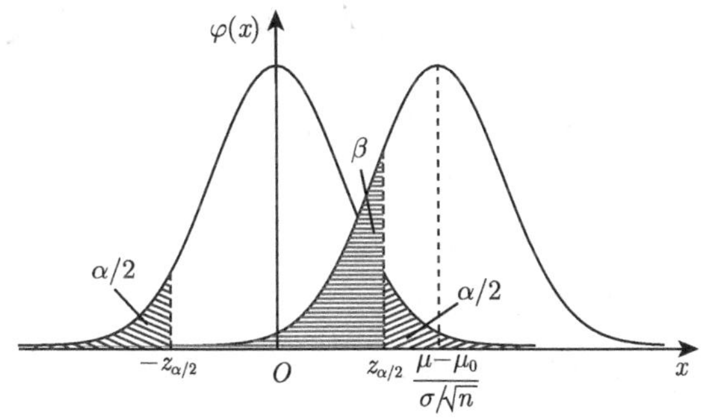

图 8.1 假设检验的两类错误

在假设检验中, 我们一般总是控制犯第一类错误的概率 α, 其中 α 的取值一般很小, 通常取 0.1, 0.05, 0.01, 0.005 等值. 这种只控制犯第一类错误的概率 α, 而不考虑犯第二类错误的概率 β 的检验, 称为**显著性检验** (significance test). 本章所涉及的检验均为显著性检验.

同步基础训练8.1

1. 原假设 H_0 和备择假设 H_1 ( ).

A. 均成立　　B. 均不成立

C. 只有一个成立而且必有一个成立　　D. 不能确定

2. 设 α 为一假设检验中给定的显著性水平, 则 α 是 ( ).

A. 犯第一类错误的概率　B. 犯第一类错误的概率上界

C. 犯第二类错误的概率　D. 犯第二类错误的概率上界

3. 设总体 $X \sim N(\mu, \sigma^2)$, $X_1, X_2, \cdots, X_n$ 为来自总体 X 的一个样本, σ^2 未知. 检验假设

$$H_0: \mu=\mu_0, \quad H_1: \mu\neq\mu_0.$$

若当显著性水平 $\alpha = 0.1$ 时, 拒绝了原假设 H_0, 则当显著性水平 $\alpha = 0.05$ 时, 下列结论正确的是 (　　).

A. 接受原假设 H_0　　B. 拒绝原假设 H_0

C. 犯第一类错误的概率变大　　D. 可能接受原假设 H_0, 也可能拒绝原假设 H_0

4. 设某班数学成绩以往的不及格率 p 超过 5%. 改进教学方法后, 重新取样, 检验该班数学成绩的不及格率 p 是否有所降低. 给定显著性水平 $\alpha = 0.1$, 则此问题的原假设 H_0 为______, 备择假设 H_1 为______, 犯第一类错误的概率为______.

8.2 单个正态总体参数的假设检验

本节主要讨论单个正态总体的均值和方差的假设检验. 不失一般性, 设 $X \sim N(\mu, \sigma^2)$, $X_1, X_2, \cdots, X_n$ 为来自总体 X 的一个样本, $\overline{X}$ 为样本均值, S^2 为样本方差.

8.2.1 单个正态总体均值的假设检验

单个正态总体均值 μ 的假设检验主要有以下三种情形:

$$H_0 : \mu = \mu_0, \quad H_1 : \mu \neq \mu_0; \tag{8.2}$$

$$H_0 : \mu \leqslant \mu_0, \quad H_1 : \mu > \mu_0; \tag{8.3}$$

$$H_0 : \mu \geqslant \mu_0, \quad H_1 : \mu < \mu_0. \tag{8.4}$$

对于式 (8.2), 由备择假设 H_1 可知, μ 可能大于 μ_0, 也可能小于 μ_0, 称此检验为**双边假设检验**; 对于式 (8.3), 由备择假设 H_1 可知, μ 只能大于 μ_0, 称此检验为**右边检验**; 对于式 (8.4), 由备择假设 H_1 可知, μ 只能小于 μ_0, 称此检验为**左边检验**. 左边检验和右边检验统称**单边检验**.

下面根据方差 σ^2 是否已知, 分别讨论上述三种情形的假设检验.

1. σ^2 已知, 均值 μ 的检验

1) $H_0 : \mu = \mu_0$, $H_1 : \mu \neq \mu_0$

假定原假设 H_0 成立, 由于 σ^2 已知, 故选择检验统计量 $Z = \dfrac{\overline{X} - \mu_0}{\sigma/\sqrt{n}} \sim N(0, 1)$. 给定显著性水平 α, 构造小概率事件 (该小概率事件的构造已在例 8.1 的假设检验中进行了讨论)

$$\left\{ \left| \frac{\overline{X} - \mu_0}{\sigma/\sqrt{n}} \right| \geqslant z_{\alpha/2} \right\},$$

满足

$$P\left\{\left|\frac{\overline{X}-\mu_0}{\sigma/\sqrt{n}}\right| \geqslant z_{\alpha/2}\right\}=\alpha.$$

从而, 该检验问题的拒绝域为

$$|z|=\left|\frac{\overline{x}-\mu_0}{\sigma/\sqrt{n}}\right| \geqslant z_{\alpha/2},$$

其中 $z=\dfrac{\overline{x}-\mu_0}{\sigma/\sqrt{n}}$ 为检验统计量 Z 的观察值.

2) $H_0: \mu \leqslant \mu_0$, $H_1: \mu > \mu_0$

假定原假设 H_0 成立, 由于 σ^2 已知, 故选择检验统计量 $Z=\dfrac{\overline{X}-\mu_0}{\sigma/\sqrt{n}}$, 且

$$Z=\frac{\overline{X}-\mu_0}{\sigma/\sqrt{n}} \leqslant \frac{\overline{X}-\mu}{\sigma/\sqrt{n}}. \tag{8.5}$$

给定显著性水平 α, 构造如下小概率事件.

由于 $\overline{X}$ 的观察值 $\overline{x}$ 在一定程度上反映 μ 值的大小, 故根据假设可知, 当 H_0 成立时, $\overline{x}$ 往往偏小, 从而 $z=\dfrac{\overline{x}-\mu_0}{\sigma/\sqrt{n}}$ 也往往偏小. 若 $z=\dfrac{\overline{x}-\mu_0}{\sigma/\sqrt{n}}$ 偏大, 则怀疑 H_0 不成立. 因此, 可适当选取某一常数 k, 使得当 $z=\dfrac{\overline{x}-\mu_0}{\sigma/\sqrt{n}} \geqslant k$ 时拒绝 H_0, 否则接受 H_0. 令 $P\left\{\dfrac{\overline{X}-\mu}{\sigma/\sqrt{n}} \geqslant k\right\}=\alpha$, 则根据式 (8.5) 可知

$$P\left\{\frac{\overline{X}-\mu_0}{\sigma/\sqrt{n}} \geqslant k\right\} \leqslant P\left\{\frac{\overline{X}-\mu}{\sigma/\sqrt{n}} \geqslant k\right\}=\alpha.$$

于是根据 $\dfrac{\overline{X}-\mu}{\sigma/\sqrt{n}} \sim N(0,1)$ 及标准正态分布上分位点的定义, 可得 $k=z_\alpha$. 故小概率事件为

$$\left\{\frac{\overline{X}-\mu_0}{\sigma/\sqrt{n}} \geqslant z_\alpha\right\}.$$

从而, 该检验问题的拒绝域为

$$z=\frac{\overline{x}-\mu_0}{\sigma/\sqrt{n}} \geqslant z_\alpha,$$

其中 $z=\dfrac{\overline{x}-\mu_0}{\sigma/\sqrt{n}}$ 为检验统计量 Z 的观察值.

3) $H_0: \mu \geqslant \mu_0$, $H_1: \mu < \mu_0$

假定原假设 H_0 成立, 由于 σ^2 已知, 故选择检验统计量 $Z = \dfrac{\overline{X}-\mu_0}{\sigma/\sqrt{n}}$, 且

$$Z = \frac{\overline{X}-\mu_0}{\sigma/\sqrt{n}} \geqslant \frac{\overline{X}-\mu}{\sigma/\sqrt{n}}. \tag{8.6}$$

给定显著性水平 α, 构造如下小概率事件.

由于 $\overline{X}$ 的观察值 $\overline{x}$ 在一定程度上反映 μ 值的大小, 故根据假设可知, 当 H_0 成立时, $\overline{x}$ 往往偏大, 从而 $z = \dfrac{\overline{x}-\mu_0}{\sigma/\sqrt{n}}$ 也往往偏大. 若 $z = \dfrac{\overline{x}-\mu_0}{\sigma/\sqrt{n}}$ 偏小, 则怀疑 H_0 不成立. 因此, 可适当选取某一常数 k, 使得当 $z = \dfrac{\overline{x}-\mu_0}{\sigma/\sqrt{n}} \leqslant k$ 时拒绝 H_0, 否则接受 H_0. 令 $P\left\{\dfrac{\overline{X}-\mu}{\sigma/\sqrt{n}} \leqslant k\right\} = \alpha$, 则根据式 (8.6) 可知

$$P\left\{\frac{\overline{X}-\mu_0}{\sigma/\sqrt{n}} \leqslant k\right\} \leqslant P\left\{\frac{\overline{X}-\mu}{\sigma/\sqrt{n}} \leqslant k\right\} = \alpha.$$

于是根据 $\dfrac{\overline{X}-\mu}{\sigma/\sqrt{n}} \sim N(0, 1)$ 及标准正态分布上分位点的定义, 可得 $k = -z_\alpha$. 故小概率事件为

$$\left\{\frac{\overline{X}-\mu_0}{\sigma/\sqrt{n}} \leqslant -z_\alpha\right\}.$$

从而, 该检验问题的拒绝域为

$$z = \frac{\overline{x}-\mu_0}{\sigma/\sqrt{n}} \leqslant -z_\alpha,$$

其中 $z = \dfrac{\overline{x}-\mu_0}{\sigma/\sqrt{n}}$ 为检验统计量 Z 的观察值.

上述采用统计量 $Z = \dfrac{\overline{X}-\mu_0}{\sigma/\sqrt{n}}$ 进行检验的方法称为 Z **检验法**.

例 8.2 设某种袋装糖果的重量 X 服从正态分布 $N(\mu, 2)$, μ 未知. 现随机抽取10袋糖果, 测得其重量 (单位: g) 如下:

58.4 61.1 58.9 58.1 57.5 59.9 57.0 58.0 60.1 61.2

给定显著性水平 $\alpha = 0.05$, 问

(1) 袋装糖果的平均重量是否大于 58 g?

(2) 袋装糖果的平均重量是否小于 59 g?

解 (1) 根据题意提出假设

$$H_0: \mu \leqslant 58, \quad H_1: \mu > 58.$$

假定原假设 H_0 成立, 由于 σ^2 已知, 故选择检验统计量 $Z = \dfrac{\overline{X} - 58}{\sigma/\sqrt{n}}$. 因为显著性水平 $\alpha = 0.05$, 所以检验问题的拒绝域为

$$z = \frac{\overline{x} - 58}{\sigma/\sqrt{n}} \geqslant z_{0.05}.$$

由题意知 $n = 10$, $\sigma = \sqrt{2}$, $\overline{x} = 59.02$, 且查表可得 $z_{0.05} = 1.645$, 于是

$$z = \frac{59.02 - 58}{\sqrt{2}/\sqrt{10}} = 2.2808 > 1.645,$$

从而拒绝原假设 H_0, 即有理由认为袋装糖果的平均重量大于 58.

(2) 根据题意提出假设

$$H_0: \mu \geqslant 59, \quad H_1: \mu < 59.$$

假定原假设 H_0 成立, 由于 σ^2 已知, 故选择检验统计量 $Z = \dfrac{\overline{X} - 59}{\sigma/\sqrt{n}}$. 因为显著性水平 $\alpha = 0.05$, 所以检验问题的拒绝域为

$$z = \frac{\overline{x} - 59}{\sigma/\sqrt{n}} \leqslant -z_{0.05}.$$

已知 $n = 10$, $\sigma = \sqrt{2}$, $\overline{x} = 59.02$, 且查表可得 $z_{0.05} = 1.645$, 于是

$$z = \frac{59.02 - 59}{\sqrt{2}/\sqrt{10}} = 0.0447 > -1.645,$$

从而接受原假设 H_0, 即没有理由认为袋装糖果的平均重量小于 59.

2. σ^2 未知, 均值 μ 的检验

对于 σ^2 未知, 均值 μ 的检验, 由于构造小概率的过程类似于 Z 检验相应的构造过程, 故下面将其省略.

1) $H_0: \mu = \mu_0$, $H_1: \mu \neq \mu_0$

假定原假设 H_0 成立, 由于 σ^2 未知, 故选择检验统计量 $t = \dfrac{\overline{X} - \mu_0}{S/\sqrt{n}} \sim t(n-1)$. 给定显著性水平 α, 构造小概率事件

$$\left\{ \left| \frac{\overline{X} - \mu_0}{S/\sqrt{n}} \right| \geqslant t_{\alpha/2}(n-1) \right\},$$

满足

$$P\left\{\left|\frac{\overline{X}-\mu_0}{S\sqrt{n}}\right| \geqslant t_{\alpha/2}(n-1)\right\}=\alpha.$$

从而, 该检验问题的拒绝域为

$$|t|=\left|\frac{\overline{x}-\mu_0}{s/\sqrt{n}}\right| \geqslant t_{\alpha/2}(n-1),$$

其中 $t=\dfrac{\overline{x}-\mu_0}{s/\sqrt{n}}$ 为检验统计量 t 的观察值.

2) $H_0:\mu\leqslant\mu_0,\ H_1:\mu>\mu_0$

假定原假设 H_0 成立, 由于 σ^2 未知, 故选择检验统计量 $t=\dfrac{\overline{X}-\mu_0}{S/\sqrt{n}}$. 给定显著性水平 α, 构造小概率事件

$$\left\{\frac{\overline{X}-\mu_0}{S/\sqrt{n}} \geqslant t_{\alpha}(n-1)\right\},$$

满足

$$P\left\{\frac{\overline{X}-\mu_0}{S/\sqrt{n}} \geqslant t_{\alpha}(n-1)\right\}\leqslant\alpha.$$

从而, 该检验问题的拒绝域为

$$t=\frac{\overline{x}-\mu_0}{s/\sqrt{n}} \geqslant t_{\alpha}(n-1),$$

其中 $t=\dfrac{\overline{x}-\mu_0}{s/\sqrt{n}}$ 为检验统计量 t 的观察值.

3) $H_0:\mu\geqslant\mu_0,\ H_1:\mu<\mu_0$

假定原假设 H_0 成立, 由于 σ^2 未知, 故选择检验统计量 $t=\dfrac{\overline{X}-\mu_0}{S/\sqrt{n}}$. 给定显著性水平 α, 构造小概率事件

$$\left\{\frac{\overline{X}-\mu_0}{S/\sqrt{n}} \leqslant -t_{\alpha}(n-1)\right\},$$

满足

$$P\left\{\frac{\overline{X}-\mu_0}{S/\sqrt{n}} \leqslant -t_{\alpha}(n-1)\right\}\leqslant\alpha.$$

从而, 该检验问题的拒绝域为

$$t=\frac{\overline{x}-\mu_0}{s/\sqrt{n}} \leqslant -t_{\alpha}(n-1),$$

其中 $t=\dfrac{\overline{x}-\mu_0}{s/\sqrt{n}}$ 为检验统计量 t 的观察值.

上述采用统计量 $t=\dfrac{\overline{X}-\mu_0}{S/\sqrt{n}}$ 进行检验的方法称为 t **检验法**.

例 8.3　设某中学女生的身高 X 服从正态分布 $N(\mu,\,\sigma^2)$, μ 和 σ^2 未知. 现随机抽取 16 名学生, 测得其身高 (单位: cm) 如下:

159　157　162　165　170　158　172　163

166　170　159　163　164　162　173　155

给定显著性水平 $\alpha=0.1$, 问是否可认为此中学女生的平均身高为 165 cm?

解　根据题意提出假设

$$H_0:\mu=165,\quad H_1:\mu\neq 165.$$

假定原假设 H_0 成立, 由于 σ^2 未知, 故选择检验统计量

$$t=\frac{\overline{X}-165}{S/\sqrt{n}}\sim t(n-1).$$

因为显著性水平 $\alpha=0.1$, 所以检验问题的拒绝域为

$$|t|=\left|\frac{\overline{x}-165}{s/\sqrt{n}}\right|\geqslant t_{0.05}(15).$$

由题意知 $n=16$, $\overline{x}=163.625$, $s^2=29.7167$, 且查表可得 $t_{0.05}(15)=1.7531$, 于是

$$|t|=\left|\frac{163.625-165}{\sqrt{29.7167}/\sqrt{16}}\right|=1.0089<1.7531,$$

从而接受原假设 H_0, 即有理由认为此中学女生的平均身高为 165cm.

8.2.2　单个正态总体方差的假设检验

单个正态总体方差 σ^2 的假设检验主要有以下三种情形:

$$H_0:\sigma^2=\sigma_0^2,\quad H_1:\sigma^2\neq\sigma_0^2\,; \tag{8.7}$$

$$H_0:\sigma^2\leqslant\sigma_0^2,\quad H_1:\sigma^2>\sigma_0^2\,; \tag{8.8}$$

$$H_0:\sigma^2\geqslant\sigma_0^2,\quad H_1:\sigma^2<\sigma_0^2\,. \tag{8.9}$$

对于式 (8.7), 由备择假设 H_1 可知, σ^2 可能大于 σ_0^2, 也可能小于 σ_0^2, 称此检验为**双边假设检验**; 对于式 (8.8), 由备择假设 H_1 可知, σ^2 只能大于 σ_0^2, 称此检验为**右边检验**; 对于式 (8.9), 由备择假设 H_1 可知, σ^2 只能小于 σ_0^2, 称此检验为**左边检验**.

下面仅讨论当 μ 未知时, 上述三种情形的假设检验.

1) $H_0: \sigma^2 = \sigma_0^2$, $H_1: \sigma^2 \neq \sigma_0^2$

假定原假设 H_0 成立, 由于 μ 未知, 故选择检验统计量

$$\chi^2 = \frac{(n-1)S^2}{\sigma_0^2} \sim \chi^2(n-1).$$

给定显著性水平 α, 构造如下小概率事件.

由于样本方差 S^2 是总体方差 σ^2 的无偏估计量, 故 S^2 的观察值 s^2 在一定程度上反映 σ^2 值的大小. 若原假设 H_0 成立, 则 s^2 与 σ_0^2 的比值 $\dfrac{s^2}{\sigma_0^2}$ 一般在 1 附近摆动, 从而 $\dfrac{(n-1)s^2}{\sigma_0^2}$ 一般在 $n-1$ 附近摆动. 若 $\dfrac{(n-1)s^2}{\sigma_0^2}$ 过分小于 $n-1$ 或过分大于 $n-1$, 则怀疑 H_0 不成立. 因此, 可选取两个适当的正数 k_1, k_2, 使得当

$$\frac{(n-1)s^2}{\sigma_0^2} \leqslant k_1 \quad \text{或} \quad \frac{(n-1)s^2}{\sigma_0^2} \geqslant k_2$$

时拒绝 H_0, 否则接受 H_0. 令

$$P\left(\left\{\frac{(n-1)S^2}{\sigma_0^2} \leqslant k_1\right\} \bigcup \left\{\frac{(n-1)S^2}{\sigma_0^2} \geqslant k_2\right\}\right) = \alpha.$$

为计算方便, 习惯上取

$$P\left\{\frac{(n-1)S^2}{\sigma_0^2} \leqslant k_1\right\} = \frac{\alpha}{2}, \quad P\left\{\frac{(n-1)S^2}{\sigma_0^2} \geqslant k_2\right\} = \frac{\alpha}{2}.$$

由于 $\dfrac{(n-1)S^2}{\sigma_0^2} \sim \chi^2(n-1)$, 于是可得

$$k_1 = \chi^2_{1-\alpha/2}(n-1), \quad k_2 = \chi^2_{\alpha/2}(n-1).$$

故小概率事件为

$$\left\{\frac{(n-1)S^2}{\sigma_0^2} \leqslant \chi^2_{1-\alpha/2}(n-1)\right\} \text{ 或 } \left\{\frac{(n-1)S^2}{\sigma_0^2} \geqslant \chi^2_{\alpha/2}(n-1)\right\}.$$

从而, 该检验问题的拒绝域为

$$\chi^2 = \frac{(n-1)s^2}{\sigma_0^2} \leqslant \chi^2_{1-\alpha/2}(n-1) \quad \text{或} \quad \chi^2 = \frac{(n-1)s^2}{\sigma_0^2} \geqslant \chi^2_{\alpha/2}(n-1).$$

其中 $\dfrac{(n-1)s^2}{\sigma_0^2}$ 为检验统计量 χ^2 的观察值.

2) $H_0: \sigma^2 \leqslant \sigma_0^2, H_1: \sigma^2 > \sigma_0^2$

假定原假设 H_0 成立, 由于 μ 未知, 故选择检验统计量 $\chi^2 = \dfrac{(n-1)S^2}{\sigma_0^2}$, 且

$$\chi^2 = \frac{(n-1)S^2}{\sigma_0^2} \leqslant \frac{(n-1)S^2}{\sigma^2}. \tag{8.10}$$

给定显著性水平 α, 构造如下小概率事件.

由于样本方差 S^2 是总体方差 σ^2 的无偏估计量, 故 S^2 的观察值 s^2 在一定程度上反映了 σ^2 值的大小. 若 H_0 成立, 则 s^2 与 σ_0^2 的比值 $\dfrac{s^2}{\sigma_0^2}$ 一般不应超过 1, 从而可知 $\dfrac{(n-1)s^2}{\sigma_0^2}$ 一般不应超过 $n-1$. 若 $\dfrac{(n-1)s^2}{\sigma_0^2}$ 超过 $n-1$, 则怀疑 H_0 不成立. 因此, 可选取适当的正数 k, 使得当

$$\frac{(n-1)s^2}{\sigma_0^2} \geqslant k$$

时拒绝 H_0, 反之接受 H_0. 令

$$P\left\{\frac{(n-1)S^2}{\sigma^2} \geqslant k\right\} = \alpha,$$

则根据式 (8.10) 可知

$$P\left\{\frac{(n-1)S^2}{\sigma_0^2} \geqslant k\right\} \leqslant P\left\{\frac{(n-1)S^2}{\sigma^2} \geqslant k\right\} = \alpha.$$

于是根据 $\dfrac{(n-1)S^2}{\sigma^2} \sim \chi^2(n-1)$ 及 χ^2 分布的上分位点定义, 可得 $k = \chi_\alpha^2(n-1)$. 故小概率事件为

$$\left\{\frac{(n-1)S^2}{\sigma_0^2} \geqslant \chi_\alpha^2(n-1)\right\}.$$

从而, 该检验问题的拒绝域为

$$\chi^2 = \frac{(n-1)s^2}{\sigma_0^2} \geqslant \chi_\alpha^2(n-1),$$

其中 $\dfrac{(n-1)s^2}{\sigma_0^2}$ 为检验统计量 χ^2 的观察值.

3) $H_0: \sigma^2 \geqslant \sigma_0^2, H_1: \sigma^2 < \sigma_0^2$

假定原假设 H_0 成立, 由于 μ 未知, 故选择检验统计量 $\chi^2 = \dfrac{(n-1)S^2}{\sigma_0^2}$, 且

$$\chi^2 = \frac{(n-1)S^2}{\sigma_0^2} \geqslant \frac{(n-1)S^2}{\sigma^2}. \tag{8.11}$$

给定显著性水平 α, 构造如下小概率事件.

由于样本方差 S^2 是总体方差 σ^2 的无偏估计量, 故 S^2 的观察值 s^2 在一定程度上反映了 σ^2 值的大小. 若 H_0 成立, 则 s^2 与 σ_0^2 的比值 $\frac{s^2}{\sigma_0^2}$ 一般不应小于 1, 从而可知 $\frac{(n-1)s^2}{\sigma_0^2}$ 一般不应小于 $n-1$. 若 $\frac{(n-1)s^2}{\sigma_0^2}$ 小于 $n-1$, 则怀疑 H_0 不成立. 因此, 可选取适当的正数 k, 使得当

$$\frac{(n-1)s^2}{\sigma_0^2} \leqslant k$$

时拒绝 H_0, 反之接受 H_0. 令

$$P\left\{\frac{(n-1)S^2}{\sigma^2} \leqslant k\right\} = \alpha,$$

则根据式 (8.11) 可知

$$P\left\{\frac{(n-1)S^2}{\sigma_0^2} \leqslant k\right\} \leqslant P\left\{\frac{(n-1)S^2}{\sigma^2} \leqslant k\right\} = \alpha.$$

于是根据 $\frac{(n-1)S^2}{\sigma^2} \sim \chi^2(n-1)$ 及 χ^2 分布的上分位点定义, 得 $k = \chi^2_{1-\alpha}(n-1)$. 故小概率事件为

$$\left\{\frac{(n-1)S^2}{\sigma_0^2} \leqslant \chi^2_{1-\alpha}(n-1)\right\}.$$

从而, 该检验问题的拒绝域为

$$\frac{(n-1)s^2}{\sigma_0^2} \leqslant \chi^2_{1-\alpha}(n-1),$$

其中 $\frac{(n-1)s^2}{\sigma_0^2}$ 为检验统计量 χ^2 的观察值.

上述采用统计量 $\chi^2 = \frac{(n-1)S^2}{\sigma_0^2}$ 进行检验的方法称为 χ^2 **检验法**.

例 8.4 设某一车床正常工作时, 所加工零件的长度 X 服从正态分布 $N(\mu, 0.25)$, 其中 μ 未知. 现随机抽取 20 个零件, 测得其长度 (单位: cm) 如下:

10.1 10.3 10.6 10.1 10.2 11.0 11.2 11.5 11.2 11.1

11.5 11.8 10.1 10.3 10.5 10.6 11.2 11.1 10.3 10.5

给定显著性水平 $\alpha = 0.05$, 试推断该车床工作是否正常?

解 根据题意提出假设

$$H_0: \sigma^2 = 0.25, \quad H_1: \sigma^2 \neq 0.25.$$

假定原假设 H_0 成立, 由于 μ 未知, 故选择检验统计量

$$\chi^2 = \frac{(n-1)S^2}{0.25} \sim \chi^2(n-1).$$

因为显著性水平 $\alpha = 0.05$, 所以检验问题的拒绝域为

$$\frac{(n-1)s^2}{0.25} \geqslant \chi^2_{0.025}(n-1) \quad 或 \quad \frac{(n-1)s^2}{0.25} \leqslant \chi^2_{0.975}(n-1).$$

由题意知 $n = 20$, $s^2 = 0.2888$, 且查表可得 $\chi^2_{0.025}(19) = 32.852$, $\chi^2_{0.975}(19) = 8.906$, 于是

$$32.852 > \frac{(n-1)s^2}{0.25} = \frac{(20-1)0.2888}{0.25} = 21.952 > 8.906.$$

从而接受原假设 H_0, 即推断该车床工作正常.

同步基础训练8.2

1. 设总体 $X \sim N(\mu, \sigma^2)$, σ^2 未知, $X_1, X_2, \cdots, X_n$ 为来自总体 X 的一个样本, 其样本值为 $x_1, x_2, \cdots, x_n$. 检验假设

$$H_0: \mu = \mu_0, \quad H_1: \mu \neq \mu_0.$$

则在此检验中, 与临界值有关的为 (　　).

A. 样本值与显著性水平　　B. 样本值、样本容量与显著性水平

C. 样本容量与显著性水平　　D. 样本值与样本容量

2. 设总体 $X \sim N(\mu, \sigma^2)$, σ^2 已知, $X_1, X_2, \cdots, X_n$ 为来自总体 X 的一个样本, 其样本值为 $x_1, x_2, \cdots, x_n$, $\alpha \in (0, 1)$, 则 $|\overline{x} - \mu_0| > \frac{\sigma}{\sqrt{n}} z_{\alpha/2}$ 为 (　　).

A. $H_0: \mu = \mu_0$ 的拒绝域　　B. $H_0: \mu = \mu_0$ 的接受域

C. μ 的某一置信区间　　D. σ^2 的某一置信区间

3. 设总体 $X \sim N(\mu, \sigma^2)$, 其中 μ, σ^2 未知. 现取一假设为

$$H_0: \mu = \mu_0, \quad H_1: \mu \neq \mu_0,$$

则根据显著性水平 α, 可得拒绝域为 (　　).

A. $|t| = \left|\frac{\overline{x} - \mu_0}{s/\sqrt{n}}\right| < t_{1-\alpha/2}(n-1)$　　B. $|t| = \left|\frac{\overline{x} - \mu_0}{s/\sqrt{n}}\right| \geqslant -t_{1-\alpha/2}(n-1)$

C. $|t| = \left|\dfrac{\overline{x}-\mu_0}{s/\sqrt{n}}\right| \geqslant t_{1-\alpha}(n-1)$　　D. $|t| = \left|\dfrac{\overline{x}-\mu_0}{s/\sqrt{n}}\right| < -t_{1-\alpha}(n-1)$

4. 设总体 $X \sim N(\mu, \sigma^2)$, X_1, X_2, $\cdots$, X_n 为来自总体 X 的一个样本. 若 μ, σ^2 未知, 且

$$\overline{X} = \frac{1}{n}\sum_{i=1}^{n} X_i, \qquad Q^2 = \sum_{i=1}^{n}(X_i - \overline{X})^2,$$

则

(1) 检验假设 $H_0 : \mu \geqslant \mu_0$, $H_1 : \mu < \mu_0$, 选择的检验统计量为__________, 拒绝域为________;

(2) 检验假设 $H_0 : \sigma^2 \leqslant \sigma_0^2$, $H_1 : \sigma^2 > \sigma_0^2$, 选择的检验统计量为__________, 拒绝域为________.

5. 设总体 $X \sim N(\mu, \sigma^2)$, X_1, X_2, $\cdots$, X_n 为来自总体 X 的一个样本, $\overline{X}$ 和 S^2 为样本均值和样本方差, σ^2 已知, 则 $\sum\limits_{i=1}^{n}\left(\dfrac{X_i - \overline{X}}{\sigma}\right)^2$ 服从________分布.

8.3 两个正态总体参数的假设检验

本节主要讨论两个正态总体均值差和方差比的假设检验. 不失一般性, 设 $X \sim N(\mu_1, \sigma_1^2)$, X_1, X_2, $\cdots$, X_{n_1} 为来自总体 X 的一个样本, 样本均值和样本方差分别为 $\overline{X}$, S_1^2; 设 $Y \sim N(\mu_2, \sigma_2^2)$, Y_1, Y_2, $\cdots$, Y_{n_2} 为来自总体 Y 的一个样本, 样本均值和样本方差分别为 $\overline{Y}$, S_2^2 ; X 和 Y 相互独立.

8.3.1 两个正态总体均值差的假设检验

两个正态总体均值差 $\mu_1 - \mu_2$ 的假设检验主要有以下三种情形:

$$H_0 : \mu_1 - \mu_2 = \delta, \quad H_1 : \mu_1 - \mu_2 \neq \delta; \tag{8.12}$$

$$H_0 : \mu_1 - \mu_2 \leqslant \delta, \quad H_1 : \mu_1 - \mu_2 > \delta; \tag{8.13}$$

$$H_0 : \mu_1 - \mu_2 \geqslant \delta, \quad H_1 : \mu_1 - \mu_2 < \delta, \tag{8.14}$$

其中 δ 为已知常数 (一般常用的是 $\delta = 0$).

对于式 (8.12), 由备择假设 H_1 可知, $\mu_1 - \mu_2$ 可能大于 δ, 也可能小于 δ, 称此检验为双边假设检验; 对于式 (8.13), 由备择假设 H_1 可知, $\mu_1 - \mu_2$ 只能大于 δ, 称此检验为右边检验; 对于式 (8.14), 由备择假设 H_1 可知, $\mu_1 - \mu_2$ 只能小于 δ, 称此检验为左边检验.

下面根据方差 σ_1^2, σ_2^2 已知或未知, 分别讨论上述三种情形的假设检验. 本节将涉及基于两个正态总体的 Z 检验和 t 检验, 但由于这两种检验构造小概率的过程类似于上一节单个正态总体 Z 检验和 t 检验相应的构造过程, 故下面将该过程省略.

1. σ_1^2 和 σ_2^2 已知, 均值差 $\mu_1-\mu_2$ 的检验

1) $H_0: \mu_1-\mu_2=\delta$, $H_1: \mu_1-\mu_2\neq\delta$

假定原假设 H_0 成立, 由于 σ_1^2 和 σ_2^2 已知, 故选择检验统计量

$$Z=\frac{(\overline{X}-\overline{Y})-(\mu_1-\mu_2)}{\sqrt{\sigma_1^2/n_1+\sigma_2^2/n_2}}=\frac{(\overline{X}-\overline{Y})-\delta}{\sqrt{\sigma_1^2/n_1+\sigma_2^2/n_2}}\sim N(0,1).$$

给定显著性水平 α, 构造小概率事件

$$\left\{\left|\frac{(\overline{X}-\overline{Y})-\delta}{\sqrt{\sigma_1^2/n_1+\sigma_2^2/n_2}}\right|\geqslant z_{\alpha/2}\right\},$$

满足

$$P\left\{\left|\frac{(\overline{X}-\overline{Y})-\delta}{\sqrt{\sigma_1^2/n_1+\sigma_2^2/n_2}}\right|\geqslant z_{\alpha/2}\right\}=\alpha.$$

从而, 该检验问题的拒绝域为

$$|z|=\left|\frac{(\overline{x}-\overline{y})-\delta}{\sqrt{\sigma_1^2/n_1+\sigma_2^2/n_2}}\right|\geqslant z_{\alpha/2},$$

其中 $z=\dfrac{(\overline{x}-\overline{y})-\delta}{\sqrt{\sigma_1^2/n_1+\sigma_2^2/n_2}}$ 为检验统计量 Z 的观察值.

2) $H_0: \mu_1-\mu_2\leqslant\delta$, $H_1: \mu_1-\mu_2>\delta$

假定原假设 H_0 成立, 由于 σ_1^2 和 σ_2^2 已知, 故选择检验统计量

$$Z=\frac{(\overline{X}-\overline{Y})-\delta}{\sqrt{\sigma_1^2/n_1+\sigma_2^2/n_2}}.$$

给定显著性水平 α, 构造小概率事件

$$\left\{\frac{(\overline{X}-\overline{Y})-\delta}{\sqrt{\sigma_1^2/n_1+\sigma_2^2/n_2}}\geqslant z_{\alpha}\right\},$$

满足

$$P\left\{\frac{(\overline{X}-\overline{Y})-\delta}{\sqrt{\sigma_1^2/n_1+\sigma_2^2/n_2}}\geqslant z_{\alpha}\right\}\leqslant\alpha.$$

从而, 该检验问题的拒绝域为

$$z=\frac{(\overline{x}-\overline{y})-\delta}{\sqrt{\sigma_1^2/n_1+\sigma_2^2/n_2}}\geqslant z_\alpha,$$

其中 $z=\dfrac{(\overline{x}-\overline{y})-\delta}{\sqrt{\sigma_1^2/n_1+\sigma_2^2/n_2}}$ 为检验统计量 Z 的观察值.

3) $H_0:\mu_1-\mu_2\geqslant\delta$, $H_1:\mu_1-\mu_2<\delta$

假定原假设 H_0 成立, 由于 σ_1^2 和 σ_2^2 已知, 故选择检验统计量

$$Z=\frac{(\overline{X}-\overline{Y})-\delta}{\sqrt{\sigma_1^2/n_1+\sigma_2^2/n_2}}.$$

给定显著性水平 α, 构造小概率事件

$$\left\{\frac{(\overline{X}-\overline{Y})-\delta}{\sqrt{\sigma_1^2/n_1+\sigma_2^2/n_2}}\leqslant -z_\alpha\right\},$$

满足

$$P\left\{\frac{(\overline{X}-\overline{Y})-\delta}{\sqrt{\sigma_1^2/n_1+\sigma_2^2/n_2}}\leqslant -z_\alpha\right\}\leqslant\alpha.$$

从而, 该检验问题的拒绝域为

$$z=\frac{(\overline{x}-\overline{y})-\delta}{\sqrt{\sigma_1^2/n_1+\sigma_2^2/n_2}}\leqslant -z_\alpha,$$

其中 $z=\dfrac{(\overline{x}-\overline{y})-\delta}{\sqrt{\sigma_1^2/n_1+\sigma_2^2/n_2}}$ 为检验统计量 Z 的观察值.

上述采用统计量 $Z=\dfrac{(\overline{X}-\overline{Y})-\delta}{\sqrt{\sigma_1^2/n_1+\sigma_2^2/n_2}}$ 进行检验的方法也称为 Z **检验法**.

例 8.5　设甲、乙两地的小麦亩产量 X 和 Y 均服从正态分布, 即 $X\sim N(\mu_1,\sigma_1^2)$, $Y\sim N(\mu_2,\sigma_2^2)$, 且经多年统计, 两地小麦亩产量的方差始终保持为 600 和 500. 现从两地分别随机调查若干农户, 其小麦亩产量 (单位: kg) 具体如下:

甲地:	380	395	416	443	370	380	408	450	444	423
乙地:	390	400	401	410	425	385	370	360	350	370

给定显著性水平 $\alpha=0.05$, 试推断甲地小麦的平均亩产量是否高于乙地小麦的平均亩产量?

解 根据题意提出假设

$$H_0:\mu_1-\mu_2\leqslant 0,\quad H_1:\mu_1-\mu_2>0.$$

假定原假设 H_0 成立, 由于 σ_1^2 和 σ_2^2 已知, 故选择检验统计量

$$Z=\frac{\overline{X}-\overline{Y}}{\sqrt{\sigma_1^2/n_1+\sigma_2^2/n_2}}.$$

因为显著性水平 $\alpha=0.05$, 所以检验问题的拒绝域为

$$z=\frac{\overline{x}-\overline{y}}{\sqrt{\sigma_1^2/n_1+\sigma_2^2/n_2}}\geqslant z_\alpha.$$

由题意知 $n_1=n_2=10$, $\overline{x}=410.9$, $\overline{y}=386.1$, $\sigma_1^2=600$, $\sigma_2^2=500$, 且查表可得 $z_{0.05}=1.645$, 于是

$$z=\frac{410.9-386.1}{\sqrt{600/10+500/10}}=2.3646>1.645.$$

从而拒绝原假设 H_0, 即甲地小麦的平均亩产量高于乙地小麦的平均亩产量.

2. σ_1^2 和 σ_2^2 未知, 但 $\sigma_1^2=\sigma_2^2$, 均值差 $\mu_1-\mu_2$ 的检验

1) $H_0:\mu_1-\mu_2=\delta$, $H_1:\mu_1-\mu_2\neq\delta$

假定原假设 H_0 成立, 由于 σ_1^2 和 σ_2^2 未知, 故选择检验统计量

$$t=\frac{(\overline{X}-\overline{Y})-(\mu_1-\mu_2)}{S_w\sqrt{1/n_1+1/n_2}}=\frac{(\overline{X}-\overline{Y})-\delta}{S_w\sqrt{1/n_1+1/n_2}}\sim t(n_1+n_2-2),$$

其中

$$S_w=\sqrt{\frac{(n_1-1)S_1^2+(n_2-1)S_2^2}{n_1+n_2-2}}.$$

给定显著性水平 α, 构造小概率事件

$$\left\{\left|\frac{(\overline{X}-\overline{Y})-\delta}{S_w\sqrt{1/n_1+1/n_2}}\right|\geqslant t_{\alpha/2}(n_1+n_2-2)\right\},$$

满足

$$P\left\{\left|\frac{(\overline{X}-\overline{Y})-\delta}{S_w\sqrt{1/n_1+1/n_2}}\right|\geqslant t_{\alpha/2}(n_1+n_2-2)\right\}=\alpha.$$

从而, 该检验问题的拒绝域为

$$|t|=\left|\frac{(\overline{x}-\overline{y})-\delta}{s_w\sqrt{1/n_1+1/n_2}}\right|\geqslant t_{\alpha/2}(n_1+n_2-2),$$

其中 $s_w = \sqrt{\dfrac{(n_1-1)s_1^2+(n_2-1)s_2^2}{n_1+n_2-2}}$, $t = \dfrac{(\overline{x}-\overline{y})-\delta}{s_w\sqrt{1/n_1+1/n_2}}$ 为检验统计量 t 的观察值.

2) $H_0:\mu_1-\mu_2\leqslant\delta$, $H_1:\mu_1-\mu_2>\delta$

假定原假设 H_0 成立, 由于 σ_1^2 和 σ_2^2 未知, 故选择检验统计量

$$t=\frac{(\overline{X}-\overline{Y})-\delta}{S_w\sqrt{1/n_1+1/n_2}}.$$

给定显著性水平 α, 构造小概率事件

$$\left\{\frac{(\overline{X}-\overline{Y})-\delta}{S_w\sqrt{1/n_1+1/n_2}}\geqslant t_\alpha(n_1+n_2-2)\right\},$$

满足

$$P\left\{\frac{(\overline{X}-\overline{Y})-\delta}{S_w\sqrt{1/n_1+1/n_2}}\geqslant t_\alpha(n_1+n_2-2)\right\}\leqslant\alpha.$$

从而, 该检验问题的拒绝域为

$$t=\frac{(\overline{x}-\overline{y})-\delta}{s_w\sqrt{1/n_1+1/n_2}}\geqslant t_\alpha(n_1+n_2-2),$$

其中 $s_w = \sqrt{\dfrac{(n_1-1)s_1^2+(n_2-1)s_2^2}{n_1+n_2-2}}$, $t = \dfrac{(\overline{x}-\overline{y})-\delta}{s_w\sqrt{1/n_1+1/n_2}}$ 为检验统计量 t 的观察值.

3) $H_0:\mu_1-\mu_2\geqslant\delta\quad H_1:\mu_1-\mu_2<\delta$

假定原假设 H_0 成立, 由于 σ_1^2 和 σ_2^2 未知, 故选择检验统计量

$$t=\frac{(\overline{X}-\overline{Y})-\delta}{S_w\sqrt{1/n_1+1/n_2}}.$$

给定显著性水平 α, 构造小概率事件

$$\left\{\frac{(\overline{X}-\overline{Y})-\delta}{S_w\sqrt{1/n_1+1/n_2}}\leqslant -t_\alpha(n_1+n_2-2)\right\},$$

满足

$$P\left\{\frac{(\overline{X}-\overline{Y})-\delta}{S_w\sqrt{1/n_1+1/n_2}}\leqslant -t_\alpha(n_1+n_2-2)\right\}\leqslant\alpha.$$

从而, 该检验问题的拒绝域为

$$t=\frac{(\overline{x}-\overline{y})-\delta}{s_w\sqrt{1/n_1+1/n_2}}\leqslant -t_\alpha(n_1+n_2-2),$$

其中 $s_w = \sqrt{\dfrac{(n_1-1)s_1^2+(n_2-1)s_2^2}{n_1+n_2-2}}$, $t = \dfrac{(\overline{x}-\overline{y})-\delta}{s_w\sqrt{1/n_1+1/n_2}}$ 为检验统计量 t 的观察值.

上述采用统计量 $t = \dfrac{(\overline{X}-\overline{Y})-\delta}{S_w\sqrt{1/n_1+1/n_2}}$ 进行检验的方法称为 t **检验法**.

例 8.6 设品牌I和品牌II的充电器充满电后所能使用的时间 X 和 Y 均服从正态分布, 即 $X \sim N(\mu_1, \sigma_1^2)$, $Y \sim N(\mu_2, \sigma_2^2)$, 其中 $\mu_1, \mu_2, \sigma_1^2, \sigma_2^2$ 均未知, 且 $\sigma_1^2 = \sigma_2^2$. 现随机记录了8次型号I的充电器充满电后所能使用的时间(单位: h), 9次型号II 的充电器充满电后所能使用的时间(单位: h), 具体数据如下:

型号 I	4.6	3.8	3.7	4.3	3.9	4.2	4.5	4.8	
型号 II	5.6	5.9	5.5	5.2	5.1	6.6	5.8	4.6	5.0

给定显著性水平 $\alpha = 0.05$, 是否可认为型号I的充电器充满电后所能使用的平均时间比型号II 的充电器充满电后所能使用的平均时间短?

解 根据题意提出假设

$$H_0: \mu_1-\mu_2 \geqslant 0, \quad H_1: \mu_1-\mu_2 < 0.$$

假定原假设 H_0 成立, 由于 σ_1^2 和 σ_2^2 未知, 故选择检验统计量

$$t = \frac{\overline{X}-\overline{Y}}{S_w\sqrt{1/n_1+1/n_2}}.$$

因为显著性水平 $\alpha = 0.05$, 所以检验问题的拒绝域为

$$t = \frac{\overline{x}-\overline{y}}{s_\omega\sqrt{1/n_1+1/n_2}} \leqslant -t_\alpha(n_1+n_2-2).$$

由题意知 $n_1 = 8$, $n_2 = 9$, $\overline{x} = 4.225$, $\overline{y} = 5.4778$, $s_1^2 = 0.1593$, $s_2^2 = 0.3469$, 且查表可得 $t_{0.05}(15) = 1.7531$, 于是

$$s_\omega^2 = \frac{(8-1)0.1593+(9-1)0.3469}{8+9-2} = 0.2594,$$

$$t = \frac{4.225-5.4778}{\sqrt{0.2594}\sqrt{1/8+1/9}} = -5.0622 < -1.7531,$$

从而拒绝原假设 H_0, 即型号I的充电器充满电后所能使用的平均时间比型号II的充电器充满电后所能使用的平均时间短.

8.3.2　两个正态总体方差比的假设检验

两个正态总体方差比 σ_1^2/σ_2^2 的假设检验主要有以下三种情形:

$$H_0:\sigma_1^2=\sigma_2^2,\quad H_1:\sigma_1^2\neq\sigma_2^2 \tag{8.15}$$

$$(\text{或}\, H_0:\sigma_1^2/\sigma_2^2=1,\quad H_1:\sigma_1^2/\sigma_2^2\neq 1);$$

$$H_0:\sigma_1^2\leqslant\sigma_2^2,\quad H_1:\sigma_1^2>\sigma_2^2 \tag{8.16}$$

$$(\text{或}\, H_0:\sigma_1^2/\sigma_2^2\leqslant 1,\quad H_1:\sigma_1^2/\sigma_2^2>1\,);$$

$$H_0:\sigma_1^2\geqslant\sigma_2^2,\quad H_1:\sigma_1^2<\sigma_2^2 \tag{8.17}$$

$$(\text{或}\, H_0:\sigma_1^2/\sigma_2^2\geqslant 1,\quad H_1:\sigma_1^2/\sigma_2^2<1\,).$$

对于式(8.15), 由备择假设 H_1 可知, σ_1^2 可能大于 σ_2^2, 也可能小于 σ_2^2, 称此检验为**双边假设检验**; 对于式(8.16), 由备择假设 H_1 可知, σ_1^2 只能大于 σ_2^2, 称此检验为**右边检验**; 对于式(8.17), 由备择假设 H_1 可知, σ_1^2 只能小于 σ_2^2, 称此检验为**左边检验**.

下面仅讨论当 μ_1 和 μ_2 未知时, 上述三种情形的假设检验.

1) $H_0:\sigma_1^2=\sigma_2^2$, $H_1:\sigma_1^2\neq\sigma_2^2$

假定原假设 H_0 成立, 由于 μ_1, μ_2 未知, 故选择检验统计量

$$F=\frac{S_1^2/\sigma_1^2}{S_2^2/\sigma_2^2}=\frac{S_1^2}{S_2^2}\sim F(n_1-1,\,n_2-1).$$

给定显著性水平 α, 构造小概率事件如下.

由于 S_1^2, S_2^2 分别是 σ_1^2, σ_2^2 的无偏估计量, 故 S_1^2, S_2^2 的观察值 s_1^2, s_2^2 在一定程度上反映了 σ_1^2, σ_2^2 值的大小. 若原假设 H_0 成立, 则 $\dfrac{\sigma_1^2}{\sigma_2^2}=1$. 于是 s_1^2, s_2^2 的比值 $\dfrac{s_1^2}{s_2^2}$ 一般在1附近摆动. 若 $\dfrac{s_1^2}{s_2^2}$ 过分小于1或过分大于1, 则怀疑 H_0 不成立. 因此, 可选取两个适当的正数 k_1, k_2, 使得当

$$\frac{s_1^2}{s_2^2}\leqslant k_1\quad\text{或}\quad\frac{s_1^2}{s_2^2}\geqslant k_2$$

时拒绝 H_0, 反之接受 H_0. 令

$$P\left(\left\{\frac{S_1^2}{S_2^2}\leqslant k_1\right\}\bigcup\left\{\frac{S_1^2}{S_2^2}\geqslant k_2\right\}\right)=\alpha.$$

为计算方便, 习惯上取

$$P\left\{\frac{S_1^2}{S_2^2}\leqslant k_1\right\}=\frac{\alpha}{2},\ P\left\{\frac{S_1^2}{S_2^2}\geqslant k_2\right\}=\frac{\alpha}{2}.$$

由于 $\dfrac{S_1^2}{S_2^2} \sim F(n_1-1, n_2-1)$, 故可得

$$k_1 = F_{1-\alpha/2}(n_1-1, n_2-1), \quad k_2 = F_{\alpha/2}(n_1-1, n_2-1).$$

于是小概率事件为

$$\left\{\frac{S_1^2}{S_2^2} \leqslant F_{1-\alpha/2}(n_1-1, n_2-1)\right\} \quad \text{或} \quad \left\{\frac{S_1^2}{S_2^2} \geqslant F_{\alpha/2}(n_1-1, n_2-1)\right\}.$$

从而, 该检验问题的拒绝域为

$$\frac{s_1^2}{s_2^2} \leqslant F_{1-\alpha/2}(n_1-1, n_2-1) \quad \text{或} \quad \frac{s_1^2}{s_2^2} \geqslant F_{\alpha/2}(n_1-1, n_2-1),$$

其中 $\dfrac{s_1^2}{s_2^2}$ 为检验统计量 F 的观察值.

2) $H_0: \sigma_1^2 \leqslant \sigma_2^2$, $H_1: \sigma_1^2 > \sigma_2^2$

假定原假设 H_0 成立, 由于 μ_1, μ_2 未知, 故选择检验统计量 $F = \dfrac{S_1^2}{S_2^2}$, 且

$$F = \frac{S_1^2}{S_2^2} \leqslant \frac{S_1^2/\sigma_1^2}{S_2^2/\sigma_2^2}. \tag{8.18}$$

给定显著性水平 α, 构造如下小概率事件.

由于 S_1^2, S_2^2 分别是 σ_1^2, σ_2^2 的无偏估计量, 故 S_1^2, S_2^2 的观察值 s_1^2, s_2^2 在一定程度上反映了 σ_1^2, σ_2^2 值的大小. 若原假设 H_0 成立, 则 $\dfrac{\sigma_1^2}{\sigma_2^2} \leqslant 1$. 于是 s_1^2, s_2^2 的比值 $\dfrac{s_1^2}{s_2^2}$ 一般不应超过 1. 若 $\dfrac{s_1^2}{s_2^2}$ 超过 1, 则怀疑 H_0 不成立. 因此, 可选取一个适当的正数 k, 使得当

$$\frac{s_1^2}{s_2^2} \geqslant k$$

时拒绝 H_0, 反之接受 H_0. 令

$$P\left\{\frac{S_1^2/\sigma_1^2}{S_2^2/\sigma_2^2} \geqslant k\right\} = \alpha,$$

则根据式 (8.18) 可知

$$P\left\{\frac{S_1^2}{S_2^2} \geqslant k\right\} \leqslant P\left\{\frac{S_1^2/\sigma_1^2}{S_2^2/\sigma_2^2} \geqslant k\right\} = \alpha.$$

于是根据 $\dfrac{S_1^2/\sigma_1^2}{S_2^2/\sigma_2^2} \sim F(n_1-1, n_2-1)$, 以及 F 分布的上分位点定义, 可得 $k = F_\alpha(n_1-$

$1, n_2-1)$. 故小概率事件为

$$\left\{\frac{S_1^2}{S_2^2} \geqslant F_\alpha(n_1-1, n_2-1)\right\}.$$

从而, 该检验问题的拒绝域为

$$\frac{s_1^2}{s_2^2} \geqslant F_\alpha(n_1-1, n_2-1),$$

其中 $\dfrac{s_1^2}{s_2^2}$ 为检验统计量 F 的观察值.

3) $H_0: \sigma_1^2 \geqslant \sigma_2^2$, $H_1: \sigma_1^2 < \sigma_2^2$

假定原假设 H_0 成立, 由于 μ_1, μ_2 未知, 故选择检验统计量 $F=\dfrac{S_1^2}{S_2^2}$, 且

$$F=\frac{S_1^2}{S_2^2} \geqslant \frac{S_1^2/\sigma_1^2}{S_2^2/\sigma_2^2}. \tag{8.19}$$

给定显著性水平 α, 构造如下小概率事件.

由于 S_1^2, S_2^2 分别是 σ_1^2, σ_2^2 的无偏估计量, 故 S_1^2, S_2^2 的观察值 s_1^2, s_2^2 在一定程度上反映了 σ_1^2, σ_2^2 值的大小. 若原假设 H_0 成立, 则 $\dfrac{\sigma_1^2}{\sigma_2^2} \geqslant 1$. 于是 s_1^2, s_2^2 的比值 $\dfrac{s_1^2}{s_2^2}$ 一般不应小于 1. 若 $\dfrac{s_1^2}{s_2^2}$ 小于 1, 则怀疑 H_0 不成立. 因此, 可选取一个适当的正数 k, 使得当

$$\frac{s_1^2}{s_2^2} \leqslant k$$

时拒绝 H_0, 反之接受 H_0. 令

$$P\left\{\frac{S_1^2/\sigma_1^2}{S_2^2/\sigma_2^2} \leqslant k\right\}=\alpha,$$

则根据式 (8.19) 可知

$$P\left\{\frac{S_1^2}{S_2^2} \leqslant k\right\} \leqslant P\left\{\frac{S_1^2/\sigma_1^2}{S_2^2/\sigma_2^2} \leqslant k\right\}=\alpha.$$

于是根据 $\dfrac{S_1^2/\sigma_1^2}{S_2^2/\sigma_2^2} \sim F(n_1-1, n_2-1)$, 以及 F 分布的上分位点定义, 可得 $k=F_{1-\alpha}(n_1-1, n_2-1)$. 故小概率事件为

$$\left\{\frac{S_1^2}{S_2^2} \leqslant F_{1-\alpha}(n_1-1, n_2-1)\right\}.$$

从而, 该检验问题的拒绝域为

$$\frac{s_1^2}{s_2^2} \leqslant F_{1-\alpha}(n_1-1,\ n_2-1),$$

其中 $\dfrac{s_1^2}{s_2^2}$ 为检验统计量 F 的观察值.

上述采用统计量 $F=\dfrac{S_1^2}{S_2^2}$ 进行检验的方法称为 F **检验法**.

例 8.7 某中学为了考查高一年级某班数学成绩的波动性, 对该班学生第一学期期末数学成绩 X 和第二学期期末数学成绩 Y 进行分析. 设 X 和 Y 相互独立, $X \sim N(\mu_1, \sigma_1^2)$, $Y \sim N(\mu_2, \sigma_2^2)$, 其中 $\mu_1, \mu_2, \sigma_1^2, \sigma_2^2$ 均未知. 现随机抽取两次期末数学成绩 (单位: 分) 如下:

第一学期期末数学成绩	65	72	95	99	35	75	22	96	100
第二学期期末数学成绩	86	73	84	100	55	73	14	95	98

给定显著性水平 $\alpha=0.1$, 试分析两次期末数学成绩的波动性有无显著性变化?

解 根据题意提出假设

$$H_0: \sigma_1^2=\sigma_2^2, \quad H_1: \sigma_1^2 \neq \sigma_2^2.$$

假定原假设 H_0 成立, 由于 $\mu_1, \mu_2, \sigma_1^2, \sigma_2^2$ 均未知, 故选择检验统计量

$$F=\frac{S_1^2/\sigma_1^2}{S_2^2/\sigma_2^2}=\frac{S_1^2}{S_2^2} \sim F(n_1-1,\ n_2-1).$$

因为显著性水平 $\alpha=0.1$, 所以检验问题的拒绝域为

$$\frac{s_1^2}{s_2^2} \geqslant F_{\alpha/2}(n_1-1,\ n_2-1) \quad \text{或} \quad \frac{s_1^2}{s_2^2} \leqslant F_{1-\alpha/2}(n_1-1,\ n_2-1).$$

由题意知 $n_1=n_2=9$, $s_1^2=816.4444$, $s_2^2=735.5000$, 且查表可得 $F_{0.95}(8,8)=0.2907$, $F_{0.05}(8,\ 8)=3.44$, 于是

$$0.2907<\frac{s_1^2}{s_2^2}=\frac{816.4444}{735.5000}=1.1101<3.44.$$

从而接受原假设 H_0, 即两次期末数学成绩的波动性没有显著性变化.

同步基础训练8.3

1. 设总体 $X \sim N(\mu_1, 0.25)$, $X_1, X_2, \cdots, X_9$ 为来自总体 X 的一个样本, $\overline{X}$ 为样本均值; 总体 $Y \sim N(\mu_2, 0.16)$, $Y_1, Y_2, \cdots, Y_{12}$ 为来自总体 Y 的一个样本, $\overline{Y}$ 为样本均值. 已知 X 和 Y 相互独立, 从而检验假设

$$H_0: \mu_1 = \mu_2, \quad H_1: \mu_1 \neq \mu_2,$$

应选取检验统计量为________; 给定显著性水平 α, 拒绝域为________.

2. 设总体 $X \sim N(\mu_1, \sigma_1^2)$, $X_1, X_2, \cdots, X_9$ 为来自总体 X 的一个样本, $\overline{X}$ 为样本均值, S_1^2 为样本方差; 总体 $Y \sim N(\mu_2, \sigma_2^2)$, $Y_1, Y_2, \cdots, Y_{12}$ 为来自总体 Y 的一个样本, $\overline{Y}$ 为样本均值, S_2^2 为样本方差; X 和 Y 相互独立. 已知 $s_1^2 = 1$, $s_2^2 = 1$, 从而检验假设

$$H_0: \mu_1 = \mu_2, \quad H_1: \mu_1 \neq \mu_2,$$

应选取检验统计量为________; 给定显著性水平 α, 拒绝域为________.

3. 设总体 $X \sim N(\mu_1, \sigma_1^2)$, $X_1, X_2, \cdots, X_9$ 为来自总体 X 的一个样本, $\overline{X}$ 为样本均值; 总体 $Y \sim N(\mu_2, \sigma_2^2)$, $Y_1, Y_2, \cdots, Y_{12}$ 为来自总体 Y 的一个样本, $\overline{Y}$ 为样本均值. 已知 X 和 Y 相互独立, 从而检验假设

$$H_0: \sigma_1^2 = \sigma_2^2, \quad H_1: \sigma_1^2 \neq \sigma_2^2,$$

应选取检验统计量为________; 给定显著性水平 $\alpha = 0.1$, 拒绝域为________.

习 题 8

(A)

1. 设某台机器生产一种纽扣, 其直径 (单位: mm) $X \sim N(\mu, 17.64)$. 现随机抽查 100 颗此种纽扣, 测得 $\overline{x} = 26.56, s^2 = 0.09$. 一般情形下, 若机器性能良好, 纽扣的平均直径为 27 mm, 试以显著性水平 $\alpha = 0.1$ 检验此台机器的性能是否良好?

2. 设某学校初三学生的英语成绩 X 服从正态分布 $N(\mu, \sigma^2)$. 现随机抽取该年级 36 位学生的英语成绩, 计算得 $\overline{x} = 67.5, s^2 = 225$. 试问在显著性水平 $\alpha = 0.05$ 下, 可否认为初三学生的英语平均成绩为 70 分?

3. 设有一批螺丝, 其长度 X 服从正态分布 $N(\mu, \sigma^2)$. 现从这批螺丝中随机抽取 5 个, 测得其长度 (单位: mm) 为

15.12　14.70　15.21　14.90　15.11　15.32

(1) 问在显著性水平 $\alpha = 0.05$ 下, 这批螺丝的平均长度是否为 15.25 mm?

(2) 问在显著性水平 $\alpha = 0.05$ 下, 这批螺丝的平均长度是否小于 15.25 mm?

4. 设某公司生产袋装洗涤剂, 随机抽查 10 袋, 测得其去污率 (%) 如下,

88　74　79　82　86　96　71　68　90　84

已知该公司生产的洗涤剂的去污率 X 服从正态分布 $N(\mu, \sigma^2)$. 问在显著性水平 $\alpha = 0.05$ 下, 可否认为该公司生产的洗涤剂的去污率的方差为 70%?

5. 设甲公司生产食盐, 每袋净重 X 服从正态分布 $N(\mu_1, 80)$. 乙公司也生产食盐, 每袋净重 Y 服从正态分布 $N(\mu_2, 80)$. 甲公司与乙公司独立生产食盐, 现随机抽取甲公司与乙公司生产的食盐各 10 袋 (单位: g), 测得其净重具体如下:

甲公司每袋食盐净重	486	491	421	422	309	432	520	485	438	490
乙公司每袋食盐净重	448	533	479	463	560	486	538	443	508	579

(1) 问在显著性水平 $\alpha = 0.05$ 下, 甲公司与乙公司生产的每袋食盐的平均净重有无显著性差异?

(2) 问在显著性水平 $\alpha = 0.1$ 下, 是否可认为甲公司生产的每袋食盐的平均净重低于乙公司生产的每袋食盐的平均净重?

6. A 厂与 B 厂同时研究由某种原料所产的布的缩水率 (%). 设 A 厂所产布的缩水率 X 服从正态分布 $N(\mu_1, \sigma_1^2)$; B 厂所产布的缩水率 Y 服从正态分布 $N(\mu_2, \sigma_2^2)$; A 厂与 B 厂独立地开展此项研究, 且 $\sigma_1^2 = \sigma_2^2$. 随机抽取 A 厂所产布样 10 块, 测得 $\overline{x} = 4.95$, $s_1 = 0.07$. 随机抽取 B 厂所产布样 15 块, 测得 $\overline{y} = 5.02$, $s_2 = 0.12$. 试检验 A 厂与 B 厂所产布样的平均缩水率有无显著性差异? (显著性水平 $\alpha = 0.05$)

7. 某品牌饮料改进工艺前, 每 100 毫升饮料含糖量 (单位: g) X 服从正态分布 $N(\mu_1, \sigma_1^2)$. 改进工艺后, 每 100 毫升饮料含糖量 Y 服从正态分布 $N(\mu_2, \sigma_2^2)$. 由于担心新工艺下的饮料不能迎合大众口味, 两种工艺下的饮料独立生产, 现在随机检测 5 次旧工艺下 100 毫升饮料含糖量, 以及 4 次新工艺下 100 毫升饮料的含糖量, 具体数据见下面表格.

(1) 给定显著性水平 $\alpha = 0.05$, 问新旧工艺下每 100 毫升饮料的平均含糖量有无显著性差异?

(2) 给定显著性水平 $\alpha = 0.05$, 问新旧工艺下每 100 毫升饮料的含糖量的方差有无显著性差异?

旧工艺下每 100 毫升饮料含糖量	17.4	21.3	23.7	20.8	24.3
新工艺下每 100 毫升饮料含糖量	16.7	20.2	16.9	18.2	

(B)

1. 设某家具厂 2017 年的日平均销售额为 51.2 万元. 2018 年, 该厂改进了营销策略, 其日销售额 $X \sim N(\mu, 10.83)$. 随机调查了 2018 年某 9 天的日销售额 (单位: 万元), 计算得 $\overline{x} = 54.5$, $s^2 = 12$. 试问在 $\alpha = 0.025$ 下, 该厂 2018 年的日平均销售额是否高于 2017 年的?

2. 设某工厂生产一批钢管, 其内径 X 服从正态分布 $N(\mu, \sigma^2)$. 现从这批钢管中随机抽取 5 只, 测得其内径 (单位: mm) 为

$$21.4 \quad 21.8 \quad 22.3 \quad 21.5 \quad 22.0$$

(1) 若 $\sigma^2 = 1$, 问在显著性水平 $\alpha = 0.05$ 下, 可否认为钢管的平均内径超过 21mm?

(2) 若 σ^2 未知, 问在显著性水平 $\alpha = 0.05$ 下, 可否认为钢管的平均内径超过 21mm?

3. 环境监测机构试图检测某河流中的杂质含量. 已知此河流中杂质的含量 X 服从正态分布 $N(\mu, \sigma^2)$. 今随机抽测 10 组样品, 测得杂质含量 (%) 如下:

88 74 79 82 86 96 71 68 90 84

问在显著性水平 $\alpha = 0.025$ 下, 方差 σ^2 是否大于 10 %?

4. 人的体重 (单位: kg) 在早晨和晚上可能发生变化, 某研究所对此进行了研究. 该研究所随机选取 8 人, 测得具体数据如下:

早晨体重 x	72	68	80	81	60	63	65	77
晚上体重 y	72	67	77	79	59	61	66	75

设各对数据的差 $D_i = X_i - Y_i\ (i = 1, 2, \cdots, 8)$ 为来自正态总体 $N(\mu, \sigma^2)$ 的样本, μ 和 σ^2 未知. 问在显著性水平 $\alpha = 0.1$ 下, 是否可认为人晚上的体重高于早上的体重?

5. 在针织品漂白工艺中, 为比较 65℃ 和 85℃ 下针织品的断裂强度, 随机抽取 10 件针织品, 分别考察其在 65℃ 和 85℃ 的断裂强度, 具体数据如下:

65℃下针织品断裂强度 x	21.9	20.8	21.1	20.1	19.9	24.4	25.5	21.6	24.6	23.4
85℃下针织品断裂强度 y	20.7	18.4	19.8	18.8	19.9	23.4	23.7	20.8	20	22

设各对数据的差 $D_i = X_i - Y_i\ (i = 1, 2, \cdots, 10)$ 为来自正态总体 $N(\mu, \sigma^2)$ 的样本, μ 和 σ^2 未知. 给定显著性水平 $\alpha = 0.05$, 问 65℃ 和 85℃ 下针织品的断裂强度是否有显著性差异?

6. 一中药厂独立地采用两种方法从某种药材中提取有效成分, 采用第一种方法提取率 (%) X 服从正态分布 $N(\mu_1, \sigma_1^2)$; 采用第二种方法提取率 (%) Y 服从正态分布 $N(\mu_2, \sigma_2^2)$. 采用第一种方法, 随机进行了 9 次提炼, 测得 $\overline{x} = 76.4$, $s_1^2 = 3.3$; 采用第二种方法, 随机进行了 9 次提炼, 测得 $\overline{y} = 79.6$, $s_2^2 = 2.1375$. 已知两种提取方法相互独立, 试问采用第二种方法提取率的方差是否低于采用第一种方法提取率的方差. (显著性水平 $\alpha = 0.05$)

同步基础训练答案

第 1 章　随机事件与概率

同步基础训练 1.1

1. $\Omega=\{(1,1),(1,2),\cdots,(1,6),(2,1),(2,2),\cdots,(2,6),\cdots,$
$(6,1),(6,2),\cdots,(6,6)\}$;
$AB=\{(5,6),(6,5)\}$;
$\overline{A}C=\{(1,1),(2,2),(3,3),(4,4),(5,5),(6,6)\}$;
$BC=\{(5,5),(6,6)\}$;
$$\begin{aligned}A-B-C-D&=A\overline{B}\,\overline{C}\,\overline{D}\\&=\{(1,2),(1,4),(1,6),(2,1),(2,5),(4,1),\\&\quad(4,5),(5,2),(5,4),(6,1)\}.\end{aligned}$$

2. (1) 全是合格品; (2) 恰有一个是次品; (3) 至少有一个是次品.

3. (1) $A\overline{B}\,\overline{C}$;　(2) $A\overline{B}\,\overline{C}\bigcup\overline{A}B\overline{C}\bigcup\overline{A}\,\overline{B}C\bigcup\overline{A}\,\overline{B}\,\overline{C}$;　(3) $AB\overline{C}\bigcup A\overline{B}C\bigcup\overline{A}BC$;
(4) $A\bigcup B\bigcup C$;　(5) $\overline{ABC}$.

4. 区别在于是否有 $A\bigcup B=\Omega$.

5. 提示：证得 $P(\overline{A}\,\overline{B})=P(\overline{A})P(\overline{B})$ 即可.

同步基础训练 1.2

1. 0.7.　2. 0.8.　3. 0.2, 0.2, 0.6, 0.4.　4. $\dfrac{5}{6}$.　5. 0.5, 0.75.　6. (1) $\dfrac{3}{8}$;　(2) $\dfrac{15}{28}$,　$\dfrac{3}{28}$.

同步基础训练 1.3

1. 0.5.　2. 0.42; 0.32.　3. D.　4. 0.778.　5. $\dfrac{49}{80}$.　6. 0.4825.　7. 0.087.

8. (1) 0.785; (2) 0.372.　9. (1) 0.014; (2) 由二工厂生产的可能性最大.

同步基础训练 1.4

1. $\dfrac{4}{7}$.　2. (1) 0.3; (2) $\dfrac{3}{7}$.　3. (1) 0.56; (2) 0.94; (3) 0.38.　4. 0.91.　5. 0.672.

6. $P(A)=P(B)=0.5$.

同步基础训练 1.5

1. 0.263　2. B.　3. 0.837.　4. 0.983.

第 2 章　随机变量及其分布

同步基础训练 2.1

1. (1) $\Omega=\{HH, HT, TH, TT\}$; (2) X 的取值分别为 0, 1, 2, $P\{X=0\}=\frac{1}{4}$, $P\{X=1\}=\frac{1}{2}$, $P\{X=2\}=\frac{1}{4}$.

2. (1) $a=\frac{1}{2}$, $b=\frac{1}{\pi}$; (2) $P\left\{\sqrt{3}/3<X\leqslant\sqrt{3}\right\}=\frac{1}{6}$.

同步基础训练 2.2

1. C.

2. (1) $F(x)=\begin{cases}0, & x<-4,\\ \frac{1}{8}, & -4\leqslant x<0,\\ \frac{1}{4}, & 0\leqslant x<3,\\ \frac{5}{12}, & 3\leqslant x<6,\\ \frac{2}{3}, & 6\leqslant x<7,\\ 1, & x\geqslant 7;\end{cases}$

(2) $P\{X=1\}=0$;

(3) $P\{-1<X\leqslant 6\}=F(6)-F(-1)=\frac{13}{24}$.

3. $p=\frac{1}{5}$.

4. 有放回情况

X	0	1	2	3
p	$\frac{27}{125}$	$\frac{54}{125}$	$\frac{36}{125}$	$\frac{8}{125}$

无放回情况

X	0	1	2
p	$\frac{1}{10}$	$\frac{3}{5}$	$\frac{3}{10}$

5. 8　6. $P\{X=i\}=p(1-p)^{i-1},\ i=1, 2, \cdots$.

同步基础训练 2.3

1. C.　2. 第一个区间可以, 二、三区间都不可以.

3. (1) $c=\frac{1}{2}$;　(2) $F(x)=\begin{cases}0, & x\leqslant 1,\\ \frac{1}{4}x^2-\frac{1}{4}, & 1<x<\sqrt{5},\\ 1, & x\geqslant\sqrt{5};\end{cases}$　(3) $P\{X\leqslant 2\}=\frac{3}{4}$.

4. (1) $A=B=\frac{1}{2}$; (2) $f(x)=\begin{cases}\frac{1}{2}e^{x}, & x<0,\\ 0, & 0\leqslant x<1,\\ \frac{1}{2}e^{-(x-1)}, & x\geqslant 1;\end{cases}$ (3) $\frac{1}{2}$.

5. 0.7.

6. (1) $\frac{1}{50}$; (2) $F(x)=\begin{cases}1-e^{-\frac{1}{50}x}, & x>0,\\ 0, & x\leqslant 0;\end{cases}$ (3) $e^{-1}-e^{-3}$.

7. 0.3413; 0.6826. 8. 0.4332; 0.0668.

同步基础训练 2.4

1.

Y	$\frac{\sqrt{2}}{2}$	0	$-\frac{\sqrt{2}}{2}$
p	0.2	0.7	0.1

2.

Y	1	$\frac{1}{2}$	$\frac{1}{3}$	$\frac{1}{4}$	$\frac{1}{5}$
p	0.2	0.4	0.1	0.1	0.2

Z	0	1	4
p	0.1	0.5	0.4

3. $f_Y(y)=\begin{cases}\frac{1}{2\sqrt{y}}, & 0<y<1,\\ 0, & \text{其他}.\end{cases}$

4. (1) $f_Y(y)=\begin{cases}\frac{1}{y^2}, & \frac{1}{2}<y<1,\\ 0, & \text{其他}.\end{cases}$ (2) $f_Z(z)=\begin{cases}\frac{1}{2}e^{-\frac{z}{2}}, & z>0,\\ 0, & z\leqslant 0.\end{cases}$

5. $f_Y(y)=\begin{cases}\frac{2(y-1)}{9}, & 1<y<4,\\ 0, & \text{其他}.\end{cases}$ 6. $Y\sim N(35,\ 36)$.

第 3 章 多维随机变量及其分布

同步基础训练 3.1

1. (1) $F(b,\ d)-F(a,\ d)$; (2) $F(a,\ d)$; (3) $F(b,\ +\infty)-F(a,\ +\infty)$.

2. (1) $a=1,\ b=0$; (2) 0.

3. $F_X(x)=\begin{cases}1-e^{-0.01x}, & x>0,\\ 0, & x\leqslant 0,\end{cases}$ $F_Y(y)=\begin{cases}1-e^{-0.01y}, & y>0,\\ 0, & y\leqslant 0.\end{cases}$

同步基础训练 3.2

1.

$X \backslash Y$	0	1	$p_{i\cdot}$
0	$\frac{9}{25}$	$\frac{6}{25}$	$\frac{3}{5}$
1	$\frac{6}{25}$	$\frac{4}{25}$	$\frac{2}{5}$
$p_{\cdot j}$	$\frac{3}{5}$	$\frac{2}{5}$	1

$X \backslash Y$	0	1	$p_{i\cdot}$
0	$\frac{3}{10}$	$\frac{3}{10}$	$\frac{3}{5}$
1	$\frac{3}{10}$	$\frac{1}{10}$	$\frac{2}{5}$
$p_{\cdot j}$	$\frac{3}{5}$	$\frac{2}{5}$	1

2. 由 X 为出现正面次数知, 出现反面次数为 $3-X$, 所以 $Y=|X-(3-X)|=|2X-3|$, X 的取值为 0, 1, 2, 3, 相应的 Y 的取值为 3, 1, $X\sim B(3, 0.5)$, 于是

$P\{X=0, Y=3\}=P\{X=0\}=\frac{1}{8}$; $P\{X=1, Y=1\}=P\{X=1\}=\frac{3}{8}$;

$P\{X=2, Y=1\}=P\{X=2\}=\frac{3}{8}$; $P\{X=3, Y=3\}=P\{X=3\}=\frac{1}{8}$.

其余事件均为不可能事件, 故

(1) (X, Y) 的分布律为

$Y \backslash X$	0	1	2	3
1	0	$\frac{3}{8}$	$\frac{3}{8}$	0
3	$\frac{1}{8}$	0	0	$\frac{1}{8}$

(2) (X, Y) 关于 X 和关于 Y 的边缘分布律分别为

X	0	1	2	3
p	$\frac{1}{8}$	$\frac{3}{8}$	$\frac{3}{8}$	$\frac{1}{8}$

Y	1	3
p	$\frac{3}{4}$	$\frac{1}{4}$

3. $a=0.2$, $b=0.3$.

4. (1) (X, Y) 的分布律为

$X \backslash Y$	0	1
0	$\frac{2}{3}$	$\frac{1}{12}$
1	$\frac{1}{6}$	$\frac{1}{12}$

(2) (X, Y) 的分布函数 $F(x, y)$ 为

$$F(x,y)=\begin{cases}\dfrac{2}{3}, & 0\leqslant x<1,\ 0\leqslant y<1,\\ \dfrac{3}{4}, & 0\leqslant x<1,\ y\geqslant 1,\\ \dfrac{5}{6}, & x\geqslant 1,\ 0\leqslant y<1,\\ 1, & x\geqslant 1,\ y\geqslant 1,\\ 0, & \text{其他}.\end{cases}$$

同步基础训练 3.3

1. $A=\dfrac{4}{\pi^2}$, $F(x,y)=\begin{cases}\dfrac{4}{\pi^2}\arctan x\cdot\arctan y, & x>0,\ y>0,\\ 0, & \text{其他}.\end{cases}$

2. (1) $F(x,y)=\begin{cases}x^2y^2, & 0\leqslant x\leqslant 1,\ 0\leqslant y\leqslant 1,\\ y^2, & x>1,\ 0\leqslant y\leqslant 1,\\ x^2, & 0\leqslant x\leqslant 1,\ y>1,\\ 1, & x>1,\ y>1,\\ 0, & \text{其他};\end{cases}$ (2) $\dfrac{1}{4}$; (3) $\dfrac{3}{16}$.

3. (1) $\dfrac{1}{8}$; (2) $\dfrac{3}{8}$, $\dfrac{27}{32}$, $\dfrac{2}{3}$.

4. (1) $f_X(x)=\begin{cases}2.4x^2(2-x), & 0<x<1,\\ 0, & \text{其他},\end{cases}$ $f_Y(y)=\begin{cases}2.4y(y^2-4y+3), & 0<y<1,\\ 0, & \text{其他}.\end{cases}$

(2) $\dfrac{43}{80}$.

5. $f_X(x)=\begin{cases}\dfrac{2}{\pi}\sqrt{1-x^2}, & |x|\leqslant 1,\\ 0, & \text{其他},\end{cases}$ $f_Y(y)=\begin{cases}\dfrac{2}{\pi}\sqrt{1-y^2}, & |y|\leqslant 1,\\ 0, & \text{其他}.\end{cases}$

同步基础训练 3.4

1.

X \ Y	1	2	3
0	0.3	0.18	0.12
1	0.2	0.12	0.08

2. $\alpha=\beta=0.35$. 3. X 与 Y 不独立. 4. 0.5.

同步基础训练 3.5

1.

(1)

$Y=y_j$	0	1	2	3
$P\{Y=y_j\|X=1\}$	$\frac{3}{4}$	$\frac{1}{8}$	$\frac{1}{10}$	$\frac{1}{40}$

(2)

$X=x_i$	0	1	2
$P\{X=x_i\|Y=1\}$	$\frac{2}{3}$	$\frac{2}{9}$	$\frac{1}{9}$

2. 在给定 $X=x>0$ 时, $f_{Y|X}(y\mid x)=\begin{cases}\mathrm{e}^{x-y}, & y>x,\\ 0, & \text{其他}.\end{cases}$

在给定 $Y=y>0$ 时, $f_{X|Y}(x\mid y)=\begin{cases}\dfrac{2x}{y^2}, & 0<x<y,\\ 0, & \text{其他}.\end{cases}$

3. (1) $C=\dfrac{21}{4}$;

(2) $f_{Y|X}(y\mid x)=\begin{cases}\dfrac{2y}{1-x^4}, & x^2<y<1,\ -1<x<1,\\ 0, & \text{其他},\end{cases}$

$f_{Y|X}\left(y\middle|x=\dfrac{1}{3}\right)=\begin{cases}\dfrac{81}{40}y, & \dfrac{1}{9}<y<1,\\ 0, & \text{其他},\end{cases}$ $f_{Y|X}\left(y\middle|x=\dfrac{1}{2}\right)=\begin{cases}\dfrac{32}{15}y, & \dfrac{1}{4}<y<1,\\ 0, & \text{其他}.\end{cases}$

(3) $P\left\{Y\geqslant\dfrac{1}{4}\middle|X=\dfrac{1}{2}\right\}=1$, $P\left\{Y\geqslant\dfrac{3}{4}\middle|X=\dfrac{1}{2}\right\}=\dfrac{7}{15}$.

同步基础训练 3.6

1.

Z_1	0	1	2	3
p	$\frac{1}{3}$	$\frac{7}{18}$	$\frac{2}{9}$	$\frac{1}{18}$

Z_2	0	1	2	4	5
p	$\frac{1}{3}$	$\frac{7}{18}$	$\frac{1}{9}$	$\frac{1}{9}$	$\frac{1}{18}$

Z_3	0	1	2
p	$\frac{5}{6}$	$\frac{1}{9}$	$\frac{1}{18}$

2. $f_Z(z)=\begin{cases}\dfrac{1}{2}\lambda^3z^2\mathrm{e}^{-\lambda z}, & z>0,\\ 0, & \text{其他}.\end{cases}$

3.

(1)

M	0	1	2	3	4	5
p	0	0.04	0.16	0.28	0.24	0.28

(2)

N	0	1	2	3
p	0.28	0.30	0.25	0.17

(3)

W	0	1	2	3	4	5	6	7	8
p	0	0.02	0.06	0.13	0.19	0.24	0.19	0.12	0.05

4. 0.3413. 5. $\frac{5}{7}, \frac{4}{7}$.

第 4 章 随机变量的数字特征

同步基础训练 4.1

1. 1.2, 5.6, 9.4. 2. $a = 0.4, b = 1.2$. 3. D. 4. 0.5, 1.6, 2.3, 15.9.

5. $E(X) = \frac{4}{5}, E(Y) = \frac{3}{5}, E(2XY) = 1, E(X^2 + Y^2) = \frac{16}{15}$.

6. 3. 7. 1.0556. 8. 2.

同步基础训练 4.2

1. 10, 0.4. 2. $\frac{13}{3}$. 3. A. 4. 0.3, 5.7, 23.1, 5.61, 22.44.

5. 2, 2. 6. 0, 60. 7. 27.75π, $20.7\pi^2$. 8. (1) $A = 1$; (2) $D(X) = D(Y) = 1$.

同步基础训练 4.3

1. 34.6, 15.4. 2. 4, 1. 3. 略. 4. 16, 0.5. 5. $\begin{pmatrix} 25 & -5 \\ -5 & 1 \end{pmatrix}$. 6. $\boldsymbol{R} = \begin{pmatrix} 1 & 0 \\ 0 & 1 \end{pmatrix}$.

同步基础训练 4.4

1. $\mu_3 = \lambda,\ \mu_4 = \lambda(1 + 3\lambda)$. 2. $\nu_k = \frac{b^{k+1} - a^{k+1}}{(k+1)(b-a)}$.

第 5 章 大数定律与中心极限定理

同步基础训练 5.1

1. $\forall \varepsilon > 0, \lim\limits_{n \to \infty} P\{\,|X_n - a| \geqslant \varepsilon\} = 0$. 2. $P\{\,|\overline{X} - \mu| < 4\} \geqslant 1 - \frac{1}{2n}$.

3. 0.87. 4. 0.95.

同步基础训练 5.2

1. 0.99999. 2. 0.9958. 3. 0.348.

第 6 章 随机样本及其抽样分布

同步基础训练 6.1

1. C. 2. $p^{\sum\limits_{i=1}^{4} x_i}(1-p)^{4-\sum\limits_{i=1}^{4} x_i}$.

3. $$f_Z(x_1, x_2, \cdots, x_n) = \prod_{i=1}^{n} f(x_i) = \begin{cases} \theta^n \left(\prod\limits_{i=1}^{n} x_i\right)^{\theta-1}, & 0 < \min\limits_{1 \leqslant i \leqslant n}\{x_i\} < 1, \\ 0, & \text{其他}. \end{cases}$$

同步基础训练 6.2

1. 前两个是统计量, 后两个不是统计量. 2. 5, 16, 4. 3. $\frac{1}{4}, \frac{1}{80}, \frac{1}{16}$.

同步基础训练 6.3

1. D. 2. D. 3. D. 4. $t(n)$. 5. $F(1, 1)$. 6. $\chi^2(n-1)$.

第 7 章 参数估计

同步基础训练 7.1

1. C. 2. $\overline{X}$. 3. $2\overline{X}$, $\max\limits_{1\leqslant i\leqslant n}\{x_i\}$.

同步基础训练 7.2

1. $\frac{8}{9}$. 2. B. 3. B.

同步基础训练 7.3

1. A. 2. C. 3. B. 4. B, D. 5. (4.412, 5.588). 6. (60.9694, 193.5328). 7. (0.2170, 2.8472).

同步基础训练 7.4

1. D. 2. 4.412, 5.588. 3. 4.3082, 5.6918. 4. 193.5328.

第 8 章 假设检验

同步基础训练 8.1

1. C. 2. B. 3. D. 4. H_0: $p \geqslant 5\%$, H_1: $p < 5\%$, 0.1.

同步基础训练 8.2

1. C. 2. A. 3. B.

4. (1) $\dfrac{(\overline{X}-\mu_0)\sqrt{n(n-1)}}{Q}$, $\dfrac{(\overline{x}-\mu_0)\sqrt{n(n-1)}}{\sqrt{\sum\limits_{i=1}^{n}(x_i-\overline{x})^2}} \leqslant -t_\alpha(n-1)$;

(2) $\dfrac{Q^2}{\sigma_0^2}$, $\dfrac{\sum\limits_{i=1}^{n}(x_i-\overline{x})^2}{\sigma_0^2} \geqslant \chi_\alpha^2(n-1)$.

5. 自由度为 $n-1$ 的 χ^2 分布.

同步基础训练 8.3

1. $Z=\dfrac{6(\overline{X}-\overline{Y})}{\sqrt{1.48}}$, $|z|=\left|\dfrac{6(\overline{x}-\overline{y})}{\sqrt{1.48}}\right|\geqslant z_{\alpha/2}$.

2. $t=\dfrac{6\sqrt{7}(\overline{X}-\overline{Y})}{7}$, $|t|=\left|\dfrac{6\sqrt{7}(\overline{x}-\overline{y})}{7}\right|\geqslant t_{\alpha/2}(19)$.

3. $F=\dfrac{11}{8}\dfrac{\sum\limits_{i=1}^{9}(X_i-\overline{X})^2}{\sum\limits_{j=1}^{12}(Y_j-\overline{Y})^2}$,

$$\frac{11}{8}\frac{\sum\limits_{i=1}^{9}(x_i-\overline{x})^2}{\sum\limits_{j=1}^{12}(y_j-\overline{y})^2}\leqslant F_{0.95}(8,\ 11) \text{ 或 } \frac{11}{8}\frac{\sum\limits_{i=1}^{9}(x_i-\overline{x})^2}{\sum\limits_{j=1}^{12}(y_j-\overline{y})^2}\geqslant F_{0.05}(8,\ 11).$$

习题答案与提示

第 1 章　随机事件与概率

习　题　1

(A)

1. (1) $\Omega=\left\{\dfrac{i}{n}:\ i=0,1,\cdots,100n\right\}$，其中 n 为该班人数；

(2) $\Omega=\{10,11,\cdots\}$;

(3) $\Omega=\{(x,y):\ x^2+y^2<1\}$.

2. (1) 表示 3 次射击至少有一次没击中靶子;

(2) 表示前两次射击都没有击中靶子;

(3) 表示恰好连续两次击中靶子.

3. (1) $AB\overline{C}$; (2) $A(B\bigcup C)$; (3) $A\bigcup B\bigcup C$; (4) $A\,\overline{B}\,\overline{C}\bigcup\overline{A}\,B\,\overline{C}\bigcup\overline{A}\,\overline{B}\,C$;

(5) $\overline{ABC}$ 或 $\overline{A}\bigcup\overline{B}\bigcup\overline{C}$; (6) $\overline{A}\bigcup\overline{B}\bigcup\overline{C}$.

4. $A=\{1,3,5\}$, $B=\{3,6\}$, $C=\{1\}$, $D=\{2,4,6\}$, $F=\{1,2,3,4\}$, 并且 $C\subset A$, $C\subset F$, B 与 C, D 与 C, A 与 D 都是互不相容事件, 其中 A 与 D 互为对立事件.

5. $1\leqslant a\leqslant e^{0.3}$.　6. 0.5, 0.15, 0.85.　7. 0.6.　8. $\dfrac{26}{165}$, $\dfrac{16}{33}$, $\dfrac{59}{165}$.　9. (1) 0.4; (2) 0.5.

10. 0.8.　11. $\dfrac{16}{33}$.　12. $1-\left(1-\dfrac{t}{T}\right)^2$.　13. 0.25.　14. $\dfrac{90}{100}\times\dfrac{89}{99}\times\dfrac{88}{98}\approx 0.7265$.

15. (1) 0.36; (2) 0.192.　16. 0.983.　17. 0.539.　18. 0.025%.　19. 0.087.

20. 0.9.　21. (1) 0.08; (2) $\dfrac{7}{23}$.　22. (1) 0.943; (2) 0.848.

23. (1) 0.56; (2) 0.44; (3) 0.38.　24. 略.　25. 0.902.　26. 3.　27. $\dfrac{1}{3}$.　28. (1) 0.0582; (2) 0.0104.

(B)

1. $\dfrac{2}{3}$.　2. (1) $\dfrac{5}{12}$; (2) $\dfrac{7}{12}$.　3. 0.7, 0.25.　4. $\dfrac{3}{4}$.　5. $\dfrac{2}{7}$.　6. (1) $\dfrac{24}{91}$; (2) $\dfrac{34}{455}$.　7. $\dfrac{1}{4}$.
8. 略. 9. (1) 0.24; (2) 0.424; (3) 0.472.　10. $\dfrac{3}{2}p-\dfrac{1}{2}p^2$.　11. $\dfrac{3}{5}$.　12. (1) 0.4; (2) 0.4856.

13. (1) 0.7586; (2) 0.0013. 14. (1) 0.458; (2) 0.306. 15. 略. 16. 0.25.

第 2 章 随机变量及其分布

习 题 2

(A)

1.

X	1	2	3
p	$\frac{1}{6}$	$\frac{1}{3}$	$\frac{1}{2}$

$$F(x)=\begin{cases}0, & x<1,\\ \frac{1}{6}, & 1\leqslant x<2,\\ \frac{1}{2}, & 2\leqslant x<3,\\ 1, & x\geqslant 3.\end{cases}$$

2. (1) 可以; (2) $\frac{1}{3}$, $\frac{1}{16}$. 3. (1) $a=\frac{1}{15}$; (2) $\frac{1}{5}$, $\frac{1}{5}$.

4.

X	0	1	2	3
p	0.504	0.398	0.092	0.006

5.

X	3	4	5
p	$\frac{1}{10}$	$\frac{3}{10}$	$\frac{3}{5}$

6. $X\sim B\left(4, \frac{1}{6}\right)$, 0, $\frac{625}{1296}$. 7. $1-1.1\mathrm{e}^{-0.1}$.

8. $X\sim h(90, 10, 5)$. 9. $\frac{1}{8}$.

10. $a=\frac{1}{\pi}$; $F(x)=\begin{cases}0, & x\leqslant -1,\\ \frac{1}{\pi}\arcsin x+\frac{1}{2}, & -1<x<1,\\ 1, & x\geqslant 1;\end{cases}$ $\frac{1}{3}$. 11. $\frac{8}{27}$; $\frac{4}{9}$.

12. 提示: $\frac{X-\mu}{4}\sim N(0, 1)$, $\frac{Y-\mu}{5}\sim N(0, 1)$, 且有 $p_1=P\left\{\frac{X-\mu}{4}\leqslant -1\right\}$, $p_2=P\left\{\frac{Y-\mu}{5}\geqslant 1\right\}$, 因此 $p_1=p_2$.

13. $\mu = 3.8$, $\sigma = 3$, $P\{X > 0\} = 0.898$.　14. $Y \sim B(5, \mathrm{e}^{-2})$; 0.5167.

15.

Y	-1	1
p	$\frac{1}{3}$	$\frac{2}{3}$

16.

Y	2	$\frac{\pi}{6}+2$	$\frac{\pi}{3}+2$	$\frac{2\pi}{3}+2$
p	0.25	0.25	0.25	0.25

Z	1	2
p	0.75	0.25

17. 提示：利用公式法.

18. (1) $f_Y(y)=\begin{cases} \dfrac{1}{2\sqrt{\pi(y-1)}}\mathrm{e}^{-\frac{y-1}{4}}, & y>1, \\ 0, & \text{其他}; \end{cases}$　(2) $f_Z(z)=\begin{cases} \sqrt{\dfrac{2}{\pi}}\mathrm{e}^{-\frac{z^2}{2}}, & z>0, \\ 0, & \text{其他}. \end{cases}$

19. $f_Y(y) = \begin{cases} \dfrac{2}{\pi\sqrt{1-y^2}}, & 0<y<1, \\ 0, & \text{其他}. \end{cases}$

20. $F_Y(y) = \begin{cases} 0, & y \leqslant 1, \\ 2\sqrt{y-1}-y+1, & 1<y<2, \\ 1, & y \geqslant 2. \end{cases}$

(B)

1. 能.

2.

X	0	1	2
p	$\frac{2}{3}$	$\frac{4}{15}$	$\frac{1}{15}$

3. $a=\frac{1}{6}$, $b=\frac{5}{6}$, X 的分布律为

X	-1	1	2
p	$\frac{1}{6}$	$\frac{1}{3}$	$\frac{1}{2}$

4. (1) 0.018; (2) 0.013.

5.

Y	0	1	2	3	4
p	$\frac{1}{16}$	$\frac{1}{4}$	$\frac{3}{8}$	$\frac{1}{4}$	$\frac{1}{16}$

6. $F(x)=\begin{cases} 1-\left(1+\dfrac{x^2}{2}\right)\mathrm{e}^{-\frac{x^2}{2}}, & x>0, \\ 0, & 其他, \end{cases}$ $P\{-2<X\leqslant 4\}=1-9\mathrm{e}^{-8}$.

7. $1-\alpha-\beta$. 8. $\sqrt[3]{4}$.

9. 提示:

$$(1)\ F(-a)=\int_{-\infty}^{-a}f(x)\mathrm{d}x=\int_{a}^{+\infty}f(x)\mathrm{d}x$$

$$=1-\int_{-\infty}^{a}f(x)\mathrm{d}x=1-F(a)=0.5-\int_{0}^{a}f(x)\mathrm{d}x;$$

$$(2)\ P\{|X|<a\}=\int_{-a}^{a}f(x)\mathrm{d}x=2\int_{0}^{a}f(x)\mathrm{d}x=2F(a)-1;$$

(3) $P\{|X|>a\}=1-P\{|X|\leqslant a\}=1-[2F(a)-1]=2[1-F(a)]$.

10. 提示: 证明 $F(x)$ 满足分布函数的基本性质.

11. 提示: 对任意的 $k=0, 1, 2, \cdots, n$ 有

$$P\{X\leqslant k\}=\sum_{i=1}^{k}\mathrm{C}_n^i p^i(1-p)^{n-i}$$

$$=1-\sum_{i=k+1}^{n}\mathrm{C}_n^i p^i(1-p)^{n-i}.$$

令 $i'=n-i$, 上式作变量代换, 得

$$1-\sum_{i=k+1}^{n}\mathrm{C}_n^i p^i(1-p)^{n-i}=1-\sum_{i'=0}^{n-k-1}\mathrm{C}_n^{n-i'}p^{n-i'}(1-p)^{i'}$$

$$=1-P\{Y\leqslant n-k-1\}.$$

12. 1. 13. 0.95.

14. $f_Y(y)=\begin{cases}\mathrm{e}^{-y}, & y>0,\\ 0, & y\leqslant 0.\end{cases}$ 15. $f_Y(y)=\begin{cases}\dfrac{1}{\sqrt{2\pi}\sigma}\mathrm{e}^{-\frac{y}{2\sigma^2}}, & y>0,\\ 0, & y\leqslant 0.\end{cases}$

16. 提示: 利用公式法.

17. $F_Y(y)=\begin{cases}0, & y<0,\\ \dfrac{1}{3\sqrt[3]{x^2}}, & 0\leqslant y<1,\\ 1, & y\geqslant 1.\end{cases}$

第 3 章　多维随机变量及其分布

习　题　3

(A)

1.

$X \backslash Y$	3	4	5	$p_{i\cdot}$
1	0.1	0.2	0.3	0.6
2	0	0.1	0.2	0.3
3	0	0	0.1	0.1
$p_{\cdot j}$	0.1	0.3	0.6	1

2.

$X \backslash Y$	0	1	2
0	0	0	$\frac{1}{35}$
1	0	$\frac{6}{35}$	$\frac{6}{35}$
2	$\frac{3}{35}$	$\frac{12}{35}$	$\frac{3}{35}$
3	$\frac{2}{35}$	$\frac{2}{35}$	0

3. (1) $\frac{7}{8}$;　(2) $\frac{1}{8}$;　(3) $\frac{3}{4}$;　(4) $\frac{3}{8}$.

4. (1) $F_X(x)=\begin{cases}1-\mathrm{e}^{-x}, & x\geqslant 0,\\ 0, & \text{其他},\end{cases}$　$F_Y(y)=\begin{cases}1-\mathrm{e}^{-y}-y\mathrm{e}^{-y}, & y\geqslant 0,\\ 0, & \text{其他}.\end{cases}$

(2) 因为 $F(x,y)\neq F_X(x)F_Y(y)$, 所以 X 与 Y 不独立.

5. (1) $k=2$;

(2) $f_X(x)=\begin{cases}\mathrm{e}^{-x}, & x>0,\\ 0, & \text{其他},\end{cases}$　$f_Y(y)=\begin{cases}2\mathrm{e}^{-2y}, & y>0,\\ 0, & \text{其他};\end{cases}$

(3) $1-2\mathrm{e}^{-1}+\mathrm{e}^{-2}$, $\mathrm{e}^{-1}-\mathrm{e}^{-3}$;

(4) $F(x,y)=\begin{cases}(1-\mathrm{e}^{-x})(1-\mathrm{e}^{-2y}), & x>0,\ y>0,\\ 0, & \text{其他}.\end{cases}$

6. (1) $f_X(x)=\begin{cases} x^2+\dfrac{1}{6}x, & 0\leqslant x\leqslant 1,\\ 0, & \text{其他};\end{cases}$ $f_Y(y)=\begin{cases} \dfrac{1}{3}+\dfrac{1}{6}y, & 0\leqslant y\leqslant 2,\\ 0, & \text{其他}.\end{cases}$

(2) $\dfrac{5}{36}$.

7.

$X \backslash Y$	y_1	y_2	y_3	$p_{i\cdot}$
x_1	$\frac{1}{24}$	$\frac{1}{8}$	$\frac{1}{12}$	$\frac{1}{4}$
x_2	$\frac{1}{8}$	$\frac{3}{8}$	$\frac{1}{4}$	$\frac{3}{4}$
$p_{\cdot j}$	$\frac{1}{6}$	$\frac{1}{2}$	$\frac{1}{3}$	1

8. 不独立. 9. 0.4375.

10. (1) $f(x,y)=\begin{cases} \dfrac{1}{2}\mathrm{e}^{-\frac{y}{2}}, & 0<x<1,\ y>0,\\ 0, & \text{其他};\end{cases}$ (2) $1-\sqrt{2\pi}[\Phi(1)-\Phi(0)]=0.1448$.

11. 当 $0<y<1$ 时, $f_{X|Y}(x\mid y)=\begin{cases} \dfrac{1}{x^2y}, & x>\dfrac{1}{y},\\ 0, & x\leqslant \dfrac{1}{y};\end{cases}$

当 $y\geqslant 1$ 时, $f_{X|Y}(x\mid y)=\begin{cases} \dfrac{y}{x^2}, & x>y,\\ 0, & x\leqslant y;\end{cases}$

当 $x>1$ 时, $f_{Y|X}(y\mid x)=\begin{cases} \dfrac{1}{2y\ln x}, & \dfrac{1}{x}<y<x,\\ 0, & \text{其他}.\end{cases}$

12. 当 $0<y<1$ 时, $f_{X|Y}(x\mid y)=\begin{cases} \dfrac{3}{2}x^2y^{-\frac{3}{2}}, & -1<|x|<y,\\ 0, & \text{其他};\end{cases}$

当 $-1<x<1$ 时, $f_{Y|X}(y\mid x)=\begin{cases} \dfrac{2y}{1-x^4}, & x^2<y<1,\\ 0, & \text{其他}.\end{cases}$

13.

Z_1	0	1	2	3	4
p	$\frac{5}{20}$	$\frac{3}{20}$	$\frac{2}{20}$	$\frac{9}{20}$	$\frac{1}{20}$

Z_2	-2	-1	1	2	4
p	$\frac{3}{20}$	$\frac{5}{20}$	$\frac{2}{20}$	$\frac{9}{20}$	$\frac{1}{20}$

14. 提示：$Z=X+Y$ 取值为 $0, 1, 2, \cdots, n_1+n_2$, 而事件 $\{Z=k\}$ 是诸互不相容事件 $\{X=i, Y=k-i\}(i=0, 1, 2, \cdots, k)$ 的并, 再考虑独立性, 则对任意非负整数 k, 有

$$P\{Z=k\}=\sum_{i=0}^{k} P\{X=i\}P\{Y=k-i\}.$$

在二项分布场合, 上式中有些事件是不可能事件:

当 $i>n_1$ 时, $\{X=i\}$ 是不可能事件, 所以只需考虑 $i\leqslant n_1$;

当 $k-i>n_2$ 时, $\{Y=k-i\}$ 是不可能事件, 所以只需考虑 $i\geqslant k-n_2$.

因此记 $a=\max\{0, k-n_2\}$, $b=\min\{n_1, k\}$, 则

$$\begin{aligned}P\{Z=k\}&=\sum_{i=0}^{k} P\{X=i\}P\{Y=k-i\}\\&=\sum_{i=a}^{b} P\{X=i\}P\{Y=k-i\}\\&=\mathrm{C}_{n_1+n_2}^{k}p^k(1-p)^{n_1+n_2-k}.\end{aligned}$$

15. (1) 不独立; (2) $f_Z(z)=\begin{cases}\dfrac{1}{2}z^2\mathrm{e}^{-z}, & z>0,\\ 0, & \text{其他}.\end{cases}$

16. $f_Z(z)=\begin{cases}0, & z\leqslant 0,\\ 2\mathrm{e}^{-z}+2z-2, & 0<z\leqslant 1,\\ 2\mathrm{e}^{-z}, & z>1.\end{cases}$

17. (1) 独立; (2) $2\mathrm{e}^{-50}-\mathrm{e}^{-100}$.

18. (1) $f_{Z_1}(z)=\begin{cases}z\mathrm{e}^{-z}, & z>0,\\ 0, & \text{其他};\end{cases}$ (2) $f_{Z_2}(z)=\begin{cases}\dfrac{1}{(z+1)^2}, & z>0,\\ 0, & \text{其他}.\end{cases}$

(B)

1.

X_1 \ X_2	0	1	2
0	$\frac{4}{25}$	$\frac{1}{5}$	$\frac{1}{25}$
1	$\frac{1}{5}$	$\frac{1}{4}$	$\frac{1}{20}$
2	$\frac{1}{25}$	$\frac{1}{20}$	$\frac{1}{100}$

2. 0.

3. (1) 放回情况

X \ Y	0	1
0	$\frac{25}{36}$	$\frac{5}{36}$
1	$\frac{5}{36}$	$\frac{1}{36}$

(2) 不放回情况

X \ Y	0	1
0	$\frac{15}{22}$	$\frac{5}{33}$
1	$\frac{5}{33}$	$\frac{1}{66}$

4. (1) 6; (2) $\frac{1}{12}$, 0.6642.　5. 0.044.

6. $f_{X|Y}(x|y)=\begin{cases}\frac{1}{1-|y|}, & |y|<x,\\ 0, & 其他.\end{cases}$　$f_{Y|X}(y|x)=\begin{cases}\frac{1}{2x}, & |y|<x<1,\\ 0, & 其他.\end{cases}$

7. $F_Z(z)=\begin{cases}0, & z<0,\\ 1-(1-z)^2, & 0\leqslant z<1,\\ 1, & z\geqslant 1;\end{cases}$　$f_Z(z)=\begin{cases}2(1-z), & 0\leqslant z<1,\\ 0, & 其他.\end{cases}$

8. $f(x,y)=\frac{1}{2\pi}\mathrm{e}^{-\frac{1}{2}(x^2+y^2)}$; Z 的分布律为

Z	0	1	2
p	e^{-2}	$\mathrm{e}^{-\frac{1}{2}}-\mathrm{e}^{-2}$	$1-\mathrm{e}^{-\frac{1}{2}}$

9. 提示：首先 $Z=X+Y$ 取值为 $0, 1, 2, \cdots$, 而事件 $\{Z=k\}$ 是互不相容事件 $\{X=i, Y=k-i\}(i=0, 1, 2,\cdots, k)$ 的并, 再考虑独立性, 则对任意非负整数 k, 有 $P\{Z=k\}=\sum\limits_{i=0}^{k}P\{X=i\}P\{Y=k-i\}$. 利用这个公式可得 $P\{Z=k\}=\frac{(\lambda_1+\lambda_2)^k}{k!}\mathrm{e}^{-(\lambda_1+\lambda_2)}$, $k=0, 1, 2, \cdots$.

10. (1) $\frac{7}{24}$; (2) $f_Z(z)=\begin{cases}z(2-z), & 0<z<1,\\ (2-z)^2, & 1\leqslant z<2,\\ 0, & 其他.\end{cases}$

11. $f_Z(z)=\begin{cases}\frac{z}{\sigma^2}\mathrm{e}^{-\frac{z^2}{2\sigma^2}}, & z\geqslant 0,\\ 0, & 其他.\end{cases}$

12. (1)

U \ V	1	2	3
1	$\frac{1}{9}$	0	0
2	$\frac{2}{9}$	$\frac{1}{9}$	0
3	$\frac{2}{9}$	$\frac{2}{9}$	$\frac{1}{9}$

(2)

U	1	2	3
p	$\frac{1}{9}$	$\frac{1}{3}$	$\frac{5}{9}$

V	1	2	3
p	$\frac{5}{9}$	$\frac{1}{3}$	$\frac{1}{9}$

(3)

$U=i$	1	2	3
$P\{U=i\|V=2\}$	0	$\frac{1}{3}$	$\frac{2}{3}$

13. 提示: 求出 X, Y, X^2 和 Y^2 的概率密度即可.

14. $\frac{1}{2}$.

15. (1) $f(x, y)=f_X(x)f_{Y|X}(y \mid x)=\begin{cases}\frac{1}{2(2-x)}, & 0<x<y<2,\\ 0, & \text{其他};\end{cases}$

(2) $f_Y(y)=\begin{cases}\frac{1}{2}\ln\frac{2}{2-y}, & 0<y<2,\\ 0, & \text{其他};\end{cases}$

16. $f_Z(z)=\begin{cases}z, & 0\leqslant z<1,\\ 2-z, & 1\leqslant z<2,\\ 0, & \text{其他}.\end{cases}$

第 4 章　随机变量的数字特征

习　题　4

(A)

1. 8.8 元.　2. 4.96 元.　3. 0.9, 0.873.　4. $k=3, \alpha=2$.　5. $-0.6, 6.6, -0.1, 3.1$.

6. 2, $\frac{4}{3}$.　7. (1) $c=\frac{24}{5}$; (2) $\frac{36}{25}, \frac{12}{25}, \frac{28}{75}$.　8. $100<a<10000$.

9. 生产 3500 吨该产品, 能使期望获利最大.

10.

X	-1	0	1
p	0.4	0.1	0.5

11. $W\sim N(1, 257)$.　12. (1) $-\frac{1}{36}$; (2) $\frac{1}{18}$.　13. $-\frac{1}{18}$.　14. 280, 120.

15. (1) $k=1$, $\operatorname{Cov}(x, y)=0$, $\rho_{XY}=0$;

(2) X 与 Y 不相关, X 与 Y 不独立.

16. $-\frac{1}{36}$, $-\frac{1}{11}$, $\frac{5}{9}$. 17. -0.804.

18. 当 $ac>0$ 时, $\rho_{X_1Y_1}=\rho_{XY}$; 当 $ac<0$ 时, $\rho_{X_1Y_1}=-\rho_{XY}$.

19. 0.

20. $\boldsymbol{C}=\begin{pmatrix} 81\sigma_1^2+18\rho\sigma_1\sigma_2+\sigma_2^2 & 9\sigma_1^2-8\rho\sigma_1\sigma_2-\sigma_2^2 \\ 9\sigma_1^2-8\rho\sigma_1\sigma_2-\sigma_2^2 & \sigma_1^2-2\rho\sigma_1\sigma_2+\sigma_2^2 \end{pmatrix}$.

21. 略.

22. 一至四阶原点矩分别为 $\frac{4}{3}$, 2, $\frac{16}{5}$, $\frac{16}{3}$; 一至四阶中心矩分别为 0, $\frac{2}{9}$, $-\frac{8}{135}$, $\frac{16}{135}$.

(B)

1. 1. 2. 0.6, 0.46. 3. 1, $\frac{4}{9}$.

4. 当 $a=3$ 时, $E(W)$ 达到最小且最小值为 108.

5. 提示: 本题为几何分布情形, 利用无穷级数求和方法可求得 $E(X)$ 和 $D(X)$.

6. (1) 1200, 1225; (2) 1282 kg. 7. 21 单位. 8. $11-\ln\frac{5\sqrt{21}}{21}$. 9. 320000 元.

10. $\frac{4}{225}$, $\frac{4}{\sqrt{66}}$, $\frac{1}{9}$.

11. 略.

12. $\boldsymbol{C}=\begin{pmatrix} \frac{19}{392} & \frac{1}{63} \\ \frac{1}{63} & \frac{3}{80} \end{pmatrix}$. 13. $\frac{k!}{\lambda^k}$, $k=1,2,3,\cdots$.

第 5 章 大数定律与中心极限定理

习 题 5

(A)

1. $P\{|X-\mu|<3\sigma\}\geqslant\frac{8}{9}$. 2. $\frac{39}{40}$. 3. 0.962. 4. 0.0062. 5. 0.9826. 6. 103.

7. 约为 0. 8. 0.0228. 9. 0.6826. 10. 0.9995. 11. 0.0062. 12. 略.

13. 1.3427 g/km.

(B)

1. 不小于 $\frac{8}{9}$. 2. $P\{|X+Y|\geqslant 6\}\leqslant\frac{1}{12}$. 3. (1) 0.0003; (2) 0.5.

4. (1) 0.8944; (2) 0.1379. 5. (1) 0; (2) 1, 0.9023. 6. 98 箱.

7. (1) 0.55, 0.8638; (2) 至少取 865 件才能满足要求.

第 6 章　随机样本及其抽样分布

习　题　6

(A)

1. (1) 总体 X 为活塞的直径; 样本为 $X_1, X_2, \cdots, X_8$; 样本值为 108, 105, 110, 113, 104, 125, 130, 120; 样本容量为 8.

(2) $\overline{x} = 114.3750,\ s^2 = 92.2679,\ s = 9.6056,\ b_2 = 80.7344$.

2. (1) $\overline{x} = 3.1200,\ s^2 = 0.3870,\ x_{(3)} = 3.4$; (2) -18.1681, 6046.875.　3. (1) $\dfrac{1}{2}$, 自由度为 3; (2) $\sqrt{2}$, 自由度为 4; (3) 2, 第一自由度为 1, 第二自由度为 4.

4. 提示: 由 $X \sim t(n)$, 则存在 $U \sim N(0, 1)$, $V \sim \chi^2(n)$, U和V 相互独立, 使得 $X = \dfrac{U}{\sqrt{V/n}}$, 从而 $X^2 = \dfrac{U^2}{V/n} \sim F(1, n)$.

5. (1) 3.571; (2) 2.6810, -2.6810; (3) 0.357.　6.(1) 0.8185; (2) 0.8250.

7. (1) 0.1; (2) 0.94.　8. 0.9.　9. 68.　10. (1) 0.05; (2) $\dfrac{2\sigma^4}{n-1}$.

11. 0.9.　12. 0.7423.　13. 0.175.

(B)

1. $\dfrac{1}{2}$.　2. (1) 0.5785; (2) 0.2923.　3. $2(n-1)\sigma^2$.

4. 提示: 由于 $Y_1 - Y_2 \sim N\left(0, \dfrac{1}{2}\sigma^2\right)$, 从而 $\dfrac{Y_1 - Y_2}{\sigma\sqrt{\dfrac{1}{2}}} \sim N(0, 1)$. 又因 $\dfrac{(4-1)S^2}{\sigma^2} \sim \chi^2(3)$, 故根据 t 分布的定义可知结论成立.

5. $\dfrac{1}{2}$.　6. $\dfrac{2}{9}$.

第 7 章　参 数 估 计

习　题　7

(A)

1. $\hat{\lambda} = \overline{x}$.　2. (1) $\hat{\theta} = 2\overline{X}$; (2) 1.04;　(3) $\hat{\theta} = \max\limits_{1 \leqslant i \leqslant n}\{X_i\}$.

3. 0, $\dfrac{4}{15}$.　4. $\hat{\theta} = \dfrac{-n}{\sum\limits_{i=1}^{n} \ln X_i}$.

5. $\hat{\theta}=\min\limits_{1\leqslant i\leqslant n}\{x_i\}$. 6. (1) W_2, W_3; (2) W_3.

7. 提示：根据期望的性质可知

$$\begin{aligned}E(\hat{\sigma}^2)&=\frac{1}{n}\sum_{i=1}^{n}E(X_i-\mu)^2\\&=\frac{1}{n}\sum_{i=1}^{n}[E(X_i^2)-2\mu E(X_i)+\mu^2]\\&=\frac{1}{n}\sum_{i=1}^{n}[D(X_i)+(E(X_i))^2-2\mu E(X_i)+\mu^2].\end{aligned}$$

8. 提示：根据方差的性质可知

$$D\left(\sum_{i=1}^{n}a_iX_i\right)=\sum_{i=1}^{n}a_i^2D(X_i)=\sum_{i=1}^{n}a_i^2D(X).$$

特别地，当 $a_i=\frac{1}{n}$, $i=1,2,\cdots,n$ 时，可使 $D\Big(\sum\limits_{i=1}^{n}a_iX_i\Big)$ 达到最小. 故

$$D\left(\sum_{i=1}^{n}a_iX_i\right)\geqslant D\left(\frac{1}{n}\sum_{i=1}^{n}X_i\right)=D(\overline{X}).$$

9. 提示：根据期望的性质可知

$$E(\overline{X}^2)=D(\overline{X})+E(\overline{X})^2=\frac{1}{n}D(X)+(E(X))^2=\frac{n+1}{n}\lambda^{-2}.$$

10. (1) (5.608, 6.392); (2) (5.5584, 6.4416).

11. (1) (14.7855, 15.1145); (2) (14.7130, 15.1870).

12. (1) (572.4259, 3611.0256); (2) (586.8205, 4134.2593).

13. (263.6276, 693.2409).

14. (1) (193.7490, 206.2510); (2) (192.8067, 207.1933).

15. (1) (−3.8534, −0.1866); (2) (−4.1527, 0.1127).

16. (0.3186, 3.8572).

17. (1) (0.0864, 1.5346); (2) (0.1013, 2.2496).

18. (1) 14.7855; (2) 15.1870; (3) 0.0230.

19. (1) 0.6066; (2) 15.6391.

(B)

1. $\hat{\theta}=\frac{1}{\overline{X}}-1$. 2. (1) $\hat{\theta}=2\overline{X}$; (2) $D(\hat{\theta})=\frac{1}{5n}\theta^2$; (3) 无偏估计量 3. $\hat{\sigma}=\frac{1}{n}\sum\limits_{i=1}^{n}|X_i|$.

4. (1) $a=\frac{1}{2(n-1)}$. 提示：$X_{i+1}-X_i\sim N(0,2\sigma^2)$, 于是 $E(X_{i+1}-X_i)^2=D(X_{i+1}-X_i)=2\sigma^2$.

(2) $c=\frac{1}{n}$. 提示：$E(\overline{X}^2)=D(\overline{X})+E(\overline{X})^2=\frac{\sigma^2}{n}+\mu^2$, $E(S^2)=\sigma^2$.

5. 62.　6. 置信区间为 (0.0014, 0.0060), 投资公司运营平稳.

7. (1) 103.4004;　(2) 12.3080.　8. (1) 0.3246;　(2) 0.5863.

第 8 章　假设检验

习　题　8

(A)

1. 接受 H_0, 机器性能良好.
提示：Z 检验法, $|z| = 1.048 < z_{0.05}$.
2. 接受 H_0, 可以认为学生的英语平均成绩为 70 分.
提示：t 检验法, $|t| = 1 < t_{0.025}$.
3. (1) 接受 H_0, 平均长度为 15.25 mm.
提示：t 检验法, $t = 2.0751 < t_{0.025}(5)$.
(2) 拒绝 H_0, 平均长度小于 15.25 mm.
提示：t 检验法, $t = -2.0751 < -t_{0.05}(5)$.
4. 接受 H_0, 可认为该公司生产的洗涤剂的去污率的方差为 70 %.
提示：χ^2 检验法, $\chi^2_{0.975}(9) < \chi^2 = 10.08 < \chi^2_{0.025}(9)$.
5. (1) 拒绝 H_0, 两公司每袋食盐的平均净重无显著性差别.
提示：Z 检验法, $|z| = 13.575 < z_{0.025}$.
(2) 拒绝 H_0, 甲公司每袋食盐平均净重小于乙公司每袋食盐平均净重.
提示：Z 检验法, $z = -13.575 < -z_{0.1}$.
6. 接受 H_0, A 厂与 B 厂所产布样的平均缩水率无显著性差异.
提示：t 检验法, $|t| = 1.6590 < t_{0.025}(23)$.
7. (1) 接受 H_0, 新旧工艺下每 100 毫升饮料的平均含糖量无显著性差异.
提示：t 检验法, $|t| = 2.245 < t_{0.025}(7)$.
(2) 接受 H_0, 新旧工艺下每 100 毫升饮料的含糖量的方差无显著性差异.
提示：F 检验法, $F_{0.975}(4, 3) < F = 2.894 < F_{0.025}(4, 3)$.

(B)

1. 拒绝 H_0, 日平均销售额高于 51.2 万元.
提示：Z 检验法, $z = 3 > z_{0.025}$.
2. (1) 拒绝 H_0, 平均内径超过 21 mm.
提示：Z 检验法, $z = 1.7889 > z_{0.05}$.
(2) 拒绝 H_0, 平均内径超过 21 mm.
提示：t 检验法, $t = 4.8686 > t_{0.05}(4)$.

3. 拒绝 H_0, 方差 σ^2 大于 10 %.

提示：χ^2 检验法, $\chi^2 = 43.236 > \chi^2_{0.025}(9)$.

4. 拒绝 H_0, 晚上的体重高于早上的体重.

提示：基于成对数据均值的检验：t 检验法, $t = 2.7584 > t_{0.1}(7)$.

5. 拒绝 H_0, 65℃和 85℃下针织品的断裂强度有显著性差异.

提示：基于成对数据均值的检验：t 检验法, $|t| = 4.06 > t_{0.025}(9)$.

6. 接受 H_0, 采用第二种方法提取率的方差不低于采用第一种方法提取率的方差.

提示：F 检验法, $F = 1.5439 < F_{0.05}(8, 8)$.

参考文献

陈希孺, 2000. 概率论与数理统计 . 北京：科学出版社.

龚德恩, 范培华, 胡显佑, 2005. 经济数学基础第三分册：概率统计. 4 版. 成都：四川人民出版社.

贾俊平, 何晓群, 金勇进, 2012. 统计学. 5 版. 北京：中国人民大学出版社.

金义明, 2013. 概率论与数理统计. 杭州：浙江工商大学出版社.

李贤平, 2010. 基础概率论 . 北京：高等教育出版社.

梁之舜, 邓集贤, 杨维权, 等, 1988. 概率论与数理统计 . 北京：高等教育出版社.

刘文斌, 石莹, 程斌, 2012. 概率论与数理统计 (经管类). 上海：同济大学出版社.

茆诗松, 程依明, 濮小龙, 2004. 概率论与数理统计教程 . 北京：高等教育出版社.

沈恒范, 2002. 概率论与数理统计教程. 4 版. 北京：高等教育出版社.

盛骤, 谢式千, 潘承毅, 2008. 概率论与数理统计. 4 版. 北京：高等教育出版社.

苏保河, 2015. 概率论与数理统计 . 厦门：厦门大学出版社.

王熙照, 2009. 概率论与数理统计 . 北京：科学出版社.

吴赣昌, 2011. 概率论与数理统计 (经管类). 4 版. 北京：中国人民大学出版社.

徐建豪, 辛萍芳, 2009. 概率论与数理统计教程 . 北京：科学出版社.

严士健, 王隽骧, 刘秀芳, 2009. 概率论基础 . 北京：科学出版社.

姚孟臣, 2010. 概率论与数理统计 . 北京：中国人民大学出版社.

袁荫棠, 1990. 概率论与数理统计 . 北京：中国人民大学出版社.

钟开莱, 2010. 概率论教程 (英文版). 北京：机械工业出版社.

周誓达, 2012. 概率论与数理统计 . 北京：中国人民大学出版社.

邹述超, 何腊梅, 2002. 概率论与数理统计. 北京：高等教育出版社.

附　　表

附表 1　二项分布表

$$P\{X \leqslant x\} = \sum_{k=0}^{n} \mathrm{C}_n^k p^k (1-p)^{n-k}$$

n	x	p												
		0.001	0.002	0.003	0.005	0.01	0.02	0.03	0.05	0.10	0.15	0.20	0.25	0.30
2	0	0.9980	0.9960	0.9940	0.9900	0.9801	0.9604	0.9409	0.9025	0.8100	0.7225	0.6400	0.5625	0.4900
2	1	1.0000	1.0000	1.0000	1.0000	0.9999	0.9996	0.9991	0.9975	0.9900	0.9775	0.9600	0.9375	0.9100
3	0	0.9970	0.9940	0.9910	0.9851	0.9703	0.9412	0.9127	0.8574	0.7290	0.6141	0.5120	0.4219	0.3430
3	1	1.0000	1.0000	1.0000	0.9999	0.9997	0.9988	0.9974	0.9928	0.9720	0.9393	0.8960	0.8438	0.7840
3	2				1.0000	1.0000	1.0000	1.0000	0.9999	0.9990	0.9966	0.9920	0.9844	0.9730
4	0	0.9960	0.9920	0.9881	0.9801	0.9606	0.9224	0.8853	0.8145	0.6561	0.5220	0.4096	0.3164	0.2401
4	1	1.0000	1.0000	0.9999	0.9999	0.9994	0.9977	0.9948	0.9860	0.9477	0.8905	0.8192	0.7383	0.6517
4	2			1.0000	1.0000	1.0000	1.0000	0.9999	0.9995	0.9963	0.9880	0.9728	0.9492	0.9163
4	3							1.0000	1.0000	0.9999	0.9995	0.9984	0.9961	0.9919
5	0	0.9950	0.9900	0.9851	0.9752	0.9510	0.9039	0.8587	0.7738	0.5905	0.4437	0.3277	0.2373	0.1681
5	1	1.0000	1.0000	0.9999	0.9998	0.9990	0.9962	0.9915	0.9774	0.9185	0.8352	0.7373	0.6328	0.5282
5	2			1.0000	1.0000	1.0000	0.9999	0.9997	0.9988	0.9914	0.9734	0.9421	0.8965	0.8369
5	3						1.0000	1.0000	1.0000	0.9995	0.9978	0.9933	0.9844	0.9692
5	4									1.0000	0.9999	0.9997	0.9990	0.9976
6	0	0.9940	0.9881	0.9821	0.9704	0.9415	0.8858	0.8330	0.7351	0.5314	0.3771	0.2621	0.1780	0.1176
6	1	1.0000	0.9999	0.9999	0.9996	0.9985	0.9943	0.9875	0.9672	0.8857	0.7765	0.6554	0.5339	0.4202
6	2		1.0000	1.0000	1.0000	1.0000	0.9998	0.9995	0.9978	0.9842	0.9527	0.9011	0.8306	0.7443
6	3						1.0000	1.0000	0.9999	0.9987	0.9941	0.9830	0.9624	0.9295
6	4								1.0000	0.9999	0.9996	0.9984	0.9954	0.9891
6	5									1.0000	1.0000	0.9999	0.9998	0.9993
7	0	0.9930	0.9861	0.9792	0.9655	0.9321	0.8681	0.8080	0.6983	0.4783	0.3206	0.2097	0.1335	0.0824
7	1	1.0000	0.9999	0.9998	0.9995	0.9980	0.9921	0.9829	0.9556	0.8503	0.7166	0.5767	0.4449	0.3294
7	2		1.0000	1.0000	1.0000	1.0000	0.9997	0.9991	0.9962	0.9743	0.9262	0.8520	0.7564	0.6471
7	3						1.0000	1.0000	0.9998	0.9973	0.9879	0.9667	0.9294	0.8740
7	4								1.0000	0.9998	0.9988	0.9953	0.9871	0.9712
7	5									1.0000	0.9999	0.9996	0.9987	0.9962
7	6										1.0000	1.0000	0.9999	0.9998
8	0	0.9920	0.9841	0.9763	0.9607	0.9227	0.8508	0.7837	0.6634	0.4305	0.2725	0.1678	0.1001	0.0576
8	1	1.0000	0.9999	0.9998	0.9993	0.9973	0.9897	0.9777	0.9428	0.8131	0.6572	0.5033	0.3671	0.2553
8	2		1.0000	1.0000	1.0000	0.9999	0.9996	0.9987	0.9942	0.9619	0.8948	0.7969	0.6785	0.5518
8	3					1.0000	1.0000	0.9999	0.9996	0.9950	0.9786	0.9437	0.8862	0.8059
8	4							1.0000	1.0000	0.9996	0.9971	0.9896	0.9727	0.9420
8	5									1.0000	0.9998	0.9988	0.9958	0.9887

续表

n	x	p = 0.001	0.002	0.003	0.005	0.01	0.02	0.03	0.05	0.10	0.15	0.20	0.25	0.30
8	6										1.0000	0.9999	0.9996	0.9987
8	7											1.0000	1.0000	0.9999
9	0	0.9910	0.9821	0.9733	0.9559	0.9135	0.8337	0.7602	0.6302	0.3874	0.2316	0.1342	0.0751	0.0404
9	1	1.0000	0.9999	0.9997	0.9991	0.9966	0.9869	0.9718	0.9288	0.7748	0.5995	0.4362	0.3003	0.1960
9	2		1.0000	1.0000	1.0000	0.9999	0.9994	0.9980	0.9916	0.9470	0.8591	0.7382	0.6007	0.4628
9	3					1.0000	1.0000	0.9999	0.9994	0.9917	0.9661	0.9144	0.8343	0.7297
9	4							1.0000	1.0000	0.9991	0.9944	0.9804	0.9511	0.9012
9	5									0.9999	0.9994	0.9969	0.9900	0.9747
9	6									1.0000	1.0000	0.9997	0.9987	0.9957
9	7											1.0000	0.9999	0.9996
9	8												1.0000	1.0000
10	0	0.9900	0.9802	0.9704	0.9511	0.9044	0.8171	0.7374	0.5987	0.3487	0.1969	0.1074	0.0563	0.0282
10	1	1.0000	0.9998	0.9996	0.9989	0.9957	0.9838	0.9655	0.9139	0.7361	0.5443	0.3758	0.2440	0.1493
10	2		1.0000	1.0000	1.0000	0.9999	0.9991	0.9972	0.9885	0.9298	0.8202	0.6778	0.5256	0.3828
10	3					1.0000	1.0000	0.9999	0.9990	0.9872	0.9500	0.8791	0.7759	0.6496
10	4							1.0000	0.9999	0.9984	0.9901	0.9672	0.9219	0.8497
10	5								1.0000	0.9999	0.9986	0.9936	0.9803	0.9527
10	6									1.0000	0.9999	0.9991	0.9965	0.9894
10	7										1.0000	0.9999	0.9996	0.9984
10	8											1.0000	1.0000	0.9999
10	9													1.0000
11	0	0.9891	0.9782	0.9675	0.9464	0.8953	0.8007	0.7153	0.5688	0.3138	0.1673	0.0859	0.0422	0.0198
11	1	0.9999	0.9998	0.9995	0.9987	0.9948	0.9805	0.9587	0.8981	0.6974	0.4922	0.3221	0.1971	0.1130
11	2	1.0000	1.0000	1.0000	1.0000	0.9998	0.9988	0.9963	0.9848	0.9104	0.7788	0.6174	0.4552	0.3127
11	3					1.0000	1.0000	0.9998	0.9984	0.9815	0.9306	0.8389	0.7133	0.5696
11	4							1.0000	0.9999	0.9972	0.9841	0.9496	0.8854	0.7897
11	5								1.0000	0.9997	0.9973	0.9883	0.9657	0.9218
11	6									1.0000	0.9997	0.9980	0.9924	0.9784
11	7										1.0000	0.9998	0.9988	0.9957
11	8											1.0000	0.9999	0.9994
11	9												1.0000	1.0000
12	0	0.9881	0.9763	0.9646	0.9416	0.8864	0.7847	0.6938	0.5404	0.2824	0.1422	0.0687	0.0317	0.0138
12	1	0.9999	0.9997	0.9994	0.9984	0.9938	0.9769	0.9514	0.8816	0.6590	0.4435	0.2749	0.1584	0.0850
12	2	1.0000	1.0000	1.0000	1.0000	0.9998	0.9985	0.9952	0.9804	0.8891	0.7358	0.5583	0.3907	0.2528
12	3					1.0000	0.9999	0.9997	0.9978	0.9744	0.9078	0.7946	0.6488	0.4925
12	4						1.0000	1.0000	0.9998	0.9957	0.9761	0.9274	0.8424	0.7237
12	5								1.0000	0.9995	0.9954	0.9806	0.9456	0.8822
12	6									0.9999	0.9993	0.9961	0.9857	0.9614

续表

n	x	p: 0.001	0.002	0.003	0.005	0.01	0.02	0.03	0.05	0.10	0.15	0.20	0.25	0.30
12	7									1.0000	0.9999	0.9994	0.9972	0.9905
12	8										1.0000	0.9999	0.9996	0.9983
12	9											1.0000	1.0000	0.9998
12	10													1.0000
13	0	0.9871	0.9743	0.9617	0.9369	0.8775	0.7690	0.6730	0.5133	0.2542	0.1209	0.0550	0.0238	0.0097
13	1	0.9999	0.9997	0.9993	0.9981	0.9928	0.9730	0.9436	0.8646	0.6213	0.3983	0.2336	0.1267	0.0637
13	2	1.0000	1.0000	1.0000	1.0000	0.9997	0.9980	0.9938	0.9755	0.8661	0.6920	0.5017	0.3326	0.2025
13	3					1.0000	0.9999	0.9995	0.9969	0.9658	0.8820	0.7473	0.5843	0.4206
13	4						1.0000	1.0000	0.9997	0.9935	0.9658	0.9009	0.7940	0.6543
13	5								1.0000	0.9991	0.9925	0.9700	0.9198	0.8346
13	6									0.9999	0.9987	0.9930	0.9757	0.9376
13	7									1.0000	0.9998	0.9988	0.9944	0.9818
13	8										1.0000	0.9998	0.9990	0.9960
13	9											1.0000	0.9999	0.9993
13	10												1.0000	0.9999
13	11													1.0000
14	0	0.9861	0.9724	0.9588	0.9322	0.8687	0.7536	0.6528	0.4877	0.2288	0.1028	0.0440	0.0178	0.0068
14	1	0.9999	0.9996	0.9992	0.9978	0.9916	0.9690	0.9355	0.8470	0.5846	0.3567	0.1979	0.1010	0.0475
14	2	1.0000	1.0000	1.0000	1.0000	0.9997	0.9975	0.9923	0.9699	0.8416	0.6479	0.4481	0.2811	0.1608
14	3					1.0000	0.9999	0.9994	0.9958	0.9559	0.8535	0.6982	0.5213	0.3552
14	4						1.0000	1.0000	0.9996	0.9908	0.9533	0.8702	0.7415	0.5842
14	5								1.0000	0.9985	0.9885	0.9561	0.8883	0.7805
14	6									0.9998	0.9978	0.9884	0.9617	0.9067
14	7									1.0000	0.9997	0.9976	0.9897	0.9685
14	8										1.0000	0.9996	0.9978	0.9917
14	9											1.0000	0.9997	0.9983
14	10												1.0000	0.9998
14	11													1.0000
15	0	0.9851	0.9704	0.9559	0.9276	0.8601	0.7386	0.6333	0.4633	0.2059	0.0874	0.0352	0.0134	0.0047
15	1	0.9999	0.9996	0.9991	0.9975	0.9904	0.9647	0.9270	0.8290	0.5490	0.3186	0.1671	0.0802	0.0353
15	2	1.0000	1.0000	1.0000	0.9999	0.9996	0.9970	0.9906	0.9638	0.8159	0.6042	0.3980	0.2361	0.1268
15	3				1.0000	1.0000	0.9998	0.9992	0.9945	0.9444	0.8227	0.6482	0.4613	0.2969
15	4						1.0000	0.9999	0.9994	0.9873	0.9383	0.8358	0.6865	0.5155
15	5							1.0000	0.9999	0.9978	0.9832	0.9389	0.8516	0.7216
15	6								1.0000	0.9997	0.9964	0.9819	0.9434	0.8689
15	7									1.0000	0.9994	0.9958	0.9827	0.9500
15	8										0.9999	0.9992	0.9958	0.9848
15	9										1.0000	0.9999	0.9992	0.9963
15	10											1.0000	0.9999	0.9993

续表

n	x	p												
		0.001	0.002	0.003	0.005	0.01	0.02	0.03	0.05	0.10	0.15	0.20	0.25	0.30
15	11												1.0000	0.9999
15	12													1.0000
16	0	0.9841	0.9685	0.9531	0.9229	0.8515	0.7238	0.6143	0.4401	0.1853	0.0743	0.0281	0.0100	0.0033
16	1	0.9999	0.9995	0.9989	0.9971	0.9891	0.9601	0.9182	0.8108	0.5147	0.2839	0.1407	0.0635	0.0261
16	2	1.0000	1.0000	1.0000	0.9999	0.9995	0.9963	0.9887	0.9571	0.7892	0.5614	0.3518	0.1971	0.0994
16	3				1.0000	1.0000	0.9998	0.9989	0.9930	0.9316	0.7899	0.5981	0.4050	0.2459
16	4						1.0000	0.9999	0.9991	0.9830	0.9209	0.7982	0.6302	0.4499
16	5							1.0000	0.9999	0.9967	0.9765	0.9183	0.8103	0.6598
16	6								1.0000	0.9995	0.9944	0.9733	0.9204	0.8247
16	7									0.9999	0.9989	0.9930	0.9729	0.9256
16	8									1.0000	0.9998	0.9985	0.9925	0.9743
16	9										1.0000	0.9998	0.9984	0.9929
16	10											1.0000	0.9997	0.9984
16	11												1.0000	0.9997
16	12													1.0000
17	0	0.9831	0.9665	0.9502	0.9183	0.8429	0.7093	0.5958	0.4181	0.1668	0.0631	0.0225	0.0075	0.0023
17	1	0.9999	0.9995	0.9988	0.9968	0.9877	0.9554	0.9091	0.7922	0.4818	0.2525	0.1182	0.0501	0.0193
17	2	1.0000	1.0000	1.0000	0.9999	0.9994	0.9956	0.9866	0.9497	0.7618	0.5198	0.3096	0.1637	0.0774
17	3				1.0000	1.0000	0.9997	0.9986	0.9912	0.9174	0.7556	0.5489	0.3530	0.2019
17	4						1.0000	0.9999	0.9988	0.9779	0.9013	0.7582	0.5739	0.3887
17	5							1.0000	0.9999	0.9953	0.9681	0.8943	0.7653	0.5968
17	6								1.0000	0.9992	0.9917	0.9623	0.8929	0.7752
17	7									0.9999	0.9983	0.9891	0.9598	0.8954
17	8									1.0000	0.9997	0.9974	0.9876	0.9597
17	9										1.0000	0.9995	0.9969	0.9873
17	10										1.0000	0.9999	0.9994	0.9968
17	11											1.0000	0.9999	0.9993
17	12												1.0000	0.9999
17	13													1.0000
18	0	0.9822	0.9646	0.9474	0.9137	0.8345	0.6951	0.5780	0.3972	0.1501	0.0536	0.0180	0.0056	0.0016
18	1	0.9998	0.9994	0.9987	0.9964	0.9862	0.9505	0.8997	0.7735	0.4503	0.2241	0.0991	0.0395	0.0142
18	2	1.0000	1.0000	1.0000	0.9999	0.9993	0.9948	0.9843	0.9419	0.7338	0.4797	0.2713	0.1353	0.0600
18	3				1.0000	1.0000	0.9996	0.9982	0.9891	0.9018	0.7202	0.5010	0.3057	0.1646
18	4						1.0000	0.9998	0.9985	0.9718	0.8794	0.7164	0.5187	0.3327
18	5							1.0000	0.9998	0.9936	0.9581	0.8671	0.7175	0.5344
18	6								1.0000	0.9988	0.9882	0.9487	0.8610	0.7217
18	7									0.9998	0.9973	0.9837	0.9431	0.8593
18	8									1.0000	0.9995	0.9957	0.9807	0.9404
18	9										0.9999	0.9991	0.9946	0.9790

续表

n	x	p: 0.001	0.002	0.003	0.005	0.01	0.02	0.03	0.05	0.10	0.15	0.20	0.25	0.30
18	10										1.0000	0.9998	0.9988	0.9939
18	11											1.0000	0.9998	0.9986
18	12												1.0000	0.9997
18	13													1.0000
19	0	0.9812	0.9627	0.9445	0.9092	0.8262	0.6812	0.5606	0.3774	0.1351	0.0456	0.0144	0.0042	0.0011
19	1	0.9998	0.9993	0.9985	0.9960	0.9847	0.9454	0.8900	0.7547	0.4203	0.1985	0.0829	0.0310	0.0104
19	2	1.0000	1.0000	1.0000	0.9999	0.9991	0.9939	0.9817	0.9335	0.7054	0.4413	0.2369	0.1113	0.0462
19	3				1.0000	1.0000	0.9995	0.9978	0.9868	0.8850	0.6841	0.4551	0.2631	0.1332
19	4						1.0000	0.9998	0.9980	0.9648	0.8556	0.6733	0.4654	0.2822
19	5							1.0000	0.9998	0.9914	0.9463	0.8369	0.6678	0.4739
19	6								1.0000	0.9983	0.9837	0.9324	0.8251	0.6655
19	7									0.9997	0.9959	0.9767	0.9225	0.8180
19	8									1.0000	0.9992	0.9933	0.9713	0.9161
19	9										0.9999	0.9984	0.9911	0.9674
19	10										1.0000	0.9997	0.9977	0.9895
19	11											1.0000	0.9995	0.9972
19	12												0.9999	0.9994
19	13												1.0000	0.9999
19	14													1.0000
20	0	0.9802	0.9608	0.9417	0.9046	0.8179	0.6676	0.5438	0.3585	0.1216	0.0388	0.0115	0.0032	0.0008
20	1	0.9998	0.9993	0.9984	0.9955	0.9831	0.9401	0.8802	0.7358	0.3917	0.1756	0.0692	0.0243	0.0076
20	2	1.0000	1.0000	1.0000	0.9999	0.9990	0.9929	0.9790	0.9245	0.6769	0.4049	0.2061	0.0913	0.0355
20	3				1.0000	1.0000	0.9994	0.9973	0.9841	0.8670	0.6477	0.4114	0.2252	0.1071
20	4						1.0000	0.9997	0.9974	0.9568	0.8298	0.6296	0.4148	0.2375
20	5							1.0000	0.9997	0.9887	0.9327	0.8042	0.6172	0.4164
20	6								1.0000	0.9976	0.9781	0.9133	0.7858	0.6080
20	7									0.9996	0.9941	0.9679	0.8982	0.7723
20	8									0.9999	0.9987	0.9900	0.9591	0.8867
20	9									1.0000	0.9998	0.9974	0.9861	0.9520
20	10										1.0000	0.9994	0.9961	0.9829
20	11											0.9999	0.9991	0.9949
20	12											1.0000	0.9998	0.9987
20	13												1.0000	0.9997
20	14													1.0000
25	0	0.9753	0.9512	0.9276	0.8822	0.7778	0.6035	0.4670	0.2774	0.0718	0.0172	0.0038	0.0008	0.0001
25	1	0.9997	0.9988	0.9974	0.9931	0.9742	0.9114	0.8280	0.6424	0.2712	0.0931	0.0274	0.0070	0.0016
25	2	1.0000	1.0000	0.9999	0.9997	0.9980	0.9868	0.9620	0.8729	0.5371	0.2537	0.0982	0.0321	0.0090
25	3			1.0000	1.0000	0.9999	0.9986	0.9938	0.9659	0.7636	0.4711	0.2340	0.0962	0.0332
25	4					1.0000	0.9999	0.9992	0.9928	0.9020	0.6821	0.4207	0.2137	0.0905

续表

n	x	p 0.001	0.002	0.003	0.005	0.01	0.02	0.03	0.05	0.10	0.15	0.20	0.25	0.30
25	5						1.0000	0.9999	0.9988	0.9666	0.8385	0.6167	0.3783	0.1935
25	6							1.0000	0.9998	0.9905	0.9305	0.7800	0.5611	0.3407
25	7								1.0000	0.9977	0.9745	0.8909	0.7265	0.5118
25	8									0.9995	0.9920	0.9532	0.8506	0.6769
25	9									0.9999	0.9979	0.9827	0.9287	0.8106
25	10									1.0000	0.9995	0.9944	0.9703	0.9022
25	11										0.9999	0.9985	0.9893	0.9558
25	12										1.0000	0.9996	0.9966	0.9825
25	13											0.9999	0.9991	0.9940
25	14											1.0000	0.9998	0.9982
25	15												1.0000	0.9995
25	16													0.9999
25	17													1.0000
30	0	0.9704	0.9417	0.9138	0.8604	0.7397	0.5455	0.4010	0.2146	0.0424	0.0076	0.0012	0.0002	0.0000
30	1	0.9996	0.9983	0.9963	0.9901	0.9639	0.8795	0.7731	0.5535	0.1837	0.0480	0.0105	0.0020	0.0003
30	2	1.0000	1.0000	0.9999	0.9995	0.9967	0.9783	0.9399	0.8122	0.4114	0.1514	0.0442	0.0106	0.0021
30	3			1.0000	1.0000	0.9998	0.9971	0.9881	0.9392	0.6474	0.3217	0.1227	0.0374	0.0093
30	4					1.0000	0.9997	0.9982	0.9844	0.8245	0.5245	0.2552	0.0979	0.0302
30	5						1.0000	0.9998	0.9967	0.9268	0.7106	0.4275	0.2026	0.0766
30	6							1.0000	0.9994	0.9742	0.8474	0.6070	0.3481	0.1595
30	7								0.9999	0.9922	0.9302	0.7608	0.5143	0.2814
30	8								1.0000	0.9980	0.9722	0.8713	0.6736	0.4315
30	9									0.9995	0.9903	0.9389	0.8034	0.5888
30	10									0.9999	0.9971	0.9744	0.8943	0.7304
30	11									1.0000	0.9992	0.9905	0.9493	0.8407
30	12										0.9998	0.9969	0.9784	0.9155
30	13										1.0000	0.9991	0.9918	0.9599
30	14											0.9998	0.9973	0.9831
30	15											0.9999	0.9992	0.9936
30	16											1.0000	0.9998	0.9979
30	17												0.9999	0.9994
30	18												1.0000	0.9998
30	19													1.0000

附表 2　标准正态分布表

$$\Phi(x)=\int_{-\infty}^{x}\frac{1}{\sqrt{2\pi}}\mathrm{e}^{-\frac{t^2}{2}}\mathrm{d}t$$

x	0.00	0.01	0.02	0.03	0.04	0.05	0.06	0.07	0.08	0.09
0.0	0.5000	0.5040	0.5080	0.5120	0.5160	0.5199	0.5239	0.5279	0.5319	0.5359
0.1	0.5398	0.5438	0.5478	0.5517	0.5557	0.5596	0.5636	0.5675	0.5714	0.5753
0.2	0.5793	0.5832	0.5871	0.5910	0.5948	0.5987	0.6026	0.6064	0.6103	0.6141
0.3	0.6179	0.6217	0.6255	0.6293	0.6331	0.6368	0.6406	0.6443	0.6480	0.6517
0.4	0.6554	0.6591	0.6628	0.6664	0.6700	0.6736	0.6772	0.6808	0.6844	0.6879
0.5	0.6915	0.6950	0.6985	0.7019	0.7054	0.7088	0.7123	0.7157	0.7190	0.7224
0.6	0.7257	0.7291	0.7324	0.7357	0.7389	0.7422	0.7454	0.7486	0.7517	0.7549
0.7	0.7580	0.7611	0.7642	0.7673	0.7704	0.7734	0.7764	0.7794	0.7823	0.7852
0.8	0.7881	0.7910	0.7939	0.7967	0.7995	0.8023	0.8051	0.8078	0.8106	0.8133
0.9	0.8159	0.8186	0.8212	0.8238	0.8264	0.8289	0.8315	0.8340	0.8365	0.8389
1.0	0.8413	0.8438	0.8461	0.8485	0.8508	0.8531	0.8554	0.8577	0.8599	0.8621
1.1	0.8643	0.8665	0.8686	0.8708	0.8729	0.8749	0.8770	0.8790	0.8810	0.8830
1.2	0.8849	0.8869	0.8888	0.8907	0.8925	0.8944	0.8962	0.8980	0.8997	0.9015
1.3	0.9032	0.9049	0.9066	0.9082	0.9099	0.9115	0.9131	0.9147	0.9162	0.9177
1.4	0.9192	0.9207	0.9222	0.9236	0.9251	0.9265	0.9278	0.9292	0.9306	0.9319
1.5	0.9332	0.9345	0.9357	0.9370	0.9382	0.9394	0.9406	0.9418	0.9429	0.9441
1.6	0.9452	0.9463	0.9474	0.9484	0.9495	0.9505	0.9515	0.9525	0.9535	0.9545
1.7	0.9554	0.9564	0.9573	0.9582	0.9591	0.9599	0.9608	0.9616	0.9625	0.9633
1.8	0.9641	0.9649	0.9656	0.9664	0.9671	0.9678	0.9686	0.9693	0.9699	0.9706
1.9	0.9713	0.9719	0.9726	0.9732	0.9738	0.9744	0.9750	0.9756	0.9761	0.9767
2.0	0.9772	0.9778	0.9783	0.9788	0.9793	0.9798	0.9803	0.9808	0.9812	0.9817
2.1	0.9821	0.9826	0.9830	0.9834	0.9838	0.9842	0.9846	0.9850	0.9854	0.9857
2.2	0.9861	0.9864	0.9868	0.9871	0.9875	0.9878	0.9881	0.9884	0.9887	0.9890
2.3	0.9893	0.9896	0.9898	0.9901	0.9904	0.9906	0.9909	0.9911	0.9913	0.9916
2.4	0.9918	0.9920	0.9922	0.9925	0.9927	0.9929	0.9931	0.9932	0.9934	0.9936
2.5	0.9938	0.9940	0.9941	0.9943	0.9945	0.9946	0.9948	0.9949	0.9951	0.9952
2.6	0.9953	0.9955	0.9956	0.9957	0.9959	0.9960	0.9961	0.9962	0.9963	0.9964
2.7	0.9965	0.9966	0.9967	0.9968	0.9969	0.9970	0.9971	0.9972	0.9973	0.9974
2.8	0.9974	0.9975	0.9976	0.9977	0.9977	0.9978	0.9979	0.9979	0.9980	0.9981
2.9	0.9981	0.9982	0.9982	0.9983	0.9984	0.9984	0.9985	0.9985	0.9986	0.9986
3.0	0.9987	0.9987	0.9987	0.9988	0.9988	0.9989	0.9989	0.9989	0.9990	0.9990
3.1	0.9990	0.9991	0.9991	0.9991	0.9992	0.9992	0.9992	0.9992	0.9993	0.9993
3.2	0.9993	0.9993	0.9994	0.9994	0.9994	0.9994	0.9994	0.9995	0.9995	0.9995
3.3	0.9995	0.9995	0.9995	0.9996	0.9996	0.9996	0.9996	0.9996	0.9996	0.9997
3.4	0.9997	0.9997	0.9997	0.9997	0.9997	0.9997	0.9997	0.9997	0.9997	0.9998

附表 3　泊松分布表

$$P\{X \leqslant x\} = \sum_{k=0}^{x} \frac{\lambda^k e^{-\lambda}}{k!}$$

x	λ								
	0.1	0.2	0.3	0.4	0.5	0.6	0.7	0.8	0.9
0	0.9048	0.8187	0.7408	0.6730	0.6065	0.5488	0.4966	0.4493	0.4066
1	0.9953	0.9825	0.9631	0.9384	0.9098	0.8781	0.8442	0.8088	0.7725
2	0.9998	0.9989	0.9964	0.9921	0.9856	0.9769	0.9659	0.9526	0.9371
3	1.0000	0.9999	0.9997	0.9992	0.9982	0.9966	0.9942	0.9909	0.9865
4		1.0000	1.0000	0.9999	0.9998	0.9996	0.9992	0.9986	0.9977
5				1.0000	1.0000	1.0000	0.9999	0.9998	0.9997
6					1.0000	1.0000	1.0000		

x	λ								
	1.0	1.5	2.0	2.5	3.0	3.5	4.0	4.5	5.0
0	0.3679	0.2231	0.1353	0.0821	0.0498	0.0302	0.0183	0.0111	0.0067
1	0.7358	0.5578	0.4060	0.2873	0.1991	0.1359	0.0916	0.0611	0.0404
2	0.9197	0.8088	0.6767	0.5438	0.4232	0.3208	0.2381	0.1736	0.1247
3	0.9810	0.9344	0.8571	0.7576	0.6472	0.5366	0.4335	0.3423	0.2650
4	0.9963	0.9814	0.9473	0.8912	0.8153	0.7254	0.6288	0.5321	0.4405
5	0.9994	0.9955	0.9834	0.9580	0.9161	0.8576	0.7851	0.7029	0.6160
6	0.9999	0.9991	0.9955	0.9858	0.9665	0.9347	0.8893	0.8311	0.7622
7	1.0000	0.9998	0.9989	0.9958	0.9881	0.9733	0.9489	0.9134	0.8666
8		1.0000	0.9998	0.9989	0.9962	0.9901	0.9786	0.9597	0.9319
9			1.0000	0.9997	0.9989	0.9967	0.9919	0.9829	0.9682
10				0.9999	0.9997	0.9990	0.9972	0.9933	0.9863
11				1.0000	0.9999	0.9997	0.9991	0.9976	0.9945
12					1.0000	0.9999	0.9997	0.9992	0.9980

x	λ								
	5.5	6.0	6.5	7.0	7.5	8.0	8.5	9.0	9.5
0	0.0041	0.0025	0.0015	0.0009	0.0006	0.0003	0.0002	0.0001	0.0001
1	0.0266	0.0174	0.0113	0.0073	0.0047	0.0030	0.0019	0.0012	0.0008
2	0.0884	0.0620	0.0430	0.0296	0.0203	0.0138	0.0093	0.0062	0.0042
3	0.2017	0.1512	0.1118	0.0818	0.0591	0.0424	0.0301	0.0212	0.0149
4	0.3575	0.2851	0.2237	0.1730	0.1321	0.0996	0.0744	0.0550	0.0403

续表

x	λ								
	5.5	6.0	6.5	7.0	7.5	8.0	8.5	9.0	9.5
5	0.5289	0.4457	0.3690	0.3007	0.2414	0.1912	0.1496	0.1157	0.0885
6	0.6860	0.6063	0.5265	0.4497	0.3782	0.3134	0.2562	0.2068	0.1649
7	0.8095	0.7440	0.6728	0.5987	0.5246	0.4530	0.3856	0.3239	0.2687
8	0.8944	0.8472	0.7916	0.7291	0.6620	0.5925	0.5231	0.4557	0.3918
9	0.9462	0.9161	0.8774	0.8305	0.7764	0.7166	0.6530	0.5874	0.5218
10	0.9747	0.9574	0.9332	0.9015	0.8622	0.8159	0.7634	0.7060	0.6453
11	0.9890	0.9799	0.9661	0.9466	0.9208	0.8881	0.8487	0.8030	0.7520
12	0.9955	0.9912	0.9840	0.9730	0.9573	0.9362	0.9091	0.8758	0.8364
13	0.9983	0.9964	0.9929	0.9872	0.9784	0.9658	0.9486	0.9261	0.8981
14	0.9994	0.9986	0.9970	0.9943	0.9897	0.9827	0.9726	0.9585	0.9400
15	0.9998	0.9995	0.9988	0.9976	0.9954	0.9918	0.9862	0.9780	0.9665
16	0.9999	0.9998	0.9996	0.9990	0.9980	0.9963	0.9934	0.9889	0.9823
17	1.0000	0.9999	0.9998	0.9996	0.9992	0.9984	0.9970	0.9947	0.9911
18		1.0000	0.9999	0.9999	0.9997	0.9994	0.9987	0.9976	0.9957
19			1.0000	1.0000	0.9999	0.9997	0.9995	0.9989	0.9980
20					1.0000	0.9999	0.9998	0.9996	0.9991

x	λ								
	10.0	11.0	12.0	13.0	14.0	15.0	16.0	17.0	18.0
0	0.0000	0.0000	0.0000						
1	0.0005	0.0002	0.0001	0.0000	0.0000				
2	0.0028	0.0012	0.0005	0.0002	0.0001	0.0000	0.0000		
3	0.0103	0.0049	0.0023	0.0010	0.0005	0.0002	0.0001	0.0000	0.0000
4	0.0293	0.0151	0.0076	0.0037	0.0018	0.0009	0.0004	0.0002	0.0001
5	0.0671	0.0375	0.0203	0.0107	0.0055	0.0028	0.0014	0.0007	0.0003
6	0.1301	0.0786	0.0458	0.0259	0.0142	0.0076	0.0040	0.0021	0.0010
7	0.2202	0.1432	0.0895	0.0540	0.0316	0.0180	0.0100	0.0054	0.0029
8	0.3328	0.2320	0.1550	0.0998	0.0621	0.0374	0.0220	0.0126	0.0071
9	0.4579	0.3405	0.2424	0.1658	0.1094	0.0699	0.0433	0.0261	0.0154
10	0.5830	0.4599	0.3472	0.2517	0.1757	0.1185	0.0774	0.0491	0.0304
11	0.6968	0.5793	0.4616	0.3532	0.2600	0.1848	0.1270	0.0847	0.0549
12	0.7916	0.6887	0.5760	0.4631	0.3585	0.2676	0.1931	0.1350	0.0917
13	0.8645	0.7813	0.6815	0.5730	0.4644	0.3632	0.2745	0.2009	0.1426
14	0.9165	0.8540	0.7720	0.6751	0.5704	0.4657	0.3675	0.2808	0.2081
15	0.9513	0.9074	0.8444	0.7636	0.6694	0.5681	0.4667	0.3715	0.2867
16	0.9730	0.9441	0.8987	0.8355	0.7559	0.6641	0.5660	0.4677	0.3750
17	0.9857	0.9678	0.9370	0.8905	0.8272	0.7489	0.6593	0.5640	0.4686
18	0.9928	0.9823	0.9626	0.9302	0.8826	0.8195	0.7423	0.6550	0.5622
19	0.9965	0.9907	0.9787	0.9573	0.9235	0.8752	0.8122	0.7363	0.6509
20	0.9984	0.9953	0.9884	0.9750	0.9521	0.9170	0.8682	0.8055	0.7307
21	0.9993	0.9977	0.9939	0.9859	0.9712	0.9469	0.9108	0.8615	0.7991

续表

x	λ								
	10.0	11.0	12.0	13.0	14.0	15.0	16.0	17.0	18.0
22	0.9997	0.9990	0.9970	0.9924	0.9833	0.9673	0.9418	0.9047	0.8551
23	0.9999	0.9995	0.9985	0.9960	0.9907	0.9805	0.9633	0.9367	0.8989
24	1.0000	0.9998	0.9993	0.9980	0.9950	0.9888	0.9777	0.9594	0.9317
25		0.9999	0.9997	0.9990	0.9974	0.9938	0.9869	0.9748	0.9554
26		1.0000	0.9999	0.9995	0.9987	0.9967	0.9925	0.9848	0.9718
27			0.9999	0.9998	0.9994	0.9983	0.9959	0.9912	0.9827
28			1.0000	0.9999	0.9997	0.9991	0.9978	0.9950	0.9897
29				1.0000	0.9999	0.9996	0.9989	0.9973	0.9941
30					0.9999	0.9998	0.9994	0.9986	0.9967
31					1.0000	0.9999	0.9997	0.9993	0.9982
32						1.0000	0.9999	0.9996	0.9990
33							0.9999	0.9998	0.9995
34							1.0000	0.9999	0.9998
35								1.0000	0.9999
36									0.9999
37									1.0000

附表 4　t 分布表

$$P\{t(n) > t_\alpha(n)\} = \alpha$$

n \ α	0.20	0.15	0.10	0.05	0.025	0.01	0.005
1	1.376	1.963	3.0777	6.3138	12.7062	31.8207	63.6574
2	1.061	1.386	1.8856	2.9200	4.3027	6.9646	9.9248
3	0.978	1.250	1.6377	2.3534	3.1824	4.5407	5.8409
4	0.941	1.190	1.5332	2.1318	2.7764	3.7469	4.6041
5	0.920	1.156	1.4759	2.0150	2.5706	3.3649	4.0322
6	0.906	1.134	1.4398	1.9432	2.4469	3.1427	3.7074
7	0.896	1.119	1.4149	1.8946	2.3646	2.9980	3.4995
8	0.889	1.108	1.3968	1.8595	2.3060	2.8965	3.3554
9	0.883	1.100	1.3830	1.8331	2.2622	2.8214	3.2498
10	0.879	1.093	1.3722	1.8125	2.2281	2.7638	3.1693
11	0.876	1.088	1.3634	1.7959	2.2010	2.7181	3.1058
12	0.873	1.083	1.3562	1.7823	2.1788	2.6810	3.0545
13	0.870	1.079	1.3502	1.7709	2.1604	2.6503	3.0123
14	0.868	1.076	1.3450	1.7613	2.1448	2.6245	2.9768
15	0.866	1.074	1.3406	1.7531	2.1315	2.6025	2.9467
16	0.865	1.071	1.3368	1.7459	2.1199	2.5835	2.9208
17	0.863	1.069	1.3334	1.7396	2.1098	2.5669	2.8982
18	0.862	1.067	1.3304	1.7341	2.1009	2.5524	2.8784
19	0.861	1.066	1.3277	1.7291	2.0930	2.5395	2.8609
20	0.860	1.064	1.3253	1.7247	2.0860	2.5280	2.8453
21	0.859	1.063	1.3232	1.7207	2.0796	2.5177	2.8314
22	0.858	1.061	1.3212	1.7171	2.0739	2.5083	2.8188
23	0.858	1.060	1.3195	1.7139	2.0687	2.4999	2.8073
24	0.857	1.059	1.3178	1.7109	2.0639	2.4922	2.7969
25	0.856	1.058	1.3163	1.7081	2.0595	2.4851	2.7874
26	0.856	1.058	1.3150	1.7056	2.0555	2.4786	2.7787
27	0.855	1.057	1.3137	1.7033	2.0518	2.4727	2.7707
28	0.855	1.056	1.3125	1.7011	2.0484	2.4671	2.7633
29	0.854	1.055	1.3114	1.6991	2.0452	2.4620	2.7564
30	0.854	1.055	1.3104	1.6973	2.0423	2.4573	2.7500
31	0.8535	1.0541	1.3095	1.6955	2.0395	2.4528	2.7440
32	0.8531	1.0536	1.3086	1.6939	2.0369	2.4487	2.7385
33	0.8527	1.0531	1.3077	1.6924	2.0345	2.4448	2.7333

续表

n \ α	0.20	0.15	0.10	0.05	0.025	0.01	0.005
34	0.8524	1.0526	1.3070	1.6909	2.0322	2.4411	2.7284
35	0.8521	1.0521	1.3062	1.6896	2.0301	2.4377	2.7238
36	0.8518	1.0516	1.3055	1.6883	2.0281	2.4345	2.7195
37	0.8515	1.0512	1.3049	1.6871	2.0262	2.4314	2.7154
38	0.8512	1.0508	1.3042	1.6860	2.0244	2.4286	2.7116
39	0.8510	1.0504	1.3036	1.6849	2.0227	2.4258	2.7079
40	0.8507	1.0501	1.3031	1.6839	2.0211	2.4233	2.7045
41	0.8505	1.0498	1.3025	1.6829	2.0195	2.4208	2.7012
42	0.8503	1.0494	1.3020	1.6820	2.0181	2.4185	2.6981
43	0.8501	1.0491	1.3016	1.6811	2.0167	2.4163	2.6951
44	0.8499	1.0488	1.3011	1.6802	2.0154	2.4141	2.6923
45	0.8497	1.0485	1.3006	1.6794	2.0141	2.4121	2.6896

附表 5　χ^2分布表

$$P\{\chi^2(n) > \chi^2_\alpha(n)\} = \alpha$$

n \ α	0.995	0.99	0.975	0.95	0.90	0.10	0.05	0.025	0.01	0.005
1	0.000	0.000	0.001	0.004	0.016	2.706	3.843	5.025	6.637	7.882
2	0.010	0.020	0.051	0.103	0.211	4.605	5.992	7.378	9.210	10.597
3	0.072	0.115	0.216	0.352	0.584	6.251	7.815	9.348	11.344	12.837
4	0.207	0.297	0.484	0.711	1.064	7.779	9.188	11.143	13.277	14.860
5	0.412	0.554	0.831	1.145	1.610	9.236	11.070	12.832	15.085	16.748
6	0.676	0.872	1.237	1.635	2.204	10.645	12.592	14.440	16.812	18.548
7	0.989	1.239	1.690	2.167	2.833	12.017	14.067	16.012	18.474	20.276
8	1.344	1.646	2.180	2.733	3.490	13.362	15.507	17.534	20.090	21.954
9	1.735	2.088	2.700	3.325	4.168	14.684	16.919	19.022	21.665	23.587
10	2.156	2.558	3.247	3.940	4.865	15.987	18.307	20.483	23.209	25.188
11	2.603	3.053	3.816	4.575	5.578	17.275	19.675	21.920	24.724	26.755
12	3.074	3.571	4.404	5.226	6.304	18.549	21.026	23.337	26.217	28.300
13	3.565	4.107	5.009	5.892	7.041	19.812	22.362	24.735	27.687	29.817
14	4.075	4.660	5.629	6.571	7.790	21.064	23.685	26.119	29.141	31.319
15	4.600	5.229	6.262	7.261	8.547	22.307	24.996	27.488	30.577	32.799
16	5.142	5.812	6.908	7.962	9.312	23.542	26.296	28.845	32.000	34.267
17	5.697	6.407	7.564	8.682	10.085	24.769	27.587	30.190	33.408	35.716
18	6.265	7.015	8.231	9.390	10.865	25.989	28.869	31.526	34.805	37.156
19	6.843	7.632	8.906	10.117	11.651	27: 203	30.143	32.852	36.190	38.580
20	7.434	8.260	9.591	10.851	12.443	28.412	31.410	34.170	37.566	39.997
21	8.033	8.897	10.283	11.591	13.240	29.615	32.670	35.478	38.930	41.399
22	8.643	9.542	10.982	12.338	14.042	30.813	33.924	36.781	40.289	42.796
23	9.260	10.195	11.688	13.090	14.848	32.007	35.172	38.075	41.637	44.179
24	9.886	10.856	12.401	13.848	15.659	33.196	36.415	39.364	42.980	45.558
25	10.519	11.523	13.120	14.611	16.473	34.381	37.652	40.646	44.313	46.925
26	11.160	12.198	13.844	15.379	17.292	35.563	38.885	41.923	45.642	48.290
27	11.807	12.878	14.573	16.151	18.114	36.741	40.113	43.194	46.962	49.642
28	12.461	13.565	15.308	16.928	18.939	37.916	41.337	44.461	48.278	50.993
29	13.120	14.256	16.147	17.708	19.768	39.087	42.557	45.772	49.586	52.333
30	13.787	14.954	16.791	18.493	20.599	40.256	43.773	46.979	50.892	53.672
31	14.457	15.655	17.538	19.280	21.433	41.422	44.985	48.231	52.190	55.000
32	15.134	16.362	18.291	20.072	22.271	42.585	46.194	49.480	53.486	56.328

续表

n \ α	0.995	0.99	0.975	0.95	0.90	0.10	0.05	0.025	0.01	0.005
33	15.814	17.073	19.046	20.866	23.110	43.745	47.400	50.724	54.774	57.646
34	16.501	17.789	19.806	21.664	23.952	44.903	48.602	51.966	56.061	58.964
35	17.191	18.508	20.569	22.465	24.796	46.059	49.802	53.203	57.340	60.272
36	17.887	19.233	21.336	23.269	25.643	47.212	50.998	54.437	58.619	61.581
37	18.584	19.960	22.105	24.075	26.492	48.363	52.192	55.667	59.891	62.880
38	19.289	20.691	22.878	24.884	27.343	49.513	53.384	56.896	61.162	64.181
39	19.994	21.425	23.654	25.695	28.196	50.660	54.572	58.119	62.426	65.473
40	20.706	22.164	24.433	26.509	29.050	51.805	55.758	59.342	63.691	66.766

附表 6　F 分布表

$$P\{F(n_1,n_2) > F_\alpha(n_1,n_2)\} = \alpha$$

$(\alpha = 0.10)$

n_2 \ n_1	1	2	3	4	5	6	7	8	9	10	12	15	20	24	30	40	60	120	∞
1	39.86	49.50	53.59	55.83	57.24	58.20	58.91	59.44	59.86	60.19	60.71	61.22	61.74	62.00	62.26	62.53	62.79	63.06	63.33
2	8.53	9.00	9.16	9.24	9.29	9.33	9.35	9.37	9.38	9.39	9.41	9.42	9.44	9.45	9.46	9.47	9.47	9.48	9.49
3	5.54	5.46	5.39	5.34	5.31	5.28	5.27	5.25	5.24	5.23	5.22	5.20	5.18	5.18	5.17	5.16	5.15	5.14	5.13
4	4.54	4.32	4.19	4.11	4.05	4.01	3.98	3.95	3.94	3.92	3.90	3.87	3.84	3.83	3.82	3.80	3.79	3.78	3.76
5	4.06	3.78	3.62	3.52	3.45	3.40	3.37	3.34	3.32	3.30	3.27	3.24	3.21	3.19	3.17	3.16	3.14	3.12	3.10
6	3.78	3.46	3.29	3.18	3.11	3.05	3.01	2.98	2.96	2.94	2.90	2.87	2.84	2.82	2.80	2.78	2.76	2.74	2.72
7	3.59	3.26	3.07	2.96	2.88	2.83	2.78	2.75	2.72	2.70	2.67	2.63	2.59	2.58	2.56	2.54	2.51	2.49	2.47
8	3.46	3.11	2.92	2.81	2.73	2.67	2.62	2.59	2.56	2.54	2.50	2.46	2.42	2.40	2.38	2.36	2.34	2.32	2.29
9	3.36	3.01	2.81	2.69	2.61	2.55	2.51	2.47	2.44	2.42	2.38	2.34	2.30	2.28	2.25	2.23	2.21	2.18	2.16
10	3.29	2.92	2.73	2.61	2.52	2.46	2.41	2.38	2.35	2.32	2.28	2.24	2.20	2.18	2.16	2.13	2.11	2.08	2.06
11	3.23	2.86	2.66	2.54	2.45	2.39	2.34	2.30	2.27	2.25	2.21	2.17	2.12	2.10	2.08	2.05	2.03	2.00	1.97
12	3.18	2.81	2.61	2.48	2.39	2.33	2.28	2.24	2.21	2.19	2.15	2.10	2.06	2.04	2.01	1.99	1.96	1.93	1.90
13	3.14	2.76	2.56	2.43	2.35	2.28	2.23	2.20	2.16	2.14	2.10	2.05	2.01	1.98	1.96	1.93	1.90	1.88	1.85
14	3.10	2.73	2.52	2.39	2.31	2.24	2.19	2.15	2.12	2.10	2.05	2.01	1.96	1.94	1.91	1.89	1.86	1.83	1.80
15	3.07	2.70	2.49	2.36	2.27	2.21	2.16	2.12	2.09	2.06	2.02	1.97	1.92	1.90	1.87	1.85	1.82	1.79	1.76

$(\alpha = 0.10)$

续表

n_2 \ n_1	1	2	3	4	5	6	7	8	9	10	12	15	20	24	30	40	60	120	∞
16	3.05	2.67	2.46	2.33	2.24	2.18	2.13	2.09	2.06	2.03	1.99	1.94	1.89	1.87	1.84	1.81	1.78	1.75	1.72
17	3.03	2.64	2.44	2.31	2.22	2.15	2.10	2.06	2.03	2.00	1.96	1.91	1.86	1.84	1.81	1.78	1.75	1.72	1.69
18	3.01	2.62	2.42	2.29	2.20	2.13	2.08	2.04	2.00	1.98	1.93	1.89	1.84	1.81	1.78	1.75	1.72	1.69	1.66
19	2.99	2.61	2.40	2.27	2.18	2.11	2.06	2.02	1.98	1.96	1.91	1.86	1.81	1.79	1.76	1.73	1.70	1.67	1.63
20	2.97	2.59	2.38	2.25	2.16	2.09	2.04	2.00	1.96	1.94	1.89	1.84	1.79	1.77	1.74	1.71	1.68	1.64	1.61
21	2.96	2.57	2.36	2.23	2.14	2.08	2.02	1.98	1.95	1.92	1.87	1.83	1.78	1.75	1.72	1.69	1.66	1.62	1.59
22	2.95	2.56	2.35	2.22	2.13	2.06	2.01	1.97	1.93	1.90	1.86	1.81	1.76	1.73	1.70	1.67	1.64	1.60	1.57
23	2.94	2.55	2.34	2.21	2.11	1.05	1.99	1.95	1.92	1.89	1.84	1.80	1.74	1.72	1.69	1.66	1.62	1.59	1.55
24	2.93	2.54	2.33	2.19	2.10	2.04	1.98	1.94	1.91	1.88	1.83	1.78	1.73	1.70	1.67	1.64	1.61	1.57	1.53
25	2.92	2.53	2.32	2.18	2.09	2.02	1.97	1.93	1.89	1.87	1.82	1.77	1.72	1.69	1.66	1.63	1.59	1.56	1.52
26	2.91	2.52	2.31	2.17	2.08	2.01	1.96	1.92	1.88	1.86	1.81	1.76	1.71	1.68	1.65	1.61	1.58	1.54	1.50
27	2.90	2.51	2.30	2.17	2.07	2.00	1.95	1.91	1.87	1.85	1.80	1.75	1.70	1.67	1.64	1.60	1.57	1.53	1.49
28	2.89	2.50	2.29	2.16	2.06	2.00	1.94	1.90	1.87	1.84	1.79	1.74	1.69	1.66	1.63	1.59	1.56	1.52	1.48
29	2.89	2.50	2.28	2.15	2.06	1.99	1.93	1.89	1.86	1.83	1.78	1.73	1.68	1.65	1.62	1.58	1.55	1.51	1.47
30	2.88	2.49	2.28	2.14	2.05	1.98	1.93	1.88	1.85	1.82	1.77	1.72	1.67	1.64	1.61	1.57	1.54	1.50	1.46
40	2.84	2.44	2.23	2.09	2.00	1.93	1.87	1.83	1.79	1.76	1.71	1.66	1.61	1.57	1.54	1.51	1.47	1.42	1.38
60	2.79	2.39	2.18	2.04	1.95	1.87	1.82	1.77	1.74	1.71	1.66	1.60	1.54	1.51	1.48	1.44	1.40	1.35	1.29
120	2.75	2.35	2.13	1.99	1.90	1.82	1.77	1.72	1.68	1.65	1.60	1.55	1.48	1.45	1.41	1.37	1.32	1.26	1.19
∞	2.71	2.30	2.08	1.94	1.85	1.77	1.72	1.67	1.63	1.60	1.55	1.49	1.42	1.38	1.34	1.30	1.24	1.17	1.00

$(\alpha = 0.05)$

续表

n_2 \ n_1	1	2	3	4	5	6	7	8	9	10	12	15	20	24	30	40	60	120	∞
1	161.4	199.5	215.7	224.6	230.2	234.0	236.8	238.9	240.5	241.9	243.9	245.9	248.0	249.1	250.1	251.1	252.2	253.3	254.3
2	18.51	19.00	19.16	19.25	19.30	19.33	19.35	19.37	19.38	19.40	19.41	19.43	19.45	19.45	19.46	19.47	19.48	19.49	19.50
3	10.13	9.55	9.28	9.12	9.01	8.94	8.89	8.85	8.81	8.79	8.74	8.70	8.66	8.64	8.62	8.59	8.57	8.55	8.53
4	7.71	6.94	6.59	6.39	6.26	6.16	6.09	6.04	6.00	5.96	5.91	5.86	5.80	5.77	5.75	5.72	5.69	5.66	5.63
5	6.61	5.79	5.41	5.19	5.05	4.95	4.88	4.82	4.77	4.74	4.68	4.62	4.56	4.53	4.50	4.46	4.43	4.40	4.36
6	5.99	5.14	4.76	4.53	4.39	4.28	4.21	4.15	4.10	4.06	4.00	3.94	3.87	3.84	3.81	3.77	3.74	3.70	3.67
7	5.59	4.74	4.35	4.12	3.97	3.87	3.79	3.73	3.68	3.64	3.57	3.51	3.44	3.41	3.38	3.34	3.30	3.27	3.23
8	5.32	4.46	4.07	3.84	3.69	3.58	3.50	3.44	3.39	3.35	3.28	3.22	3.15	3.12	3.08	3.04	3.01	2.97	2.93
9	5.12	4.26	3.86	3.63	3.48	3.37	3.29	3.23	3.18	3.14	3.07	3.01	2.94	2.90	2.86	2.83	2.79	2.75	2.71
10	4.96	4.10	3.71	3.48	3.33	3.22	3.14	3.07	3.02	2.98	2.91	2.85	2.77	2.74	2.70	2.66	2.62	2.58	2.54
11	4.84	3.98	3.59	3.36	3.20	3.09	3.01	2.95	2.90	2.85	2.79	2.72	2.65	2.61	2.57	2.53	2.49	2.45	2.40
12	4.75	3.89	3.49	3.26	3.11	3.00	2.91	2.85	2.80	2.75	2.69	2.62	2.54	2.51	2.47	2.43	2.38	2.34	2.30
13	4.67	3.81	3.41	3.18	3.03	2.92	2.83	2.77	2.71	2.67	2.60	2.53	2.46	2.42	2.38	2.34	2.30	2.25	2.21
14	4.60	3.74	3.34	3.11	2.96	2.85	2.76	2.70	2.65	2.60	2.53	2.46	2.39	2.35	2.31	2.27	2.22	2.18	2.13
15	4.54	3.68	3.29	3.06	2.90	2.79	2.71	2.64	2.59	2.54	2.48	2.40	2.33	2.29	2.25	2.20	2.16	2.11	2.07
16	4.49	3.63	3.24	3.01	2.85	2.74	2.66	2.59	2.54	2.49	2.42	2.35	2.28	2.24	2.19	2.15	2.11	2.06	2.01
17	4.45	3.59	3.20	2.96	2.81	2.70	2.61	2.55	2.49	2.45	2.38	2.31	2.23	2.19	2.15	2.10	2.06	2.01	1.96
18	4.41	3.55	3.16	2.93	2.77	2.66	2.58	2.51	2.46	2.41	2.34	2.27	2.19	2.15	2.11	2.06	2.02	1.97	1.92
19	4.38	3.52	3.13	2.90	2.74	2.63	2.54	2.48	2.42	2.38	2.31	2.23	2.16	2.11	2.07	2.03	1.98	1.93	1.88
20	4.35	3.49	3.10	2.87	2.71	2.60	2.51	2.45	2.39	2.35	2.28	2.20	2.12	2.08	2.04	1.99	1.95	1.90	1.84
21	4.32	3.47	3.07	2.84	2.68	2.57	2.49	2.42	2.37	2.32	2.25	2.18	2.10	2.05	2.01	1.96	1.92	1.87	1.81

$(\alpha = 0.05)$

续表

n_2 \ n_1	1	2	3	4	5	6	7	8	9	10	12	15	20	24	30	40	60	120	∞
22	4.30	3.44	3.05	2.82	2.66	2.55	2.46	2.40	2.34	2.30	2.23	2.15	2.07	2.03	1.98	1.94	1.89	1.84	1.78
23	4.28	3.42	3.03	2.80	2.64	2.53	2.44	2.37	2.32	2.27	2.20	2.13	2.05	2.01	1.96	1.91	1.86	1.81	1.76
24	4.26	3.40	3.01	2.78	2.62	2.51	2.42	2.36	2.30	2.25	2.18	2.11	2.03	1.98	1.94	1.89	1.84	1.79	1.73
25	4.24	3.39	2.99	2.76	2.60	2.49	2.40	2.34	2.28	2.24	2.16	2.09	2.01	1.96	1.92	1.87	1.82	1.77	1.71
26	4.23	3.37	2.98	2.74	2.59	2.47	2.39	2.32	2.27	2.22	2.15	2.07	1.99	1.95	1.90	1.85	1.80	1.75	1.69
27	4.21	3.35	2.96	2.73	2.57	2.46	2.37	2.31	2.25	2.20	2.13	2.06	1.97	1.93	1.88	1.84	1.79	1.73	1.67
28	4.20	3.34	2.95	2.71	2.56	2.45	2.36	2.29	2.24	2.19	2.12	2.04	1.96	1.91	1.87	1.82	1.77	1.71	1.65
29	4.18	3.33	2.93	2.70	2.55	2.43	2.35	2.28	2.22	2.18	2.10	2.03	1.94	1.90	1.85	1.81	1.75	1.70	1.64
30	4.17	3.32	2.92	2.69	2.53	2.42	2.33	2.27	2.21	2.16	2.09	2.01	1.93	1.89	1.84	1.79	1.74	1.68	1.62
40	4.08	3.23	2.84	2.61	2.45	2.34	2.25	2.18	2.12	2.08	2.00	1.92	1.84	1.79	1.74	1.69	1.64	1.58	1.51
60	4.00	3.15	2.76	2.53	2.37	2.25	2.17	2.10	2.04	1.99	1.92	1.84	1.75	1.70	1.65	1.59	1.53	1.47	1.39
120	3.92	3.07	2.68	2.45	2.29	2.17	2.09	2.02	1.96	1.91	1.83	1.75	1.66	1.61	1.55	1.50	1.43	1.35	1.25
∞	3.84	3.00	2.60	2.37	2.21	2.10	2.01	1.94	1.88	1.83	1.75	1.67	1.57	1.52	1.46	1.39	1.32	1.22	1.00

$(\alpha = 0.025)$

n_2 \ n_1	1	2	3	4	5	6	7	8	9	10	12	15	20	24	30	40	60	120	∞
1	647.8	799.5	864.2	899.6	921.8	937.1	948.2	956.7	963.3	968.6	976.7	984.9	993.1	997.2	1001	1006	1010	1014	1018
2	38.51	39.00	39.17	39.25	39.30	39.33	39.36	39.37	39.39	39.40	39.41	39.43	39.45	39.46	39.46	39.47	39.48	39.40	39.50
3	17.44	16.04	15.44	15.10	14.88	14.73	14.62	14.54	14.47	14.42	14.34	14.25	14.17	14.12	14.08	14.04	13.99	13.95	13.90
4	12.22	10.65	9.98	9.60	9.36	9.20	9.07	8.98	8.90	8.84	8.75	8.66	8.56	8.51	8.46	8.41	8.36	8.31	8.26
5	10.01	8.43	7.76	7.39	7.15	6.98	6.85	6.76	6.68	6.62	6.52	6.43	6.33	6.28	6.23	6.18	6.12	6.07	6.02

$(\alpha = 0.025)$

续表

n_2 \ n_1	1	2	3	4	5	6	7	8	9	10	12	15	20	24	30	40	60	120	∞
6	8.81	7.26	6.60	6.23	5.99	5.82	5.70	5.60	5.52	5.46	5.37	5.27	5.17	5.12	5.07	5.01	4.96	4.90	4.85
7	8.07	6.54	5.89	5.52	5.29	5.12	4.99	4.90	4.82	4.76	4.67	4.57	4.47	4.42	4.36	4.31	4.25	4.20	4.14
8	7.57	6.06	5.42	5.05	4.82	4.65	4.53	4.43	4.36	4.30	4.20	4.10	4.00	3.95	3.89	3.84	3.78	3.73	3.67
9	7.21	5.71	5.08	4.72	4.48	4.23	4.20	4.10	4.03	3.96	3.87	3.77	3.67	3.61	3.56	3.51	3.45	3.39	3.33
10	6.94	5.46	4.83	4.47	4.24	4.07	3.95	3.85	3.78	3.72	3.62	3.52	3.42	3.37	3.31	3.26	3.20	3.14	3.08
11	6.72	5.26	4.63	4.28	4.04	3.88	3.76	3.66	3.59	3.53	3.43	3.33	3.23	3.17	3.12	3.06	3.00	2.94	2.88
12	6.55	5.10	4.47	4.12	3.89	3.73	3.61	3.51	3.44	3.37	3.28	3.18	3.07	3.02	2.96	2.91	2.85	2.79	2.72
13	6.41	4.97	4.35	4.00	3.77	3.60	3.48	3.39	3.31	3.25	3.15	3.05	2.95	2.89	2.84	2.78	2.72	2.66	2.60
14	6.30	4.86	4.24	3.89	3.66	3.50	3.38	3.29	3.21	3.15	3.05	2.95	2.84	2.79	2.73	2.67	2.61	2.55	2.49
15	6.20	4.77	4.15	3.80	3.58	3.41	3.29	3.20	3.12	3.06	2.96	2.86	2.76	2.70	2.64	2.59	2.52	2.46	2.40
16	6.12	4.69	4.08	3.73	3.50	3.34	3.22	3.12	3.05	2.99	2.89	2.79	2.68	2.63	2.57	2.51	2.45	2.38	2.32
17	6.04	4.62	4.01	3.66	3.44	3.28	3.26	3.06	2.98	2.92	2.82	2.72	2.62	2.56	2.50	2.44	2.38	2.32	2.25
18	5.98	4.56	3.95	3.61	3.38	3.22	3.10	3.01	2.93	2.87	2.77	2.67	2.56	2.50	2.44	2.38	2.32	2.26	2.19
19	5.92	4.51	3.90	3.56	3.33	3.17	3.05	2.96	2.88	2.82	2.72	2.62	2.51	2.45	2.39	2.33	2.27	2.20	2.13
20	5.87	4.46	3.86	3.51	3.29	3.13	3.01	2.91	2.84	2.77	2.68	2.57	2.46	2.41	2.35	2.29	2.22	2.16	2.09
21	5.83	4.42	3.82	3.48	3.25	3.09	2.97	2.87	2.80	2.73	2.64	2.53	2.42	2.37	2.31	2.25	2.18	2.11	2.04
22	5.79	4.38	3.78	3.44	3.22	3.05	2.73	2.84	2.76	2.70	2.60	2.50	2.39	2.33	2.27	2.21	2.14	2.08	2.00
23	5.75	4.35	3.75	3.41	3.18	3.02	2.90	2.81	2.73	2.67	2.57	2.47	2.36	2.30	2.24	2.18	2.11	2.04	1.97
24	5.72	4.32	3.72	3.38	3.15	2.99	2.87	2.78	2.70	2.64	2.54	2.44	2.33	2.27	2.21	2.15	2.08	2.01	1.94
25	5.69	4.29	3.69	3.35	3.13	2.97	2.85	2.75	2.68	2.61	2.51	2.41	2.30	2.24	2.18	2.12	2.05	1.98	1.91
26	5.66	4.27	3.67	3.33	3.10	2.94	2.82	2.73	2.65	2.59	2.49	2.39	2.28	2.22	2.16	2.09	2.03	1.95	1.88
27	5.63	4.24	3.65	3.31	3.08	2.92	2.80	2.71	2.63	2.57	2.47	2.36	2.25	2.19	2.13	2.07	2.00	1.93	1.85

($\alpha = 0.025$)

续表

n_2 \ n_1	1	2	3	4	5	6	7	8	9	10	12	15	20	24	30	40	60	120	∞
28	5.61	4.22	3.63	3.29	3.06	2.90	2.78	2.69	2.61	2.55	2.45	2.34	2.23	2.17	2.11	2.05	1.98	1.91	1.83
29	5.59	4.20	3.61	3.27	3.04	2.88	2.76	2.67	2.59	2.53	2.43	2.32	2.21	2.15	2.09	2.03	1.96	1.89	1.81
30	5.57	4.18	3.59	3.25	3.03	2.87	2.75	2.65	2.57	2.51	2.41	2.31	2.20	2.14	2.07	2.01	1.94	1.87	1.79
40	5.42	4.05	3.46	3.13	3.90	2.74	2.62	2.53	2.45	2.39	2.29	2.18	2.07	2.01	1.94	1.88	1.80	1.72	1.64
60	5.29	3.93	3.34	3.01	2.79	2.63	2.51	2.41	2.33	2.27	3.17	2.06	1.94	1.88	1.82	1.74	1.67	1.58	1.48
120	5.15	3.80	3.23	2.89	2.67	2.52	2.39	2.30	2.22	2.16	2.05	1.94	1.82	1.76	1.69	1.61	1.53	1.43	1.31
∞	5.02	3.69	3.12	2.79	2.57	2.41	2.29	2.19	2.11	2.05	1.94	1.83	1.71	1.64	1.57	1.48	1.39	1.27	1.00

($\alpha = 0.01$)

n_2 \ n_1	1	2	3	4	5	6	7	8	9	10	12	15	20	24	30	40	60	120	∞
1	4052	4999.5	5403	5625	5764	5859	5928	5982	6022	6056	6106	6157	6209	6235	6261	6287	6313	6339	6366
2	98.50	99.00	99.17	99.25	99.30	99.33	99.36	99.37	99.39	99.40	99.42	99.43	99.45	99.46	99.47	99.47	99.48	99.49	99.50
3	34.12	30.82	29.46	28.71	28.24	27.91	27.67	27.49	27.35	27.23	27.05	26.87	26.69	26.60	26.50	26.41	26.32	26.22	26.13
4	21.20	18.00	16.69	15.98	15.52	15.21	14.98	14.80	14.66	14.55	14.37	24.20	14.02	13.93	13.84	13.75	13.65	13.56	13.46
5	16.26	13.27	12.06	11.39	10.97	10.67	10.46	10.29	10.16	10.05	9.89	9.72	9.55	9.47	9.38	9.29	9.20	9.11	9.02
6	13.75	10.93	9.78	9.15	8.75	8.47	8.26	8.10	7.98	7.87	7.72	7.56	7.40	7.31	7.23	7.14	7.06	6.97	6.88
7	12.25	9.55	8.45	7.85	7.46	7.19	6.99	6.84	6.72	6.62	6.47	6.31	6.16	6.07	5.99	5.91	5.82	5.74	5.65
8	11.26	8.65	7.59	7.01	6.63	6.37	6.18	6.03	5.91	5.81	5.67	5.52	5.36	5.28	5.20	5.12	5.03	4.95	4.86
9	10.56	8.02	6.99	6.42	6.06	5.80	5.61	5.47	5.35	5.26	5.11	4.96	4.81	4.73	4.65	4.57	4.48	4.40	4.31
10	10.04	7.56	6.55	5.99	5.64	5.39	5.20	5.06	4.94	4.85	4.71	4.56	4.41	4.33	4.25	4.17	4.08	4.00	3.91
11	9.65	7.21	6.22	5.67	5.32	5.07	4.89	4.74	4.63	4.54	4.40	4.25	4.10	4.02	3.94	3.86	3.78	3.69	3.60
12	9.33	6.93	5.95	5.41	5.06	4.82	4.64	4.50	4.39	4.30	4.16	4.01	3.86	3.78	3.70	3.62	3.54	3.45	3.36
13	9.07	6.70	5.74	5.21	4.86	4.62	4.44	4.30	4.19	4.10	3.96	3.82	3.66	3.59	3.51	3.43	3.34	3.25	3.17

$(\alpha = 0.01)$

续表

n_2 \ n_1	1	2	3	4	5	6	7	8	9	10	12	15	20	24	30	40	60	120	∞
14	8.86	6.51	5.56	5.04	4.69	4.46	4.28	4.14	4.03	3.94	3.80	3.66	3.51	3.43	3.35	3.27	3.18	3.09	3.00
15	8.68	6.36	5.42	4.89	4.56	4.32	4.14	4.00	3.89	3.80	3.67	3.52	3.37	3.29	3.21	3.13	3.05	2.96	2.87
16	8.53	6.23	5.29	4.77	4.44	4.20	4.03	3.89	3.78	3.69	3.55	3.41	3.26	3.18	3.10	3.02	2.93	2.84	2.75
17	8.40	6.11	5.18	4.67	4.34	4.10	3.93	3.79	3.68	3.59	3.46	3.31	3.16	3.08	3.00	2.92	2.83	2.75	2.65
18	8.29	6.01	5.09	4.58	4.25	4.01	3.94	3.71	3.60	3.51	3.37	3.23	3.08	3.00	2.92	2.84	2.75	2.66	2.57
19	8.18	5.93	5.01	4.50	4.17	3.94	3.77	3.63	3.52	3.43	3.30	3.15	3.00	2.92	2.84	2.76	2.67	2.58	2.49
20	8.10	5.85	4.94	4.43	4.10	3.87	3.70	3.56	3.46	3.37	3.23	3.09	2.94	2.86	2.78	2.69	2.61	2.52	2.42
21	8.02	5.78	4.87	4.37	4.04	3.81	3.64	3.51	3.40	3.31	3.17	3.03	2.88	2.80	2.72	2.64	2.55	2.46	2.36
22	7.95	5.72	4.82	4.31	3.99	3.76	3.59	3.45	3.35	3.26	3.12	2.98	2.83	2.75	2.67	2.58	2.50	2.40	2.31
23	7.88	5.66	4.76	4.26	3.94	3.71	3.54	3.41	3.30	3.21	3.07	2.93	2.78	2.70	2.62	2.54	2.45	2.35	2.26
24	7.82	5.61	4.72	4.22	3.90	3.67	3.50	3.36	3.26	3.17	3.03	2.89	2.74	2.66	2.58	2.49	2.40	2.31	2.21
25	7.77	5.57	4.68	4.18	3.85	3.63	3.46	3.32	3.22	3.13	2.99	2.85	2.70	2.62	2.54	2.45	2.36	2.27	2.17
26	7.72	5.53	4.64	4.14	3.82	3.59	3.42	3.29	3.18	3.09	2.96	2.81	2.66	2.58	2.50	2.42	2.33	2.23	2.13
27	7.68	5.49	4.60	4.11	3.78	3.56	3.39	3.26	3.15	3.06	2.93	2.78	2.63	2.55	2.47	2.38	2.29	2.20	2.10
28	7.64	5.45	4.57	4.07	3.75	3.53	3.36	3.23	3.12	3.03	2.90	2.75	2.60	2.52	2.44	2.35	2.26	2.17	2.06
29	7.60	5.42	4.54	4.04	3.73	3.50	3.33	3.20	3.09	3.00	2.87	2.73	2.57	2.49	2.41	2.33	2.23	2.14	2.03
30	7.56	5.39	4.51	4.02	3.70	3.47	3.30	3.17	3.07	2.98	2.84	2.70	2.55	2.47	2.39	2.30	2.21	2.11	2.01
40	7.31	5.18	4.31	3.83	3.51	3.29	3.12	2.99	2.89	2.80	2.66	2.52	2.37	2.29	2.20	2.11	2.02	1.92	1.80
60	7.08	4.98	4.13	3.65	3.34	3.12	2.95	2.82	2.72	2.63	2.50	2.35	2.20	2.12	2.03	1.94	1.84	1.73	1.60
120	6.85	4.79	3.95	3.48	3.17	2.96	2.79	2.66	2.56	2.47	2.34	2.19	2.03	1.95	1.86	1.76	1.66	1.53	1.38
∞	6.63	4.61	3.78	3.32	3.02	2.80	2.64	2.51	2.41	2.32	2.18	2.04	1.88	1.79	1.70	1.59	1.47	1.32	1.00

(α = 0.005)

续表

n_2 \ n_1	1	2	3	4	5	6	7	8	9	10	12	15	20	24	30	40	60	120	∞
1	16211	20000	21615	22500	23056	23437	23715	23925	24091	24224	24426	24630	24836	24940	25044	25148	35253	25359	25465
2	198.5	199.0	199.2	199.2	199.3	199.3	199.4	199.4	199.4	199.4	199.4	199.4	199.4	199.5	199.5	199.5	199.5	199.5	199.5
3	55.55	49.80	47.47	46.19	45.39	44.84	44.43	44.13	43.88	43.69	43.39	43.08	42.78	42.62	42.47	42.31	42.15	41.99	41.83
4	31.33	26.28	24.26	23.15	22.46	21.97	21.62	21.35	21.14	20.97	20.70	20.44	20.17	20.03	19.89	19.75	19.61	19.47	19.32
5	22.78	18.31	16.53	15.56	14.94	14.51	14.20	13.96	13.77	13.62	13.38	13.15	12.90	12.78	12.66	12.53	12.40	12.27	12.14
6	18.63	14.54	12.92	12.03	11.46	11.07	10.79	10.57	10.39	10.25	10.03	9.81	9.59	9.47	9.36	9.24	9.12	9.00	8.88
7	16.24	12.40	10.88	10.05	9.52	9.16	8.89	8.68	8.51	8.38	8.18	7.97	7.75	7.65	7.53	7.42	7.31	7.19	7.08
8	14.69	11.04	9.60	8.81	8.30	7.95	7.69	7.50	7.34	7.21	7.01	6.81	6.61	6.50	6.40	6.29	6.18	6.06	5.95
9	13.61	10.11	8.72	7.96	7.47	7.13	6.88	6.69	6.54	6.42	6.23	6.03	5.83	5.73	5.62	5.52	5.41	5.30	5.19
10	12.83	9.43	8.08	7.34	6.87	6.54	6.30	6.12	5.97	5.85	5.66	5.47	5.27	5.17	5.07	4.97	4.86	4.75	4.64
11	12.23	8.91	7.60	6.88	6.42	6.10	5.86	5.68	5.54	5.42	5.24	5.05	4.86	4.76	4.65	4.55	4.44	4.34	4.23
12	11.75	8.51	7.23	6.52	6.07	5.76	5.52	5.35	5.20	5.09	4.91	4.72	4.53	4.43	4.33	4.23	4.12	4.01	3.90
13	11.37	8.19	6.93	6.23	5.79	5.48	5.25	5.08	4.94	4.82	4.64	4.46	4.27	4.17	4.07	3.97	3.87	3.76	3.65
14	11.06	7.92	6.68	6.00	5.56	5.26	5.03	4.86	4.72	4.60	4.43	4.25	4.06	3.96	3.86	3.76	3.66	3.55	3.44
15	10.80	7.70	6.48	5.80	5.37	5.07	4.85	4.67	4.54	4.42	4.25	4.07	3.88	3.79	3.69	3.58	3.48	3.37	3.26
16	10.58	7.51	6.30	5.64	5.21	4.91	4.69	4.52	4.38	4.27	4.10	3.92	3.73	3.64	3.54	3.44	3.33	3.22	3.11
17	10.38	7.35	6.16	5.50	5.07	4.78	4.56	4.39	4.25	4.14	3.97	3.79	3.61	3.51	3.41	3.31	3.21	3.10	2.98
18	10.22	7.21	6.03	5.37	4.96	4.66	4.44	4.28	4.14	4.03	3.86	3.68	3.50	3.40	3.30	3.20	3.10	2.99	2.87
19	10.07	7.09	5.92	5.27	7.85	4.56	4.34	4.18	4.04	3.93	3.76	3.59	3.40	3.31	3.21	3.11	3.00	2.89	2.78
20	9.94	6.99	5.82	5.17	4.76	4.47	4.26	4.09	3.96	3.85	3.68	3.50	3.32	3.22	3.12	3.02	2.92	2.81	2.69

续表

$(\alpha = 0.005)$

n_2 \ n_1	1	2	3	4	5	6	7	8	9	10	12	15	20	24	30	40	60	120	∞
21	9.83	6.89	5.73	5.09	4.68	4.39	4.18	4.01	3.88	3.77	3.60	3.43	3.24	3.15	3.05	2.95	2.84	2.73	2.61
22	9.73	6.81	5.65	5.02	4.61	4.32	4.11	3.94	3.81	3.70	3.54	3.36	3.18	3.08	2.98	2.88	2.77	2.66	2.55
23	9.63	6.73	5.58	4.95	4.54	4.26	4.05	3.88	3.75	3.64	3.47	3.30	3.12	3.02	2.92	2.82	2.71	2.60	2.48
24	9.55	6.66	5.52	4.89	4.49	4.20	3.99	3.83	3.69	3.59	3.42	3.25	3.06	2.97	2.87	2.77	2.66	2.55	2.43
25	9.48	6.60	5.46	4.84	4.43	4.15	3.94	3.78	3.64	3.54	3.37	3.20	3.01	2.92	2.82	2.72	2.61	2.50	2.38
26	9.41	6.54	5.41	4.79	4.38	4.10	3.89	3.73	3.60	3.49	3.33	3.15	2.97	2.87	2.77	2.67	2.56	2.45	2.33
27	9.34	6.49	5.36	4.74	4.34	4.06	3.85	3.69	3.56	3.45	3.28	3.11	2.93	2.83	2.73	2.63	2.52	2.41	2.29
28	9.28	6.44	5.32	4.70	4.30	4.02	3.81	3.65	3.52	3.41	3.25	3.07	2.89	2.79	2.69	2.59	2.48	2.37	2.25
29	9.23	6.40	5.28	4.66	4.26	3.98	3.77	3.61	3.48	3.38	3.21	3.04	2.86	2.76	2.66	2.56	2.45	2.33	2.21
30	9.18	6.35	5.24	4.62	4.23	3.95	3.74	3.58	3.45	3.34	3.18	3.01	2.82	2.73	2.63	2.52	2.42	2.30	2.18
40	8.83	6.07	4.98	4.37	3.99	3.71	3.51	3.35	3.22	3.12	2.95	2.78	2.60	2.50	2.40	2.30	2.18	2.06	1.93
60	8.49	5.79	4.73	4.14	3.76	3.49	3.29	3.13	3.01	2.90	2.74	2.57	2.39	2.29	2.19	2.08	1.96	1.83	1.69
120	8.18	5.54	4.50	3.92	3.55	3.28	3.09	2.93	2.81	2.71	2.54	2.37	2.19	2.09	1.98	1.87	1.75	1.61	1.43
∞	7.88	5.30	4.28	3.72	3.35	3.09	2.90	2.74	2.62	2.52	2.36	2.19	2.00	1.90	1.79	1.67	1.53	1.36	1.00